高等职业教育系列教材

零件数控铣削编程与加工技术

第2版

主　编　王小虎　王春华
副主编　袁洞明　邱　昕　何　苗　鲁淑叶
参　编　李飞鹏　何栋梁　张　瑶　秦向前
　　　　辜艳丹　杨　波
主　审　钟如全

机械工业出版社

本书由主教材知识库和任务工作页两大部分构成，读者通过获取知识库中的理论与实践知识来完成任务工作页中各项目的学习任务，从而达到理论知识与技能操作一体化学习的目的。

本书采用“项目导向、任务驱动”的编写模式，基于企业实际工作过程和工作环境组织编写。通过学习各典型零件的工艺分析、编程及加工的全过程，将理论和技能与生产实际有机结合。全书包含数控铣削基础、数控铣床基本操作、外轮廓零件加工、内轮廓零件加工、孔类零件加工、特征类零件加工和综合类零件加工 7 个项目，内容由浅入深，循序渐进，有助于读者逐步掌握数控铣床操作、工艺、编程及质量检测的相关知识与技能。

本书可作为高等职业院校数控技术、数字化设计与制造技术、机械制造及自动化、模具设计与制造等专业相关课程的教材，也可作为机械制造企业相关工程技术人员的参考书。

本书配有动画、视频等资源，可扫描书中二维码直接观看，还配有电子课件、习题答案等，需要的教师可登录机械工业出版社教育服务网 www.cmpedu.com 免费注册后下载，或联系编辑索取（微信：13261377872，电话：010-88379739）。

图书在版编目（CIP）数据

零件数控铣削编程与加工技术 / 王小虎，王春华主编. -- 2 版. -- 北京：机械工业出版社，2025. 6.
（高等职业教育系列教材）. -- ISBN 978-7-111-78341-1

Ⅰ. TG547

中国国家版本馆 CIP 数据核字第 2025HM5686 号

机械工业出版社（北京市百万庄大街 22 号　邮政编码 100037）
策划编辑：曹帅鹏　　责任编辑：曹帅鹏　赵小花
责任校对：张勤思　马荣华　景　飞　　责任印制：单爱军
北京盛通数码印刷有限公司印刷
2025 年 8 月第 2 版第 1 次印刷
184mm×260mm · 19 印张 · 477 千字
标准书号：ISBN 978-7-111-78341-1
定价：69.00 元（含工作页）

电话服务
客服电话：010-88361066
010-88379833
010-68326294

网络服务
机　工　官　网：www.cmpbook.com
机　工　官　博：weibo.com/cmp1952
金　书　网：www.golden-book.com
机工教育服务网：www.cmpedu.com

封底无防伪标均为盗版

Preface

前　言

本书是校企合作编写的理实一体化新形态教材，以立德树人为主旨，结合新时代国家职业教育改革的需要，为培养高素质复合型技术技能人才提供有力支撑。在编写过程中，本书将数控车铣加工职业技能等级证书标准、铣工职业资格标准中的知识与技能点融入教材，吸收企业比较成熟的新技术、新工艺和新规范。以来源于企业的产品案例为载体，以典型零件为主线，基于真实的工作过程，强调以学习者为中心，由浅入深、循序渐进，教授学习者数控铣床操作、工艺、编程和质量检验相关的知识和技能。

本书的主要特点如下：

1）以学习者为中心设计教材形式。本书由主教材知识库和任务工作页两大部分构成，以学习者完成任务工作页中各项目的学习任务为主线，以知识库中的理论与实践知识为支撑，引导学习者思考问题、完成任务，从而达到理论知识与技能操作一体化学习的目的。

2）突出理论和实践相统一，强调实践性，采用“项目导向、任务驱动”的编写模式，按照技术技能人才的成长规律和认知特点，设计了由简单到复杂的7个项目，每个项目均有相对应的实践任务，在完成任务的过程中逐步完成培养目标。

3）本书为立体化、信息化教材，书中图文并茂，配有二维码，电子课件、视频等数字资源丰富，同时配套了精品在线开放课程“零件数控铣削加工”，方便教师教学和学习者自学，具体可登录四川信息职业技术学院智慧教育平台。

4）将企业6S管理知识及全国劳动模范、大国工匠的先进事迹等融入各项目中，引导学习者学习职业精神、工匠精神和劳模精神，树立质量意识、安全意识和岗位意识，促进学习者养成良好的职业习惯。

本书由学校和企业合作编写，四川信息职业技术学院王小虎、王春华担任主编，四川信息职业技术学院袁洞明、邱昕、何苗、鲁淑叶任副主编，四川信息职业技术学院李飞鹏和何栋梁、四川省剑阁职业高级中学张瑶、四川理工技师学院秦向前、成都市工程职业技术学校辜艳丹以及成都润驰精密电子有限公司杨波参与编写。其中，项目1、2和附录由王小虎、辜艳丹编写；项目3由王春华、李飞鹏编写；项目4由鲁淑叶、何栋梁编写；项目5由袁洞明、张瑶编写；项目6由邱昕、杨波编写；项目7由何苗、秦向前编写，全书由王小虎统稿。

本书由四川信息职业技术学院钟如全教授担任主审，他提出了许多宝贵的修改和补充意见，特此表示感谢。本书在编写过程中，得到了许多教师、企业技术专家的关心、支持和帮助，在此表示衷心感谢。

限于编者的水平和学识，书中难免存在错误和不妥之处，恳请读者批评指正。

编　者

二维码资源索引

（续）

目 录 Contents

项目 4 内轮廓零件加工 ……………………… 87

项目 5 孔类零件加工 ……………………… 113

项目1　数控铣削基础

项目导读

本项目提供了“数控铣床的认识、数控铣削常用夹具与刀具的认识、数控机床坐标系及数控铣削编程基础知识”的学习内容，供学习者参阅，同时为后续项目中理论与实践内容的学习奠定基础。

项目知识图谱

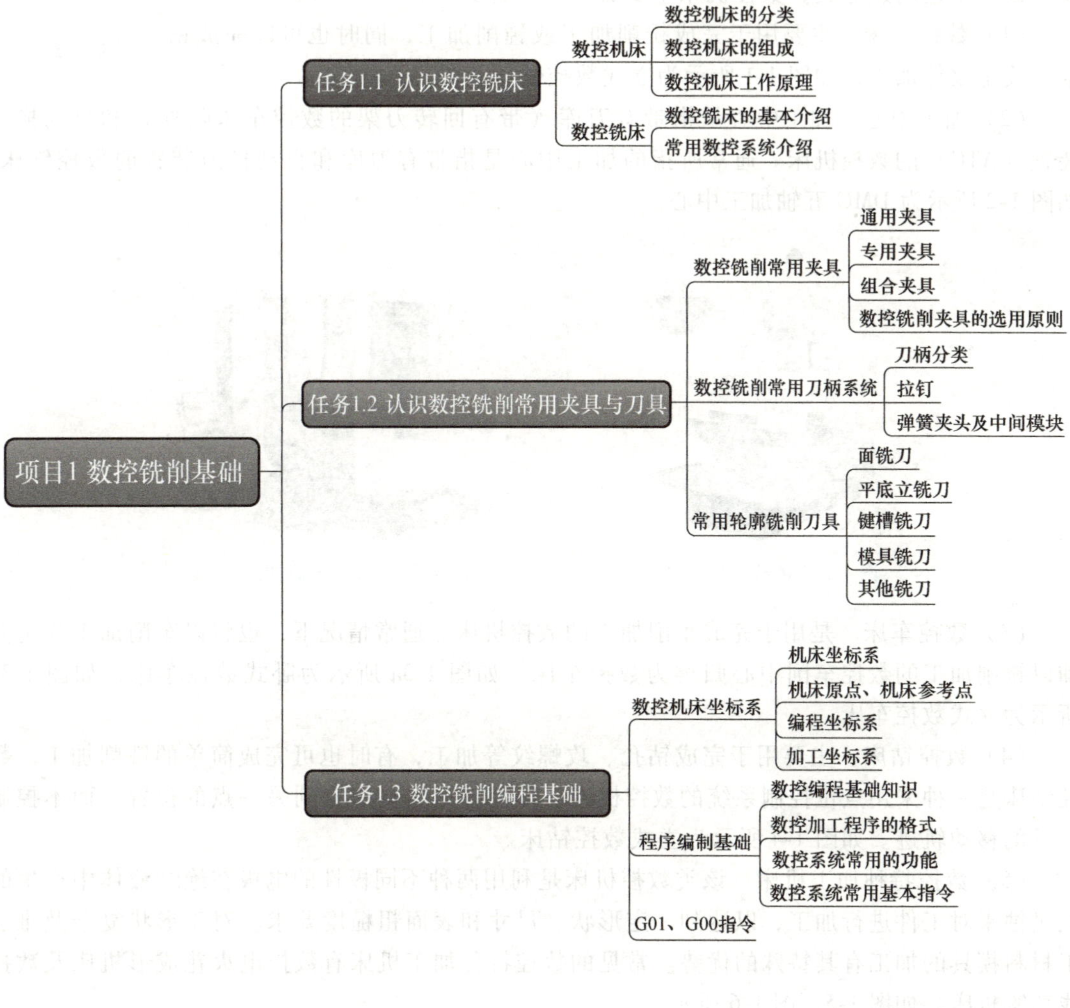

项目资讯

任务 1.1 认识数控铣床

1.1.1 数控机床

数控机床是计算机数字控制机床（Computer Numerical Control Machine Tools）的简称，是一种装有程序控制系统的自动化机床，其较好地解决了复杂、精密、小批量、多品种的零件加工问题；是一种柔性的、高效能的自动化机床，代表了现代机床控制技术的发展方向；是一种典型的机电一体化产品。简单地说，数控机床即采用数字控制技术按给定的运动轨迹进行自动加工的机电一体化加工设备。

1. 数控机床的分类

数控机床的种类很多，按照机床主轴的方向分类，数控机床可分为卧式数控机床（主轴位于水平方向）和立式数控机床（主轴位于垂直方向）两类。按照工艺用途分类，数控机床主要有以下几种类型：

二维码 1-1 认识数控机床

（1）数控铣床　主要用于完成铣削加工或镗削加工，同时也可以完成钻削、攻螺纹等加工，如图 1-1 所示为立式数控铣床。

（2）加工中心　加工中心是指带有刀库（带有回转刀架的数控车床除外）和自动换刀装置（ATC）的数控机床。通常所指的加工中心是指带有刀库和自动换刀装置的数控铣床。如图 1-2 所示为 DMG 五轴加工中心。

图 1-1　立式数控铣床

图 1-2　DMG 五轴加工中心

（3）数控车床　是用于完成车削加工的数控机床。通常情况下，也将以车削加工为主并辅以铣削加工的数控车削中心归类为数控车床。如图 1-3a 所示为卧式数控车床，如图 1-3b 所示为立式数控车床。

（4）数控钻床　主要用于完成钻孔、攻螺纹等加工，有时也可完成简单的铣削加工。数控钻床是一种采用点位控制系统的数控机床，即控制刀具从一点到另一点的位置，而不控制刀具的移动轨迹。如图 1-4 所示为立式数控钻床。

（5）数控特种加工机床　该类数控机床是利用两种不同极性的电极在绝缘液体中产生的电腐蚀来对工件进行加工，以达到一定形状、尺寸和表面粗糙度要求。对于形状复杂及难加工材料模具的加工有其特殊的优势。常见的数控特种加工机床有数控电火花成形机床及数控线切割机床，如图 1-5、图 1-6 所示。

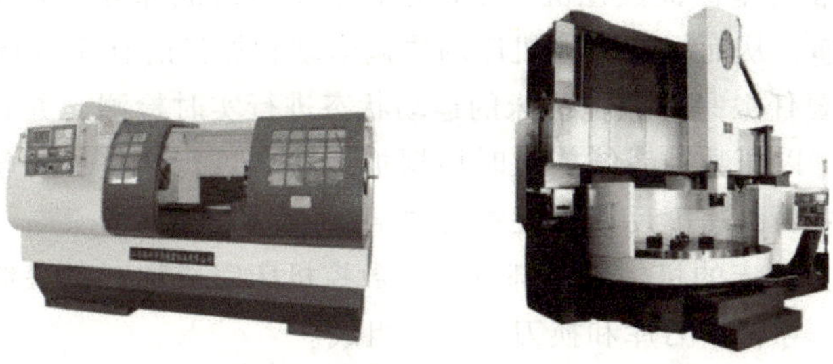

a)　　b)

图 1-3　数控车床

a）卧式数控车床　b）立式数控车床

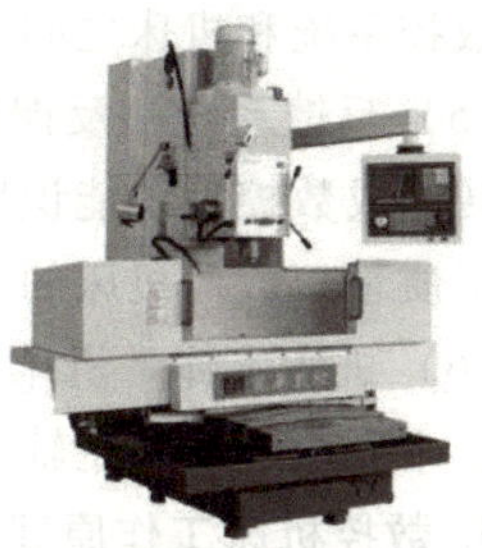

图 1-4　立式数控钻床

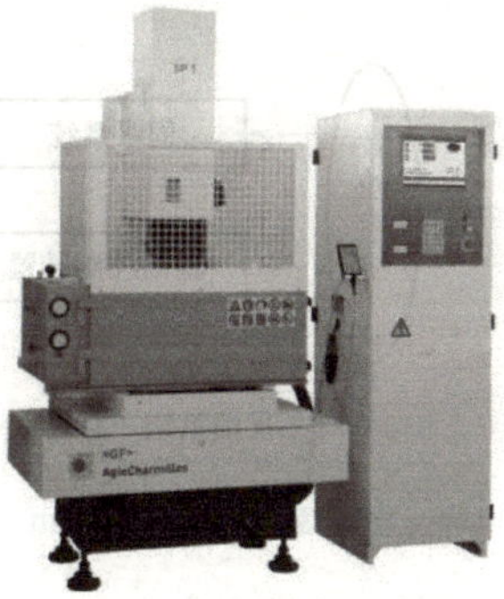

图 1-5　数控电火花成形机床

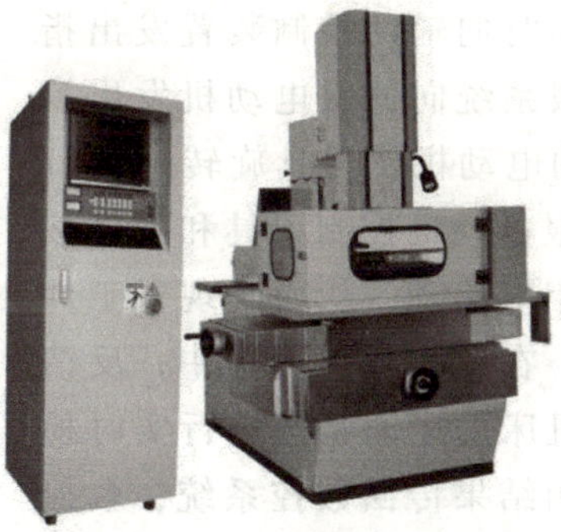

图 1-6　数控线切割机床

（6）其他数控机床　数控机床除以上的几种常见类型外，还有数控磨床、数控冲床、数控激光加工机床和数控超声波加工机床等，在此不作详述。

2. 数控机床的组成

数控机床主要由输入/输出装置、数控系统、伺服系统、辅助控制装置、反馈系统和机床本体等组成。如图 1-7 所示为数控铣床的外观结构。

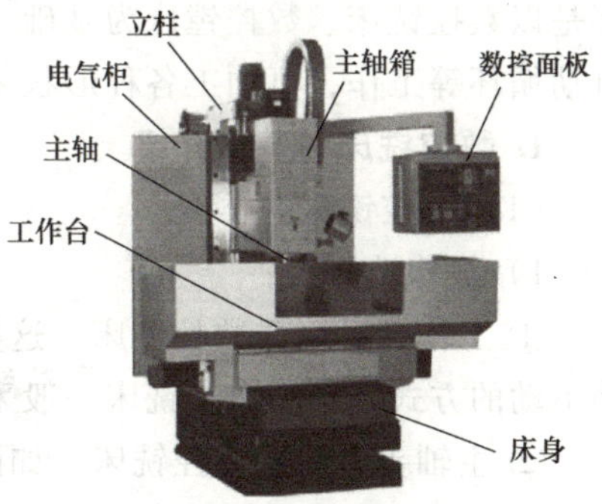

图 1-7　数控铣床的外观结构

（1）输入/输出装置　输入装置的作用是将数控加工信息读入数控系统的内存存储。常用的输入方式有手动输入（MDI）方式及远程通信方式等。输出装置的作用是为操作人员提供必要的信息，如各种故障信息和操作提示等。常用的输出装置有显示器和打印机等。

（2）数控系统　数控系统是数控机床实现自动加工的核心单元，它能够对数控加工信息进行数据运算处理，然后输出控制信号控制各坐标轴移动，从而使数控机床完成加工任务。

（3）伺服系统　伺服系统是数控系统和机床本体之间的传动环节，它主要接收来自数控系统的控制信息，并将其转换成相应坐标轴的进给运动和定位运动。伺服系统的精度和动态响应特性直接影响机床本体的生产率、加工精度和表面质量。伺服系统主要包括主轴伺服和进给伺服两大单元。伺服系统的执行元件有功率步进电动机、直流伺服电动机和交流伺服电动机。

（4）辅助控制装置　辅助控制装置是保证数控机床正常运行的重要组成部分。它主要是完成数控系统和机床之间的信号传递，从而保证数控机床的协调运动和加工的有序进行。

（5）反馈系统　反馈系统的主要任务是对数控机床的运动状态进行实时检测，并将检测结果转换成数控系统能识别的信号，以便数控系统能及时根据加工状态进行调整和补偿，保证加工质量。数控机床的反馈系统主要由速度反馈和位置反馈组成。

（6）机床本体　机床本体是数控机床的机械结构部分，是数控机床完成加工的最终执行部件，主要由床身、主轴、工作台、导轨、刀库和换刀装置等组成。

3. 数控机床工作原理

在数控机床加工之前，首先要根据零件形状、尺寸、精度和表面粗糙度等技术要求制订加工工艺，选择加工参数；其次通过手工编程或利用 CAM 软件自动编程，将编好的加工程序通过输入/输出装置输入到数控系统；然后数控系统对加工程序进行处理后，向伺服系统传送指令，同时向辅助控制装置发出指令；最后伺服系统向伺服电动机发出控制信号，主轴电动机使刀具旋转，*X*、*Y* 和 *Z* 向的伺服电动机控制刀具和工件按一定的轨迹相对运动，从而实现对工件的切削加工。在整个加工过程中，反馈系统对数控机床的运动状态进行实时检测，并将检测结果传回数控系统，数控系统及时根据加工状态进行调整和补偿，保证加工质量。数控机床工作原理如图 1-8 所示。

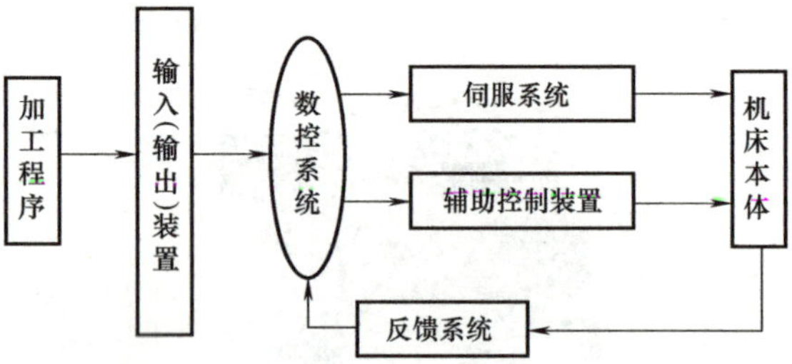

图 1-8　数控机床工作原理框图

1.1.2　数控铣床

数控铣床是一种加工功能很强的数控机床。加工中心、柔性制造单元、柔性制造系统等都是以数控铣床、数控镗床为基础。数控铣床能够完成基本的铣削、镗削、钻削、攻螺纹及自动循环等工作，可加工各种形状复杂的凸轮、样板及模具零件等。

二维码 1-2
认识数控铣床

1. 数控铣床的基本介绍

（1）数控铣床的类型

1）按构造分类：

① 工作台升降式数控铣床。这类数控铣床采用工作台移动、升降，而主轴不动的方式。小型数控铣床一般采用此种方式。如图 1-9 所示。

② 主轴头升降式数控铣床。如图 1-10 所示，这类数控铣床采用工作台纵向和横向移动，且主轴沿垂向溜板上下运动。该类铣床在精度保持、承载重量、系统构成等方面具有很多优点，已成为数控铣床的主流。

③龙门式数控铣床。如图 1-11 所示，这类数控铣床的主轴可以在龙门架的横向与垂向溜板上运动，而龙门架则沿床身做纵向运动。因要考虑到扩大行程、缩小占地面积及刚性等技术上的问题，大型数控铣床往往采用龙门式结构。

2）按通用铣床的分类方法分类：

① 立式数控铣床。其主轴轴线垂直于水平面，立式数控铣床在数量上一直占据数控铣床的大多数，应用范围也最广。从机床

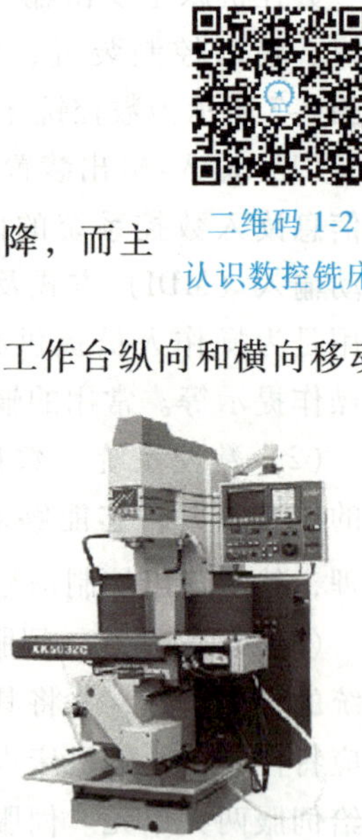
图 1-9　工作台升降式数控铣床

数控系统控制的坐标数量来看，目前三坐标立式数控铣床仍占大多数；一般可进行三坐标联动加工，但也有部分机床只能进行三个坐标中的任意两个坐标联动加工（常称为 2.5 轴加工）。

② 卧式数控铣床。其主轴轴线平行于水平面，如图 1-12 所示。为了扩大加工范围和扩充功能，卧式数控铣床通常采用增加数控转盘或万能数控转盘来实现四、五坐标加工。这样，不但工件侧面上的连续回转轮廓可以加工出来，而且可以实现在一次装夹中，通过转盘改变工位，进行“四面加工”。

图 1-10　主轴头升降式数控铣床

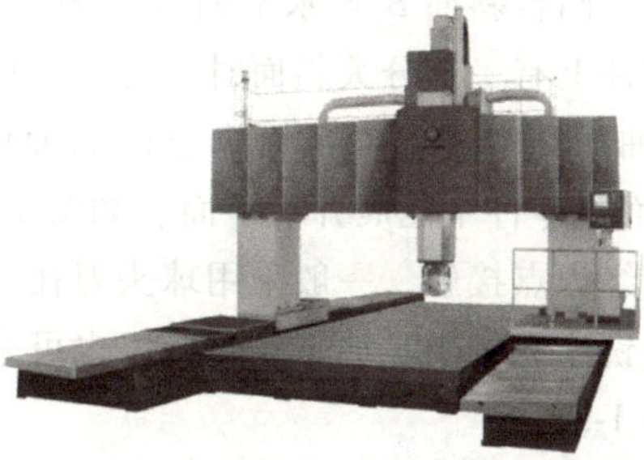

图 1-11　龙门式数控铣床

③ 立卧两用数控铣床。如图 1-13 所示，目前这类数控铣床已不多见，由于这类铣床的主轴方向可以更换，能达到在一台机床上既可以进行立式加工，又可以进行卧式加工，而同时具备上述两类机床的功能，其使用范围更广，功能更全，选择加工对象的余地更大，且给用户带来方便。这类机床特别适合生产批量小、品种较多，需要立、卧两种方式加工的场合。

图 1-12　卧式数控铣床

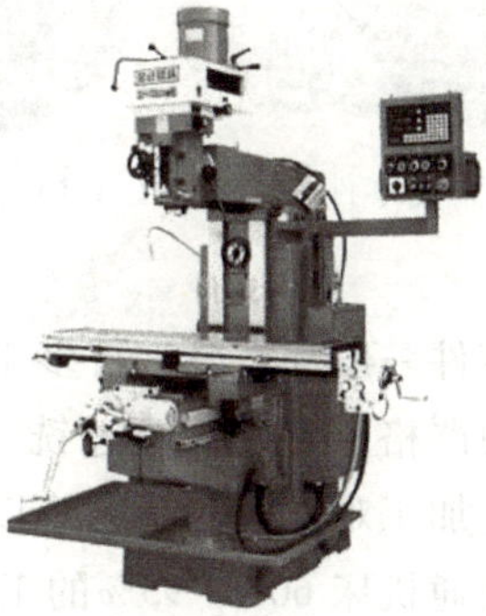

图 1-13　立卧两用数控铣床

（2）数控铣床的加工特点　数控铣床除了具有普通铣床加工的特点外，还具有如下加工特点：

1）零件加工的适应性强、灵活性好，能加工轮廓形状特别复杂或难以控制尺寸的零件，如模具类零件、壳体类零件等。

2）能加工普通机床无法加工或很难加工的零件，如用数学模型描述的复杂曲线零件以及三维空间曲面类零件。

3）能加工一次装夹定位后，需进行多道工序加工的零件。

4）加工精度高、加工质量稳定可靠。

5）生产自动化程度高，可以减轻操作者的劳动强度，有利于生产管理自动化。

6）生产效率高。

7）对刀具的要求较高，数控加工用刀具应具有良好的抗冲击性、韧性和耐磨性。在干式切削状况下，要求有良好的红硬性。

（3）数控铣床的加工对象 数控铣削主要包括平面铣削与轮廓铣削，也可以对零件进行钻、扩、铰、锪和镗孔加工与攻螺纹等。其主要适合于下列几类零件的加工：

1）平面类零件。平面类零件是指加工面平行或垂直于水平面，以及加工面与水平面的夹角为一定值的零件，这类加工面可展开为平面。

如图 1-14 所示的零件为平面类零件。其中，内腔轮廓面 *A* 垂直于水平面，可采用圆柱立铣刀加工。凸台斜面 *B* 与水平面成一固定角度，这类加工面可以采用成型铣刀来加工。此外，当零件上有一部分大斜面时，可用专用夹具（如斜板）垫平后加工。

2）曲面类零件。加工面为空间曲面的零件称为曲面类零件（如模具、叶片、螺旋桨等），曲面类零件不能展开为平面。如图 1-15 所示零件中的三个曲面结构。加工时，铣刀与加工面始终为点接触，一般采用球头刀在三坐标数控铣床上加工。当零件曲面特别复杂，三坐标数控铣床无法满足加工要求时，也可采用四坐标或五坐标数控机床进行加工，加工视频见二维码 1-3。

3）箱体类零件。箱体类零件一般是指具有一个以上孔系，内部有一定型腔或空腔，在长、宽、高方向有一定比例的零件。如汽车的发动机缸体、变速箱体、机床的主轴箱等，如图 1-16 所示为某箱体零件结构。

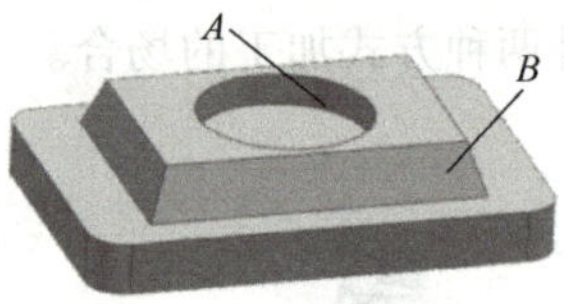

图 1-14 平面类零件

图 1-15 曲面类零件

图 1-16 箱体类零件

二维码 1-3
曲面类零件加工

箱体类零件一般都需要进行多工位孔系、轮廓及平面加工，公差要求较高，特别是几何公差要求较为严格，通常要经过铣、钻、扩、镗、铰、锪、攻螺纹等工序，需要刀具较多，在普通机床上加工难度大，精度难以保证。这类零件在数控铣床上或加工中心上加工，一次装夹可完成普通机床 60%~95%的工序内容，零件各项精度一致性好，质量稳定，同时节约加工成本，缩短生产周期。

虽然数控铣床加工范围广泛，但是因受数控铣床自身特点的制约，某些零件仍不适合在数控铣床上加工。如简单的粗加工面，加工余量不太充分或很不均匀的毛坯零件，以及生产批量特别大，而精度要求又不高的零件等。

（4）数控铣床的技术参数 数控铣床的主要技术参数有各坐标轴行程、主轴转速范围、进给速度、快速移动速度、坐标轴重复定位精度等。对零件进行加工前，应考虑机床的各项指标是否能够满足零件加工要求。表 1-1 是 KV650 立式数控铣床（配备 FANUC 0i 数控系统）的部分参数。

2. 常用数控系统介绍

（1）FANUC 数控系统 由日本富士通公司开发研制，该数控系统在我国得到了广泛的应用。目前我国市场上用于数控铣床（加工中心）的数控系统主要有 FANUC 21i、FANUC 18i、FANUC 0i 等系列。

表 1-1　KV650 立式数控铣床的部分参数

名　称	单　位	数　值
工作台面积(宽×长)	mm	405×1370
T 形槽数	条	5
T 形槽宽度	mm	16
T 形槽间距	mm	60
工作台纵向行程	mm	650
工作台横向行程	mm	450
主轴箱垂向行程	mm	500
主轴端面至工作台面距离	mm	100～600
主轴锥孔	ISO40	(刀柄 BT40)
转速范围	r/min	60～6000
进给速度(X,Y,Z)	mm/min	5～8000
快速移动速度(X,Y,Z)	mm/min	10000
定位精度	mm	0.008
重复定位精度	mm	0.005
机床需气源	MPa	0.5～0.6
加工工件最大重量	kg	700

(2) 西门子数控系统　由德国西门子公司开发研制，该系统在我国数控机床中的应用也相当普遍。目前我国市场上常用的有 SINUMERIK 840D/C、SINUMERIK 828D、802D/C/S 等型号。

(3) 主要国产数控系统　自 20 世纪 80 年代初，我国数控系统生产与研制得到了飞速的发展，如华中数控系统、广州数控系统、大连大森系统、北京凯恩帝数控系统、南京华兴数控系统等。如图 1-17、图 1-18 所示为广州数控 GSK983MA 与华中数控 HNC-818DiM 面板。

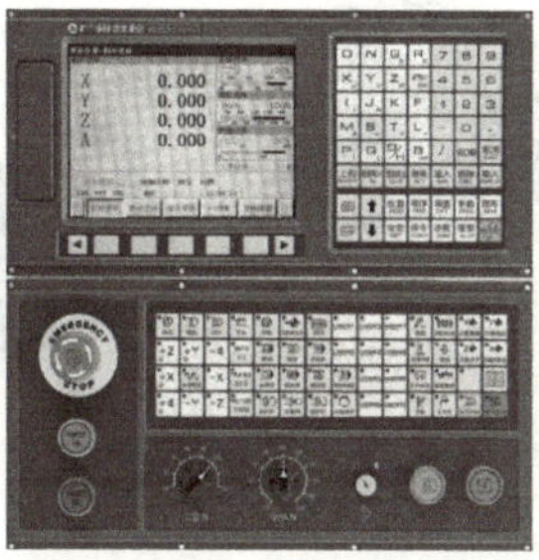

图 1-17　GSK983MA 数控系统面板

(4) 其他系统　除了以上三类主流数控系统外，使用较多的数控系统还有海德汉数控系统、三菱数控系统、施耐德数控系统，法格数控系统（图 1-19）等。

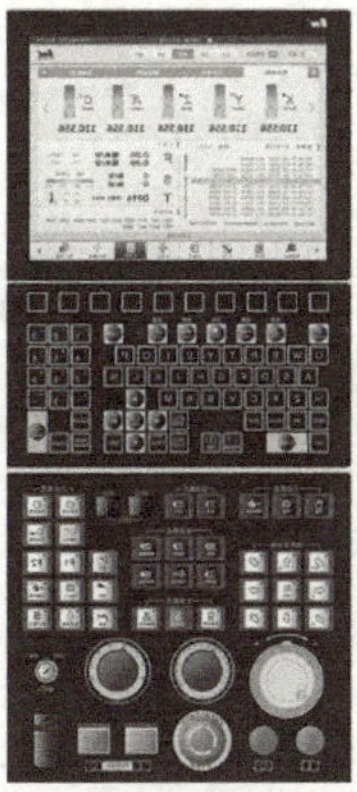

图 1-18　HNC-818DiM 数控系统面板

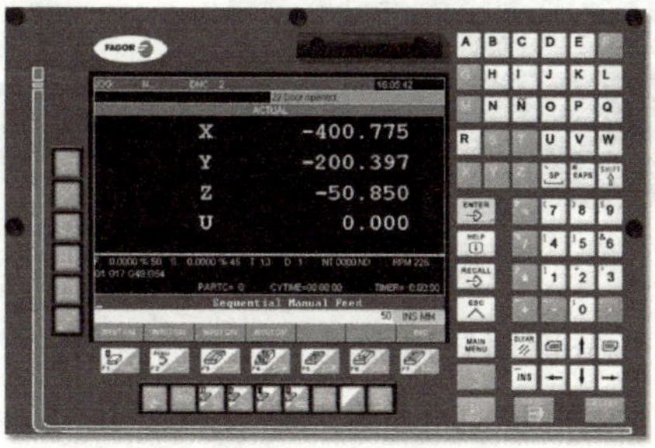

图 1-19　法格数控系统面板

任务1.2 认识数控铣削常用夹具与刀具

1.2.1 数控铣削常用夹具

在数控铣床上常用的夹具类型有通用夹具、组合夹具、专用夹具和成组夹具等，在选择时需要考虑产品的质量保证、生产批量、生产效率及经济性等因素。

1. 通用夹具

通用铣削夹具已实现了标准化。其特点是通用性强、结构简单，装夹工件时无须调整或稍加调整即可，主要用于单件小批量生产。通用铣削夹具有平口钳、通用螺钉压板、回转工作台和自定心卡盘等。

（1）机用平口钳（又称机用虎钳） 适用于尺寸较小的方形工件的装夹。由于其具有通用性强、夹紧快速、操作简单、定位精度较高等特点，因此被广泛应用。

数控铣削加工中一般使用精密平口钳（定位精度0.01~0.02mm）或工具平口钳（定位精度0.001~0.005mm）。当加工精度要求不高或采用较小夹紧力即可满足要求时，常用机械式平口钳，如图1-20所示；当加工精度要求较高且需要较大的夹紧力时，可采用液压式平口钳，如图1-21所示。

图1-20 机械式平口钳

图1-21 液压式平口钳

二维码1-4
数控铣床常用夹具

（2）螺钉压板 对于长宽尺寸较大、厚度较薄或四周不规则的工件，可用压板通过T形螺栓、螺母、垫铁等将工件压紧在工作台面上，如图1-22所示。

（3）铣床用卡盘 当需要在数控铣床上加工回转体零件时，可以采用自定心卡盘装夹，对于非回转零件可采用四爪单动卡盘装夹，如图1-23所示。

图1-22 螺钉压板

图1-23 铣床用卡盘

（4）分度回转用夹具

1）分度头。许多机械零件（如花键、离合器、齿轮等零件）在加工中心上加工时，常采用分度头分度的方法来等分每一个齿槽，从而加工出合格的零件。分度头是数控铣床或普通铣床的主要部件，如图1-24所示为数控分度头，如图1-25所示为数控分度头的应用。

图 1-24　数控分度头

图 1-25　数控分度头的应用

二维码 1-5
分度头加工

2）分度工作台。分度工作台只能完成分度运动，不能实现圆周进给，它是按照数控系统的指令，在需要分度时将工作台连同工件回转一定的角度，分度时也可以采用手动分度。分度工作台一般只能回转规定的角度（如 90°、60°或 45°等），如图 1-26 所示为分度工作台。

3）数控回转工作台。数控回转工作台能够完成圆周进给运动，进行各种圆弧加工或曲面加工，也可以进行分度工作。数控回转工作台可以使数控铣床增加一个或两个回转坐标，通过数控系统实现四坐标或五坐标联动，可有效扩大工艺范围，加工更为复杂的工件，如图 1-27 所示。

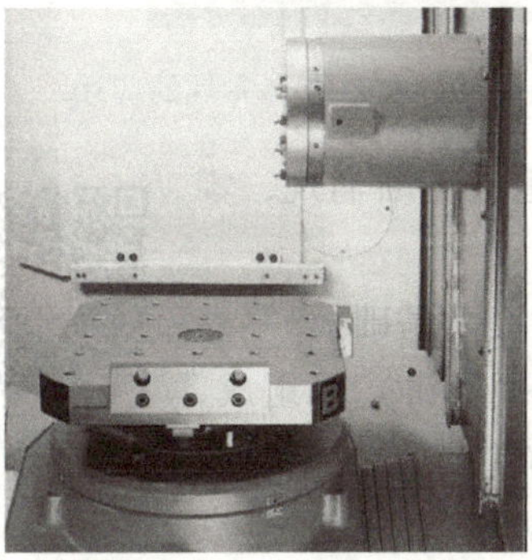

图 1-26　分度工作台

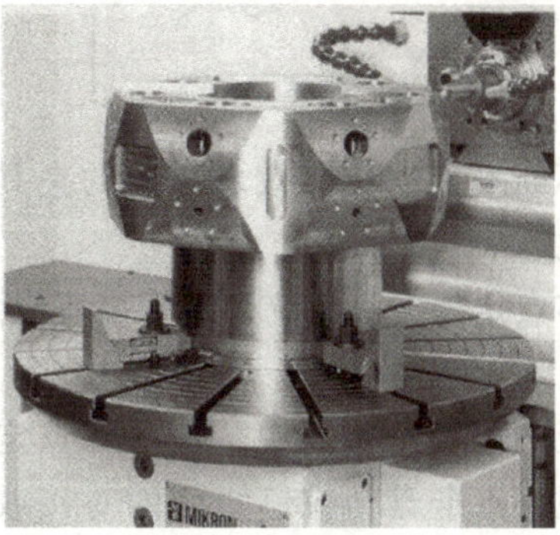

图 1-27　数控回转工作台

二维码 1-6
数控回转工作台加工

（5）电永磁夹具　电永磁夹具（图 1-28）是以永磁材料为磁力源，运用现代磁路原理而设计出来的一种夹具，电永磁夹具可以大幅度提高数控机床、加工中心的综合加工效能。

电永磁夹具的夹紧与松开过程只需 1s 左右，可大幅度缩短装夹时间，与常规机床夹具相比，电永磁夹具的装夹范围更大，能充分利用数控机床的工作台和工作行程，有利于提高数控机床的综合加工效能。

图 1-28　电永磁夹具

二维码 1-7
电永磁夹具

2. 专用夹具

专用夹具是专为某个零件的某道工序设计的。其特点是结构紧凑、操作迅速方便。但这类夹具的设计和制造的工作量大、周期长、投资大，只有在大批量生产中才能充分发挥它的经济效益。

3. 组合夹具

组合夹具是由一套预先制造好的标准元件组装而成的专用夹具。它具有专用夹具的优点，用完后可拆卸存放，从而缩短了生产准备周期，减少了加工成本。因此，组合夹具既适用于单件及中、小批量生产，又适用于大批量生产。如图 1-29、图 1-30 所示分别为孔系组合夹具组装示意图及孔系组合夹具的应用。

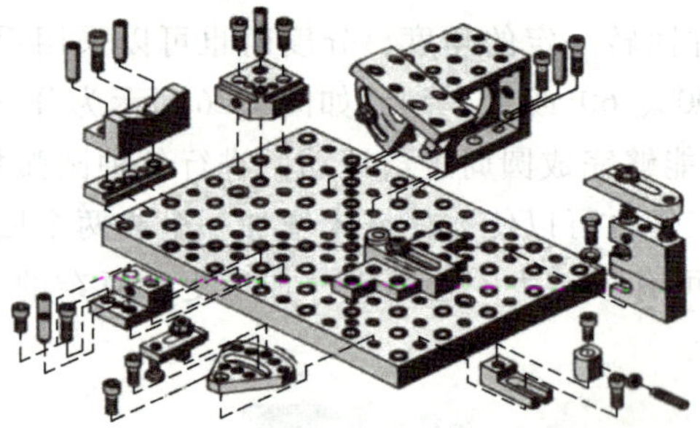

图 1-29　孔系组合夹具组装示意图

图 1-30　孔系组合夹具的应用

随着夹具技术的不断发展，更高效、快捷的夹具系统也在不断涌现，零点定位系统便是其中之一。

二维码 1-8
零点定位系统

零点定位系统即零点定位夹具系统，通常由零点定位模块（基础板+零点快换卡盘）（图 1-31）、零点定位拉钉、通用夹具（卡盘或平口钳）等组成，分为手动、气动和液压三种类型。其中，气动零点定位系统广为普及。通气时零点卡盘打开，实现零点卡盘与拉钉之间的对接或移除动作；断气时零点卡盘锁紧，实现零点卡盘对拉钉的定位和锁紧动作。无论是托盘、夹具、虎钳，还是工件，结合使用零点定位系统，在确定零点的情况下，可以实现极快速换装，且重复定位精度≤0.002mm。工件或工装在机床工作台上的定位和锁紧一步完成，整个过程仅需几秒。借助机外预调台，零点定位系统可实现零件的机外装夹，减少 90%的停机时间，大幅度地提高机床加工效率。零点定位系统配套机器人技术，可实现零件的自动化生产。零点定位系统的应用如图 1-32 所示。

图 1-31　零点定位模块

图 1-32　零点定位系统的应用

1—机床工作台　2　零点定位模块　3—自定心卡盘　4—工件

4. 数控铣削夹具的选用原则

在选用夹具时，通常需要考虑产品的生产批量、生产效率、质量保证及经济性等，选用时可参照下列原则：

1）在单件或研制新产品且零件比较简单时，尽量选择虎钳和自定心卡盘等通用夹具。

2）在生产量小或研制新产品时，应尽量采用通用组合夹具。

3）小批或成批生产时可考虑采用专用夹具，但应尽量简单。

4）在生产批量较大时可考虑采用多工位夹具和气动、液压夹具。

1.2.2　数控铣削常用刀柄系统

数控铣床或加工中心上使用的刀具是通过刀柄与主轴相连的，刀柄通过拉钉和主轴内的拉紧装置固定在主轴上，由刀柄夹持刀具传递速度、扭矩，如图 1-33 所示为液压刀柄的结构。最常用的刀柄与主轴孔的配合锥面一般采用 7：24 的锥度，这种锥柄不自锁，换刀方便，与直柄相比有较高的定心精度和刚度。现今，刀柄与拉钉的结构和尺寸已标准化和系列化，在我国应用最为广泛的是 BT40 与 BT50 系统刀柄和拉钉。

1. 刀柄分类

（1）按刀柄的结构分类

1）整体式刀柄。整体式刀柄直接夹住刀具，刚性好，但其规格、品种繁多，给生产带来不便。

2）模块式刀柄。模块式刀柄比整体式刀柄多出中间连接部分，装配不同刀具时更换连接部分即可，克服了整体式刀柄的缺点，但对连接精度、刚性、强度等有很高的要求。

（2）按刀柄与主轴连接方式分类

1）一面约束。刀柄以锥面与主轴孔配合，端面有 2mm 左右的间隙，如图 1-34a 所示。

2）二面约束。刀柄以锥面及端面与主轴孔配合，能确保在高速、高精度加工时的可靠性要求，如图 1-34b 所示。

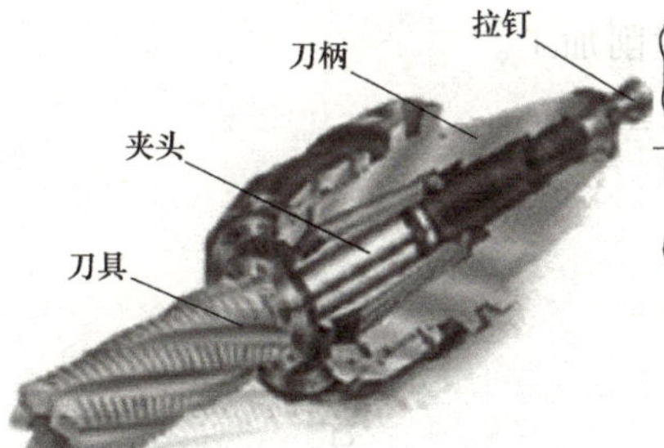

图 1-33　液压刀柄的结构

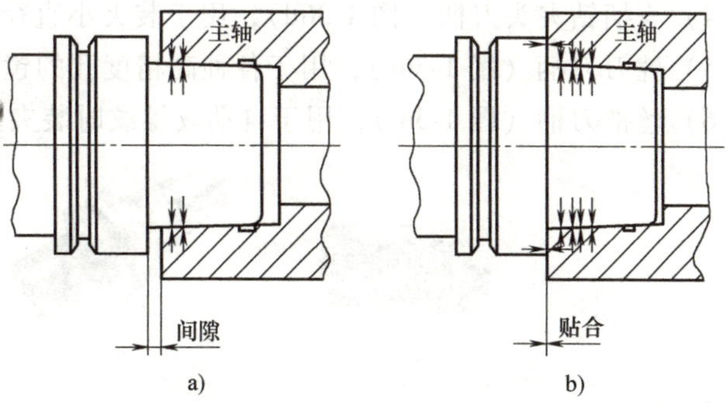

图 1-34　按刀柄与主轴连接方式分类

a）一面约束　b）二面约束

（3）按刀具夹紧方式分类

1）弹簧夹头式刀柄。如图 1-35a 所示，该类刀柄使用较为广泛，采用 ER 型卡簧进行刀柄与刀具之间的连接，适用于夹持直径 16mm 以下的铣刀进行铣削加工；若采用 KM 型卡簧，则为强力夹头刀柄，它可以提供较大的夹紧力，适用于夹持直径 16mm 以上的铣刀进行强力铣削。

二维码 1-9
常用刀柄与刀具

2）侧固式刀柄。如图1-35b所示，该类刀柄采用侧向夹紧，适用于切削力大的加工，但一种尺寸的刀具需配备对应的一种刀柄，规格较多。

3）热装夹紧式刀柄。如图1-35c所示，该类刀柄在装刀时，需要加热刀柄孔，将刀具装入刀柄后，冷却刀柄，靠刀柄冷却收缩以很大的夹紧力来夹紧刀具。这种刀柄装夹刀具后，径向跳动小、夹紧力大、刚性好、稳定可靠，非常适合高速切削加工。但由于安装与拆卸刀具不便，不适用于经常换刀的场合。

4）液压夹紧式刀柄。如图1-35d所示，该类刀柄采用液压夹紧刀具，夹持效果好，且刚性好，可提供较大的夹紧力，非常适合高速切削加工。

a) b) c) d)

图1-35 按刀具夹紧方式分类

a）弹簧夹头式刀柄 b）侧固式刀柄 c）热装夹紧式刀柄 d）液压夹紧式刀柄

（4）按允许转速分类

1）低速刀柄。低速刀柄一般指用于主轴转速在8000r/min以下的刀柄。

2）高速刀柄。高速刀柄一般指用于主轴转速在8000r/min以上的高速加工的刀柄，其上有平衡调整环，必须通过动平衡检测后方可使用。

（5）按所夹持的刀具分类

1）圆柱铣刀刀柄（图1-36a），用于夹持圆柱铣刀。

2）锥柄钻头刀柄（图1-36b），用于夹持莫氏锥度刀杆的钻头、铰刀等。

3）面铣刀刀柄（图1-36c），与面铣刀盘配套使用。

4）直柄钻夹头刀柄（图1-36d），用于装夹小直径的中心钻、直柄麻花钻等。

5）镗刀刀柄（图1-36e），用于各种高精度孔的镗削加工。

6）丝锥刀柄（图1-36f），用于自动攻螺纹时装夹丝锥。

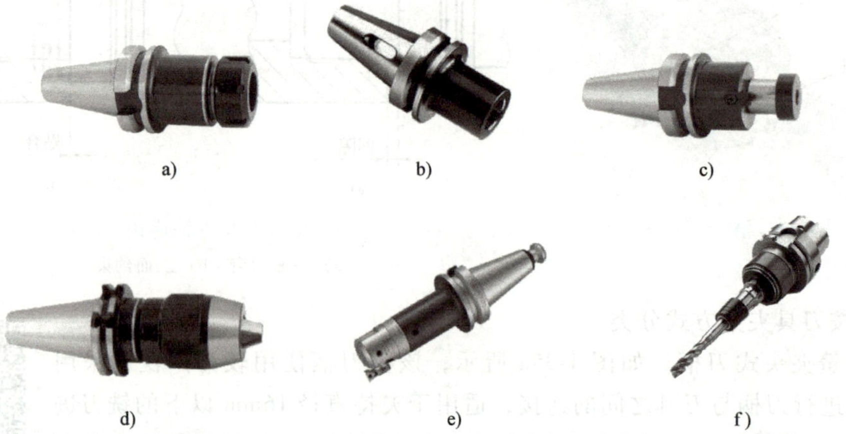

a) b) c) d) e) f)

图1-36 按所夹持的刀具分类

a）圆柱铣刀刀柄 b）锥柄钻头刀柄 c）面铣刀刀柄 d）直柄钻夹头刀柄 e）镗刀刀柄 f）丝锥刀柄

2. 拉钉

数控铣床或加工中心用拉钉如图 1-37 所示，其尺寸也已标准化，ISO 和 GB 规定了 A 型和 B 型两种形式的拉钉，其中，A 型拉钉用于不带钢球的拉紧装置，B 型拉钉用于带钢球的拉紧装置。

3. 弹簧夹头及中间模块

弹簧夹头一般有 ER 弹簧夹头和 KM 弹簧夹头两种，如图 1-38 所示。ER 弹簧夹头的夹紧力较小，适用于切削力较小的场合；KM 弹簧夹头的夹紧力较大，适用于强力切削。

中间模块如图 1-39 所示，是刀柄和刀具之间的中间连接装置，中间模块提高了刀柄的通用性能。

图 1-37　拉钉

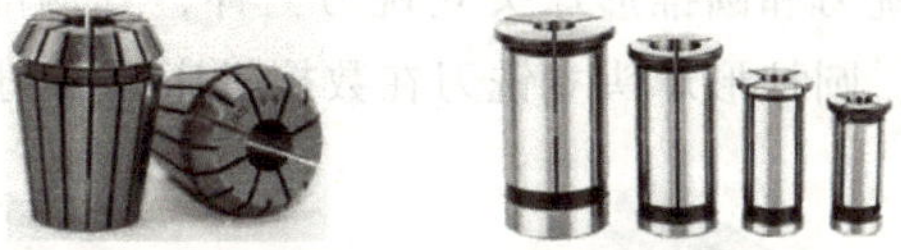

a)　　b)

图 1-38　弹簧夹头

a）ER 弹簧夹头　b）KM 弹簧夹头

a)　　b)　　c)

图 1-39　中间模块

a）精镗刀中间模块　b）攻螺纹夹套　c）钻夹头接杆

1.2.3　常用轮廓铣削刀具

常用轮廓铣削刀具主要有面铣刀、平底立铣刀、键槽铣刀、模具铣刀和成形铣刀等。

1. 面铣刀

如图 1-40 所示，面铣刀的圆周表面和端面上都有切削刃，圆周表面的切削刃为主切削刃，端面上的切削刃为副切削刃。面铣刀的刀片和刀齿与刀体的安装方式有整体焊接式、机夹焊接式和可转位式三种，其中可转位式是当前最常用的一种安装方式。

根据面铣刀刀具型号的不同，面铣刀直径可取 $d=40\sim400\text{mm}$，螺旋角 $\beta=10°$，刀齿数取 $z=4\sim20$。

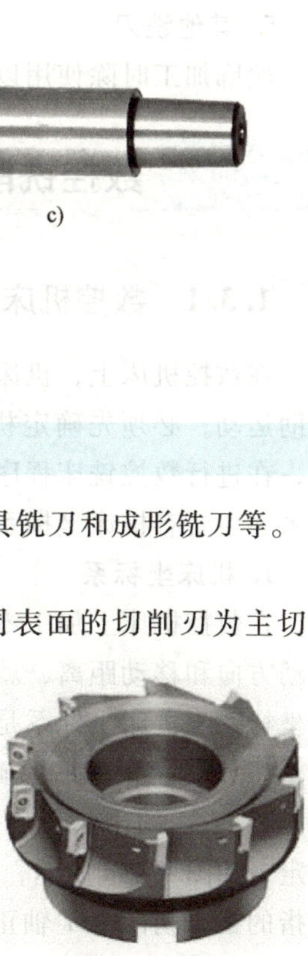

图 1-40　面铣刀

2. 平底立铣刀

如图 1-41 所示，平底立铣刀是数控铣床上用得最多的一种铣刀，其圆柱表面和端面上都有切削刃，圆柱表面的切削刃为主切削刃，端面上的切削刃为副切削刃，它们可同时进行切削，也可单独进行切削。主切削刃一般为螺旋齿，这样可以增加切削平稳性，提高加工精度。由于普通立铣刀端面中心处无切削刃（常见于HSS材料的立铣刀），所以不能进行轴向进给，端面刃主要用来加工与侧面相垂直的底平面。

3. 键槽铣刀

如图1-42所示，键槽铣刀一般只有两个刀齿，圆柱面和端面都有切削刃，端面刃延伸至中心，既像立铣刀，又像钻头。加工时先轴向进给达到槽深，然后沿键槽方向铣出键槽全长。

按国家标准规定，直柄键槽铣刀直径 $d=2\sim22$mm，锥柄键槽铣刀直径 $d=14\sim50$mm。

4. 模具铣刀

模具铣刀由立铣刀发展而成，可分为圆锥形立铣刀（圆锥半角 $\alpha=3°$、$5°$、$7°$、$10°$）、圆柱形球头立铣刀和圆锥形球头立铣刀三种，其柄部有直柄、削平型直柄和莫氏锥柄三种。在模具铣刀中，圆柱形球头立铣刀在数控机床上应用较为广泛，如图1-43所示。

图1-41 平底立铣刀

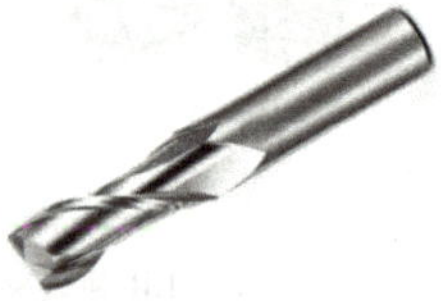

图1-42 键槽铣刀

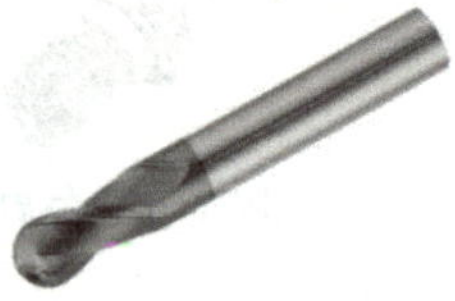

图1-43 球头立铣刀

5. 其他铣刀

轮廓加工时除使用以上几种铣刀外，还使用鼓形铣刀和成形铣刀等。

任务1.3 数控铣削编程基础

1.3.1 数控机床坐标系

在数控机床上，机床的动作是由数控系统来控制的，为了确定数控机床上的成形运动和辅助运动，必须先确定机床上运动的位移和运动的方向，这就需要通过坐标系来实现。因此，在进行数控铣床程序编制及数控机床操作之前首先需要认识的便是与数控机床相关的坐标系，主要有机床坐标系、编程坐标系及加工坐标系三类。

1. 机床坐标系

在数控机床上加工零件，机床动作是由数控系统发出的指令来控制的。为了确定机床的运动方向和移动距离，就要在机床上建立一个坐标系，这个坐标系就叫机床坐标系，也叫标准坐标系。机床坐标系是机床上固有的、用来确定其他坐标系的基础坐标系。

（1）机床坐标系的确定原则

1）右手笛卡尔直角坐标系原则。数控机床坐标系的直线轴采用右手笛卡尔直角坐标系确定。如图1-44a所示，三根手指自然伸开、相互垂直，大拇指的指头朝向为 X 轴正方向，食指的指头朝向为 Y 轴正方向，中指的指头朝向为 Z 轴正方向。

2）刀具相对于静止工件运动原则。数控铣床的加工动作主要分刀具动作和工件动作两部分。在确定机床坐标系的运动方式时假定工件不动，刀具相对于静止的工件而运动。

3）运动方向判断原则。对于机床坐标系直线轴的方向，均以增大工件和刀具间距离的方向为正方向，即刀具远离工件的方向为正方向。

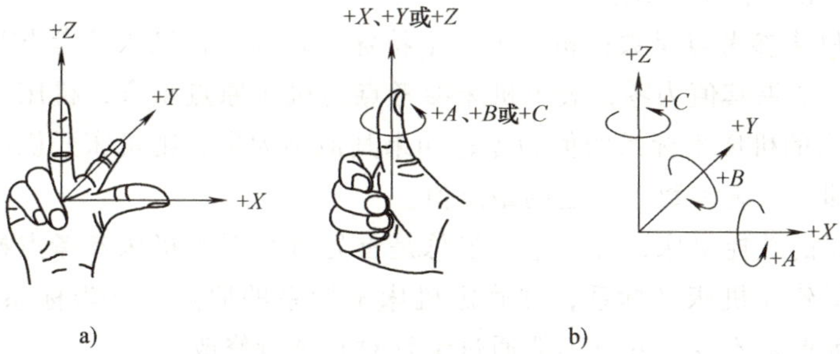

图 1-44　右手笛卡儿直角坐标系

a）直线轴的确定　b）旋转轴的确定

二维码 1-10

坐标轴正负方向

（2）机床坐标系的确定方法

1）*Z* 轴。*Z* 轴坐标的运动由传递切削力的主轴所决定，无论哪种机床，与主轴轴线平行的坐标轴即为 *Z* 轴。

2）*X* 轴。*X* 轴坐标一般为水平方向，它垂直于 *Z* 轴且平行于工件的装夹面。对于立式铣床，*Z* 轴方向是垂直的，判断方式为站在工作台前，从刀具主轴向立柱看，水平向右为 *X* 轴的正方向，如图 1-45 所示。对于卧式铣床，*Z* 轴是水平的，则从主轴向工件看（即从机床背面向工件看），向右方向为 *X* 轴的正方向，如图 1-46 所示。

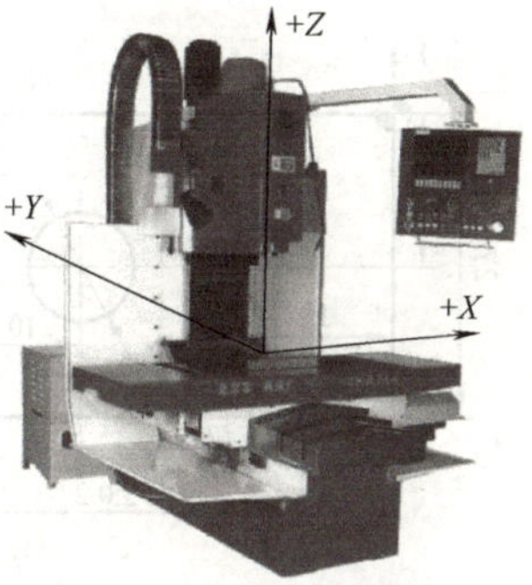

图 1-45　立式铣床坐标系

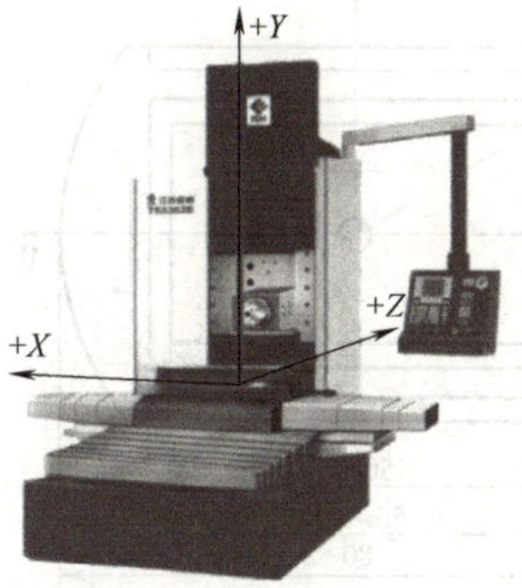

图 1-46　卧式铣床坐标系

3）*Y* 轴。*Y* 轴坐标根据右手笛卡儿直角坐标系（图 1-44）来进行判别。

由此可见，确定坐标系各坐标轴时，总是先根据主轴来确定 *Z* 轴，然后确定 *X* 轴，最后确定 *Y* 轴。

4）旋转轴。在数控机床上除了直线轴以外，还采用右手螺旋定则规定了各旋转轴及其运动方向，绕 *X*、*Y*、*Z* 三个直线坐标轴旋转分别为 *A*、*B*、*C* 三个旋转轴。如图 1-44b 中所示，右手大拇指自然伸开，其余四指自然旋转握拳，大拇指的指头朝向直线轴的正方向，则其余四指的指头旋向便是该直线轴所对应的旋转轴的正方向。

二维码 1-11

各坐标轴运动

2. 机床原点、机床参考点

（1）机床原点　机床原点（亦称为机床零点）是机床上设置的一个固定点，用以确定机床坐标系的原点。它在机床装配、调试时就已设置好，一般情况下不允许用户进行更改，机床原点又是数控机床加工运动的基准参考点，数控铣床的机床原点一般设在刀具远离工件的极限点处，即各坐标轴正方向的极限点处。

（2）机床参考点　机床参考点是数控机床上一个特殊位置的点，机床参考点与机床原点的距离由系统参数设定。如果其值为零，表示机床参考点与机床原点重合，机床开机返回机床参考点（回零）后显示的机床坐标系的值为零；如果其值不为零，则机床开机回参考点后显示的机床坐标系的值即是系统参数中设定的距离值。

对于配备增量编码器的数控机床，开机第一步总是首先进行返回机床参考点操作。开机回参考点的目的就是为了建立机床坐标系，并确定机床坐标系的原点。该坐标系一经建立，只要机床不断电，将永远保持不变，并且不能通过编程对它进行修改。

3. 编程坐标系

（1）编程坐标系　编程坐标系是针对某一具体加工对象，根据零件图样而建立的用于编制加工程序的坐标系。编程坐标系的原点称为编程原点，它是编制加工程序时进行数据计算的基准点。编程坐标系各坐标轴的正负方向一般与机床坐标系各坐标轴方向一致。

（2）编程原点的一般选择方法　对于结构较规则的零件，其编程原点在高度方向一般取在零件的上表面，在水平方向的选择有两种情况：当工件对称时，一般以对称中心作为编程原点；当工件不对称时，一般选取工件其中的一角或尺寸标注基准作为编程原点，以便于编程数据的计算，如图1-47所示。另外，对于结构不规则或结构复杂的零件，编程原点的选择不仅需要从工艺角度考虑，而且应尽量考虑有利于数据计算、有利于零件加工等因素。

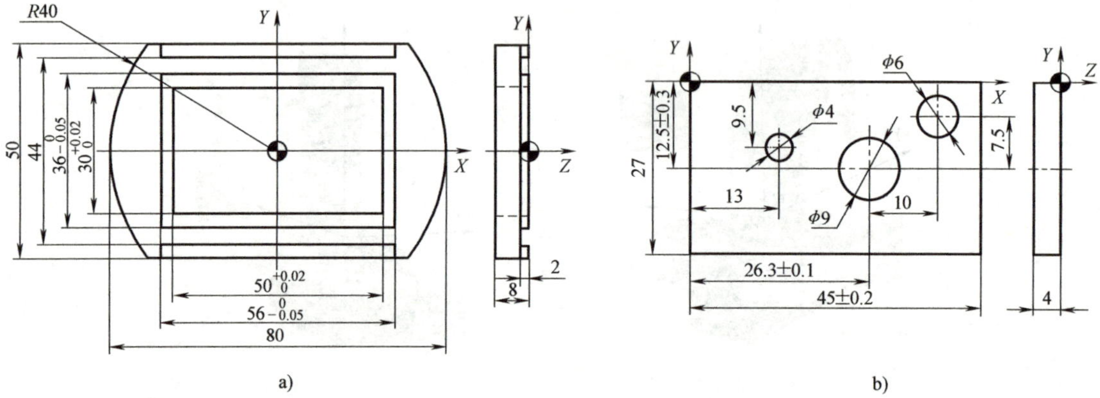

图1-47　编程原点设置

a）对称图形编程原点设置　b）非对称图形编程原点设置

4. 加工坐标系

（1）加工原点　加工原点亦称工件原点，是指工件在机床上被装夹好后，相应的编程原点在机床坐标系中的坐标位置。

在运行程序之前，首先要将加工原点在机床坐标系中的坐标位置输入数控系统，然后数控系统才能根据加工原点坐标值及编程数据来完成工件加工数据的运算。确定加工原点在机床坐标系中的坐标位置是通过对刀来实现的，有关对刀的相关知识在本书后续内容中将会详细介绍。

加工原点与编程原点的区别在于它们的确定位置不同，加工原点是在实际被加工工件（毛坯）上确定的加工基准，而编程原点是在图样上确定的编程基准；加工原点相对于实际工件（毛坯）的位置可以发生改变，编程原点相对于图样上工件位置是固定的。

当毛坯上的加工余量不均匀时，需要合理选择加工原点，才能保证工件加工结果的完整性。如图 1-48 所示的工件，因其毛坯各表面不平整，所以加工原点的位置在高度方向上应低于毛坯上表面，水平方向上为了保证工件的完整性而需要偏离毛坯的对称中心。当需要在一个毛坯上加工多个工件时，加工原点的选择不仅要保证毛坯的利用率高，还要保证每一个工件轮廓都能够完整地在毛坯上加工出来。

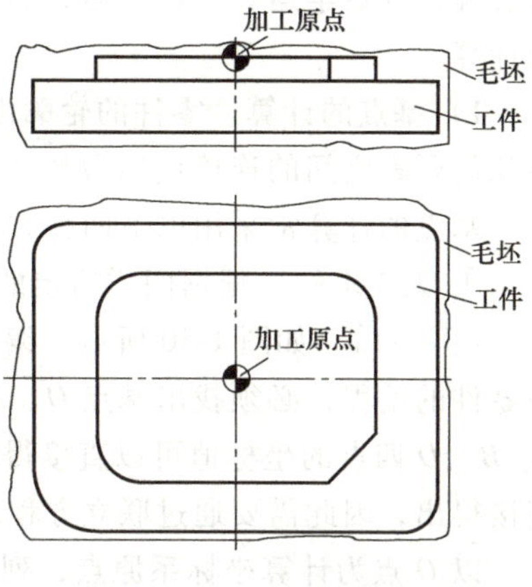

图 1-48 加工原点的设置

(2) 加工坐标系 加工坐标系亦称工件坐标系，当加工原点确定后，加工坐标系便随之确定。加工坐标系的各坐标轴方向与编程坐标系各坐标轴方向相同。

1.3.2 程序编制基础

二维码 1-12 不同加工原点的加工

1. 数控编程基础知识

(1) 数控编程的定义 为了使数控机床能根据零件加工的要求进行动作，必须将这些要求以机床数控系统能识别的指令告知数控系统，这种数控系统可以识别的指令称为程序，制作程序的过程称为数控编程。

(2) 数控编程的分类 数控编程可分为手工编程和自动编程两种。

1) 手工编程指编程的全过程均由手工来完成。较适合形状简单、计算方便的零件。

2) 自动编程指采用 CAD/CAM 软件进行程序编制。较适合形状复杂的零件，如模具零件、多轴联动加工的零件等。

(3) 数控编程的内容与步骤（图 1-49）

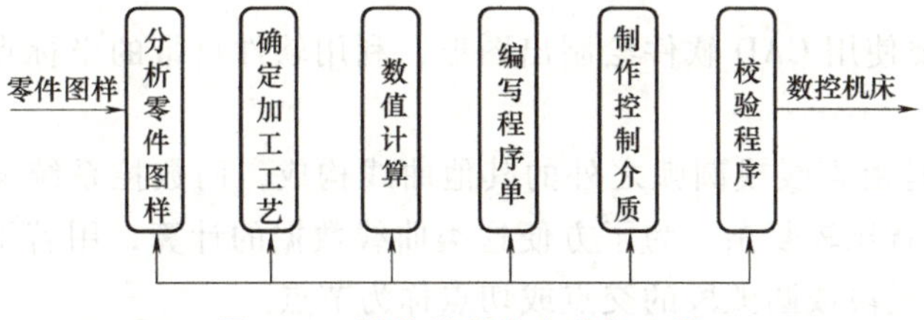

图 1-49 数控编程的内容与步骤

二维码 1-13 程序编制基础

1) 分析零件图样。对零件结构、尺寸精度、几何公差、表面粗糙度、技术要求的分析，以及对零件材料、热处理等要求的分析。

2) 确定加工工艺。选择加工方案、加工路线，选择装夹方式、刀具、切削参数等。

3) 数值计算。建立编程坐标系，对零件轮廓上各基点或节点进行准确的数值计算。

4) 编写加工程序单。根据数控机床规定的指令及程序格式编写加工程序单。

5) 制作控制介质。现在大多数程序采用移动存储器、硬盘作为存储介质，使用计算机进行传输。

6) 程序校验。加工程序必须经过校验并确认无误后才能使用。

(4) 数控编程的数学运算 根据零件图样，用适当的方法将数控编程有关数据计算出来的过程称为数学运算。数学运算的内容包括零件轮廓的基点和节点坐标以及刀位点轨迹坐标的计算。

1）基点的计算。零件的轮廓由许多不同的几何要素组成，如直线、圆弧、二次曲线等，各几何要素之间的连接点称为基点，如图 1-50 中所示的 *A*、*B*、*C*、*D*、*O* 均为基点。

基点的计算常采用以下两种方法：

① 人工求解。根据图样给定的尺寸，运用代数或几何知识，人工计算出基点数值。

［例 1-1］ 如图 1-50 所示，编程坐标系原点为 *O* 点，*X*、*Y* 轴方向如图中所示。要完成该零件的编程，必须找出基点 *O*、*A*、*B*、*C*、*D* 的坐标值。通过分析该零件图中各尺寸，*O*、*A*、*B*、*D* 四点的坐标值可以直接得出，但 *C* 点位于 *BC* 圆弧段与 *CD* 直线段的切点处，不能直接得出，因此需要通过联立方程求解。

以 *O* 点为计算坐标系原点，列出以下两方程：

直线方程：$Y=\tan(\alpha+\beta)X+10$

圆弧方程：$(X-80)^2+(Y-24)^2=30^2$

通过解方程组可求得 *C* 点坐标为（*X*64.279，*Y*51.551）。

图形中的各基点计算结果如表 1-2 所示。

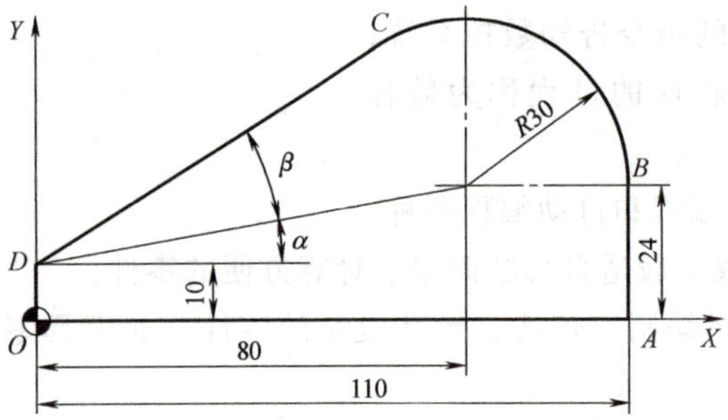

图 1-50 基点计算图样

表 1-2 各基点坐标数据

基点	坐标值	
O	X0	Y0
A	X110.0	Y0
B	X110.0	Y24.0
C	X64.279	Y51.551
D	X0	Y10.0

② CAD 软件绘图分析。根据需要使用 CAD 软件绘制出图形，利用软件自带的坐标点查询等功能查取坐标值。

2）节点的计算。如果零件轮廓是由直线或圆弧之外的其他曲线构成，而数控系统又不具备该曲线的插补功能，其数据计算就比较复杂。为了方便这类曲线数据的计算，用若干直线或圆弧来逼近。通常将这些相邻直线段或圆弧段的交点或切点称为节点。

如图 1-51 中所示的曲线是采用直线逼近，该曲线与逼近直线的各交点（如 *A*、*B*、*C*、*D*、*E*、*F*、*G*）即为节点。在进行数控编程前，首先需要计算出各节点的坐标值，通常情况下需要借助 CAD/CAM 软件进行处理。如图 1-51 中所示，通过选择 7 个节点，使用 6 个直线段来逼近该曲线，因而有 6 个直线插补程序段。当节点的数量越多，由直线逼近曲线而产生的误差越小，同时程序段越多。因此节点数目的多少决定了加工精度及程序长度。

图 1-51 轮廓节点

2. 数控加工程序的格式

每一种数控系统，根据系统本身的特点与编程的需要，都规定有相应的程序格式。本书以 FANUC 数控系统为例进行说明。

（1）程序的组成 一个完整的程序由程序名、程序内容和程序结束组成（表 1-3）。

表 1-3 程序组成

%	程序起始符
O0001；	程序名
N10 G90 G80 G40 G17 G21； N20 G54 G00 X150.0 Y150.0； N30 M03 S900； N40 G43 Z200.0 H01； N50 G00 Z5.0 M08； …… N200 G00 Z200.0 M09；	程序内容
N210 M30；	程序结束
%	程序结束符

1）程序名。用于区别零件加工程序的代号称为程序名。程序名是加工程序开始部分的识别标记，同一数控系统中的程序名不能重复。程序名写在程序的最前面，通常单独占一行。

FANUC 系统程序名的书写格式为 O××××，其中 O 为地址符，其后为四位数字，值从 0000 到 9999，在书写时其数字前的零可以省略不写，如 O0020 可写成 O20。

2）程序内容。程序内容是整个加工程序的核心，由许多程序段组成，每个程序段由一个或多个指令字构成，它表示数控机床中除程序结束外的全部动作。

3）程序结束。程序结束由程序结束指令构成，代表零件加工程序的结束，必须写在程序的最后，通常单独占一行。

4）程序起始符/结束符。程序起始符与结束符为同一字符，用以区分不同的程序文件。在手工输入程序时该符号被数控系统自动添加，不需要单独输入。

（2）程序段的组成

1）程序段的基本格式。程序段格式是指在一个程序段中，字、字符、数据的排列、书写方式和顺序。程序段是程序的基本组成部分，每个程序段由若干个地址字构成，而地址字又由表示地址的英文字母、特殊文字和数字构成。其格式如下：

N__	G__	X__	Y__	F__	M__	S__	T__	；
程序段号	准备功能	尺寸字		进给功能	辅助功能	主轴功能	刀具功能	结束标记
	程序段中间部分							

［例 1-2］ N10 G01 X30.0 Y25.5 F150 M03 S1500 T02；

① 程序段号与程序段结束标记。程序段由程序段号 N××开始，以程序段结束标记“；”结束。

N××为程序段号，由地址符 N 和后面的若干位数字表示。在大部分系统中，程序段号仅作为“跳转”或“程序检索”的目标位置指示，因此它的大小及顺序可以颠倒，也可以省略。程序段在存储器内以输入的先后顺序排列，而程序的执行是严格按信息在存储器内的先后顺序逐段执行，即执行的先后顺序与程序段号无关。

②程序段的中间部分。程序段的中间部分是程序段的内容，主要包括准备功能字、尺寸功能字、进给功能字、主轴功能字、刀具功能字和辅助功能字等，但并不是所有程序段都必

须包含这些功能字，有时一个程序段内可仅含有其中一个或几个功能字，如表1-3中的部分程序段所示。

2）程序段注释。为了方便检查、阅读数控程序，可在程序中写入注释信息。注释不会影响程序的正常运行。FANUC系统的程序段注释用“（　）”括起来放在程序段的最后，且只能放在程序段的最后，不允许插在地址和数字之间。如以下程序段所示：

O1001；　　　　　　　（CU-D8）

G21 G90 G40 G80 G17；（BAO HU TOU）

G43 G00 Z100.0 H01；　（TOOL H1）

二维码 1-14
数控系统常用功能

3. 数控系统常用的功能

（1）功能介绍　数控系统常用功能有准备功能、辅助功能和其他功能三种，这些功能是编制加工程序的基础。

1）准备功能。准备功能又称G功能（G指令），是数控机床完成某些准备动作的指令。它由地址符G和后面的两到三位数字组成，如G01、G90等。FANUC数控系统中数控铣床常用G指令及功能如表1-4所示。

表1-4 数控铣床常用G指令及功能

G指令	组别	功　能	G指令	组别	功　能
◤ G00	01	快速点定位	◤ G54	14	选择第1工件坐标系
◤ G01		直线插补	G55		选择第2工件坐标系
G02		圆弧/螺旋线插补（顺圆）	G56		选择第3工件坐标系
G03		圆弧/螺旋线插补（逆圆）	G57		选择第4工件坐标系
G04	00	暂停	G58		选择第5工件坐标系
◤ G15	17	极坐标指令取消	G59		选择第6工件坐标系
G16		极坐标指令	G61	15	准确停止方式
◤ G17	02	选择XY平面	◤ G64		切削方式
G18		选择XZ平面	G65	00	宏程序调用
G19		选择YZ平面	G66	12	宏程序模态调用
G20	06	英制尺寸输入	◤ G67		宏程序模态调用取消
G21		公制尺寸输入	G68	16	坐标旋转
G28	00	返回参考点	◤ G69		坐标旋转取消
G29		从参考点返回	G73	09	深孔钻削循环
G30		返回第2,3,4参考点	G76		精镗循环
G31		跳转功能	◤ G80		固定循环取消
◤ G40	07	刀具半径补偿取消	G81		钻孔循环、钻中心孔循环
G41		左侧刀具半径补偿	G82		钻孔循环、锪孔循环
G42		右侧刀具半径补偿	G83		排屑钻孔循环
G43	08	正向刀具长度补偿	G84		攻丝循环
G44		负向刀具长度补偿	G85		铰孔循环
◤ G49		刀具长度补偿取消	◤ G90	03	绝对值编程
◤ G50	11	比例缩放取消	G91		增量值编程
G51		比例缩放有效	G92	00	设定工件坐标系
◤ G50.1	22	可编程镜像取消	◤ G94	05	每分钟进给
G51.1		可编程镜像有效	G95		每转进给
G52	00	局部坐标系设定	◤ G98	10	在固定循环中，Z轴返回到起始点
G53		选择机床坐标系	G99		在固定循环中，Z轴返回R平面

说明：表中开机默认指令以符号“◤”表示。

2）辅助功能。辅助功能又称M功能（M指令）。它由地址符M和后面的两位数字组成，从M00~M99共100种。

辅助功能主要控制机床或系统的各种辅助动作，如切削液的开与关、主轴的正反转及停止、程序的结束等。表1-5中列出了FANUC数控系统的部分M指令及功能。

表1-5 M指令及功能

指令	功能	指令	功能
M00	停止程序运行	M06	换刀
M01	选择性停止	M08	切削液开启
M02	主程序结束	M09	切削液关闭
M03	主轴正转	M30	主程序结束并返回程序头
M04	主轴反转	M98	子程序调用
M05	主轴停转	M99	子程序结束并返回主程序

因数控系统及机床生产厂家的不同，其G/M指令的功能不尽相同，同一数控系统指令在数控铣床与数控车床中的功能也不尽相同，操作者在进行数控编程时，一定要严格按照机床（系统）说明书的规定进行。

在同一程序段中，有多个G/M指令或其他指令同时存在时，它们执行的先后顺序等情况由系统参数设定，为保证程序的正确执行，如M30、M02、M98等指令最好用单独的程序段进行指定。

3）其他功能。

① 坐标功能字。坐标功能字又称尺寸功能字，用来设定机床各坐标的位移量。它一般以X、Y、Z、U、V、W、P、Q、R、A、B、C、D、E以及I、J、K等地址符为首，在地址符后紧跟"+"或"-"号和一串数字表示，分别用于指定直线坐标、角度坐标及圆心坐标的尺寸。如X150.0、A-20.5、J-32.054等。但一些个别地址符也可用于指定暂停时间等。

②刀具功能字。刀具功能字又称T功能，是系统进行选刀或换刀的功能指令。刀具功能用地址符T及后面的一组数字表示。常用刀具功能的指定方法有T××××位数法和T××位数法两种。

在数控铣削编程中通常用T××位数法。该两位数用于指定刀具号，如T03表示选用3号刀具；T18表示选用18号刀具。

③进给功能字。进给功能字又称F功能，用来指定刀具相对于工件的运动速度，由地址符F和其后面的数字组成。根据加工的需要，进给功能分为每分钟进给和每转进给两种，并以其对应的功能字进行转换。

a. 每分钟进给（G94）。其直线运动的单位为毫米/分钟（mm/min），角度运动的单位为度/分钟（°/min），通过准备功能字G94来指定。该指令可单独一个程序段，也可与运动指令写在同一程序段中。如以下程序段所示：

G94 G01 Y100.0 F260;（进给速度为260mm/min）

G94 G01 A80.0 F260;（进给速度为260°/min）

b. 每转进给（G95）。其单位为毫米/转（mm/r），通过准备功能字G95来指定。如以下程序段所示：

G95 G33 Z-35.5 F2.5;（进给速度为2.5mm/r）

G95 G01 Z30.0 F0.2；（进给速度为 0.2mm/r）

在编程时，进给速度不允许用负值来表示。在除螺纹加工以外的机床运行过程中，均可通过机床操作面板上的进给倍率修调旋钮来对其速度值进行实时调节。

④ 主轴功能字。主轴功能字又称 S 功能，用以控制主轴转速，由地址符 S 及其后面的一组数字组成。其单位为 r/min。

在编程时，主轴转速不允许用负值来表示。在实际操作过程中，可通过机床操作面板上的主轴倍率修调旋钮来对其进行调节。

主轴的正转、反转、停止由辅助功能 M03/M04/M05 进行控制。其指令格式如下所示：

M03 S1500；（主轴正转，转速 1500r/min）

M04 S400；（主轴反转，转速 400r/min）

M05；（主轴停转）

（2）常用功能指令的属性

1）指令分组。指令分组是把系统中不能同时执行的指令分为一组，对其编号进行区别。如 G00、G01、G02、G03 属于同组指令，其编号为 01 组。类似的同组指令还有很多，详见表 1-4。同组指令具有相互取代的作用，同一组内的多个指令在一个程序段同时出现时，只执行其最后输入的指令，或出现系统报警。不同组的指令在同一程序段内可以进行不同的组合，各个指令均可执行。如下面两个程序段中第一段为合理的程序段，第二段为不合理的程序段。

G90 G21 G17 G40 G80；

G01 G02 G03 X140.0 Y20.0 R50.0 F150；

2）模态与非模态指令。

① 模态指令。又称续效指令，表示该指令在某个程序段中一经指定，在接下来的程序段中将持续有效，直到被同组的另一个指令替代后才失效，如常用的 G00、G01 ~ G03 及 F、S、T 等指令。

模态指令的出现，避免了在程序中出现大量的重复指令，使程序更简洁。同样，当尺寸功能字在前后程序段中出现重复，则该尺寸功能字也可以省略，如表 1-6 所示。

表 1-6 程序段对比

原程序段	简化后程序段
G01 X150.0 Y30.0 F400； G01 X150.0 Y120.0 F400； G02 X30.0 Y120.0 R30.0 F300；	G01 X150.0 Y30.0 F400； Y120.0； G02 X30.0 R30.0 F300；

② 非模态指令。又称为非续效指令，表示仅当前程序段内有效的指令。如 G04、M00 等指令。

对于不同的数控系统而言，模态指令与非模态指令的具体规定不尽相同，因此在编程时应查阅相关系统编程说明书。本书中所介绍的编程指令若无特殊说明，均为模态指令。

3）开机默认指令。为了避免编程人员在编程时出现指令遗漏，数控系统将每一组指令中的一个指令作为开机默认指令，此指令在开机或系统复位时可以自动生效。表 1-4 中带有“◤”符号的指令为开机默认指令。

4. 数控系统常用基本指令

（1）公制/英制编程指令（G21/G20）　该编程指令用于设定坐标功能字是使用公制（mm）还是英制（in）。G21 为公制，G20 为英制。编程如下所示：

G21 G91 G0l X200. 0;　　　　（表示刀具向 X 轴正方向移动 200mm）

G20 G91 G01 X200. 0;　　　　（表示刀具向 X 轴正方向移动 200in）

G21/G20 指令可单独占一行，也可与其他指令写在同一程序段中。英制对旋转轴无效，旋转轴的单位都是度。

（2）绝对坐标与增量坐标指令（G90/G91）

1）绝对坐标指令（G90）。该指令指定后，程序中的坐标数据以编程原点作为计算基准点，即以绝对方式编程。如图 1-52 所示，刀具的移动从 $O \to A \to B$，用 G90 编程时的程序如下：

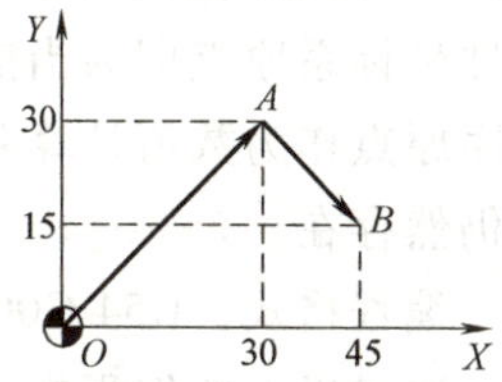

图 1-52　绝对坐标与增量坐标

G90 G01 X30. 0 Y30. 0 F300;　　（$O \to A$）

X45. 0 Y15. 0;　　（$A \to B$）

2）增量坐标指令（G91）。增量坐标又称相对坐标，该指令指定后，程序中的坐标数据以刀具起始点作为计算基准点，表示刀具终点相对于刀具起始点坐标值的增量。如图 1-52 所示，刀具的移动从 $O \to A \to B$，用 G91 编程时的程序如下：

二维码 1-15
G27/G28/G29 动作

G91 G01 X30. 0 Y30. 0 F300;　　（$O \to A$）

X15. 0 Y-15. 0;　　（$A \to B$）

（3）返回参考点指令（G27、G28、G29）　对于机床回参考点动作，除可采用手动回参考点的操作外，还可以通过编程指令来自动实现。常见的与返回参考点相关的编程指令有 G27、G28 和 G29，这三种指令均为非模态指令。

1）返回参考点检查指令（G27）。该指令用于检查刀具是否正确返回到程序中指定的参考点位置。在执行该指令时，如果刀具通过快速定位指令 G00 正确定位到参考点上，则对应轴的返回参考点指示灯亮，否则机床系统将发出报警。

编程格式：G27 X_ Y_ Z_;

其中：X、Y、Z 为参考点的坐标值。

2）自动返回参考点指令（G28）。该指令可以使刀具以点位方式经中间点返回到机床参考点，中间点的位置由该指令后的 X、Y、Z 值决定。

编程格式：G28 X_ Y_ Z_;

其中：X、Y、Z 为返回过程中经过的中间点坐标值。该坐标值可以通过 G90/G91 指定其为增量坐标或绝对坐标。

返回参考点过程中设定中间点的目的是为了防止刀具在返回机床参考点过程中与工件或夹具发生干涉。

［例 1-3］　G90 G28 X200. 0 Y300. 0 Z300. 0;

表示刀具先快速定位到中间点（X200. 0，Y300. 0，Z300. 0）处，再返回机床 X、Y、Z 轴的参考点。

3）自动从参考点返回指令（G29）。该指令使刀具从机床参考点出发，经过一个中间点到达目标点位置。

编程格式：G29 X_ Y_ Z_;

其中：X、Y、Z 为目标点坐标值。

G29 指令所指中间点的坐标与前面 G28 指令所指定的中间点坐标为同一坐标值，因此，这条指令只能出现在 G28 指令的后面。

（4）坐标系设定指令

1）工件坐标系零点偏移（G54～G59）。使用该指令设定对刀参数值（即设定工件原点在机床坐标系中的坐标值）。一旦指定了 G54～G59 之一，则该工件坐标系原点即为当前程序原点，后续程序段中的工件绝对坐标值均以此程序原点作为数值计算基准点。该数据输入机床存储器后，在机床重新开机时仍然存在。

二维码 1-16
G54 动作

编程格式：G54 G00 X_ Y_ Z_;

通过以上的编程格式指定 G54 后，刀具以 G54 中设定的坐标值为基准快速定位到目标点（X，Y，Z）。

［例 1-4］ 如图 1-53 所示，右上角 O 点为机床零点，在系统内设定了两个工件坐标系：G54（X-50.0 Y-50.0 Z-10.0），G55（X-100.0 Y-100.0 Z-30.0）。此时，建立了原点在 O' 的 G54 工件坐标系和原点在 O'' 的 G55 工件坐标系。

2）选择机床坐标系（G53）。该指令使刀具快速定位到机床坐标系中的指定位置。

编程格式：G53 G90 X_ Y_ Z_;

其中：X、Y、Z 为机床坐标系中的坐标值。

［例 1-5］ 如图 1-54 所示，右上角 O 点为机床零点，当给出如下程序段时刀具快速定位到左下角点（X-100.0，Y-100.0，Z-10.0），程序如下：

G53 G90 X-100.0 Y-100.0 Z-10.0;

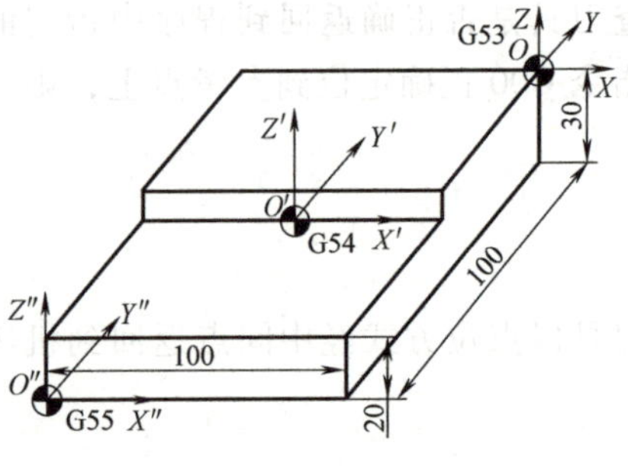

图 1-53 G54 设定工件坐标系

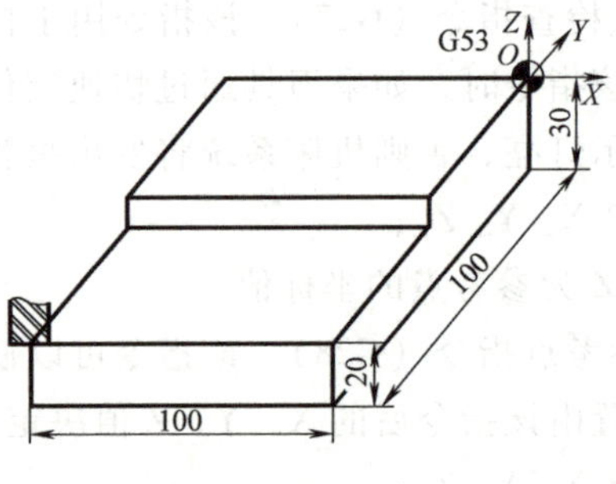

图 1-54 G53 选择机床坐标系

二维码 1-17
G53 动作

3）设定工件坐标系（G92）。该指令是通过设定起刀点（即程序开始运动的起点）从而建立工件坐标系。应该注意的是，该指令只是设定坐标系，机床（刀具或工作台）并未产生任何运动，这一指令通常出现在程序的第一段。

编程格式：G92 X_ Y_ Z_;

其中：X、Y、Z 为指定起刀点相对于工件原点的坐标位置。

［例 1-6］ 如图 1-55 所示，将刀具置于一个合适的起刀点，执行程序段：G92 X100.0 Y100.0 Z30.0；则在 O 点建立起工件坐标系。采用此方式设置的工件原点是随刀具起始点位置的变化而变化的。

G92 指令与 G54～G59 指令都是用于设定工件加工坐标系的，但它们在使用中是有区别的。

① G92 指令通过程序（起刀点的位置）来设定工件坐标系；G54～G59 指令是通过在系统中设置参数的方式来设定工件坐标系。

② G92 指令所设定的工件坐标原点与当前刀具位置有关，该原点在机床坐标系中的位置随当前刀具位置的改变而改变。G54～G59 指令所设定的工件坐标原点一经设定，其在机床坐标系中的位置不变，与刀具当前位置无关。

二维码 1-18
G92 指令

③ 当程序中采用 G54～G59 指令设定工件坐标系后，也可通过 G92 指令建立新的工件坐标系。

[例 1-7]　如图 1-56 所示，通过 G54 方式设定工件坐标系并使刀具定位于 *XOY* 坐标系中的（X210.0，Y170.0）处，执行 G92 程序段后，就由向量 *A* 偏移产生了一个新的工件坐标系 *X′O′Y′*。程序如下：

G54 G00 X210.0 Y170.0;

G92 X100.0 Y100.0;

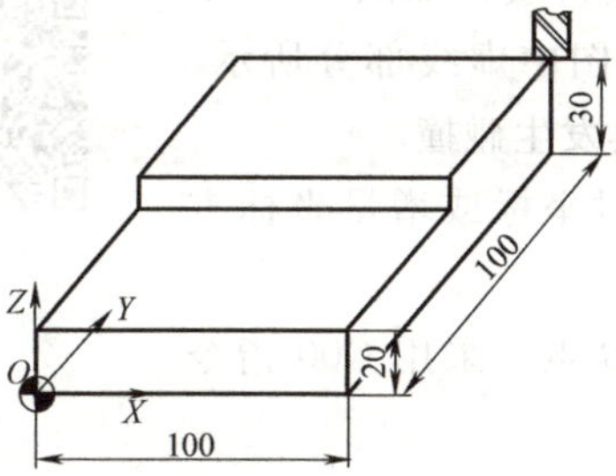

图 1-55　G92 设定工件坐标系

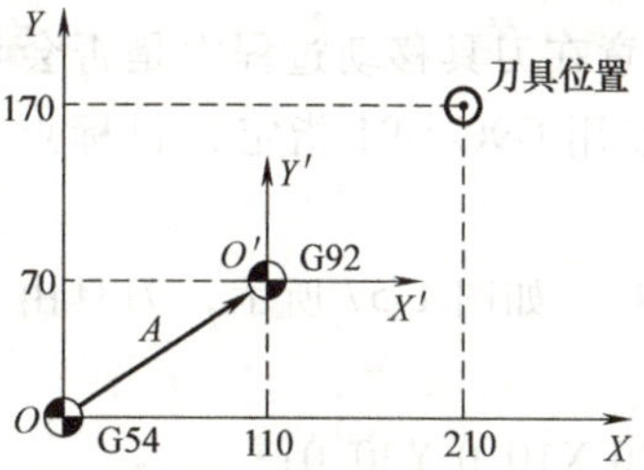

图 1-56　在 G54 方式下设定 G92

1.3.3　G01、G00 指令

G01 指令与 G00 指令是数控系统中的基本插补功能，G01 指令为直线插补定位，G00 指令为快速点定位（非直线插补定位），分别介绍如下。

1. G01 指令

功能：使刀具以直线插补方式按指定速度以最短路线从刀具当前点运动到目标点。

二维码 1-19
基本运动指令

编程格式：G01 X_ Y_ Z_ F_;

其中：X、Y、Z 为刀具目标点坐标值；F 为进给速度。

说明：

1）使用 G01 指令编程时，刀具的移动速度由 F 指定，速度可通过程序控制；其移动路线为两点之间的最短距离，移动路线可控，如图 1-57 中 *AB* 实线段所示。因此该指令可用于切削工件。该指令在执行过程中可通过机床面板上的进给倍率修调旋钮对其移动速度进行调节。

2）可使用 G90/G91 指定其目标点坐标值以绝对坐标或增量坐标方式计算；可使用 G94/G95 指定 F 值的单位。

[例 1-8] 如图 1-57 所示，刀具由 A 点移动到 B 点，采用 G01 指令编程如下：

G90 G01 X10.0 Y30.0 F400; （绝对坐标编程方式）

G91 G01 X-15.0 Y25.0 F400; （增量坐标编程方式）

2. G00 指令

功能：使刀具以点位控制方式从刀具当前点快速运动到目标点。

编程格式：G00 X_ Y_ Z_ ;

其中：X、Y、Z 为刀具目标点坐标值。

说明：

1）使用 G00 指令编程时，刀具的移动速度由机床系统参数设定，一般设定为机床最大的移动速度，因此该指令不能用于切削工件。该指令在执行过程中可通过机床面板上的快速倍率修调旋钮对其移动速度进行调节（部分机床将其集成到进给倍率修调旋钮中）。

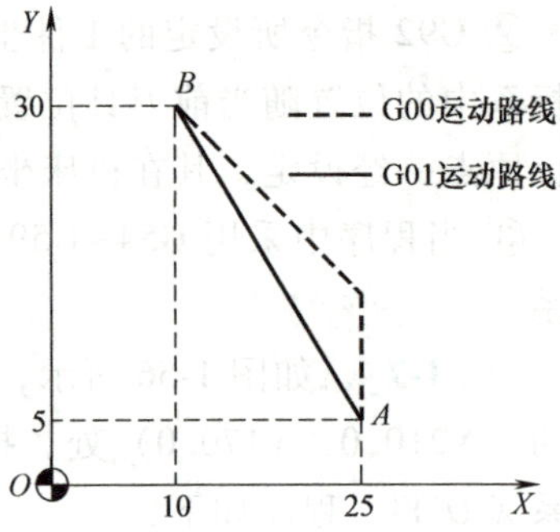

图 1-57 G00/G01 指令编程

2）该指令所产生的刀具运动路线可能是直线或折线，如图 1-57 中刀具由 A 点移动到 B 点时，G00 指令的运动路线如图中虚线部分所示。因此需要注意在刀具移动过程中是否会与工件或夹具发生碰撞。

3）可使用 G90/G91 指定其目标点坐标值以绝对坐标或增量坐标方式计算。

二维码 1-20 G00/G01 动作

[例 1-9] 如图 1-57 所示，刀具由 A 点移动到 B 点，采用 G00 指令编程如下：

G90 G00 X10.0 Y30.0; （绝对坐标编程方式）

G91 G00 X-15.0 Y25.0; （增量坐标编程方式）

3. 编程举例

如图 1-58a 所示零件，编写出 50mm×30mm×2mm 凸台加工程序，选用 $\phi8$ 的立铣刀。在此采用两种方式编程，即不考虑刀具直径与考虑刀具直径两种情况。

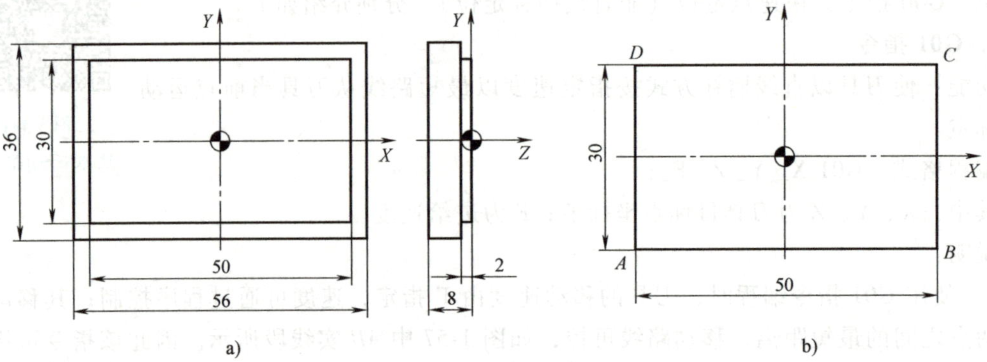

图 1-58 零件示意图

a）尺寸标注 b）各基点位置

（1）不考虑刀具直径编程

1）建立编程坐标系。由于此零件结构为对称轮廓，故将编程原点设定在工件上表面几何中心，坐标轴方向与机床坐标系方向一致，如图 1-58a 所示。

2）计算基点坐标。如图 1-58b 所示 4 个基点 *A*、*B*、*C*、*D*，各点在 *XY* 平面内的绝对坐标值如表 1-7 所示。

表 1-7　各轮廓点绝对坐标值

基点	绝对坐标(*X*,*Y*)	基点	绝对坐标(*X*,*Y*)
A	(-25.0,-15.0)	*C*	(25.0,15.0)
B	(25.0,-15.0)	*D*	(-25.0,15.0)

3）确定刀具路线。如图 1-59 所示，首先将刀具在水平方向定位于凸台左下角延长线上 *A*′点（起刀点），设置其坐标 X-35.0、Y-15.0；其次沿 *Z* 方向下刀至凸台深度（2mm）；再以延长线方式切入工件，按 *A*→*B*→*C*→*D*→*A* 顺序切削工件；然后以延长线方式切出至 *D*′点（退刀点），设置其坐标 X-25.0、Y-25.0，最后 *Z* 方向抬刀至安全高度，完成零件加工，加工过程见二维码 1-21。

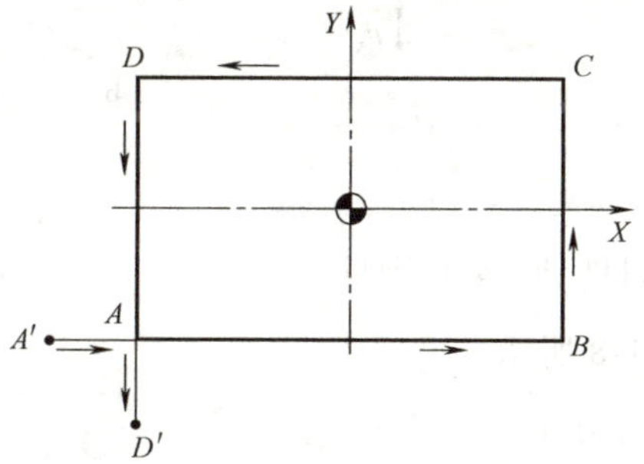

图 1-59　刀具路线

二维码 1-21　不考虑刀具直径

4）编写程序如下：

程　序	注　释
O0001;	程序名
G17 G90 G80 G40 G21;	保护头指令
G54 G00 X-35.0 Y-15.0;	建立工件坐标系,确定起刀点(*A*′点)
M03 S2000;	主轴正转,转速 2000r/min
G43 Z100.0 H01;	建立刀具长度正补偿,调用 1 号刀补,设定安全高度为 100mm
G00 Z5.0;	快速下刀至工件表面以上 5mm
G01 Z-2.0 F100;	切削下刀,深度 2mm
G01 X-25.0 Y-15.0 F400;	切削轮廓至 *A* 点
X25.0;	切削轮廓至 *B* 点
Y15.0;	切削轮廓至 *C* 点
X-25.0;	切削轮廓至 *D* 点
Y-15.0;	切削轮廓至 *A* 点
Y-25.0	切出轮廓至 *D*′点
G01 Z5.0;	抬刀至工件表面以上 5mm
G00 Z100.0;	快速抬刀至安全高度 100mm
M05;	主轴停转
M30;	程序结束并返回程序头

(2) 考虑刀具直径编程 由于在实际加工中，刀具的直径会影响被加工零件尺寸，因此按上述方法编程时，由于刀心轨迹与被加工轮廓重合，未考虑刀具大小的影响，会产生过切，且单边过切量为刀具的半径，如图 1-60a 所示。

为了避免过切，可以将刀心轨迹向外偏移一个刀具半径，得到新的坐标点 P_0、P_1、P_2、P_3、P_4、P_5，如图 1-60b 所示。各点坐标值及编程如下（刀具直径为 ϕ8），加工过程见二维码 1-22。

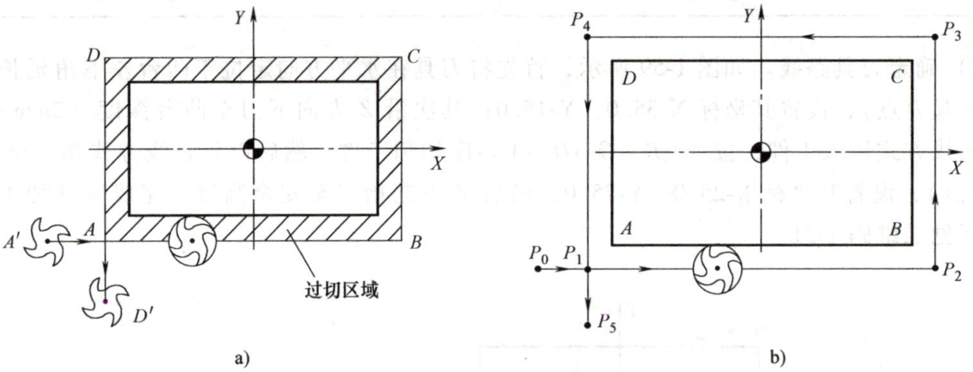

图 1-60 刀具大小对零件尺寸的影响

a) 零件过切 b) 零件不过切

各点在 XY 平面内的绝对坐标值如表 1-8 所示。

表 1-8 各轮廓点绝对坐标值

基点	绝对坐标(X,Y)
P_0	(-35.0,-19.0)
P_1	(-29.0,-19.0)
P_2	(29.0,-19.0)
P_3	(29.0,19.0)
P_4	(-29.0,19.0)
P_5	(-29.0,-25.0)

二维码 1-22
考虑刀具直径

程序编写如下：

程 序	注 释
O0001;	程序名
G17 G90 G80 G40 G21;	保护头指令
G54 G00 X-35.0 Y-19.0;	建立工件坐标系，确定起刀点(P_0 点)
M03 S2000;	主轴正转，转速 2000r/min
G43 Z100.0 H01;	建立刀具长度正补偿，调用 1 号刀补，设定安全高度为 100mm
G00 Z5.0;	快速下刀至工件表面以上 5mm
G01 Z-2.0 F100;	切削下刀，深度 2mm
G01 X-29.0 Y-19.0 F400;	切削轮廓至 P_1 点

（续）

程　序	注　释
X29.0；	切削轮廓至 P_2 点
Y19.0；	切削轮廓至 P_3 点
X-29.0；	切削轮廓至 P_4 点
Y-25.0；	切削轮廓至 P_5 点
G01 Z5.0；	抬刀至工件表面以上 5mm
G00 Z100.0；	快速抬刀至安全高度 100mm
M05；	主轴停转
M30；	程序结束并返回程序头

项目拓展

搜索不同数控铣床的类型，分析数控铣床结构，并进行分享展示。

项目 2 数控铣床基本操作

项目导读

本项目提供了“数控铣床安全操作规程、数控铣床基本操作以及数控铣床日常维护”的学习内容，供学习者参阅，同时为后续项目中理论与实践内容的学习奠定基础。

项目知识图谱

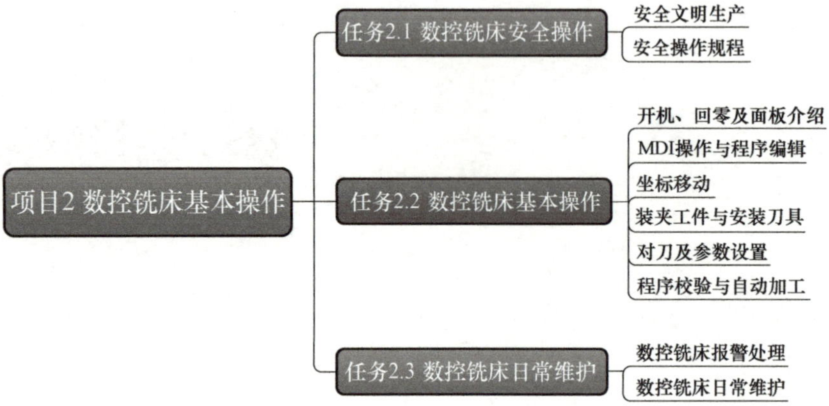

项目资讯

任务 2.1 数控铣床安全操作

2.1.1 安全文明生产

1. 概念

(1) 安全生产　安全生产是指在生产中保证设备和人身不受伤害。

进行安全教育、提高安全意识、做好安全防护工作是生产的前提和重要保障。如：进入车间要穿工作服，袖口要扎紧，不准穿高跟鞋、凉鞋，要戴安全帽，女生要把长发盘在帽子里，操作时站立位置要避开铁屑飞溅的地方等。

(2) 文明生产　文明生产是指在生产中设备和工量刃辅具的正常使用，并保持设备、工量刃辅具和场地的清洁和有序。

设备和工量刃辅具要按照其正常的使用功能和使用方法使用，不能移作他用，不能超出使用范围。还要注意量具的零配件、附件不要丢失、损坏；机床使用前应按照规范进行润滑等。

要保持设备、工量刃辅具和场地的清洁和有序。时常用干净的棉纱擦拭双手、操作面板和工量刃辅具，经常用铁屑钩子或毛刷清理导轨和拖板上的铁屑。下班后按照规范将机床、地面清扫干净。工量刃辅具的摆放要规范，使用完毕后放回原处。

作好交接班工作，下班时填写交接班记录并锁好工具箱门。对于公用或借用物品要及时归还。在批量生产中，毛坯零件、已加工零件、合格零件和不合格零件要按照规定的区域分开放置。

安全生产和文明生产合称安全文明生产。对于安全生产的操作规范称为安全操作规程，对于文明生产的操作规范称为文明操作规程，二者合称安全文明操作规程。对于每一种机床都有相应的安全文明操作规程来具体规定相应的安全文明操作要求。

2. 意义

保证人身和设备的安全；保证设备、工量刃辅具必备的精度和性能，以及足够的使用寿命。

3. 要求

1）牢固树立安全文明生产的意识。明确数控加工的危险性，如不遵守安全操作规程，就有可能发生人身或设备安全事故；如不遵守文明操作规程，野蛮生产，就会影响设备、工量刃辅具的使用性能和精度，大大降低使用寿命。要理解安全操作规程的实质，善于从中总结操作经验和教训，培养安全文明生产意识。

2）严格按照操作规程操作设备，养成良好的操作习惯。良好的操作习惯不仅能够提高生产效率，获得较好的经济效益，而且还能最大限度地避免安全事故的发生。

2.1.2 安全操作规程

根据数控铣床常规操作流程，将安全操作规程分为操作前、操作中和操作后三大部分，按各部分需要学习的内容进行介绍。操作前主要是介绍开机之前的一些安全注意事项，操作中介绍从开机到完成自动加工的整个过程需要学习的安全事项，操作后介绍从加工完成到关机的整个过程需要学习的安全事项。

二维码 2-1

安全操作规程（上）

1. 操作前的安全

1）进入车间之前，检查着装是否正确。禁止戴手套操作机床，禁止穿裙子、穿拖鞋进入生产现场，女生必须戴好安全帽，禁止在生产现场嬉戏打闹。

2）严格按照操作规范操作设备，禁止擅自操作设备。

3）开机前，检查机床自动润滑系统油箱中的润滑油是否充裕，发现不足应及时补充；检查压力、冷却、油管、刀具和工装夹具是否完好，做好机床的定期保养工作。

2. 操作中的安全

1）开机顺序应遵守先打开压缩空气开关，再打开机床电源，然后打开系统电源，启动数控系统，最后待系统自检完毕后，旋转开急停开关并复位。

2）开机后首先进行回参考点操作。按照+Z、+Y、+X 的顺序依次完成回参考点操作；回参考点后应及时退出参考点，按照−X、−Y、−Z 的顺序依次退出。

3）在移动 X、Y 轴之前，必须使 Z 轴处于较高位置，以免撞刀。

4）主轴装刀时要确保机床处于停止状态。在换刀时，身体和头部要远离刀具回转部位，以免碰伤；刀具装入主轴或刀库前，应擦净刀柄和刀具；装入主轴或刀库的刀具不得超过规定的重量和长度。

5）工件装夹时要夹紧，以免工件飞出造成事故，装夹完成后，要将工具取出拿开，以免造成事故。

二维码 2-2
安全操作规程（下）

6）在自动运行程序前，认真检查程序编制、参数设置、刀具干涉和工件装夹，确保其正确性。加工前关闭防护门，在操作过程中集中注意力，一旦发现问题，及时按下紧急停止开关。

7）在操作过程中出现报警时，要及时报告车间管理人员，及时排除报警。

8）在机床操作过程中，旁观者禁止接触控制面板上的任何按钮、旋钮，以免发生意外及事故；更不允许把玩高压气枪。

3. 操作后的安全

1）操作所需的工具、工件、量具等要放在工具柜里，并摆放整齐。爱护量具，保持量具清洁，每天用完后擦净涂油并放入盒内。

2）保持机床及机床周边环境卫生的清洁，每天用后要将工作台上的切屑清理干净，打扫卫生时不能用湿棉纱等带水物件接触机床；注意不得使切屑、切削液等进入主轴。

3）严禁任意修改、删除机床参数。

4）关闭机床前，应使 X、Y 轴处于中间位置，Z 轴处于较高位置，将刀柄从主轴上取下并擦净，放入工具柜；注意要将进给速度调节旋钮置零。

5）关机时，先按下急停开关，再关闭系统电源，然后关闭机床电源，最后关闭压缩空气开关。

任务 2.2 数控铣床基本操作

2.2.1 开机、回零及面板介绍

1. 开关机

（1）开机　在开机前，应按照数控铣床安全操作规程的要求，对机床各部位进行检查并确保正确。开机顺序如下：

1）打开压缩空气开关。

2）打开机床电源。

3）打开系统电源，系统自检。

4）系统自检完毕后，旋开急停开关并复位。

二维码 2-3
开机与回零

（2）关机　关机前应将工作台（X、Y 轴）放于中间位置，Z 轴处于较高位置（严禁停放在零点位置）。关机顺序如下：

1）按下急停开关。

2）关闭系统电源。

3）关闭机床电源。

4）关闭压缩空气开关。

2. 回零

在数控机床开机后，应首先进行手动回零（回参考点）操作。为保证安全，通常先回 $+Z$ 轴，再回 $+Y$、$+X$ 轴。首先将系统显示切换为综合坐标界面；然后将工作状态选择为“回参考点”；再依次选择机床控制面板上的“Z”→“+”、“Y”→“+”、“X”→“+”，使三个坐标轴分别完成回参考点。

说明：

1）回参考点前应清理并确保行程开关附近无杂物，以免发生回参考点位置错误。

2）回参考点前应确认各坐标轴远离机床坐标零点，否则在回参考点的过程中容易发生超程。

3）回参考点后坐标界面中的“机床坐标”数值为零，同时各坐标轴按钮所对应的指示灯处于频闪状态。

4）完成回参考点后应及时退出参考点，将工作台移动至床身中间位置，主轴移动至较高位置。为保证安全，通常先退 $-X$、$-Y$，再退 $-Z$。

操作方法为：首先将工作状态选择为“手动”，然后选择坐标轴，按下“-”方向按钮将坐标轴移动至合适的位置。

5）在回参考点及退出参考点的过程中可通过进给倍率修调旋钮调节坐标轴的运动速度。

6）当遇到以下几种情况时必须回参考点：

① 首次打开机床时。

② 发生坐标轴超程报警，解除报警后。

③“机床锁住”“Z 轴锁住”功能使用结束后。

④ 发生撞机等事故并排除故障后。

3. 数控铣床面板功能

本书以 KV650 立式数控铣床（FANUC 0i 数控系统）为例对其面板功能进行介绍。如图 2-1 所示，机床面板分为三大区域，上方区域为 MDI 键盘区，中间及下方区域分别为机床控制面板区及系统电源区。

图 2-1　FANUC 0i 数控铣床面板

MDI 键盘主要用于实现机床工作状态显示、程序编辑和参数输入等功能，主要分为 MDI 功能键区和显示区。本书中用加□的字母或文字表示 MDI 功能按键，如 PROG、POS 等。用加［　］的字母或文字表示显示区下方的软功能键，如［程序］、［工件系］等。

机床控制面板区域内的功能按钮（旋钮）可根据用户需要选择。可以配备 FANUC 系统标准面板，也可通过机床厂家自定义功能键。本书用加“ ”的字母或文字表示该区域的功能按钮（旋钮），如“MDI”“限位解除”等。

二维码 2-4
面板介绍（上面板）

（1）MDI 键盘　如图 2-2 所示为 FANUC 0i 数控系统的 MDI 键盘，它分为功能键区（右半部分）和显示区（左半部分）两部分。

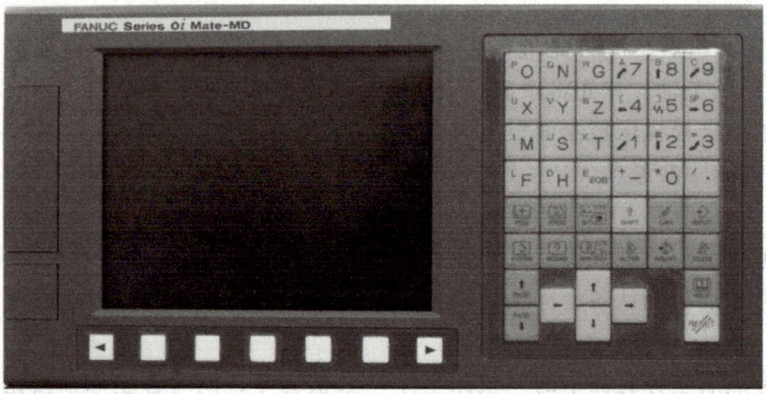

图 2-2 MDI 键盘

1）各按键功能。MDI 键盘各按键功能如表 2-1 所示。

表 2-1 MDI 键盘各功能键

功能方向	MDI 功能键	功 能	功能方向	MDI 功能键	功 能
显示功能键	POS	机床位置界面（POS）	编辑键	SHIFT	上档键，用于输入上档字符或与其他键配合使用
	PROG	程序管理界面（PROG）		CAN	删除键，用于删除缓存区中的单个字符
	OFS/SET	补偿设置界面（OFFSET SETTING）		INPUT	输入键，用于输入补偿设置参数或系统参数
	SYSTEM	系统参数界面（SYSTEM）		ALTER	替换键，用于程序字符的替换
	MESSAGE	报警信息界面（MESSAGE）		INSERT	插入键，用于插入程序字符
	CSTM/GR	图形模拟界面（COSTOM GRAPH）		DELETE	删除键，用于删除程序字、程序段及整个程序
地址数字键	O P, N Q, G R, X U, Y V, Z W, M I, S J, T K, F L, H D, EOB E	实现字符的输入。选择 SHIFT 键后再选择字符键，将输入右下角的上档字符	翻页键	PAGE↑ PAGE↓	翻页键，用于在屏幕上向前或向后翻页
			光标移动键	← ↑ → ↓	光标键，用于将光标向箭头所指的方向移动
	7 A, 8 B, 9 C, 4 [, 5], 6 SP, 1 ,, 2 #, 3 =, - +, 0 *, . /		帮助键	HELP	帮助键，用于显示系统操作帮助信息
			复位键	RESET	复位键，用于使机床复位
			操作选择软键	◀ ▶	位于显示屏下方，用于屏幕显示的软功能键选择

2）显示区布局。FANUC 数控系统显示区的显示内容随着功能状态选择的不同而各不相同。在此以“自动”状态下的程序管理界面为例介绍显示区的布局及显示内容，如图 2-3 所示。

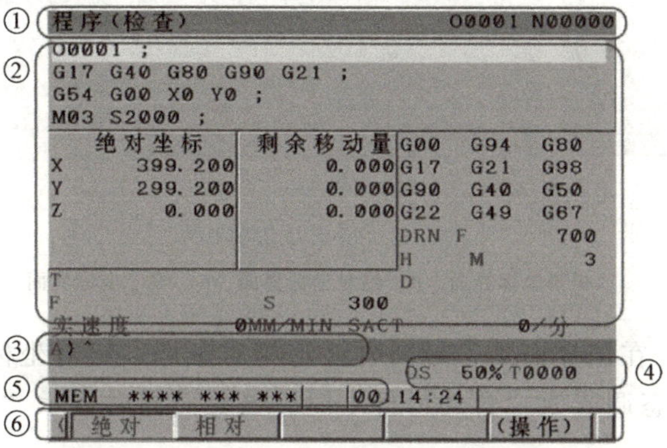

图 2-3　显示区

显示区中的各显示内容如表 2-2 所示。

表 2-2　显示区内容

编号	显示内容
①	显示标题栏，其左侧为当前显示界面的名称，右侧为前台正在编辑的程序名
②	主显示区，该区域显示各功能界面中的内容，如机床位置界面、程序管理界面等
③	缓存区，该区域为系统接收输入信息的临时存储区。当需要输入程序及参数时，选择 MDI 键盘上的字符时，该字符首先被输入到缓存区，按下 INSERT 或 INPUT 键后才被输入到主显示区中
④	倍率及刀具显示区，该区域显示主轴倍率、进给倍率及刀具编号
⑤	工作状态显示区，该区域显示当前机床的工作状态，如“编辑”状态、“自动”状态、“报警”状态、系统当前时间等
⑥	软功能显示区，该区域显示与当前工作状态相对应的软功能，通过显示器下方的操作选择软键进行选择

3）各显示界面。

① 机床位置界面。该界面的显示内容与机床工作状态的选择有关，在不同的工作状态其显示内容不尽相同。

当机床工作状态为“编辑”时，选择 POS 功能键进入机床位置界面，单击软功能键［相对］、［绝对］、［综合］，显示界面将对应显示相对坐标、绝对坐标、综合坐标，如图 2-4 所示。

a. 相对坐标界面。相对坐标中的坐标值可在任意位置归零或预设为任意数值，该功能可用于测量数据、对刀和手工切削工件等。

若需将当前某坐标值归零，则输入该坐标轴后按软功能键［归零］完成该操作；若需预设某坐标值，则先输入坐标轴及预设数值（如“Y-100”），按软功能键［预置］完成该操作。

b. 绝对坐标界面。该界面的坐标系显示数据与编程的坐标数据相同，可通过其检查程序路线与刀具轨迹是否一致。

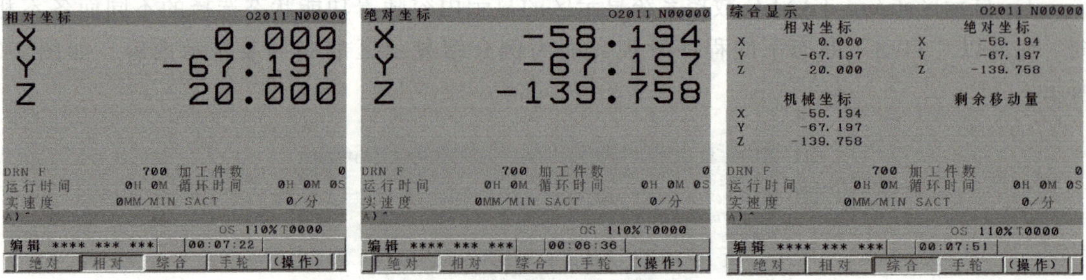

a)　　b)　　c)

图 2-4　机床位置界面

a）相对坐标界面　b）绝对坐标界面　c）综合坐标界面

c. 综合坐标界面。在该界面下，可同时显示相对坐标、绝对坐标及机床坐标（机械坐标），将机床的工作状态调节为“自动运行”时，该界面同时显示“待走量”/“剩余移动量”坐标数据。

② 程序管理界面。该界面的显示内容与机床工作状态的选择有关，在不同的工作状态其显示内容不尽相同。当机床工作状态为“编辑”时，选择PROG功能键进入程序管理界面，选择软功能键［列表］，将列出系统中所有的程序（图 2-5a），选择软功能键［程序］或复选PROG，将显示当前正在编辑的程序（图 2-5b），当机床工作状态调节为“自动运行”时，将显示程序检查界面（图 2-5c）。

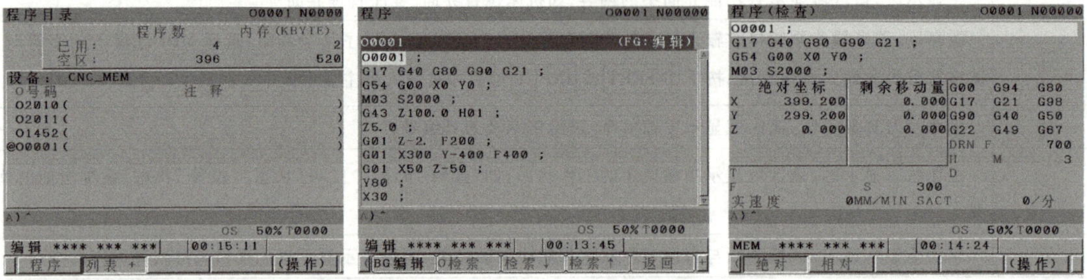

a)　　b)　　c)

图 2-5　程序管理界面

a）程序列表界面　b）当前程序界面　c）程序检查界面

③ 补偿设置界面。选择OFS/SET功能键进入补偿设置界面，包含三类显示：工件坐标系（G54~G59 工件原点偏移值设定）、刀偏（设置刀具补偿参数）和设定（参数输入开关等设置）。

a. 工件坐标系设置。选择软功能键［工件系］，进入工件坐标系设置界面，该界面主要用于设置对刀参数，如图 2-6a 所示。

b. 刀偏设置。选择软功能键［偏置］，进入补偿参数设置界面，该界面主要用于设置刀具补偿参数，如图 2-6b 所示。

c. 设定（手持盒）。在该界面中可对系统参数写入状态、I/O 通道等进行设置，如图 2-6c 所示。

④ 图形模拟界面。选择CSTM/GR功能键进入图形模拟界面，该界面用于校验程序时模

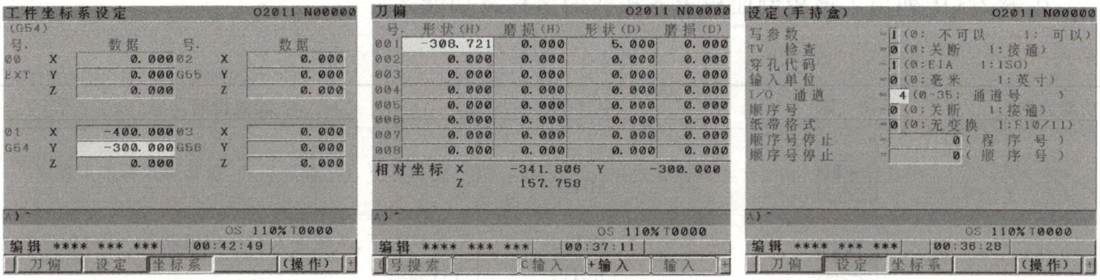

a)　　b)　　c)

图 2-6　补偿设置界面

a）工件坐标系设置　b）刀偏设置　c）设定

拟显示刀具路线图。选择功能软键［参数］，设置图形模拟时的图形参数（图 2-7a）；选择功能软键［图形］，观察刀具路线图，确认程序是否正确（图 2-7b）。

⑤ 报警信息界面。选择 MESSAGE 功能键进入报警信息界面，如图 2-8 所示。该界面可显示机床报警信息及操作提示信息。

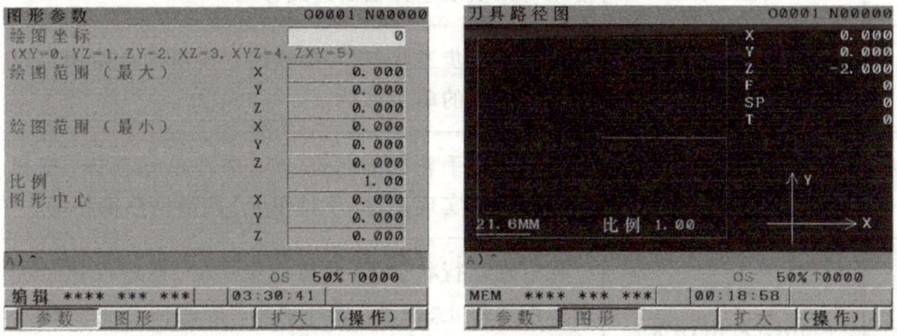

a)　　b)

图 2-7　图形模拟界面

a）图形参数设置界面　b）刀路模拟界面

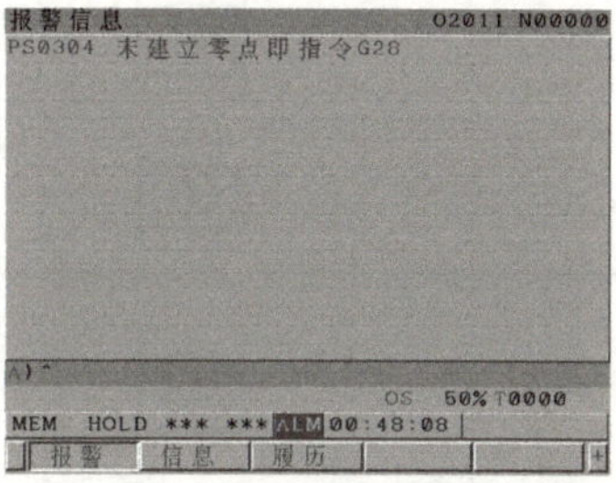

图 2-8　报警信息界面

⑥ 帮助界面。选择 MDI 键盘上的 HELP 功能键，进入数控系统帮助界面，在此界面可以通过相应的软功能键（如［参数］等）查询报警详述、系统操作方法及参数信息。

（2）控制面板　KV650 数控铣床的控制面板如图 2-9 所示。

图 2-9　KV650 数控铣床控制面板

二维码 2-5　面板介绍（下面板）

在表2-3中列出了该控制面板上各按钮的名称及功能。

表2-3 按钮说明

功能方向	按 钮	名 称	功能说明
工作状态选择		自动运行（AUTO）	此状态下，按“循环启动”按钮可执行加工程序
		编辑（EDIT）	此状态下，系统进入程序编辑状态，可对程序数据进行编辑
		手动数据输入（MDI）	此状态下，系统进入MDI状态，手工输入简短指令，按“循环启动”执行指令
		在线加工（DNC）	此状态下，系统进入在线加工模式，通过计算机与CNC的连接，可执行外部输入/输出设备中存储的程序
		回参考点（REF）	机床初次上电后，必须首先执行回参考点操作，然后才可以运行程序
		手动（JOG）	机床处于手动连续进给状态，与坐标控制按钮配合使用可以实现坐标轴的连续移动
		增量进给/步进（INC）	机床处于步进状态，与坐标控制按钮配合使用可以实现坐标轴的单步移动
		手轮（HANDLE）	机床处于手轮控制状态，与“手持单元选择”按钮配合使用可实现手轮（手持单元）控制坐标轴移动
程序运行方式选择		单段（SINGLE BLOCK）	在自动运行状态下，此按钮选中时，程序在执行完当前段后停止，按下“循环启动”按钮执行下一程序段，下一程序段执行完毕后又停止
		程序跳步（BLOCK DELETE）	此按钮被选中后，数控程序中的跳步指令“/”有效，执行程序时，跳过“/”所在行程序段，执行后续程序
		选择停止（OPT STOP）	此按钮被选中后，自动运行程序时在包含“M01”指令的程序段后停止，按下“循环启动”按钮继续运行后续程序
		程序停止	程序自动运行到包含“M00”指令的程序段时停止，按下“循环启动”按钮继续运行后续程序
		空运行（DRY RUN）	此按钮被选中后，执行运动指令时，按系统设定的最大移动速度移动，通常用于程序校验，不能进行切削加工
		机床锁住（MC LOCK）	此按钮被选中后，机床进给运动被锁住，但主轴转动不能被锁住
		辅助功能锁住	在自动运行程序前，按下此按钮，程序中的M、S、T功能被锁住不执行
		*Z*轴锁住	在手动操作或自动运行程序前，按下此按钮，*Z*轴被锁住，不产生运动

（续）

功能方向	按 钮	名 称	功能说明
辅助控制选择		手持单元选择	与“手轮”按钮配合使用，用于选择手轮方式
		主切削液	按下此按钮，切削液打开；再按此按钮，切削液关闭
		手动润滑	按下此按钮，机床润滑电动机工作，给机床各部分润滑；松开此按钮，润滑结束；一般不用该功能
		限位解除	用于坐标轴超程后的解除。当某坐标轴超程后，该按钮灯亮，点按此按钮，然后将该坐标轴移出超程区。超程解除后需回零
自动循环状态选择		循环暂停（CYCLE STOP）	此按钮被按下后，正在运行的程序及坐标运动处于暂停状态（但主轴转动、冷却状态保持不变），再按“循环启动”后恢复自动运行状态
		循环启动（CYCLE START）	程序运行开始；当系统处于“自动运行”或“MDI”状态时按下此按钮，系统执行程序，机床开始动作
坐标控制		增量倍率	采用“步进”或“手轮”方式移动坐标轴时，可通过该按钮选择增量步长。×1 = 0.001mm、×10 = 0.01mm、×100 = 0.1mm、×1000 = 1mm
		*X/Y/Z* 轴选择按钮	手动状态下 *X/Y/Z* 轴选择按钮
	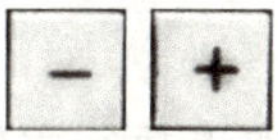	负/正方向移动按钮	手动或步进状态下，按下该按钮使所选轴产生负/正移动；在回零状态时，按下“+”按钮将所选轴回零
		快速按钮（RAPID）	同时按下该按钮及负/正方向按钮，将进入手动快速运动状态
主轴控制		主轴控制按钮	依次为：主轴正转（CW）、主轴停止（STOP）、主轴反转（CCW）。在手动状态下可实现对主轴的控制
急停		急停开关（E-STOP）	按下急停开关，使机床立即停止运行，并且所有的输出（如主轴的转动等）都会停止。该按钮在紧急情况或关机时使用
倍率修调	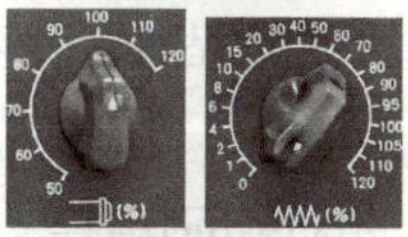	主轴倍率/进给倍率修调旋钮	主轴倍率（SPINDLE SPEED OVERRIDE）用于调节主轴旋转倍率（50%～120%）；进给倍率（FEED RATE OVERRIDE）用于调节进给/快速运动倍率（0%～120%）
系统电源		系统电源开关	用于打开（ON）或关闭（OFF）系统电源
写保护	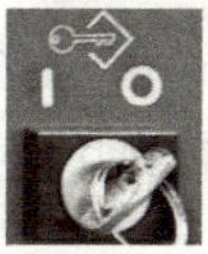	写保护开关	程序是否可以编辑的保护开关，当置于“I”时打开写保护，置于“O”时关闭写保护

(3) 工作指示灯　数控机床的工作指示灯（三色灯）一般安装在机床外壳或系统面板上方，操作者可以通过观察指示灯的状态来判断数控机床的工作状态。数控机床工作指示灯由红、黄、绿三个指示灯组合而成，具体内容如表2-4所示。

表2-4　指示灯说明

指示灯状态	功能指示
红灯亮	机床有报警信息，无法正常运行，需及时排除故障
黄灯亮（频闪）	机床有操作信息，操作者应根据信息内容进行必要操作后再运行机床
绿灯亮	机床工作正常

2.2.2　MDI操作与程序编辑

1. MDI操作

选择机床控制面板上的“MDI”按钮，将工作状态切换为“MDI”。该状态下可执行通过MDI面板输入的简短的程序语句，程序格式与一般程序格式相同。MDI运行一般适用于简单的测试操作，其方法如下：

1）选择MDI面板上的 PROG 功能键，将显示调节为程序界面。

2）输入要执行的程序（若在程序段的结尾加上“M99”指令，则程序将循环执行）。

3）按下机床控制面板上的“循环启动”按钮，执行该程序。

二维码2-6
MDI操作与程序编辑

说明：

1）数控机床初次上电后，若要使主轴转动，则必须在MDI状态下执行主轴转动指令方可启动主轴。

2）数控机床每次对刀前，为保证操作安全，必须在MDI状态下执行主轴转动指令来启动主轴，不可通过“手动”方式直接启动主轴。

[例2-1]　在MDI状态下输入“M03 S400;”，按下“循环启动”按钮后主轴以400r/min的转速正转。

2. 程序编辑

选择机床控制面板上的 EDIT 功能键，进入编辑状态，按下MDI键盘上的 PROG 键，将显示调节为程序界面。

(1) 新建程序　通过MDI键盘上的地址数字键输入新建程序名（如“O1234”），按下 INSERT 键即可创建新程序，程序名被输入到程序窗口中。但新建的程序名称不能与系统中已有的程序名称相同，否则不能被创建。

当新建程序后，若需要继续输入程序，应依次选择 EOB 、 INSERT 键插入分号并换行，方可输入后续程序段，通常程序名单独占一行。

(2) 输入程序　操作步骤如下：

1）输入程序段（如“G43 Z100.0 H01;”），此时程序段被输入至缓存区（图2-10a）。

2）依次选择 EOB 、 INSERT 将缓存区中的程序段输入到程序窗口中（图2-10b）。

3）重复步骤1）、2）输入后续程序。

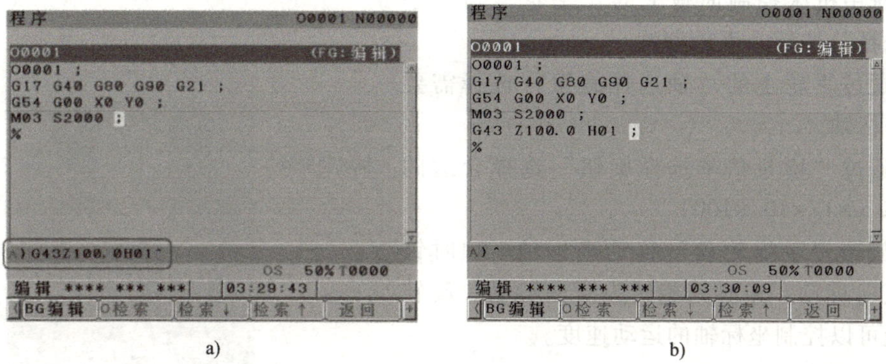

图 2-10　程序段输入

a）缓存区程序　b）完成输入

（3）调用程序

1）调用系统存储器中的程序。输入需要调用的程序名，选择 MDI 键盘上的→/↓或软功能键［O 搜索］将程序调至当前程序窗口中。

2）查找程序语句的操作如下：

① 查找当前程序中的某一段程序。输入需要查找的程序段顺序号（如“N90”），选择→/↓或软功能键［检索↓］，光标将跳至被搜索的程序段顺序号处。

② 查找当前程序中的某个语句。输入需要查找的指令语句（如“Z-2.0”），选择→/↓或软功能键［检索↓］，光标将跳至被搜索的语句处。

（4）修改程序

1）插入语句。将光标移动至插入点后输入新语句，选择 INSERT 功能键将其插入至程序中。

2）删除语句。将光标移动至目标语句，选择 DELETE 功能键将其删除。当需要删除缓存区内的语句时，可选择 CAN 功能键逐字删除。

3）替换语句。将光标移动至需被替换的语句处，输入新语句后选择 ALTER 功能键，原有语句被替换为新语句。

（5）删除程序　输入需要删除的程序名，选择 DELETE 功能键，系统提示是否执行删除，选择［执行］软功能键，删除该程序。但若被删除的程序为当前正在加工的程序，则该程序不能被删除。

2.2.3　坐标移动

坐标轴的移动一般采用手轮或手动功能实现，现将两种功能介绍如下。

1. 手轮操作

在数控机床对刀或坐标轴移动操作时，手轮使用非常普遍，能够很方便地控制机床坐标轴的运动，手轮由三部分组成：轴选择旋钮、增量倍率选择旋钮及手摇轮盘（图 2-11）。

（1）手轮生效及操作

1）选中机床控制面板上的“手轮”与“手持单元选择”按钮，手轮生效。

2）通过手轮上的“轴选择旋钮”选择需要移动的坐标轴。

3）通过“增量倍率选择旋钮”选择合适的移动倍率（×1/×10/×100）。

4）旋转“手摇轮盘”移动坐标轴。顺时针旋转为正向移动，逆时针旋转为负向移动，旋转速度快慢可以控制坐标轴的运动速度。

（2）关闭手轮

1）将“轴选择旋钮”旋至第4轴（在三坐标数控铣床上第4轴为扩展轴，等同于无效），若机床上安装有第4轴，则将“轴选择旋钮”旋至 X 轴。

2）将“增量倍率选择旋钮”旋至“×1”。

3）取消机床面板上的“手持单元选择”按钮，将工作状态切换为“编辑”。

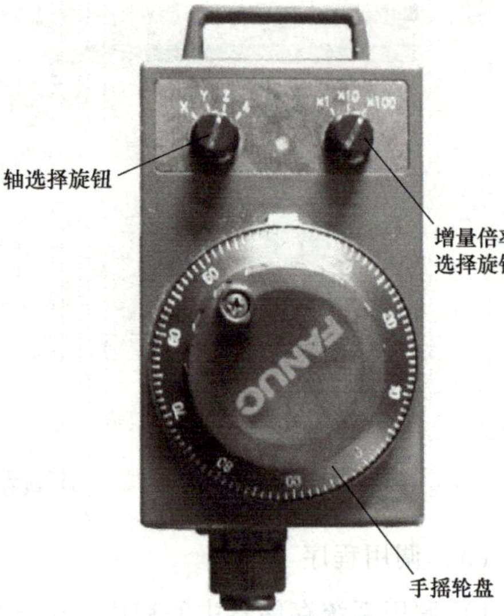

图 2-11 手轮

二维码 2-7
坐标移动操作

说明：

使用手轮移动坐标轴时应特别注意手轮旋向与坐标运动方向的关系，否则很容易出现撞刀等事故；在移动坐标轴时要注意观察显示屏上的“机床坐标”数值，以避免超程。

2. 手动操作

选择机床控制面板上的“手动”按钮，将工作状态切换为“手动”，按以下步骤操作：

1）选择需要移动的坐标轴。

2）按住移动方向按钮“+”/“-”，其相应坐标轴将连续移动，若同时按下“快速按钮”，则相应的坐标轴将快速移动。

3）松开移动方向按钮“+”/“-”，坐标轴停止移动。

坐标轴的移动速度可通过“进给倍率修调旋钮”调节。

2.2.4 装夹工件与安装刀具

1. 安装与校正平口钳

在安装平口钳之前，需将机床工作台面、平口钳底面擦拭干净并涂上润滑油，以防生锈。将平口钳轻放在机床工作台上，使钳口大致与 X 轴方向平行，使用螺钉压板初步固定平口钳的位置，如图 2-12 所示。

平口钳的校正是通过某种方法使平口钳的固定钳口与机床坐标 X 轴或 Y 轴平行（通常与 X 轴平行），一般采用打表的方法进行校正，所使用的工具是百分表及磁性表座。平口钳的校正与夹紧步骤如下：

1）将磁性表座固定在机床主轴上，将百分表固定在磁性表座上，使百分表的表杆轴线与平口钳的固定钳口面垂直，表头朝向固定钳口面，如图 2-13 所示。

2）快速移动坐标轴使百分表的表头靠近平口钳的固定钳口（注意避免发生碰撞）。

图 2-12　平口钳的安装

图 2-13　校正平口钳

二维码 2-8
安装与校正平口钳

3）慢速移动坐标轴使表头接触固定钳口面并压入 1~2 圈左右，旋转表盘使指针调零。

4）移动坐标轴将百分表从钳口的一端匀速拖动至另一端，观察表针变化情况，用木槌轻敲钳身底座以调整位置，反复拖动校正钳口，使其指针变化在 1 格（0.01mm）以内。

5）交替旋紧平口钳固定螺母。

6）再次拖表确认正确后，取下百分表及磁性表座，拿出调整工具，完成校正及夹紧。

2. 装夹工件

在装夹工件之前，应去掉工件上的毛刺及夹具上的杂物，定位与夹紧方式应根据零件要求确定，既要保证装夹可靠，又要保证加工质量，注意以下两方面内容：

1）在工件上选择合理的被夹持面与定位面，确认工件装夹时其位置方向与编程坐标方向一致。

2）使工件上的被夹持面与定位面分别与夹具中的相应位置靠齐，同时校正并夹紧工件。

二维码 2-9
装夹工件

3. 安装与拆卸刀具

（1）刀具在刀柄中的安装　在安装前应检查刀具是否完好，与编程所要求的刀具是否一致；选择与刀具相对应的弹簧夹头及刀柄（如图 2-14 所示，安装 $\phi8$ 的立铣刀，可以选择孔径 8~9 的 ER32 弹簧夹头及 ER32 刀柄），并擦净刀具、夹头及刀柄，按以下顺序安装：

1）将弹簧夹头装入刀柄锁紧螺母内（由于锁紧螺母内为偏心式卡槽，建议将弹簧夹头倾斜一定的角度将其压入），如图 2-15 所示。

2）将锁紧螺母旋入刀柄，然后将刀具的刀杆部分放入弹簧夹头内（在满足加工要求的前提下，刀具应伸出短一些，以便保证足够的刚性），如图 2-16 所示。

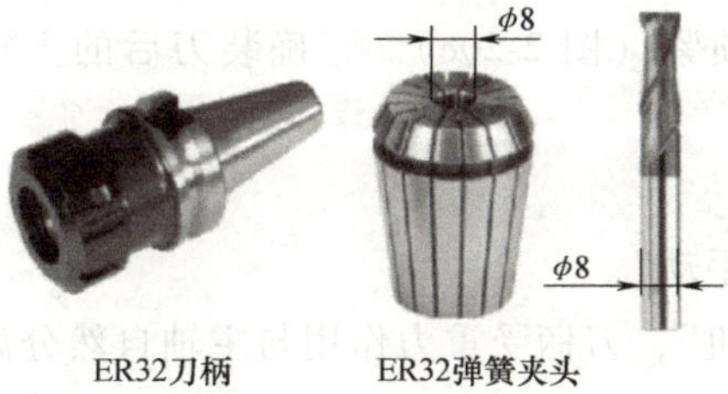

图 2-14　刀柄与夹头的选择

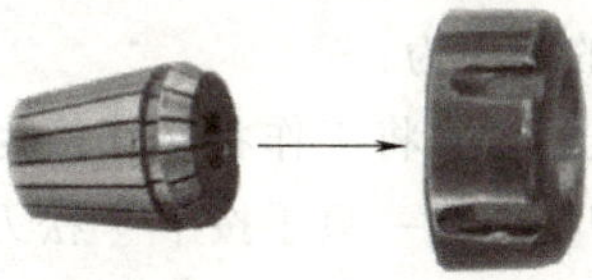

图 2-15　刀具安装 1

二维码 2-10
安装刀具

3）将刀柄放进锁刀座内（图 2-17 所示为锁刀座），用刀柄扳手（图 2-18）将锁紧螺母锁紧，完成刀具在刀柄中的安装，安装完成后的刀柄如图 2-19 所示。

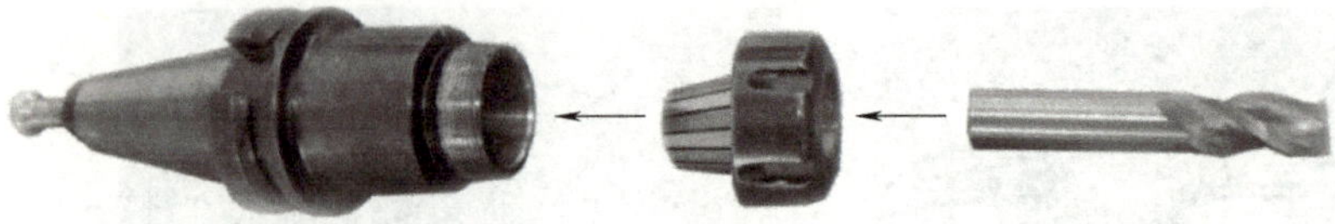

图 2-16 刀具安装 2

将刀具从刀柄中拆卸的操作顺序为先松开锁紧螺母，再取出刀具，最后取出弹簧夹头。

图 2-17 锁刀座

图 2-18 刀柄扳手

图 2-19 刀柄

(2) 刀柄在机床主轴上的安装　在刀柄装入主轴前，应确保机床处于停止状态并且气压正常。将机床工作状态切换为“手动”，按以下顺序安装：

1）擦净刀柄，握住刀柄底部。

2）按下“松刀按钮”，将刀柄的锥柄端缓慢送入主轴锥腔内（图 2-20a），使主轴端面上的定位块与刀柄上的定位槽接触（图 2-20b）。

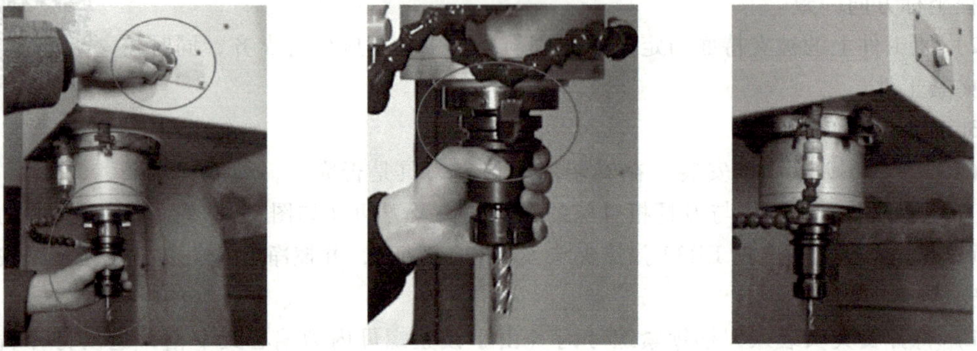

a)　b)　c)

图 2-20 主轴装刀

a）按下“松刀按钮”装入刀具　b）松开“松刀按钮”确认装刀　c）完成装刀

3）松开“松刀按钮”，刀柄被拉入主轴腔并锁紧（图 2-20c）。正确装刀后的主轴端面与刀柄端面大约有 2mm 左右的间隙。

从主轴卸下刀柄的顺序为：

1）确认机床停止运行，将工作状态切换为“手动”。

2）一只手握住刀柄，另一只手按下“松刀按钮”，刀柄受重力作用与主轴自然分离。

3）取出刀柄，松开“松刀按钮”完成卸刀。

2.2.5 对刀及参数设置

数控铣床对刀是通过某种方法使刀具（或找正器）找到加工原点（工件原点）在机床

坐标系下的坐标值（X、Y、Z 值）。若要对某一零件进行加工，必须首先完成其对刀，让数控系统通过对刀值识别零件在工作台上的位置，才能完成该零件的加工。如图 2-21 所示，通过对刀需要找到加工原点 O_1 在机床坐标系下的各轴的坐标值（X_a，Y_b，Z_c）。以下各轴对刀均设工件上表面几何中心为加工原点。

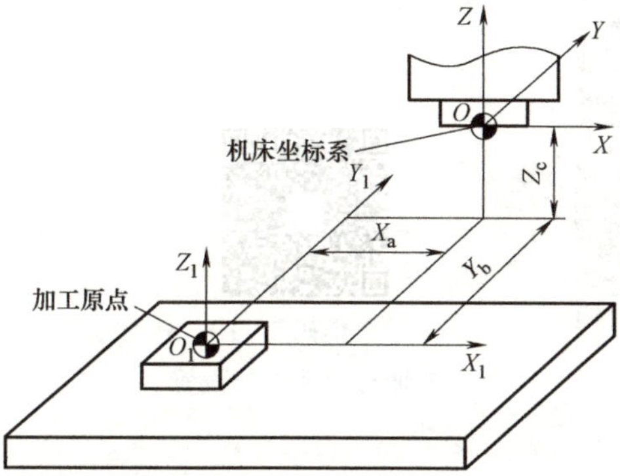

图 2-21 对刀原理示意图

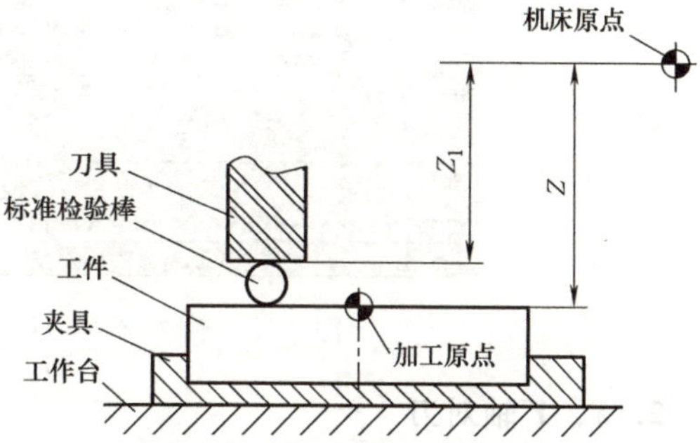

图 2-22 Z 轴对刀原理

1. Z 轴对刀

（1）对刀原理 Z 轴对刀即通过某种方法让刀具找到加工原点在机床坐标系下的 Z 坐标值，在此以标准检验棒为对刀工具，介绍其对刀原理。

如图 2-22 所示，若要让刀具找到加工原点在机床坐标系下的 Z 坐标值，则先在工件上放置一标准检验棒，移动刀具使其底面刚好接触检验棒最高点，则此时刀具底端与工件上表面距离刚好为 H，通过公式可计算得出 Z 对刀值。

$$Z=Z_1-H$$

式中 Z_1——刀具底面接触检验棒最高点时所对应的 Z 坐标值（机床坐标）；

H——标准检验棒直径。

（2）对刀方法 Z 轴对刀常用的方法有试切对刀、Z 轴设定器对刀、标准检验棒（标准芯棒）对刀和机外对刀仪对刀。此处仅介绍标准检验棒对刀方法，其余对刀方法请见本书项目 5 中的相关内容。方法如下：

1）主轴停转，换上切削用刀具。

2）采用“手轮”方式将刀具移动至工件上方，使刀具底面与工件上表面之间的距离略小于检验棒直径（手轮倍率应合理，以确保安全，建议当距离较小时增量倍率选择“×10”），然后将检验棒放于工件上表面。

3）轻推检验棒检查其是否能够通过刀具底面与工件上表面之间的间隙。

4）以步进方式抬高刀具（+Z 方向），然后按上述方法检查检验棒是否能够通过间隙。

5）重复 3）、4）的操作步骤，当其刚好能够通过间隙时记下当前 Z 坐标值（机床坐标）。

6）按公式计算得出 Z 对刀值。

7）进入补偿参数设置界面，将计算所得的 Z 对刀值输入“外形（H）”所对应的 001 号参数表中，如图 2-23 所示。

说明：

1）在对刀过程中为了确保安全，移动坐标时不能将检验棒放入刀具正下方，检验棒过杆检验间隙时不能移动坐标。

2）当更换刀具后应重新对刀以获取新的 Z 对刀值。

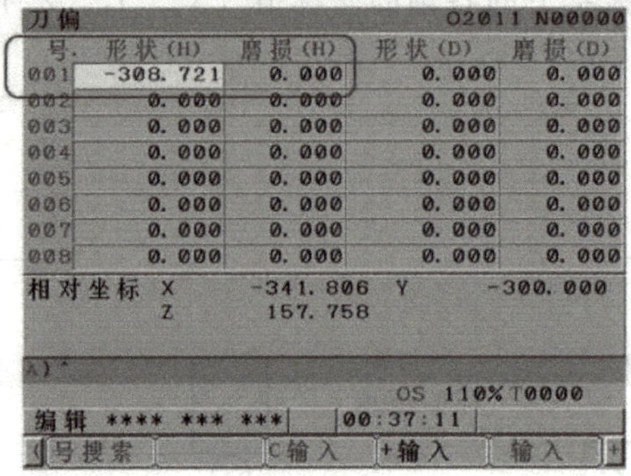

图 2-23 输入 Z 对刀值

二维码 2-11

Z 轴对刀及参数设置

2. X、Y 轴对刀

（1）对刀原理 X、Y 轴对刀即通过某种方法让刀具找到加工原点在机床坐标系下的 X、Y 坐标值。在此以寻边器为对刀工具、以 X 轴对刀为例（Y 轴对刀原理及对刀方法与 X 轴相同）介绍其对刀原理。

1）方案一（寻两个侧边）：如图 2-24 所示，加工原点在工件的对称中心，其在机床坐标系下的 X 坐标值不能直接得出，而只能先用寻边器分别接触工件 A、B 两侧（使寻边器的工作外圆与工件侧面相切）并记下其所对应的 X 坐标值（X_1、X_2），然后通过以下公式计算得出加工原点的 X 坐标值。

$$X=(X_1+X_2)/2$$

式中 X_1——寻边器外圆与工件 A 侧面相切时所对应的 X 坐标值（机床坐标）；

X_2——寻边器外圆与工件 B 侧面相切时所对应的 X 坐标值（机床坐标）。

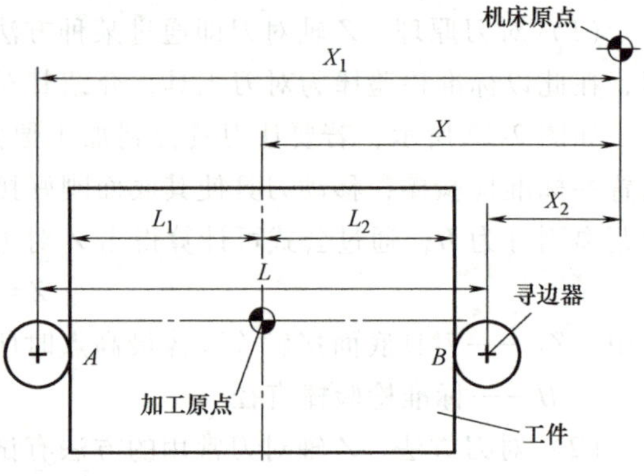

图 2-24 X 轴对刀原理

2）方案二（寻一个侧边）：如图 2-24 所示，加工原点在机床坐标系下的 X 坐标值不能直接得出，可先用寻边器接触工件 A 侧或 B 侧（使寻边器的工作外圆与工件侧面相切）并记下其所对应的 X 坐标值，然后通过公式计算得出加工原点的 X 坐标值，计算公式如表 2-5 所示。

表 2-5 对刀值的计算

序号	寻边位置(相对于加工原点而言)	计算公式	备注
1	在加工原点的负方向(A 侧)	$X=X_1+D/2+L_1$	
2	在加工原点的正方向(B 侧)	$X=X_2-D/2-L_2$	

注：X_1——寻边器外圆与工件 A 侧面相切时所对应的 X 坐标值（机床坐标）；

X_2——寻边器外圆与工件 B 侧面相切时所对应的 X 坐标值（机床坐标）；

D——寻边器工作外圆直径；

L_1——工件 A 侧面与加工原点的距离；

L_2——工件 B 侧面与加工原点的距离。

以上表格中提供的两种计算公式，分别适用于寻 A 侧面或 B 侧面。即计算公式的选用与寻边的位置有关。

该方案也可适用于非对称工件的对刀（即加工原点的位置未设置在工件对称中心），对刀时只需要寻找工件其中一个侧边，便可计算得出对刀值。

3）方案三（寻两个侧边-分中）：采用方案一或方案二时，均需要通过公式计算才能得出对刀值，当数据较多时不便于计算。因此可以利用数控系统中的“相对坐标”测量出 A、B 两侧的相对距离 L（图 2-24），直接将寻边器移动至 $L/2$ 处，该位置所对应的机床坐标 X 值便是加工原点的 X 坐标值。以下介绍的对刀方法中就利用了“相对坐标”来辅助完成对刀。

（2）对刀方法　X、Y 轴对刀常用的方法有试切对刀、寻边器对刀（常用寻边器如图 2-25 所示）和百分表对刀。下面介绍机械式偏心寻边器对刀（X 轴方向）的方法。

a)　　b)　　c)

图 2-25　寻边器

a）机械式偏心寻边器　b）光电式寻边器　c）3D 万向寻边器

机械式偏心寻边器由上、下两部分及连接弹簧组成（图 2-25a），寻边器的下半部分被安装在刀柄上。当寻边器以合理的转速旋转时，其上半部分受离心力作用而产生偏心旋转，移动寻边器使其工作外圆与工件表面接触并使其上下两部分刚好同心，此时寻边器轴心与工件表面的距离等于工作外圆的半径。

对刀方法如下（以图 2-24 为例介绍）：

1）将装有寻边器的刀柄安装到主轴上。

2）在 MDI 状态下启动主轴（建议 S300～S400）。

3）采用“手轮”方式先将寻边器移动至工件 A 侧面附近，再使寻边器的工作外圆逐渐靠近工件 A 侧面（手轮倍率应合理，建议选择“×10”）。

4）以步进方式使寻边器向工件 A 侧面移动，当寻边器接触工件表面且同心时停止移动。

5）将显示切换为相对坐标界面，使 X 坐标值归零。

6）移动寻边器离开 A 侧面，按照 3）与 4）的步骤使寻边器接触工件 B 侧面且同心时停止移动。

7）记下相对坐标界面上的当前 X 坐标值（记为 X_L），移动寻边器离开 B 侧面。

8）移动寻边器至 $X_L/2$ 处。

9）进入工件坐标系设置界面，移动光标至“01（G54）”所对应的 X 参数栏，将当前位置所对应的机床坐标 X 值输入系统中，如图 2-26 所示。

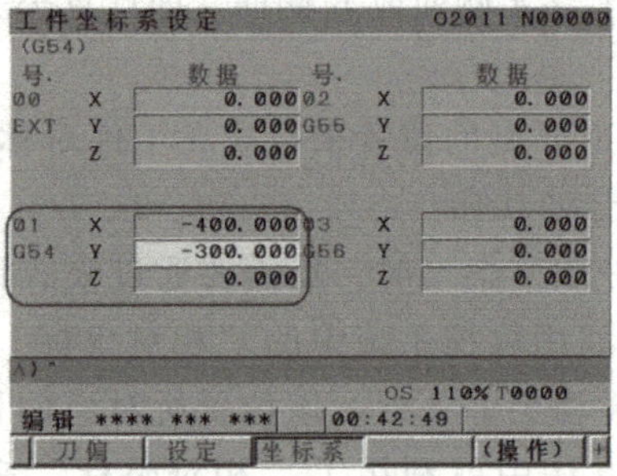

图 2-26 输入 X/Y 对刀值

二维码 2-12 X 轴对刀及参数设置

说明：

1）Y 轴对刀方式与 X 轴对刀方式相同，在此省略介绍。

2）输入对刀参数时，也可将光标移至“01（G54）”所对应的坐标轴参数栏内（例如 Y 轴），输入“Y0”并选择软功能键［测量］，同样能够完成其数据输入。

3）对刀时坐标轴的移动倍率以及工件表面质量等情况都会影响对刀精度，因此需要综合考虑，确定合理的对刀方式。

4）由于寻边器靠边同心时的状态不便于观察，可移动寻边器至瞬间偏心状态，此状态为同心与偏心的临界状态，可视为同心。

3. 验证对刀参数

在完成各轴对刀后，建议及时验证对刀参数是否正确。可通过在 MDI 中执行各轴移动指令，检查刀具的移动结果是否与设定的工件原点一致，若一致则说明对刀正确，若不一致则需要检查对刀参数并重新对刀。

二维码 2-13 验证对刀参数

2.2.6 程序校验与自动加工

1. 加工准备

在自动加工前，认真检查程序输入、对刀参数及刀补参数是否正确，检查工件装夹等是否正确，做好加工前的准备工作。

2. 校验程序

在自动加工前，必须对加工程序进行校验，确保程序正确后才能进行自动加工。一般采用模拟刀路轨迹及空运行的方式进行校验。在校验程序之前，应将刀具抬高，以确保安全。

（1）模拟刀路轨迹校验 模拟刀路轨迹是使用数控系统的图形模拟功能，将程序的刀路轨迹以线条的形式显示给操作者，操作者通过检查此刀路轨迹是否与编程路线一致，以校验程序是否正确。

二维码 2-14 校验程序

操作步骤如下：

1）选择 MDI 键盘上的 CUSTOM GRAPH 功能键，将显示调节为图形模拟界面。

2）依次选中机床控制面板上的“空运行”→“机床锁住”→“辅助功能锁住”按钮。

3）在“自动运行”状态下选择“循环启动”按钮执行程序，显示器中将绘制出刀具路线图。

4）观察刀路图是否正确，若有错误，应修改程序并重新模拟直到正确为止。

当刀路轨迹校验完成后，应取消“空运行”“机床锁住”和“辅助功能锁住”功能，将各坐标轴手动返回参考点，以便为后续加工做好准备。

（2）空运行校验　空运行方式校验程序是在使刀具不接触工件（刀具一般处于工件上方）的前提下执行程序（即空走刀），刀具以快速运动方式划出刀具路线，观察刀具实际运动路线是否正确。

操作步骤如下：

1）进入工件坐标系设定界面，移动光标至“00（EXT）”所对应的 Z 参数栏，输入高度方向的安全数值（如“Z20.0”），此值输入后程序中的所有 Z 坐标值将抬高 20mm（此距离即为空运行的安全距离），如图 2-27 所示。

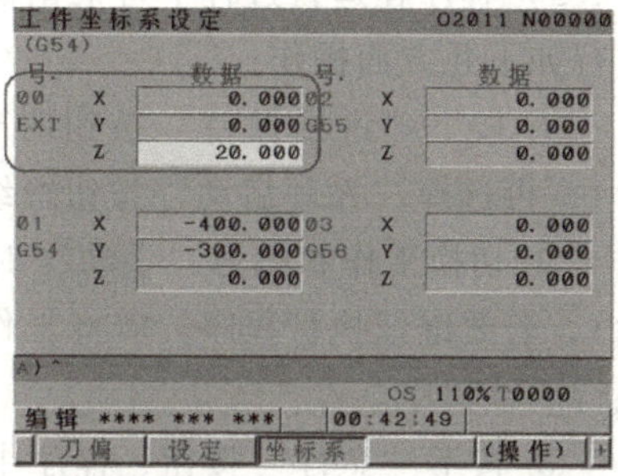

图 2-27　EXT 设置

2）将机床控制面板上的“进给倍率修调旋钮”置零，将显示调节为程序检查界面。

3）切换机床工作状态为“自动运行”，选中机床控制面板上的“空运行”按钮（打开“空运行”方式）及“单段”按钮。

4）选择机床控制面板上的“循环启动”按钮执行程序，适时调节“进给倍率修调旋钮”以控制刀具运动速度，确保运行安全。

5）观察刀路是否与程序路径一致，同时观察程序检查界面中的“待走量”数据是否与刀具运动距离一致。

6）重复步骤 4）、5）直到程序执行完毕。

7）取消“空运行”方式。

8）进入工件坐标系设置界面，将“00（EXT）”中的数据清零（输入“0”），完成空运行校验。

说明：

当在空运行校验过程中发现程序错误或将要发生撞刀时，应立即将“进给倍率修调旋钮”置零，选择 MDI 键盘上的RESET功能键停止程序，将刀具抬高至安全位置后重新修改程序及参数，然后再次校验直到完全正确。

3. 自动加工

当程序校验无误及其他准备工作就绪后，便可进行自动加工（自动加工操作视频见二维码 2-15）。操作步骤如下：

二维码 2-15
自动加工操作

1）关闭防护门，将机床控制面板上的“进给倍率修调旋钮”置零，调节显示为程序检查界面。

2）依次选择“自动运行”→“单段”按钮。

3）点按“循环启动”按钮执行程序，适时调节“进给倍率修调旋钮”以控制刀具运动速度，确保运行安全。

4）当完成 Z 向下刀后，取消“单段”方式连续运行直到程序结束。

5）将“进给倍率修调旋钮”置零，测量工件加工结果，确认无误后取下工件。

说明：

1）加工过程中应精力集中，观察刀路是否与程序路径一致，同时观察程序检查界面中的“待走量”数据是否与刀具运动距离一致。

2）建议操作者将两只手分别放在“循环暂停”及“进给倍率修调旋钮”上，发现问题时立即按下“循环暂停”按钮并同时将“进给倍率修调旋钮”置零；若出现紧急情况则立即按下急停按钮，然后进行相应的处理。

3）程序在运行过程中可根据需要暂停、停止、急停或重新运行。当程序正在执行时可进行如下几方面操作：

① 按下“进给保持”按钮时暂停程序执行（此时刀具进给运动暂停，但主轴仍然转动），再选择“循环启动”按钮继续执行后续程序。

② 切换工作状态为“手动”时暂停程序执行（此时刀具进给运动暂停，但主轴仍然转动），若要继续执行程序，应将工作状态切换回“自动运行”，选择“循环启动”按钮继续执行后续程序。

③ 按下“急停”按钮，程序中断运行，机床停止运动。若要继续运行，应先旋开“急停”按钮，使程序复位并从头开始执行。

4）若被加工工件为批量生产，则必须进行首件试切，待首件加工合格后，方可进行其余工件的加工。

任务2.3 数控铣床日常维护

2.3.1 数控铣床报警处理

当数控机床在操作过程中发生报警时，通常根据以下几种情况进行相应处理。

1）若机床在静止状态下发生报警或报警后机床停止运动，则选择MDI键盘上的MESSAGE功能键打开报警信息界面，查看报警详情，根据报警号及报警内容进行相应处理，选择MDI键盘上的RESET功能键解除报警。

2）若发生报警时机床未停止运动，应首先将“进给倍率修调旋钮”置零，再根据报警号及报警内容进行相应处理，选择MDI键盘上的RESET功能键解除报警。

3）若某些报警无法用RESET功能键解除，则需关断机床电源，重新启动数控系统，然后再进行相应处理。

表2-6中列出了部分常见的英文报警信息、表2-7列出了常见的程序报警信息。

表2-6 英文报警信息（部分）

报警号	代号	显示内容	报警原因
1001	A0.1	HYDRAULIC PRESSURE LOW	液压压力低
1002	A0.3	EMERGENCY STOP	紧停按钮输入
1003	A0.5	BATTERY ALARM	电池报警
1004	A0.7	CNC ALARM	CNC报警
1005	A1.4	HARDWARE LIMIT	撞硬限位报警
1006	A1.5	SPINDLE ARALM	主轴报警

（续）

报警号	代号	显示内容	报警原因
1007	A2.1	CNC NO READY	CNC 准备没准备好
1009	A1.6	LUBRICATION OIL LACK	润滑液不足报警
2001	A0.4	AIR PRESSURE LOW	气压过低
2002	A0.6	CNC RESTORATION	CNC 复位
2003	A1.0	X AXIS RETURN REFERENCEING POINT	*X* 轴要回参考原点
2004	A1.1	Y AXIS RETURN REFERENCEING POINT	*Y* 轴要回参考原点
2005	A1.2	Z AXIS RETURN REFERENCEING POINT	*Z* 轴要回参考原点
2006	A1.3	4TH AXIS RETURN REFERENCEING POINT	第 4 轴要回参考原点
2007	A2.0	FEED OVERATE SWITCH IS 0%	进给倍率为 0
2008	A2.2	SPINDLE NO DIRECTIONAL	主轴没有定向
2009	A2.3	Z AXIS NO IN THE 2TH REFERENCING POINT	*Z* 轴没在二参考点
2010	A2.4	Z AXIS NO IN THE 3TH REFERENCING POINT	*Z* 轴没在三参考点
2011	A2.5	NO SPINDLE SPEED SIGNAL	速度没达到
2012	A2.7	GUIDE LUBRICATION	导轨润滑压力低

表 2-7 程序报警信息（部分）

报警号	信息	报警原因
003	数字位太多	输入了超过允许位数的数据
004	地址没找到	在程序段的开始无地址而输入了数字或字符“-”
005	地址后面无数据	地址后面无适当数据而是另一地址或 EOB 代码
006	非法使用负号	符号“-”输入错误(在不能使用负号的地址后输入了“-”符号或输入了两个或多个“-”符号)
007	非法使用小数点	小数点“.”输入错误(在不允许使用的地址中输入了“.”符号，或输了两个或多个“.”符号)
009	输入非法地址	在有效信息区输入了不能使用的字符
010	不正确的 G 代码	使用了不能使用的 G 代码或指定了无此功能的 G 代码
015	指定了太多的轴	超过了允许的同时控制轴数
020	超出半径公差	在圆弧插补(G02/G03)中，起始点与圆弧中心的距离不同于终点与圆弧中心的距离，差值超过了参数 3410 中指定的值
021	指定了非法平面轴	在圆弧插补中，指定了不在所选平面内(G17/G18/G19)的轴。修改程序
022	没有圆弧半径	在圆弧插补中，不管是 *R*(指定圆弧半径)，还是 I、J、K(指定从起始点到中心的距离)都没有被指定
033	在 CRC 中无结果	刀具补偿 C 方式中的交点不能确定
034	圆弧指令时不能起刀或取消刀补	刀具补偿 C 方式中 G02/G03 指令时企图起刀或取消刀补
041	在 CRC 中有干涉	在刀具补偿 C 方式中，将出现过切。刀具补偿方式下连续指定了两个没有移动指令只有停刀指令的程序段
073	程序号已使用	被指定的程序号已经使用。改变程序号或删除不要的程序，重新执行程序存储

（续）

报警号	信息	报警原因
087	缓冲区溢出	当使用阅读机或穿孔机接口向存储器输入数据时，尽管指定了读入终止指令，但再读入10个字节点，输入仍不中断，导致输入/输出设备或PCB故障
101	请清除存储器	当用程序编辑操作对内存执行写入操作时，关闭了电源。如果该报警出现，按住[PROG]键，同时按住[RESET]键清除存储器，但是只删除编辑的程序
113	不正确指令	在用户宏程序中指定了不能用的功能指令
114	宏程序格式错误	公式的格式错误
115	非法变量号	在用户宏程序中指定了不能作为变量号的值
124	缺少结束状态	DO-END没有一一对应
126	非法循环数	对DOn循环，条件1≤n≤3不满足

2.3.2 数控铣床日常维护

在产品生产中，数控铣床能否达到加工精度高、产品质量稳定、提高生产效率的目标，除了机床本身的精度和性能之外，还与平时操作者的使用规范以及正确的维护保养密切相关。因此，对数控铣床进行正确的维护与保养是充分发挥其工作效能的重要保障之一。

二维码2-16 数控铣床日常维护

数控铣床维护不单纯是数控系统或机械部分等发生故障时进行的维修，还应该包括操作者的正确使用和日常保养等工作。

1. 维护保养的意义

数控铣床使用寿命的长短和故障率的高低，不仅取决于本身的精度和性能，还取决于它的正确使用及维护保养。正确的维护与保养可以延长元器件的使用寿命和机械部件的磨损周期，防止意外恶性事故的发生，提高工作的稳定性，充分发挥数控铣床的优势，保证企业的经济效益。

2. 维护保养的基本内容

（1）一级维护

1）日常维护包括：

图2-28 自动润滑油箱

① 检查自动润滑系统的油面高度，需要时及时补充（自动润滑油箱如图2-28所示）。

② 检查切削液面高度，如有必要及时添加。

③ 检查增压缸侧油杯里的液压油，不能低于油杯的1/4。

④ 检查供气气压是否达到0.55~0.6MPa，如图2-29所示。

⑤ 清除工作台面的脏物及切屑，排除切屑槽中的切屑，如图2-30所示。因为切屑堆积太高会影响 *X*、*Y* 向行程开关，造成回参考点错误；清扫切屑时不能踩踏 *X*、*Y* 向两端不锈钢防护罩，以防止引起变形或损坏，防护罩变形可能会使机床运动中异响或影响机床运动精度。

2）每周维护（在日常维护基础上进行）包括：

① 检查切削液浓度，一般为3%~5%；清洗切削液过滤器，确保切屑不进入冷却泵输送

到管道中；从切削液面撇出漂浮的导轨润滑油。

② 清除整个机床的切屑和脏物并擦干净。

③ 检查所有导轨及其镶钢面，并涂上少量润滑油。

④ 检查机床后部的空气过滤装置，若有污物，应重新更换元件。

图 2-29 气压表

图 2-30 工作台清扫

（2）二级维护 年度维护（在每周维护基础上进行）包括：

1）拆下供气气罐里的过滤元件并进行清洁处理。

2）检查主轴传动带的状况和张力。

3）检查固定导轨和镶条位置，如有必要则进行调整。

4）检查是否所有运动功能均有效。

5）检查导轨刮板的状态，必要时进行更换。

6）检查电路连接是否完整，并检查绝缘状况。

7）检查冷却过滤装置状况，必要时进行更换。

8）每半年在 X、Y、Z 三向丝杠支撑轴承中注射补充锂基润滑脂。

（3）三级维护 定期更换（2 年）：由专业维修人员更换电动拉杆的蝶簧及主轴传动带。

项目拓展

1. 企业点评

1）在机床操作中要有主动规避事故发生的意识，因此在机床自动运行前必须确认各项内容的正确无误，然后才能进行加工。

2）对于数控铣床的操作，要不断地进行实践操作练习，争取达到人机合一的程度，从中总结操作经验，必定大有收获。不同的数控系统、生产厂家所生产出的数控机床的操作会各不相同，但都会有机床控制必备的 6 种工作方式（“回零”“手动”“手轮”“MDI”“自动”和“编辑”），通过对这 6 种工作方式进行总结，对于不熟悉的数控机床，也同样能正确操作。

3）数控铣床的对刀不仅可以使用专用对刀工具进行对刀，而且还可以使用加工用的刀具进行试切对刀；对刀的位置不仅可以选择在工件上，而且可以选择在夹具或机床工作台面上，因此掌握对刀原理是非常重要的。

4）良好的机床操作习惯和职业素养是对一名合格的操作人员的必备要求，在初期的学习过程中便要特别注意好习惯的培养。

2. 思想/技能进阶

6S 管理

6S 即整理（SEIRI）、整顿（SEITON）、清扫（SEISO）、清洁（SEIKETSU）、素养

(SHITSUKE)、安全 (SECURITY) 六个项目，6S 管理指的是在生产现场中将人员、机器、材料、方法等生产要素进行有效管理，从而达到提高整体工作质量的目的。各项目内容如表 2-8 所示。

表 2-8 6S 管理

名称	内容	目的
整理 (SEIRI)	将工作现场的所有物品区分为有用品和无用品，除了有用的留下来，其他的都清理掉	腾出空间，空间活用，防止误用，保持清爽的工作环境
整顿 (SEITON)	把留下来的必要物品依规定位置摆放整齐并加以标识	工作场所一目了然，消除寻找物品的时间，整整齐齐的工作环境，消除过多的积压物品
清扫 (SEISO)	将工作场所内看得见与看不见的地方清扫干净，保持工作场所干净、亮丽，创造良好的工作环境	稳定品质，减少工业伤害
清洁 (SEIKETSU)	将整理、整顿、清扫进行到底，并且制度化，经常保持环境处在整洁美观的状态	创造明朗现场，维持上述 3S 推行成果
素养 (SHITSUKE)	每位成员养成良好的习惯，并遵守规则做事，培养积极主动的精神(也称习惯性)	促进良好行为习惯的形成，培养遵守规则的员工，发扬团队精神
安全 (SECURITY)	重视成员安全教育，每时每刻都有安全第一观念，防患于未然	建立及维护安全生产的环境，所有的工作应建立在安全的前提下

项目 3　外轮廓零件加工

项目导读

项目描述

本项目为学习者提供了与外轮廓零件加工有关的理论知识与实践内容，并且提供了外轮廓零件加工的工程案例，供学习者参阅。

本项目提供的工程案例为动车电气连接器外壳（简称连接器）零件的加工，零件图如图 3-1 所示，毛坯为 ϕ68mm×85mm 棒料，材料为 2A12。

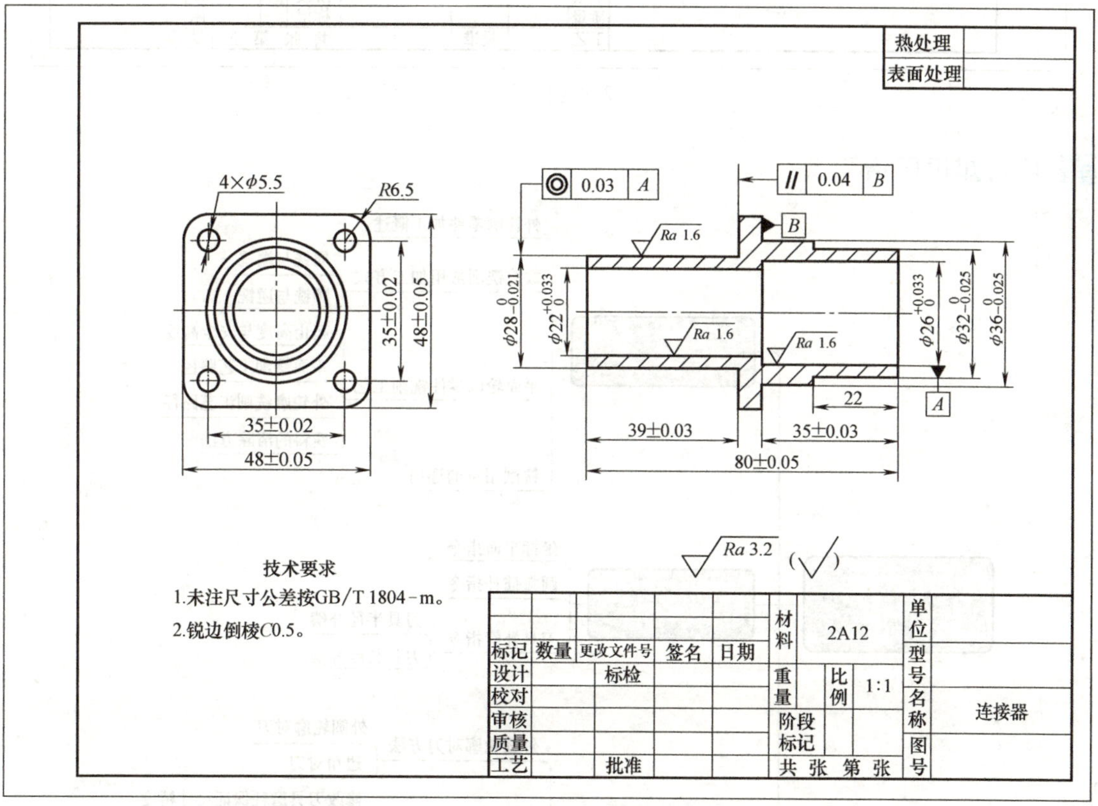

图 3-1　连接器零件图

项目转化

结合教学实际，对壳体零件的结构进行转化，转化后的连接器如图 3-2 所示。要求制订该零件的加工工艺，编制零件加工程序，并完成零件加工和质量评估。

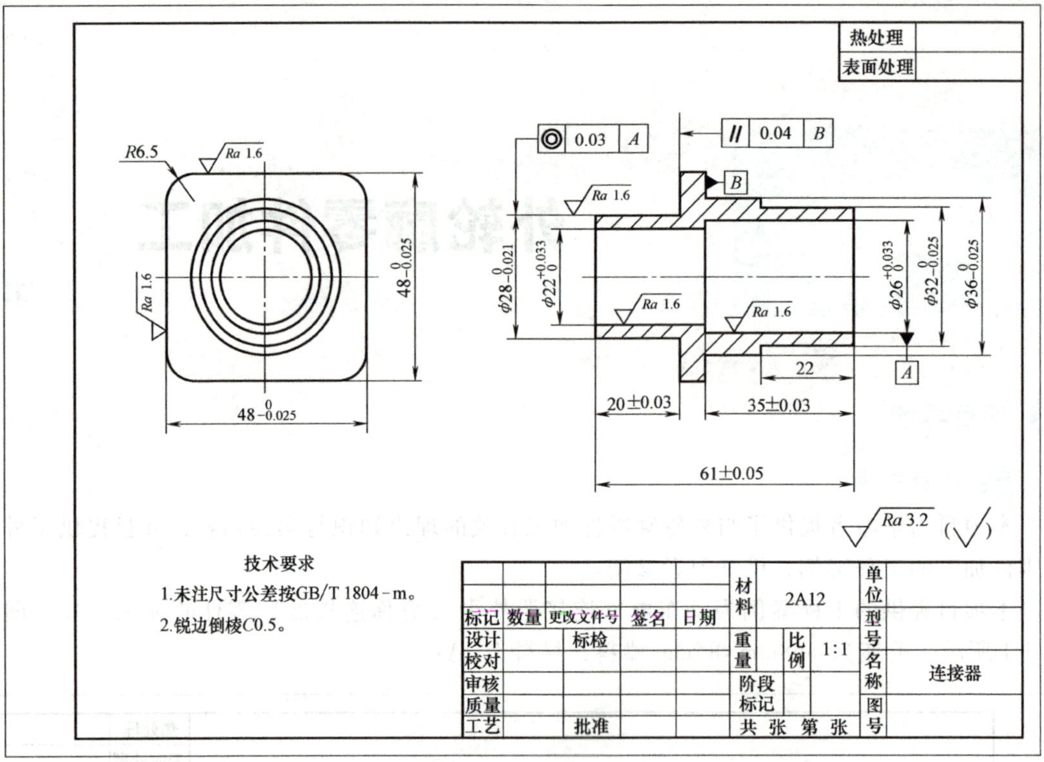

图 3-2 连接器转化图

项目知识图谱

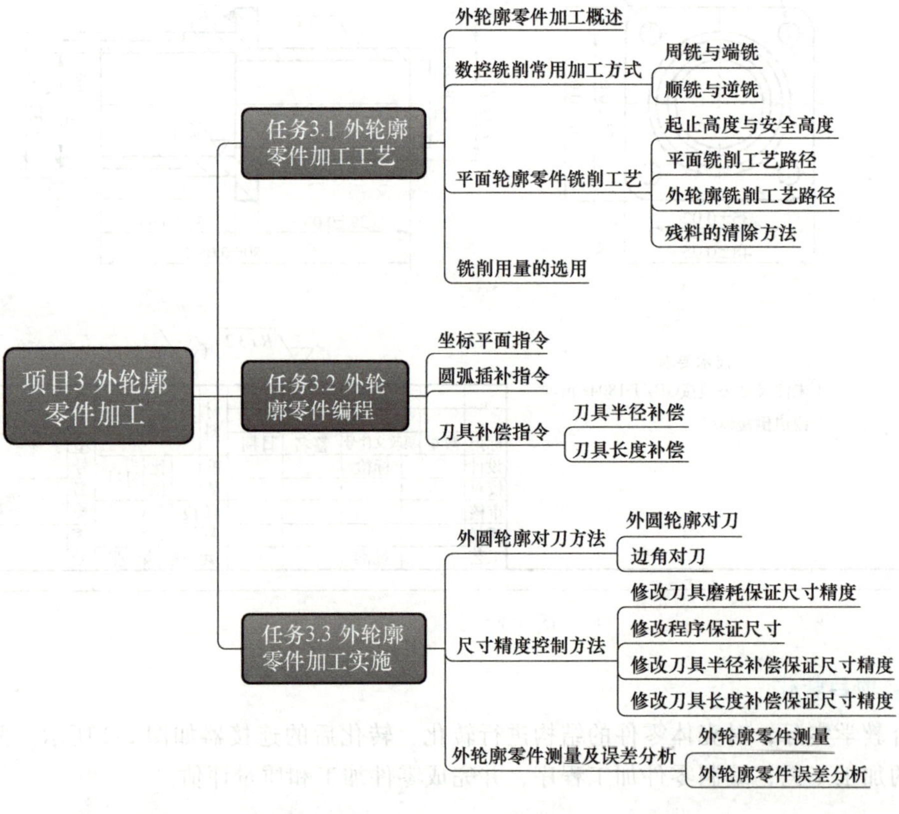

项目资讯

任务 3.1　外轮廓零件加工工艺

3.1.1　外轮廓零件加工概述

零件 2D 外形轮廓可以描述成由一系列直线、圆弧或曲线通过拉伸形成的凸形结构，其侧面一般与零件底面垂直。冲裁模具、结构件等零件必须具有精确的外形轮廓，才能保证它与对应的型腔零件形成良好的配合。零件 2D 外形轮廓铣削是数控加工中最基本、最常用的切削方式，复杂的、高精度的二维外形轮廓加工，都离不开这种加工方式。

一般情况下，零件 2D 外形轮廓通常有以下三种结构类型，即单一外形、叠加外形及并列多个外形，如图 3-3 所示。铣削零件 2D 外形轮廓主要是控制轮廓的尺寸精度、表面粗糙度及部分结构的几何公差。

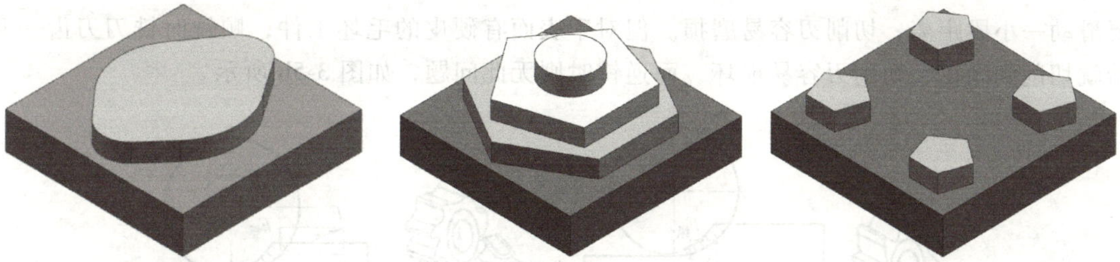

a)　b)　c)

图 3-3　外轮廓零件结构类型

a）单一外形　b）叠加外形　c）并列多个外形

3.1.2　数控铣削常用加工方式

铣削加工是用铣刀的旋转和工件移动来完成零件切削加工的方法。铣削加工中刀具的旋转是主运动，工件做进给运动。

根据铣刀切削刃的形式和方位将铣削方式分为周铣和端铣两种。周铣是用分布于铣刀圆柱面上的刀齿铣削工件表面，其周边切削刃起切削作用，如图 3-4a 所示；端铣是主要用刀体端面上的刀齿铣削工件成形表面，周边切削刃与端面切削刃同时起切削作用，铣刀的轴线与工件的成形面表面垂直，如图 3-4b 所示。

1. 周铣

根据铣刀和工件的相对运动方式将周铣分为顺铣和逆铣两种铣削方式。

（1）顺铣——切削处刀具的旋向与工件的送进方向一致　通俗地说，是刀齿追着材料“咬”，刀齿刚切入材料时切得深，而脱离工件时则切得少。顺铣时，作用在工件上的垂直铣削力始终是向下的，能起到压住工件的作用，对铣削加工有利，而且垂直铣削力的变化较小，故产生的振动也小，机床受冲击小，有利于减小工件加工表面的表面粗糙度值，从而得到较好的表面质量，同时顺铣也有利于排屑，数控铣削加工一般尽量用顺铣法加工，如图 3-5a 所示。

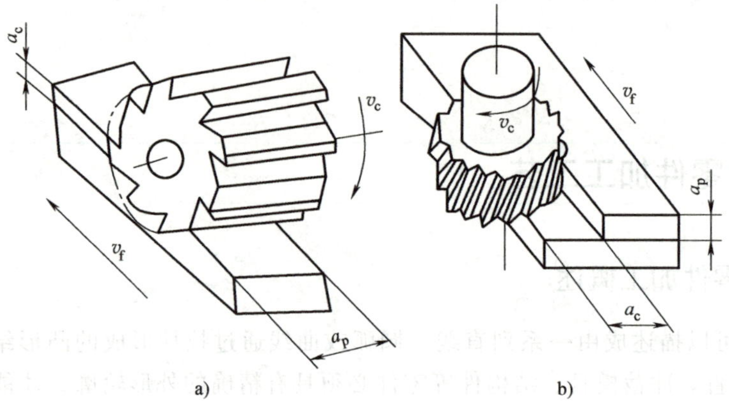

图 3-4 周铣和端铣

a）周铣 b）端铣

二维码 3-1

数控铣削常用加工方式

（2）逆铣——切削处刀具的旋向与工件的送进方向相反 通俗地说，是刀齿迎着材料“咬”，刀齿刚切入材料时切得薄，而脱离工件时则切得厚。这种方式机床受冲击较大，加工后的表面不如顺铣光洁，消耗在工件进给运动上的动力较大。由于铣刀切削刃在加工表面上要滑动一小段距离，切削刃容易磨损。但对于表面有硬皮的毛坯工件，顺铣时铣刀刀齿一开始就切削到硬皮，切削刃容易损坏，而逆铣时则无此问题，如图 3-5b 所示。

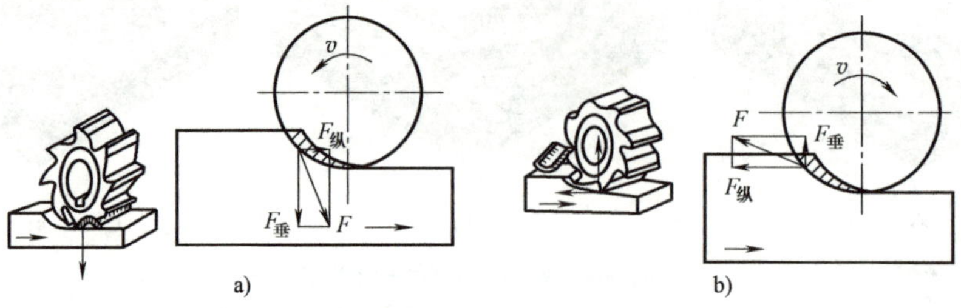

图 3-5 顺铣和逆铣

a）顺铣 b）逆铣

2. 端铣

端铣根据铣刀相对于工件安装位置的不同可分为对称铣削、不对称逆铣和不对称顺铣三种种。如图 3-6 所示。

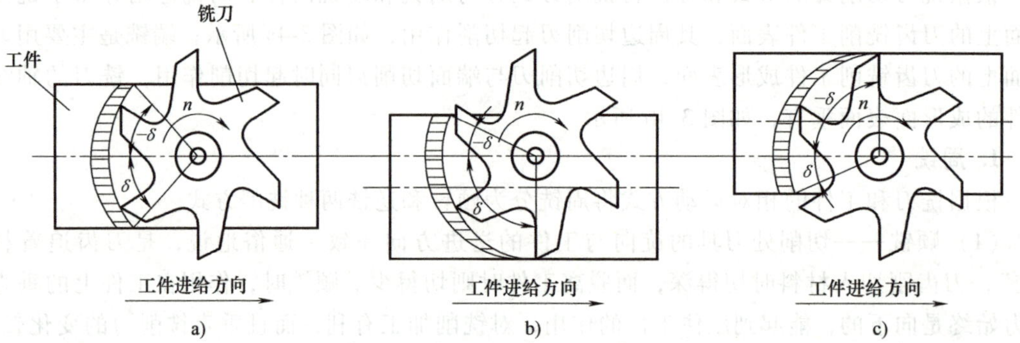

图 3-6 端铣的分类

a）对称铣削 b）不对称逆铣 c）不对称顺铣

按铣刀偏向工件的位置，在工件上可分为切入部分和切出部分。铣刀切入点到铣刀轴线位置为切入部分，切入角为 δ，相当于逆铣；铣刀轴线到铣刀切出点为切出部分，切出角为 $-\delta$，相当于顺铣。

（1）对称铣削　顺铣部分等于逆铣部分。铣削时，铣刀轴线位于铣削弧长的中心位置，切入、切出时切削厚度相同，如图 3-6a 所示。一般端铣多用此种铣削方式，尤其适用于铣削淬硬钢。

（2）不对称逆铣　逆铣部分大于顺铣部分。铣削时，工件偏在铣刀的进刀部分，切入时切削厚度最小，切出时切削厚度最大，切屑由薄变厚，如图 3-6b 所示。铣削碳钢或合金钢时，这种铣削方式可减小铣刀的切入冲击，提高刀具寿命。

（3）不对称顺铣　顺铣部分大于逆铣部分。铣削时，工件偏在铣刀的出刀部分，切入时切削厚度最大，切出时切削厚度最小，切屑由厚变薄，如图 3-6c 所示。不对称顺铣用于加工不锈钢和耐热合金时，可减少硬质合金的剥落磨损，切削速度可提高 40%~60%，从而节约生产成本。

3. 端铣与周铣的区别

端铣与周铣相比，端铣铣平面时较为有利，因为：

1）面铣刀的副切削刃对已加工表面有修光作用，能使表面粗糙度值降低。周铣的工件表面则有波纹状残留面积。

2）同时参加切削的面铣刀齿数较多，切削力的变化程度较小，因此工作时振动较周铣小。

3）面铣刀的主切削刃刚接触工件时，切屑厚度不等于零，使切削刃不易磨损。

4）面铣刀的刀杆伸出较短，刚性好，刀杆不易变形，可用较大的切削用量。

由此可见，端铣法的加工质量较好，生产率较高。所以铣削平面大多采用端铣。但是，周铣对加工各种形面的适应性较广，而有些形面（如成形面等）则不能用端铣。

4. 数控铣削加工工序的划分

（1）加工阶段　当零件的加工质量要求较高时，往往不可能用一道工序来满足其要求，而要用几道工序逐步达到所要求的加工质量。为保证加工质量和合理地使用设备、人力，零件的加工过程通常按工序性质不同，分为粗加工、半精加工、精加工和光整加工四个阶段。

（2）数控铣削加工工序的划分原则　数控铣削加工具有工序相对集中的特点，以避免多次装夹造成误差，提高加工精度。在确定数控铣削加工工艺路线时必须结合零件的特点和实际情况，使数控铣削加工工序合理集中、衔接自然，才能更好地保证加工效率和加工质量。数控铣削加工工序划分方法如下：

1）按所用刀具划分。以同一把刀具完成的那一部分工艺过程为一道工序，也就是在一次装夹中，尽可能用同一把刀具加工出所有可加工部位。这种方法适用于工件的待加工表面较多、机床连续工作时间过长、加工程序的编制和检查难度较大等情况。在数控铣床、数控加工中心机床中常采用这种方法。

2）按装夹次数划分。以一次装夹完成的那一部分工艺过程为一道工序。这种划分方法适用于加工内容不多的工件，加工完成后就能达到待检状态。

3）按粗、精加工划分。以粗加工中完成的那部分工艺过程为一道工序，精加工中完成的那一部分工艺过程为一道工序。这种划分方法适用于加工后变形较大，需粗、精加工分开的工件，如毛坯为铸件、焊接件或锻件的零件。

4）按加工部位划分。以完成相同形面的那一部分工艺过程为一道工序。对于加工表面多而且复杂的零件，可按其结构特点（如内形、外形、曲面和平面等）划分成多道工序。

（3）数控铣削加工顺序的安排　数控铣削加工工序通常按下列原则安排：①基面先行原则；②先粗后精原则；③先主后次原则；④先面后孔原则。

（4）数控加工工序与普通工序的衔接　数控加工工序前后一般都穿插有其他普通工序，若衔接不好就容易产生矛盾，因此要解决好数控工序与非数控工序之间的衔接问题。最好的办法是建立相互状态要求，例如：要不要为后道工序留加工余量，留多少；定位面与孔的精度要求及几何公差等。其目的是达到相互满足加工需要，质量目标与技术要求明确，交接验收有依据。

二维码 3-2
平面轮廓零件铣削工艺

3.1.3 平面轮廓零件铣削工艺

1. 起止高度与安全高度

（1）起止高度　起止高度是指进退刀的初始高度（起始和返回平面）。程序开始时，刀具将先到这一高度，同时在程序结束后，刀具也将退回到这一高度，起止高度一般大于或等于安全高度，如图3-7所示。

（2）安全高度　安全高度也称为提刀高度（安全平面），是为了避免刀具碰撞工件而设定的高度（Z值）。安全高度是在铣削过程中，刀具需要转移位置时将退到这一高度再进行G00快速定位到下一进刀位置，此值一般情况下应大于零件的最大高度（即高于零件的最高表面），如图3-7所示。

（3）进刀和退刀高度　刀具在此高度位置实现快速下刀与切削进给的过渡（进刀和退刀平面），刀具以G00快速下刀到指定位置，然后以工进速度下刀到加工位置。如果不设定该值，刀具以G00的速度直接下刀到加工位置。若该位置又在工件内或工件上，且采用垂直下刀方式，则极不安全。即使是空的位置下刀，使用该值也可以使机床有缓冲过程，确保下刀所到位置的准确性，但是该值也不宜取得太大，因为下刀插入速度往往比较慢，太长的慢速下刀距离将影响加工效率，如图3-8、图3-9所示。

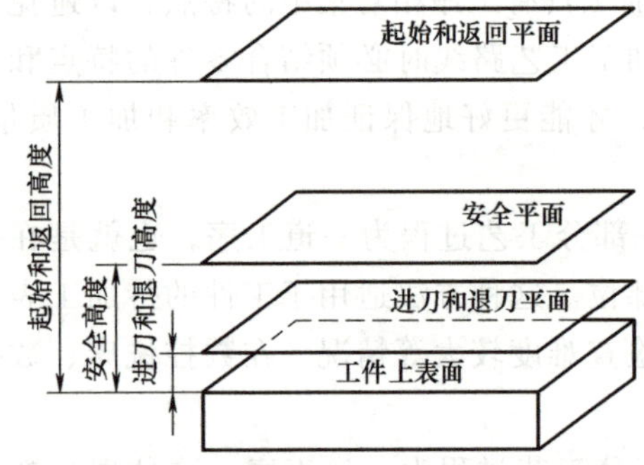

图3-7　起止高度与安全高度

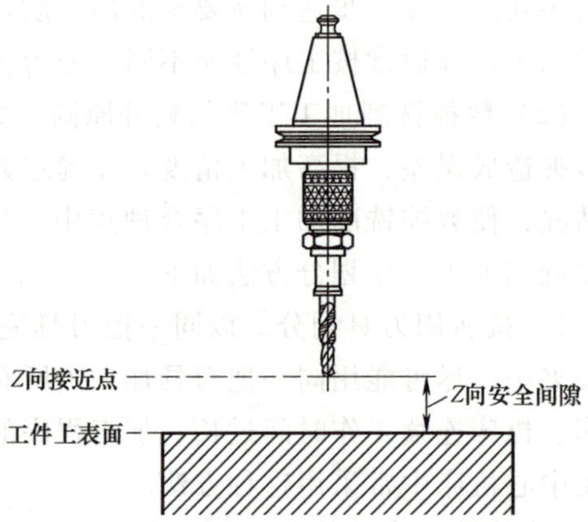

图3-8　进刀和退刀高度

在加工过程中，刀具需要在两点间移动而不切削。当设定为抬刀时，刀具将先提高到安全平面，再在安全平面上移动；否则将直接在两点间移动而不提刀。直接移动可以节省抬刀时间，但是必须要注意安全，在移动路径中不能有凸出的部位，特别注意在编程中，当分区域选择加工曲面并分区加工时，中间没有选择的部分是否有高于刀具移动路线的部分。在粗加工时，对较大面积的加工通常建议使用抬刀，以便在加工时可以暂停，对刀具进行检查。而在精加工时，常使用不抬刀以加快加工速度，特别是像角落部分的加工，抬刀将造成加工时间大幅延长。

2. 平面铣削工艺路径

（1）平面铣削常用刀具　平面铣削是最常用的铣削类型，用于铣削与刀具面平行的平面。平面铣削加工一般采用面铣刀或立铣刀。

平面铣削因铣削平面较大，故常用面铣刀加工。面铣刀圆周方向的切削刃为主切削刃，端面的切削刃为副切削刃。较常用可转位硬质合金面铣刀，也可使用可转位硬质合金R铣刀铣削平面。

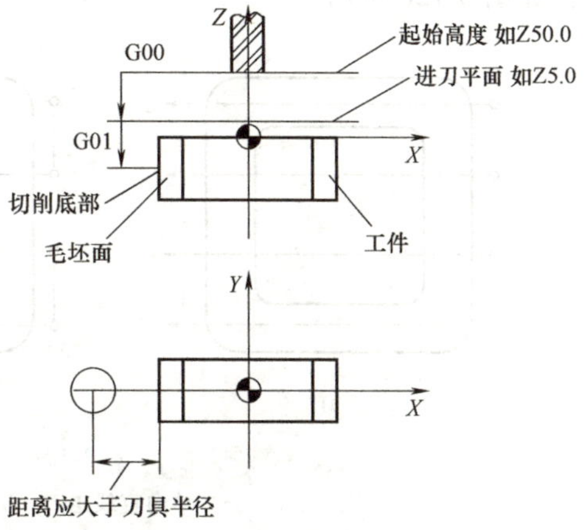

图 3-9　Z 向下刀

（2）平面铣削刀具直径的确定　平面铣削刀具的直径应根据工件宽度来选择，一般来说，铣刀的直径应比切宽大20%～50%。即面铣刀直径D取（1.2～1.5）倍切削宽度，如图3-10所示。

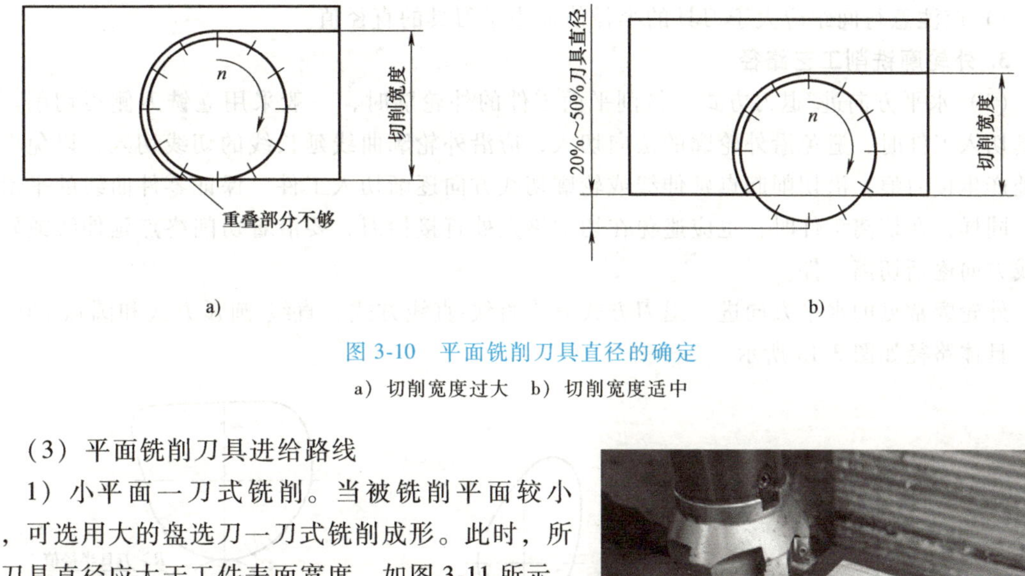

图 3-10　平面铣削刀具直径的确定

a）切削宽度过大　b）切削宽度适中

（3）平面铣削刀具进给路线

1）小平面一刀式铣削。当被铣削平面较小时，可选用大的盘选刀一刀式铣削成形。此时，所用刀具直径应大于工件表面宽度，如图3-11所示。

图 3-11　一刀式铣削

2）大平面多次铣削路径。当工件平面较大、无法用一次进给切削完成时，就需采用多次进刀切削，此时两次进给之间就会产生重叠接刀痕。一般大面积平面铣削有以下三种工艺路线：

① 单向直线切削路径。这种进给方式刀具以单一的顺铣或逆铣方式切削平面。单向走刀加工面的平面度精度高，但切削效率低、有空行程，如图3-12a所示。对于要求精度较高的大型平

面，一般都采用单向直线进给方式。

② 往复直线切削路径。刀具以顺、逆铣混合方式双向多次切削平面。往复走刀时顺铣、逆铣交替进行，加工面的平面度精度低，但切削效率高，如图3-12b所示。

③ 环切切削路径。刀具以环状走刀方式铣削平面，以从里向外或从外向里的方式进行切削，如图3-12c所示。

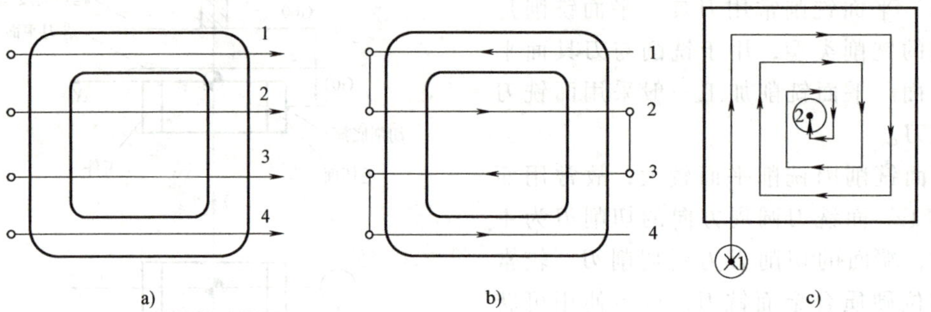

图3-12 大平面多次铣削路径

a）单向直线走刀 b）往复直线走刀 c）环切走刀

注意：

1）刀具应在工件轮廓以外的位置下刀至所需深度。

2）表面质量要求高时，需对平面进行粗、精加工，在精加工时应选用顺铣方式。

3）应注意行间距应大于刀具的半径值而小于刀具的直径值。

3. 外轮廓铣削工艺路径

（1）水平方向进/退刀方式　铣削平面零件的外轮廓时，一般采用立铣刀侧刃切削。在刀具切入工件时，避免沿外轮廓的法向切入，应沿外轮廓曲线延长线的切线切入，以免在切入处产生接刀痕。沿切削起点延伸线或轮廓切线方向逐渐切入工件，保证零件曲线的平滑过渡。同样，在切离工件时，也应避免在切削终点处直接抬刀，要沿着切削终点延伸线或轮廓切线方向逐渐切离工件。

外轮廓常见的水平方向进、退刀方式分为直线-直线方式、直线-圆弧方式和圆弧-圆弧方式，具体路径如图3-13所示。

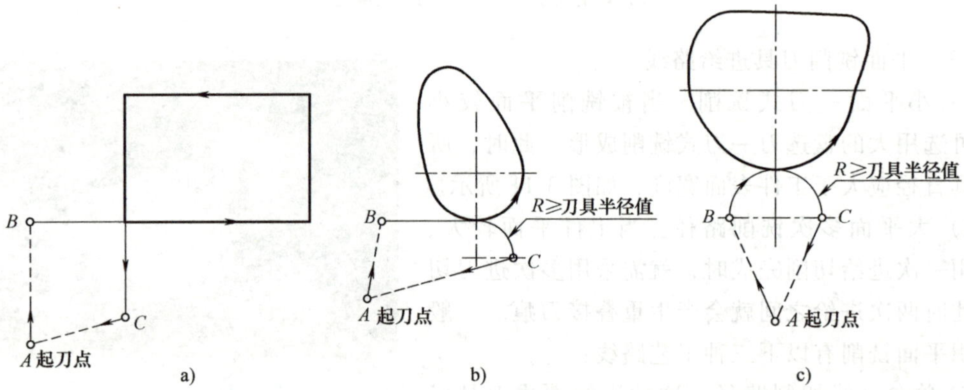

图3-13 外轮廓铣削进退刀方式

a）直线-直线方式 b）直线-圆弧方式 c）圆弧-圆弧方式

铣削外圆时的切入、切出情况如图 3-14 所示。以被加工表面法线方向进入和退出工件表面，进入和退出轨迹是与被加工表面相垂直（法向）的一段直线，此方式相对轨迹较短。另外，外轮廓加工时切入和切出应外延，如图 3-15 所示。

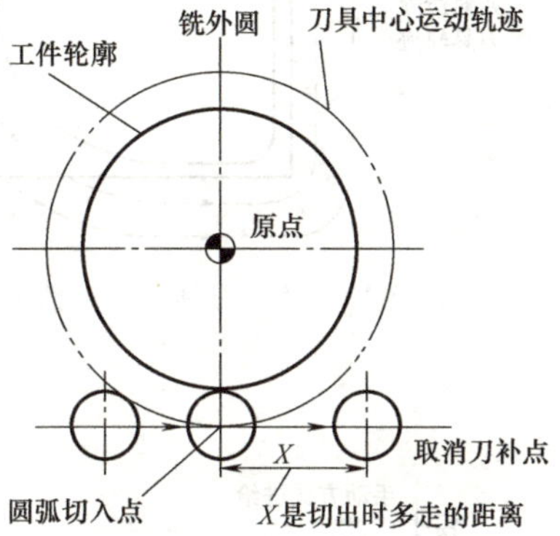

图 3-14 圆弧的切入/切出

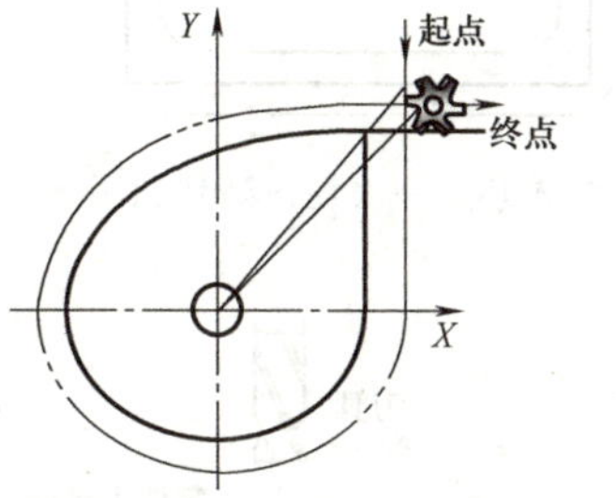

图 3-15 刀具切入和切出时的外延

（2）Z 向刀具进刀方式

1）一次铣至工件轮廓深度。当工件的轮廓深度尺寸不大，在刀具铣削深度范围之内时，可以采用一次下刀至工件轮廓深度完成工件铣削，如图 3-16 所示。

2）分层铣至工件轮廓深度。当工件的轮廓深度尺寸较大，刀具不能一次铣至工件轮廓深度时，则需采用在 Z 向分多层依次铣削工件，最后铣至工件轮廓深度，如图 3-17 所示。

注意： 立铣刀在粗铣时一次铣削工件的最大深度即背吃刀量 a_p，以不超过铣刀半径为原则，以防止背吃刀量过大而造成刀具损坏。

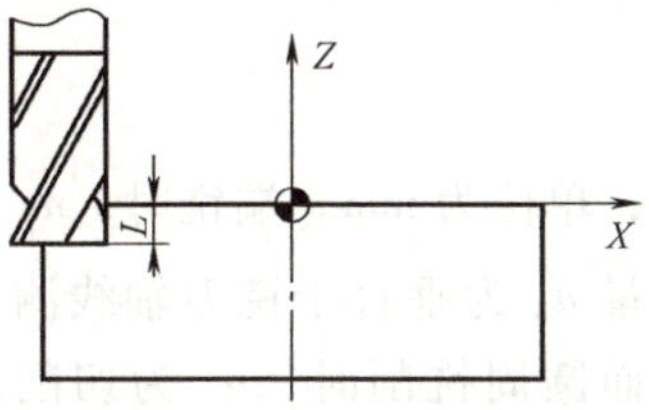

图 3-16 一次铣至工件轮廓深度

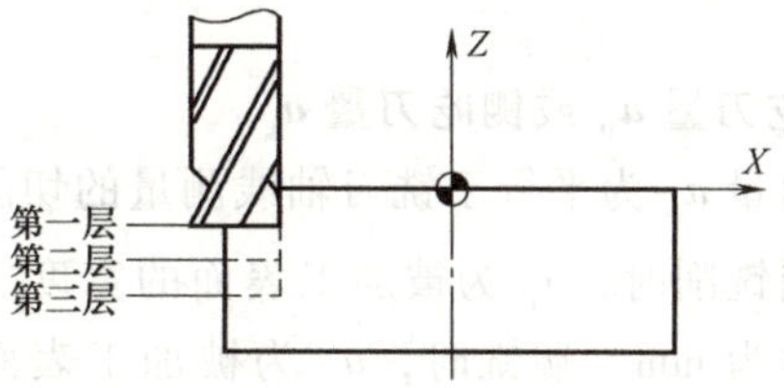

图 3-17 Z 向分层铣削

4. 残料的清除方法

（1）采用大直径刀具一次性清除残料　这种方法适合于无内凹结构且四周余量分布较均匀的外形轮廓零件清除残料，如图 3-18 所示。

（2）通过增大刀具半径补偿值分多次清除残料　采用刀具半径补偿功能时，可通过增大刀具半径补偿值的方式，分几次切削完成残料清除，如图 3-19 所示。此时，刀具会自动偏离工件轮廓一个刀具半径补偿值进行加工，以控制加工轮廓尺寸的大小。

（3）采用手动方式清除残料　当零件残料很少时，可将刀具以 MDI 方式移至相应高度，再转为手轮方式清除残料，如图 3-20 所示。

（4）通过增加程序段清除残料　对于一些分散的残料，也可通过在程序中增加新程序段来清除残料。

3.1.4 铣削用量的选用

铣削加工的切削用量包括切削速度、进给速度、背吃刀量和侧吃刀量。从刀具寿命角度

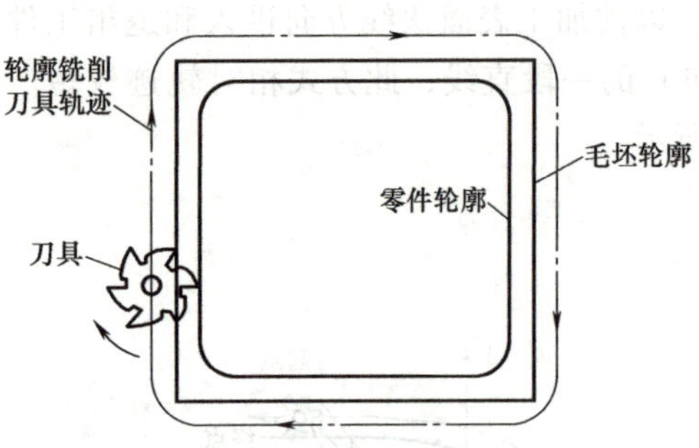

图 3-18 一次性清除残料

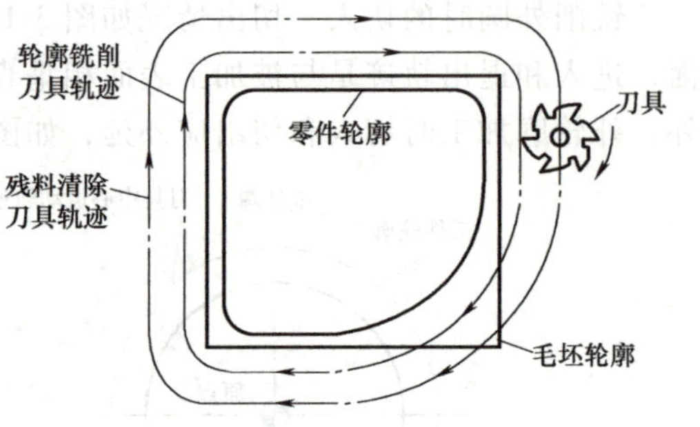

图 3-19 增大刀具半径补偿值清除残料

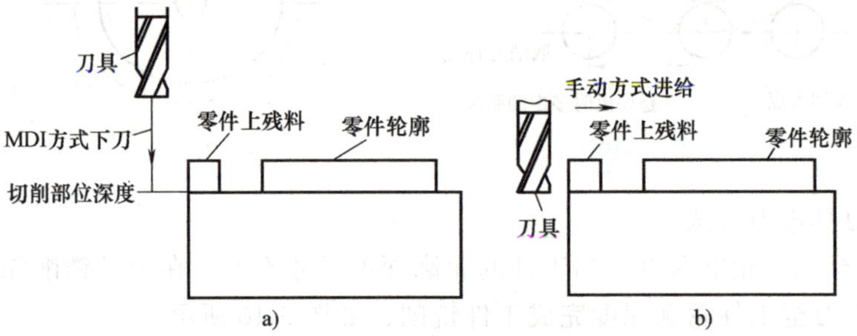

图 3-20 手动方式清除残料

a）MDI 下移刀具到相应高度 b）手动清除残料

出发，切削用量的选择方法是：先选择背吃刀量或侧吃刀量，其次选择进给速度，最后确定切削速度。

1. 背吃刀量 a_p 或侧吃刀量 a_e

背吃刀量 a_p 为平行于铣刀轴线测量的切削层尺寸，单位为 mm。端铣时，a_p 为切削层深度；而圆周铣削时，a_p 为被加工表面的宽度。侧吃刀量 a_e 为垂直于铣刀轴线测量的切削层尺寸，单位为 mm。端铣时，a_e 为被加工表面宽度；而圆周铣削时，a_e 为切削层深度。如图 3-21 所示。

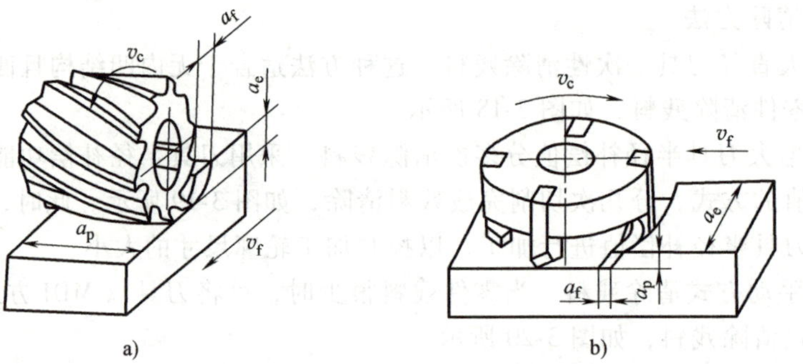

图 3-21 铣削加工的切削用量

a）周铣 b）端铣

二维码 3-3
铣削用量的选用

背吃刀量或侧吃刀量的选取主要由加工余量和对表面质量的要求决定。

（1）当工件表面粗糙度值要求为 $Ra = 12.5 \sim 25\mu m$ 时，如果圆周铣削加工余量小于 5mm，端面铣削加工余量小于 6mm，粗铣一次进给就可以达到要求。但是在余量较大，工艺系统刚性较差或机床动力不足时，可分为两次进给完成。

（2）当工件表面粗糙度值要求为 $Ra=3.2\sim12.5\mu m$ 时，应分为粗铣和半精铣两步进行。粗铣时背吃刀量或侧吃刀量选取同前。粗铣后留 0.5~1.0mm 余量，在半精铣时切除。

（3）当工件表面粗糙度值要求为 $Ra=0.8\sim3.2\mu m$ 时，应分为粗铣、半精铣、精铣三步进行。半精铣时背吃刀量或侧吃刀量取 1.5~2.0mm；精铣时，圆周铣侧吃刀量取 0.3~0.5mm，面铣背吃刀量取 0.5~1.0mm。

2. 进给量 f 与进给速度 v_f 的选择

铣削加工的进给量 f（mm/r）是指刀具转一周，工件与刀具沿进给运动方向的相对位移量；进给速度 v_f（mm/min）是单位时间内工件与铣刀沿进给方向的相对位移量。进给速度与进给量的关系为 $v_f=nf$（n 为铣刀转速，单位 r/min）。进给量与进给速度是数控铣床加工切削用量中的重要参数，根据零件的表面粗糙度、加工精度要求、刀具及工件材料等因素，参考切削用量手册选取或通过选取每齿进给量 f_z，再根据公式 $f=Zf_z$（Z 为铣刀齿数）计算。

每齿进给量 f_z 的选取主要依据工件材料的力学性能、刀具材料和工件表面粗糙度要求等因素。工件材料强度和硬度越高，f_z 越小；反之则越大。硬质合金铣刀的每齿进给量高于同类高速钢铣刀。工件表面粗糙度要求越高，f_z 就越小。每齿进给量的确定可参考表 3-1 选取。工件刚性差或刀具强度低时，应取较小值。

表 3-1　铣刀每齿进给量参考值

工件材料	f_z/mm			
	粗铣		精铣	
	高速钢铣刀	硬质合金铣刀	高速钢铣刀	硬质合金铣刀
钢	0.10~0.15	0.10~0.25	0.02~0.05	0.10~0.15
铸铁	0.12~0.20	0.15~0.30		

3. 切削速度 v_c

铣削的切削速度 v_c 与刀具的耐用度、每齿进给量、背吃刀量、侧吃刀量以及铣刀齿数成反比，而与铣刀直径成正比。其原因是当 f_z、a_p、a_e 和 Z 增大时，切削刃负荷增加，而且同时工作的齿数也增多，使切削热增加，刀具磨损加快，从而限制了切削速度的提高。为提高刀具耐用度允许使用较低的切削速度。但是加大铣刀直径则可改善散热条件，可以提高切削速度。

铣削加工的切削速度 v_c 可参考表 3-2 选取，也可参考有关切削用量手册中的经验公式通过计算选取。

表 3-2　铣削加工的切削速度参考值

工件材料	硬度 HBW	铣削速度/(m/min)		工件材料	硬度 HBW	铣削速度/(m/min)	
		硬质合金铣刀	高速钢铣刀			硬质合金铣刀	高速钢铣刀
低、中碳钢	<220 225~290 300~425	60~150 55~115 35~75	20~40 15~35 10~15	合金钢	<220 225~325 325~425	55~120 35~80 30~60	15~35 10~25 5~10
高碳钢	<220 225~325 325~375 375~425	60~130 50~105 35~50 35~45	20~35 15~25 10~12 5~10	不锈钢		70~90	20~35
				铸钢		45~75	15~25

（续）

工件材料	硬度 HBW	铣削速度/(m/min)		工件材料	硬度 HBW	铣削速度/(m/min)	
		硬质合金铣刀	高速钢铣刀			硬质合金铣刀	高速钢铣刀
工具钢	200~250	45~80	12~25	可锻铸铁	110~160	100~200	40~50
灰铸铁	100~140	110~115	25~35		160~200	80~120	25~35
	150~225	60~110	15~20		200~240	70~110	15~25
	230~290	45~90	10~18		240~280	40~60	10~20
	300~320	20~30	5~10	铝镁合金	95~100	360~600	180~300
				黄铜		180~300	60~90
				青铜		180~300	30~50

4. 常用碳素钢材料切削用量的选择

在工厂的实际生产过程中，切削用量一般根据经验并通过查表的方式来进行选取。常用碳素钢件材料 150~300HBW 的切削用量的推荐值见表 3-3。

表 3-3 常用钢件材料切削用量的推荐值

刀具名称	刀具材料	切削速度/(m/min)	进给量(速度)/(mm/r)	背吃刀量/mm
中心钻	高速钢	20~40	0.05~0.10	0.5D
标准麻花钻	高速钢	20~40	0.15~0.25	0.5D
	硬质合金	40~60	0.05~0.20	0.5D
扩孔钻	硬质合金	45~90	0.05~0.40	≤2.5
机用铰刀	硬质合金	6~12	0.3~1	0.10~0.30
机用丝锥	硬质合金	6~12	P	0.5P
粗镗刀	硬质合金	80~250	0.10~0.50	0.5~2.0
精镗刀	硬质合金	80~250	0.05~0.30	0.3~1
立铣刀或键槽铣刀	硬质合金	80~250	0.10~0.40	1.5~3.0
	高速钢	20~40	0.10~0.40	≤0.8D
面铣刀	硬质合金	80~250	0.5~1.0	1.5~3.0
球头铣刀	硬质合金	80~250	0.2~0.6	0.5~1.0
	高速钢	20~40	0.10~0.40	0.5~1.0

注意：D 为孔直径，P 为螺距。

5. 计算公式

通过所学知识对进给量 f、背吃刀量 a_p、切削速度 v_c 三者进行合理选用。表 3-4 提供了切削用量的计算公式。

表 3-4 铣削切削参数计算公式表

符号	术语	单位	公式
v_c	切削速度	m/min	$v_c=\frac{\pi\times D_c\times n}{1000}$
n	主轴转速	r/min	$n=\frac{v_c\times 1000}{\pi\times D_c}$

（续）

符号	术语	单位	公式
v_f	进给速度	mm/min	$v_f=f_z\times n\times z_n$
		mm/r	$v_f=f_n\times n$
f_z	每齿进给量	mm	$f_z=\dfrac{v_f}{n\times z_n}$
f_n	每转进给量	mm/r	$f_n=\dfrac{v_f}{n}$

注意：z_n 是刀具的齿数，D_c 是刀具的直径。

[例 3-1] 计算转速及进给速度。

条件：加工 50×50×10 的凸台，毛坯材料 45 钢，选用 $\phi10$ 的硬质合金键槽铣刀，背吃刀量为 1.5mm。请计算转速 n 的范围及进给速度 v_f 各是多少？（注意进给速度 v_f 的单位为 mm/min）

解：根据表 3-3，选择 v_c 为（80～250）m/min，f_n 为（0.10～0.40）mm/r。

根据表 3-4，选择 $n=\dfrac{1000v_c}{\pi d}$ 和 $v_f=f_n n$。

$$n_1=\frac{1000v_c}{\pi d}=\frac{1000\times80}{3.14\times10}=2547(\text{r/min}),\quad v_{f1}=n_1\times f_n=2547\times0.1=254(\text{mm/min});$$

$$n_2=\frac{1000v_c}{\pi d}=\frac{1000\times250}{3.14\times10}=7961(\text{r/min}),v_{f2}=n_2\times f_n=7961\times0.4=3184(\text{mm/min})。$$

根据以上计算可知，转速 n 的范围为 2547～7961r/min，进给速度 v_f 的范围为 254～3184mm/min。

任务 3.2 外轮廓零件编程

3.2.1 坐标平面指令

坐标平面指令的作用是指定编程平面，如圆弧插补指令、刀具半径补偿指令、孔加工指令等在编程时均需要确定合理的编程平面。当机床坐标系及工件坐标系确定后，对应地就确定了三个坐标平面，即 XY 平面、ZX 平面和 YZ 平面，如图 3-22 所示。坐标平面选择指令与平面的对应关系是：

G17：选择 XY 平面；

G18：选择 ZX 平面；

G19：选择 YZ 平面。

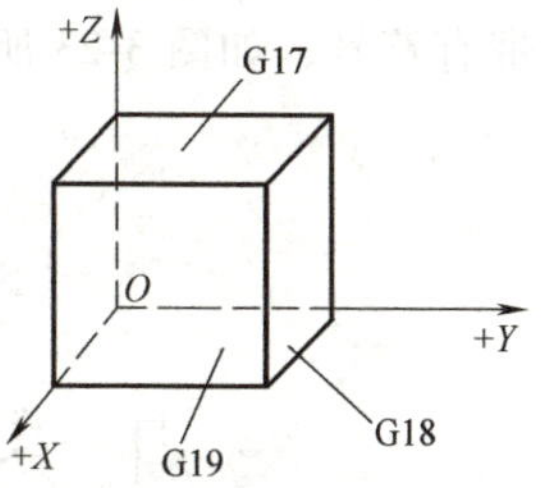

图 3-22 平面指令的选择

注意：G17、G18、G19 为模态功能，可相互注销，G17 为默认值。立式数控铣床及加工中心大都在 XY 平面内加工。

二维码 3-4 圆弧插补指令

3.2.2 圆弧插补指令

1. 指令功能

圆弧插补指令使刀具在给定平面内以 F 的进给速度作圆弧插补运动到指定位置。

2. 编程格式

程序段有两种书写方式，一种是圆心法，即 I、J、K 编程；另一种是半径法，即 R 编程。需要注意的是，R 编程不能用于整圆插补的编程，整圆插补需用 I、J、K 方式编程。编程格式如下：

在 XY 平面内：$G17\begin{Bmatrix}G02\\G03\end{Bmatrix}X\_Y\_\begin{Bmatrix}I\_J\_\\R\_\end{Bmatrix}F\_;$

在 ZX 平面内：$G18\begin{Bmatrix}G02\\G03\end{Bmatrix}X\_Z\_\begin{Bmatrix}I\_K\_\\R\_\end{Bmatrix}F\_;$

在 YZ 平面内：$G19\begin{Bmatrix}G02\\G03\end{Bmatrix}Y\_Z\_\begin{Bmatrix}J\_K\_\\R\_\end{Bmatrix}F\_;$

3. 指令含义

圆弧插补指令各指令字的含义如表 3-5 所示：

表 3-5 指令含义

条件	指令		说明
平面选择	G17		圆弧在 *XY* 平面上
	G18		圆弧在 *ZX* 平面上
	G19		圆弧在 *YZ* 平面上
旋转方向	G02		顺时针方向圆弧插补指令
	G03		逆时针方向圆弧插补指令
终点位置	G90 时	*X*、*Y*、*Z*	为圆弧终点的绝对坐标值，是工件坐标系中的坐标值
	G91 时	*X*、*Y*、*Z*	为从起点到终点的增量
圆心的坐标	I、J、K		圆心相对于圆弧起点的增量值，如图 3-23 所示
半径	R		R 为圆弧半径，当圆心角 $\alpha\leqslant180°$ 时 R 值为正；当圆心角 $\alpha>180°$ 时 R 值为负

注意：I、J、K 可理解为圆弧起点指向圆心的矢量分别在 X、Y、Z 轴上的投影，根据方向带有符号，如图 3-23 所示。其算法为：圆心坐标值−圆弧起点坐标值，即：

$$\begin{cases}I=X_{圆心}-X_{圆弧起点}\\J=Y_{圆心}-Y_{圆弧起点}\\K=Z_{圆心}-Z_{圆弧起点}\end{cases}$$

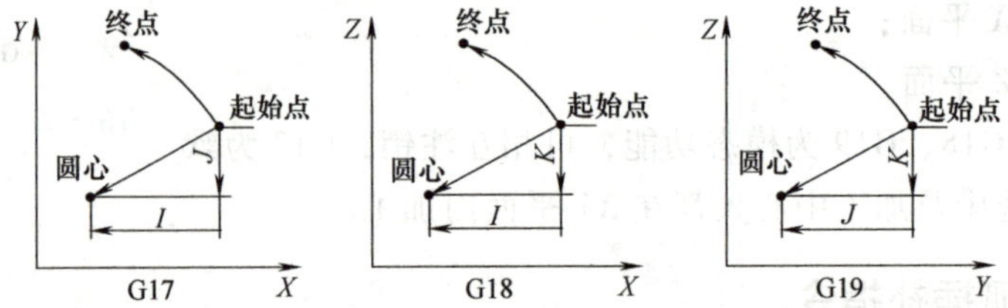

图 3-23 圆心坐标编程的确定

［例 3-2］ 如图 3-24 所示轨迹 *AB*，用圆弧指令编写的程序段如下：

圆弧 1：G03 X2. 68 Y20. 0 R20. 0;

G03 X2. 68 Y20. 0 I-17. 32 J-10. 0;

圆弧 2：G02 X2.68 Y20.0 R20.0；

G02 X2.68 Y20.0 I-17.32 J10.0；

4. 圆弧顺逆的判断

G02 为顺时针圆弧插补指令，G03 为逆时针圆弧插补指令。在笛卡儿直角坐标系中，不同平面上圆弧顺逆（G02 或 G03）不同，如图 3-25 所示。其判断方法为：沿圆弧所在平面的另一坐标轴的正方向向负方向看，顺时针方向为顺时针圆弧（即 G02），逆时针方向为逆时针圆弧（即 G03）。

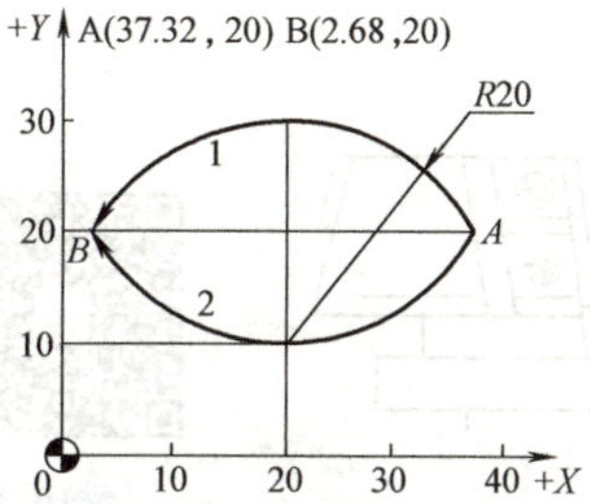

图 3-24 R 及 I、J、K 编程举例

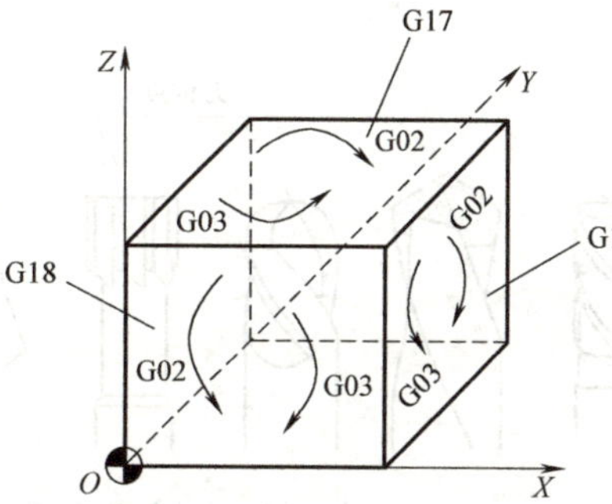

图 3-25 圆弧顺逆方向的判别

[例 3-3] 如图 3-26 所示轨迹 *AB*，用 R 指令格式编写的程序段如下：

圆弧 1：G02 X31.96 Y24.05 R40.0 F100；

圆弧 2：G02 X31.96 Y24.05 R-40.0 F100；

[例 3-4] 如图 3-27 所示，起点在（30，0），整圆程序的编写如下：

绝对值编程：G90 G02 X30.0 Y0 I-30.0 F300；

增量值编程：G91 G02 X0 Y0 I-30.0 F300；

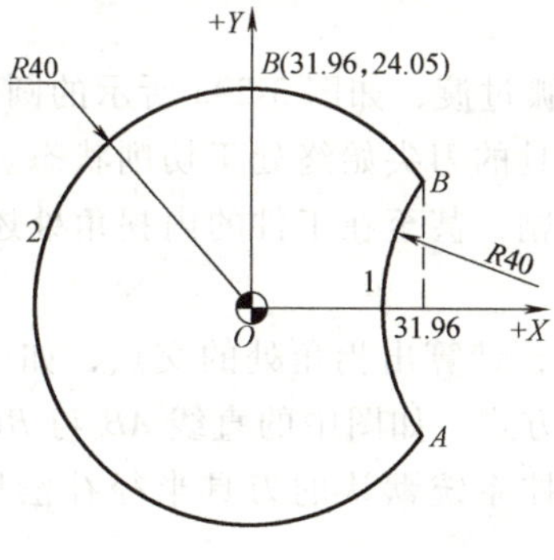

图 3-26 R 值的正负判断

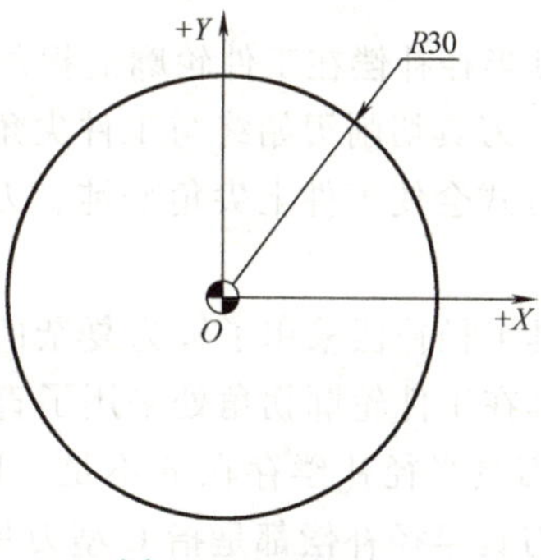

图 3-27 整圆编程

3.2.3 刀具补偿指令

1. 刀具补偿功能

在数控编程过程中，为了编程方便，通常将数控刀具假想成一个点。在编程时，一般不考虑刀具的长度与半径，而只考虑刀位点与编程轨迹重合。但在实际加工过程中，由于刀具半径与刀具长度各不相同，在加工中势必会造成很大的加工误差。因此，实际加工时必须通过刀具补偿指令，使数控机床根据实际使用的刀具尺寸自动调整各坐标轴的移动量，确保实

际加工轮廓和编程轨迹完全一致。数控机床的这种根据实际刀具尺寸，自动改变坐标轴位置，使实际加工轮廓和编程轨迹完全一致的功能，称为刀具补偿功能。数控铣床的刀具补偿功能分为刀具半径补偿功能和刀具长度补偿功能。

2. 刀位点

刀位点是指在加工和编制程序时，用于表示刀具特征的点，如图3-28所示。同时也是对刀和加工的基准点。车刀与镗刀的刀位点，通常是指刀具的刀尖；钻头的刀位点通常指钻尖；立铣刀、端面铣刀的刀位点指刀具底面的中心；而球头铣刀的刀位点指球头中心（球头顶点）。

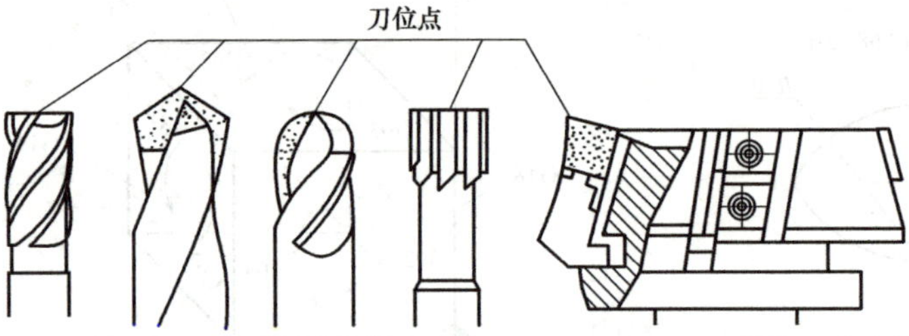

图3-28 数控刀具的刀位点

二维码3-5
刀具补偿指令

3. 刀具半径补偿

（1）刀具半径补偿功能　在编制轮廓铣削加工程序时，一般按工件的轮廓尺寸进行刀具轨迹编程，而实际的刀具运动轨迹与工件轮廓有一偏移量（即刀具半径），在编程中通过刀具半径补偿功能来调整坐标轴移动量，以使刀具运动轨迹与工件轮廓一致。因此，运用刀具半径补偿功能来编程可以达到简化编程的目的。

根据刀具半径补偿在工件拐角处过渡方式的不同，刀具半径补偿通常分为B型刀具半径补偿和C型刀具半径补偿两种。

B型刀具半径补偿在工件轮廓的拐角处采用圆弧过渡，如图3-29a所示的圆弧$\overset{\frown}{DE}$。这样在外拐角处，刀具切削刃始终与工件尖角接触，刀具的刀尖始终处于切削状态。采用此种刀具半径补偿方式会使工件上尖角变钝、刀具磨损加剧，甚至在工件的内拐角处还会引起过切现象。

C型刀具半径补偿采用了较为复杂的刀偏计算，计算出拐角处的交点，如图3-29b所示B点，使刀具在工件轮廓拐角处采用了直线过渡的方式，如图中的直线AB与BC，从而彻底解决了B型刀具半径补偿存在的不足。FANUC数控系统默认的刀具半径补偿形式为C型。下面讨论的刀具半径补偿都是指C型刀具半径补偿。

（2）刀具半径补偿指令

1）通用编程格式：

$$\text{建立刀具半径补偿}\begin{Bmatrix}G17\\G18\\G19\end{Bmatrix}\begin{Bmatrix}G41\\G42\end{Bmatrix}\begin{Bmatrix}G00\\G01\end{Bmatrix}\begin{Bmatrix}X\_\ \ Y\_\\X\_\ \ Z\_\\Y\_\ \ Z\_\end{Bmatrix}D\_\ \ F\_$$

$$\text{取消刀具半径补偿}\begin{Bmatrix}G17\\G18\\G19\end{Bmatrix}G40\begin{Bmatrix}G00\\G01\end{Bmatrix}\begin{Bmatrix}X\_\ \ Y\_\\X\_\ \ Z\\Y\_\ \ Z\_\end{Bmatrix}$$

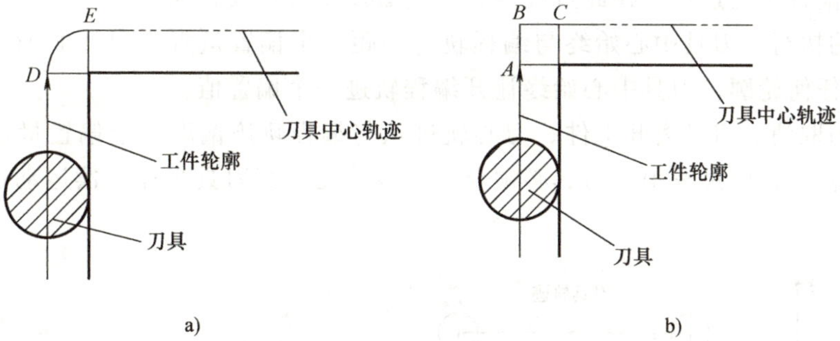

图 3-29　刀具半径补偿的拐角过渡方式

a）B 型刀具半径补偿　b）C 型刀具半径补偿

其中：G17/G18/G19——指定半径补偿所在平面。

G41——刀具半径左补偿，G42——刀具半径右补偿，G40——刀具半径补偿取消。

G41、G42、G40 均为模态指令。

X、*Y*、*Z*——建立或取消刀补直线段的终点坐标值。

D——刀具半径补偿号。其后有两位数字，是数控系统存放刀具半径补偿值的地址（图 3-30）。如：D01 代表了存储在刀补表第 1 号中的刀具半径值。刀具的半径补偿值需预先用手工输入（其数值不一定为刀具半径，可正可负）。

2）*XY* 平面的编程格式：

G41 G01/G00 X_ Y_ D_ F_;

G42 G01/G00 X_ Y_ D_ F_;

G40 G01/G00 X_ Y_ F_;

通常在 *XY* 平面内使用刀具半径补偿指令的情况较多。

（3）G41 指令与 G42 指令的判断方法　处在补偿平面外另一坐标轴的正方向，沿刀具的移动方向看，当刀具处在切削轮廓左侧时，称为刀具半径左补偿（即 G41）；当刀具处在工件的右侧时，称为刀具半径右补偿（即 G42）。如图 3-31 所示。

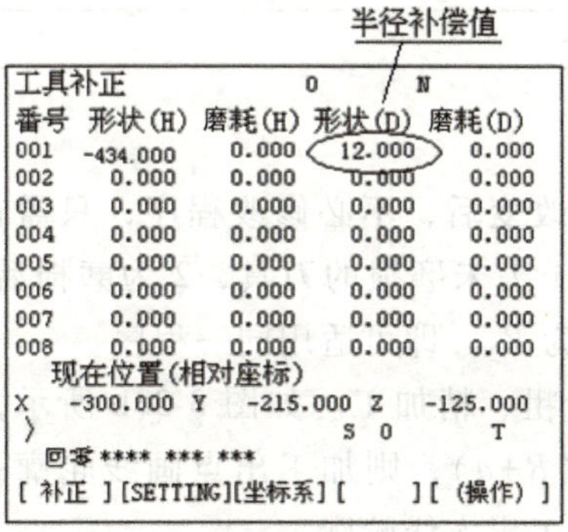

图 3-30　刀具半径补偿界面

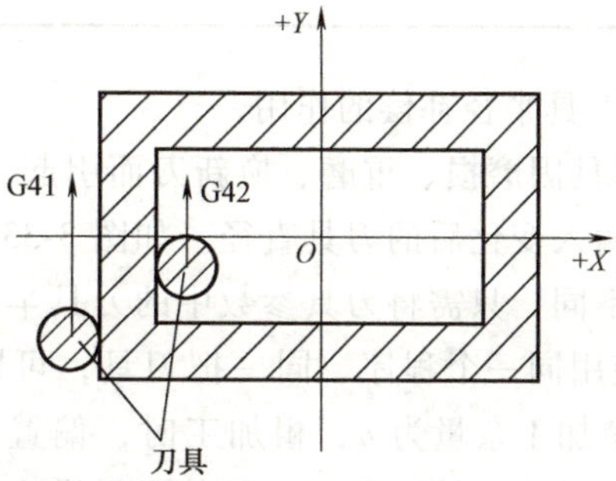

图 3-31　G41 与 G42 的判别

（4）刀具半径补偿过程　刀具半径补偿的过程分三步，即刀补的建立、刀补的执行和刀补的取消。如图 3-32 所示。

1）刀补的建立。在刀具从起点接近工件时，刀心轨迹从与编程轨迹重合过渡到与编程轨迹偏离一个偏置量的过程。在此过程中，刀具必须要有直线移动。

2）刀补的执行。刀具中心始终与编程轨迹相距一个偏置量直到刀补取消。一旦刀补建立，不论加工任何轮廓，刀具中心始终让开编程轨迹一个偏置值。

3）刀补的取消。刀具离开工件，刀心轨迹从与编程轨迹偏离一个偏置量过渡到与编程轨迹重合的过程。在此过程中，刀具必须要有直线移动。其刀具半径补偿运动过程动画见二维码3-6。

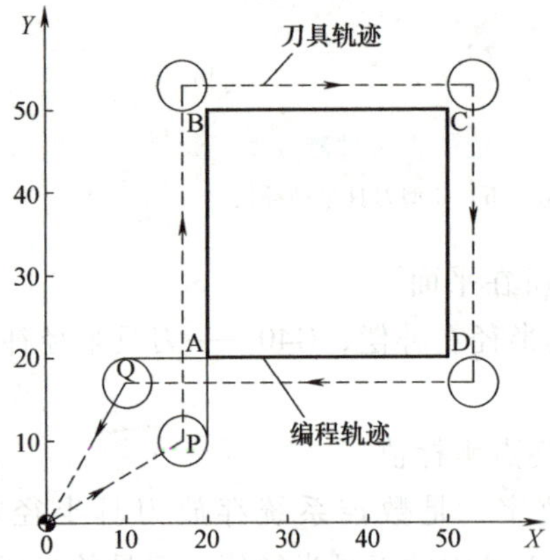

图3-32 刀具半径补偿过程

二维码3-6 刀补过程

应用刀具半径补偿功能编制图3-32的程序，程序见表3-6。

表3-6 刀具半径补偿加工程序与说明

O0010；	程序名
……	
N10 G41 G01 X20.0 Y10.0 D01 F100；	刀补建立
N20 Y50.0；	刀补执行
N30 X50.0；	
N40 Y20.0；	
N50 X10.0；	
N60 G40 G00 X0 Y0；	刀补取消
……	

（5）刀具半径补偿的作用

1）刀具因磨损、重磨、换新刀而引起刀具直径改变后，不必修改程序，只需在刀具参数设置中输入变化后的刀具直径。如图3-33a所示，1为未磨损的刀具，2为磨损后的刀具，两者直径不同，只需将刀具参数中的刀具半径 R_1 改为 R_2，即可适用同一程序。

2）使用同一个程序、同一把刀具，可同时进行粗、精加工。如图3-33b所示，刀具半径为 R，精加工余量为 a；粗加工时，偏置量设为（$R+a$），则加工出点画线轮廓；精加工时，用同一程序，同一刀具，但偏置量设为 R，则加工出实线轮廓。

3）在模具加工中，利用同一个程序，可加工出同一公称尺寸的凹、凸型面。如图3-33c所示，在加工外轮廓时，将偏置量设为+D，刀具中心将沿轮廓的外侧切削；当加工内轮廓时，偏置量设为-D，这时刀具中心将沿轮廓的内侧切削。

注意：① 刀具半径补偿模式的建立与取消程序段，只能在G00或G01移动指令模式下

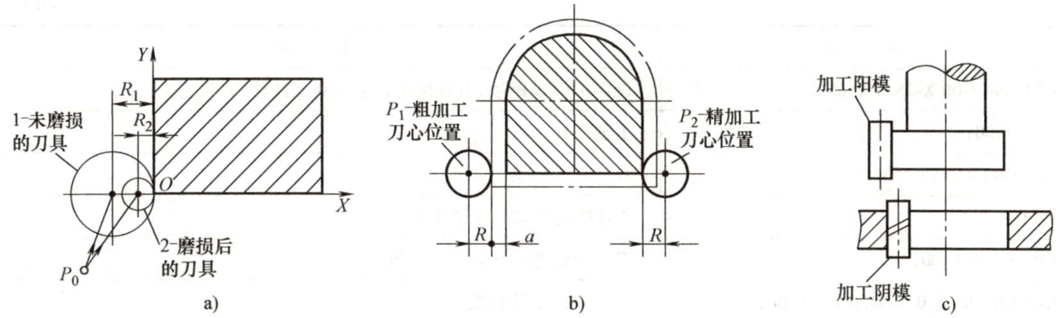

图 3-33 刀具半径补偿的作用

a）刀具直径改变 b）粗、精加工 c）凹、凸型面加工

才有效。刀具只能在移动过程中建立或取消刀补，且移动的距离应大于刀具半径补偿值。

② 为保证刀补建立与刀补取消时刀具与工件的安全，通常采用 G01 运动方式来建立或取消刀补。如果采用 G00 运动方式来建立或取消刀补，则要采取先建立刀补再下刀和先退刀再取消刀补的方法。

③ 在刀补的建立状态中，如果存在两段以上的没有移动指令或存在非指定平面轴的移动指令段，则可能产生进刀不足或进刀超差。原因是数控系统预读的两个程序段都没有进给，因而无法确定刀具的前进方向。非补偿平面移动指令通常指只有 G、M、S、F、T 代码的程序段（如 G90，M05 等）、程序暂停程序段（如 G04 X10.0）和 G17 平面加工中的 *Z* 轴移动指令等。

④ 为了便于计算坐标，可采用切向切入方式或法向切入方式来建立或取消刀补。对于不便于沿工件轮廓切向或法向切入切出时，可根据情况增加一个辅助程序段。刀具半径补偿建立与取消程序段的起始位置与终点位置尽量与补偿方向在同一侧，如图 3-34 中的 *OA* 所示，以防止在刀具半径补偿建立与取消过程中刀具产生过切现象，如图 3-34 中 *OM* 所示。

［例 3-5］ 如图 3-35 所示，选用 ϕ16 键槽铣刀加工 50×50×4、圆弧半径 *R*5 的外形轮廓，试编写精加工程序。

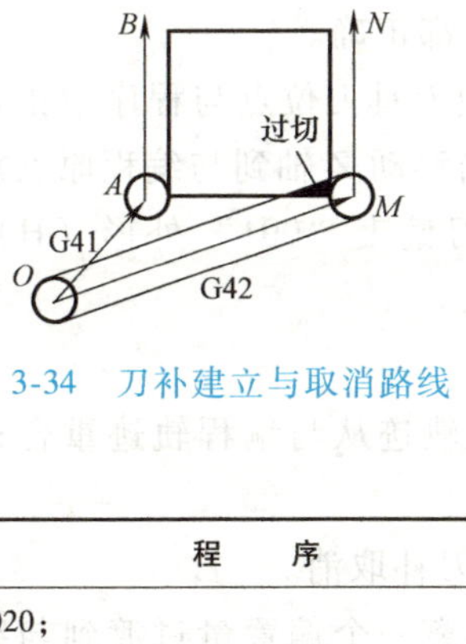

图 3-34 刀补建立与取消路线

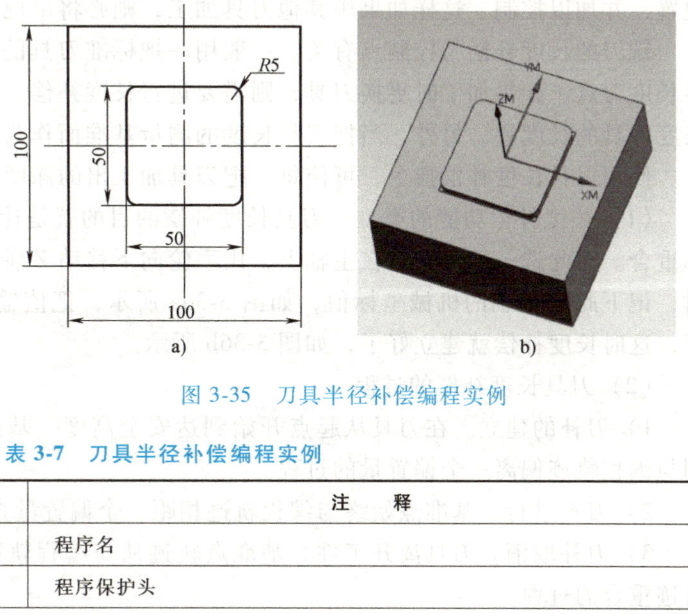

图 3-35 刀具半径补偿编程实例

表 3-7 刀具半径补偿编程实例

程　　序	注　　释
O0020;	程序名
G90 G94 G40 G80 G49 G21 G17;	程序保护头

（续）

程　　序	注　　释
G54 G90 G00 X-25.0 Y-65.0;	设定工件坐标系，刀具快速点定位到工件外侧，轨迹1
M03 S800;	主轴正转，
G43 G00 Z100.0 H01;	刀具长度补偿
Z5.0;	*Z*向快速移动到安全平面
G01 Z-4.0 F100;	刀具切削进给至切削层深度
G41 G01 X-25.0 Y-55.0 D01F100;	建立刀具半径补偿
Y20.0;	G17平面切削加工
G02X-20.0Y25.0R5.0;	刀具走*R*5的圆弧
G01X20.0;	刀具走直线到X20的坐标处
G02X25.0Y20.0R5.0;	刀具走*R*5的圆弧
G01Y-20.0;	刀具走直线到Y-20的坐标处
G02X20.0Y-25.0R5.0;	刀具走*R*5的圆弧
G01X-20.0;	刀具走直线到X-20的坐标处
G02X-25.0Y-20.0R5.0;	刀具走*R*5的圆弧
G03X-45.0Y-20.0R10.0;	刀具圆弧切出
G40 G01 X-60.0;	取消刀具半径补偿
G00 Z5.0;	刀具*Z*向抬刀到安全平面
Z100.0;	刀具*Z*向抬刀到初始平面
M30;	程序结束并返回

4. 刀具长度补偿

数控镗、铣床和加工中心所使用的刀具，每把刀具的长度都不相同，同时，由于刀具磨损或其他原因也会引起刀具长度发生变化，然而一旦对刀完成，数控系统便记录了相关点的位置，并加以控制。这样如果用其他刀具加工，则必将出现加工不足或者过切。

铣刀的长度补偿与控制点有关。一般用一把标准刀具的刀头作为控制点，则该刀具称为零长度刀具。如果加工时更换刀具，则需要进行长度补偿。长度补偿的值等于所换刀具与零长度刀具的长度差。另外，当把刀具长度的测量基准面作为控制点，则刀具长度补偿始终存在。使用刀具长度补偿指令，可使每一把刀具加工出的深度尺寸都正确。

（1）长度补偿功能的类型　刀具长度补偿的目的就是让其他刀具刀位点与程序中指定坐标重合。为此选一把刀具装在主轴上，用手轮向下移动*Z*轴，当移动*Z*轴到与编程原点重合时，记下此时*Z*轴的机械坐标值，如图3-36a所示，把值输入刀偏表“001”外形（H）里面，这时长度补偿就建立好了，如图3-36b所示。

（2）刀具长度补偿的过程

1）刀补的建立。在刀具从起点开始到达安全高度，基准点轨迹从与编程轨迹重合过渡到与编程轨迹偏离一个偏置量的过程。

2）刀补进行。基准点始终与编程轨迹相距一个偏置量直到刀补取消。

3）刀补取消。刀具离开工件，基准点轨迹从与编程轨迹偏离一个偏置量过渡到与编程轨迹重合的过程。

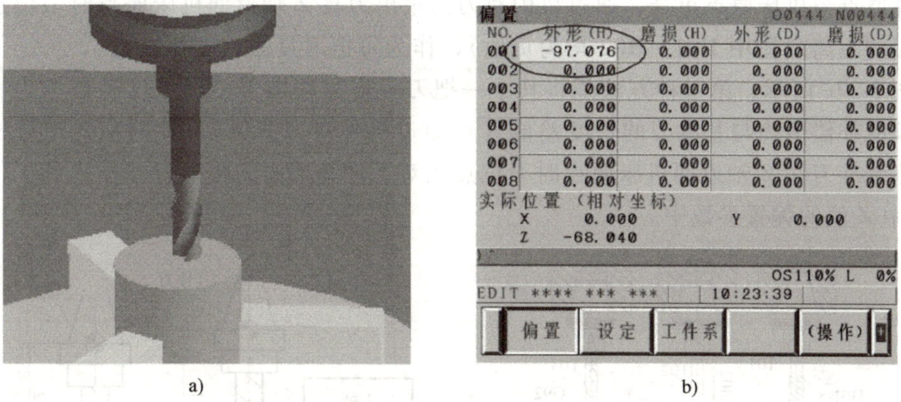

图 3-36 刀具长度补偿

a）刀具移动到编程原点 b）刀具长度补偿界面

（3）刀具长度补偿指令

编程格式：

G43 G00 Z_ H_; （刀具长度正补偿）

G44 G00 Z_ H_; （刀具长度负补偿）

G49 G00 Z_; （取消刀具长度补偿）

其中：G43——刀具长度正补偿，指令基准点沿指定轴的正方向偏置补偿地址中指定的数值。G44——刀具长度负补偿，指令基准点沿指定轴的负方向偏置补偿地址中指定的数值。

Z——补偿轴的终点值（在G43/G44中表示编程坐标数值，在G49中表示机械坐标数值）。

H——刀具长度补偿号，是刀具长度偏移量的存储器地址，如图3-36b所示。

G49——取消刀具长度补偿。

G43、G44、G49均为模态指令，它们可以相互注销。

注意：

1）进行刀具长度补偿前，必须完成对刀工作，即补偿地址下必须有相应补偿量。

2）刀补的引入和取消要求应在G00或G01程序段，且必须在*Z*轴上进行。

3）G43、G44指令不要重复指定，否则会报警。

4）一般刀具长度补偿量的符号为正，若取为负值时，会引起刀具长度补偿指令G43与G44相互转换。

（4）刀具长度补偿的作用

1）使用刀具长度补偿指令，在编程时不必考虑刀具的实际长度及各把刀具长度尺寸的不同。

2）当由于刀具磨损、更换刀具等原因引起刀具长度尺寸变化时，只要修正刀具长度补偿量，而不必调整程序或刀具。

（5）刀具长度补偿量的确定 如图3-37a所示，第一种方法是事先通过机外对刀法测量出刀具长度（图中H01和H02），作为刀具长度补偿值（该值应为正），输入到对应的刀具补偿参数中。此时，工件坐标系（G54）中*Z*值的偏置值应设定为工件原点相对机床原点*Z*向坐标值（该值为负）。

如图3-37b所示，第二种方法是将工件坐标系（G54）中*Z*值的偏置值设定为零，即*Z*

向的工件原点与机床原点重合，通过机内对刀测量出刀具 Z 轴返回机床原点时刀位点相对工件基准面的距离（图中 H01、H02 均为负值），作为每把刀具的长度补偿值。

如图 3-37c 所示，第三种方法是将其中一把刀具作为基准刀，其长度补偿值为零，其他刀具的长度补偿值为与基准刀的长度差值（可通过机外对刀测量）。此时应先通过机内对刀法测量出基准刀在 Z 轴返回机床原点时刀位点相对工件基准面的距离，并输入到工件坐标系（G54）中 Z 值的偏置参数中。

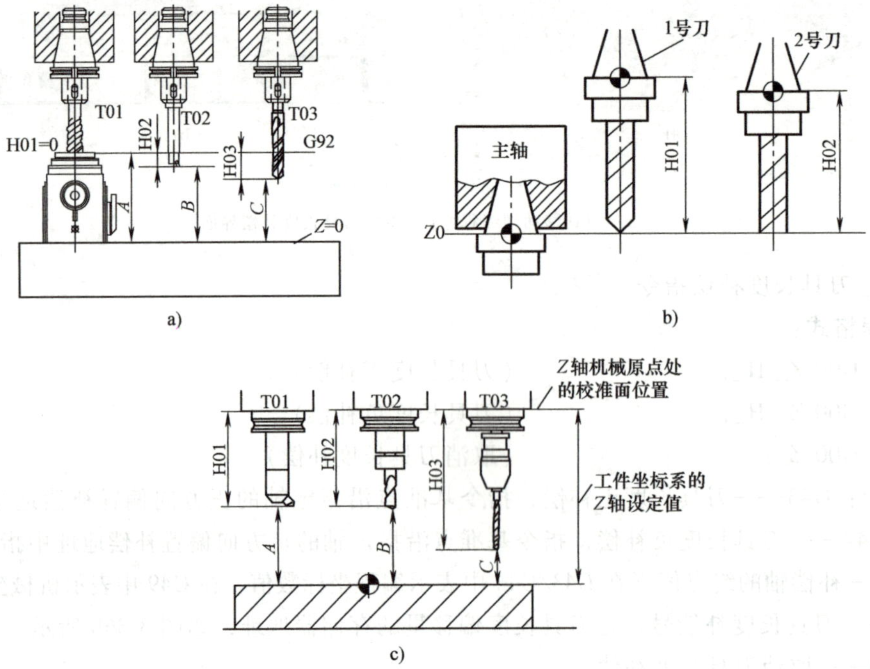

图 3-37 刀具长度补偿设定方法

a）基准刀法 b）Z 值置零法 c）绝对刀长法

任务 3.3 外轮廓零件加工实施

3.3.1 外圆轮廓对刀方法

在日常生产中，经常会遇到圆形毛坯或圆形工件，通常以圆心为基准来进行加工，因此要将加工原点设置在圆心。如图 3-38 所示的外圆轮廓，其对刀原理及方法与方形轮廓对刀基本相同，本书项目 2 中已经就对刀原理及对刀方法进行了详细介绍，在此仅将不同之处做出说明。

1）与方形轮廓对刀相比，圆形轮廓对刀时寻边器靠边的位置应尽量选择在当前对刀坐标轴方向上的跨度较大的位置（即靠近象限点的位置），以提高靠边精度及方便观察。

2）X 轴对刀时左右两侧靠边的位置在 Y 轴方向上应保持一致（即左右两侧靠边的 Y 轴机械坐标值应相同），Y 轴对刀时前后两侧靠边的位置在 X 轴方向上应保持一致（即前后两侧靠边的 X 轴机械坐标值应相同）。

如图 3-38 所示，以 X 轴对刀为例，在寻边器与左侧边靠齐后，抬起寻边器并直接沿 X 轴方向移动到右侧靠边（保持 Y 轴坐标不动），左右两侧靠边完成后抬起寻边器移到 X 轴方向上的中心位置，则当前 X 轴所对应的机械坐标值即为 X 轴方向上的对刀值。

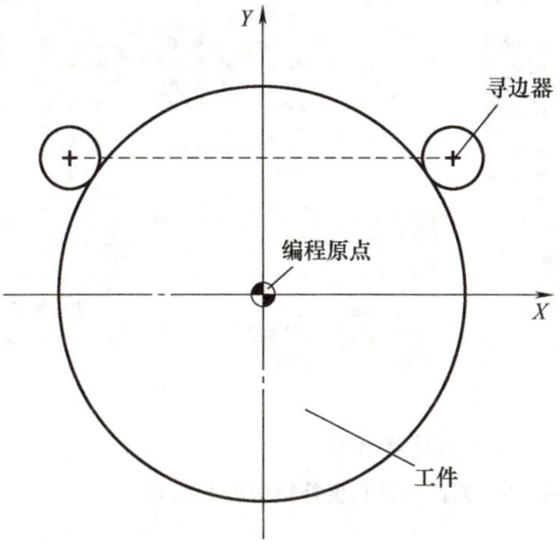

图 3-38 外圆轮廓 X 轴对刀

二维码 3-7
外圆轮廓对刀方法

二维码 3-8
尺寸精度控制方法

3.3.2 尺寸精度控制方法

零件尺寸精度控制方法主要有修改刀具半径补偿、修改刀具长度补偿及修改程序三种，刀具半径补偿与刀具长度补偿的设置在机床补偿设置界面的“刀偏”界面中。

1. 修改刀具半径补偿保证尺寸精度

当程序中编写 G41/G42 后，通过“形状 D”和“磨损 D”修改刀具半径补偿用以控制零件轮廓（X/Y 向）尺寸精度。

1）修改“磨损 D”值。对于外轮廓尺寸的控制，根据“先放大再减小”“先预留后调整”的原则进行。即先为轮廓留出精加工余量（预留“磨损 D”值），再根据实测尺寸来修改“磨损 D”值，然后运行程序进行精加工以保证精度。

2）修改“形状 D”值。粗加工前，在“形状（D）”中留出精加工余量（如：用 $\phi16$ 的立铣刀加工，单边留 0.2mm 的精加工余量，则设置“形状（D）”值为 8.2mm），再根据实测尺寸来修改“形状 D”值（如：粗加工后的实测尺寸比图纸尺寸单边大 0.02mm，则修改“形状（D）”值为 8.18mm，即 8.2mm-0.02mm=8.18mm），然后运行程序进行精加工以保证精度。

2. 修改刀具长度补偿保证尺寸精度

当程序中编写 G43/G44 后，通过“形状 H”和“磨损 H”修改刀具长度补偿用以控制零件深度（Z 向）尺寸精度。

1）修改“磨损（H）”值。当粗加工后测得实际深度尺寸比图样尺寸浅（如浅 0.1mm），则在“磨损（H）”中输入“-0.1”，如图 3-39a 所示，再重新运行程序进行加工，从而保证精度。

2）修改“形状（H）”值。当粗加工后测得实际深度尺寸比图样尺寸浅（如浅 0.1mm），则将原有的“形状（H）”值减 0.1mm，如图 3-39b 所示，将-308.721 修改为-308.821，然后再重新运行程序进行加工，从而保证精度。具体操作方法是首先将光标定位至“形状（H）”栏，然后输入“-0.1”至缓存区，最后使用软功能键［+输入］将补偿值输入到系统中。

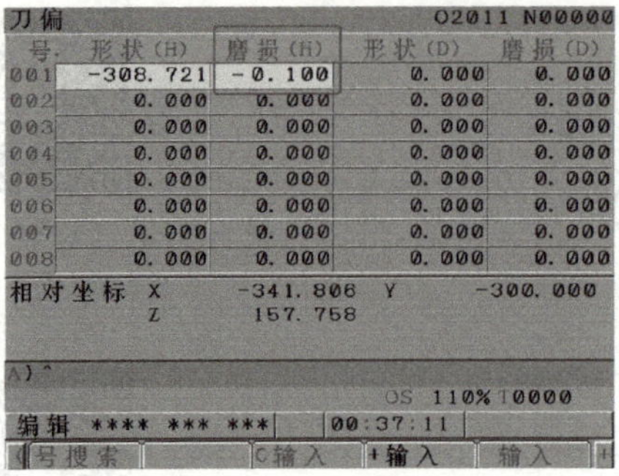

a)

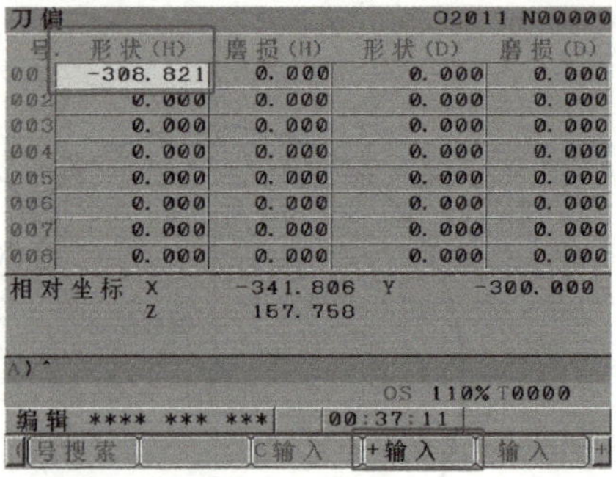

b)

图 3-39 *Z* 向精度调整

a）修改长度方向磨耗 b）修改刀具长度补偿中的形状 H

3. 修改程序保证尺寸精度

当零件各部位的尺寸偏大或偏小时，可直接将程序中的尺寸数值减小或增大以保证尺寸精度。但数控铣削和加工中心程序往往较复杂，这种方式只适用于简单轮廓加工，应用较少。

3.3.3 外轮廓零件测量及误差分析

数控加工产品是否合格，除了要有合理的工艺、娴熟的机床操作能力外，精确的产品检测更是确保质量的关键。数控铣削加工中外轮廓的测量常用量具有游标卡尺和外径千分尺。

二维码 3-9
游标卡尺使用

1. 游标卡尺

游标卡尺是一种常用的中等精度通用量具。根据卡尺的显示方式，可分为游标式、带表式和数显式三种，游标卡尺结构如图 3-40 所示。

2. 外径千分尺

外径千分尺是比游标卡尺更精密的长度测量仪器，它的分度值是 0.01mm。由固定的尺架、测砧、测微螺杆、固定套管、微分筒、测力装置和锁紧装置等组成，如图 3-41 所示。

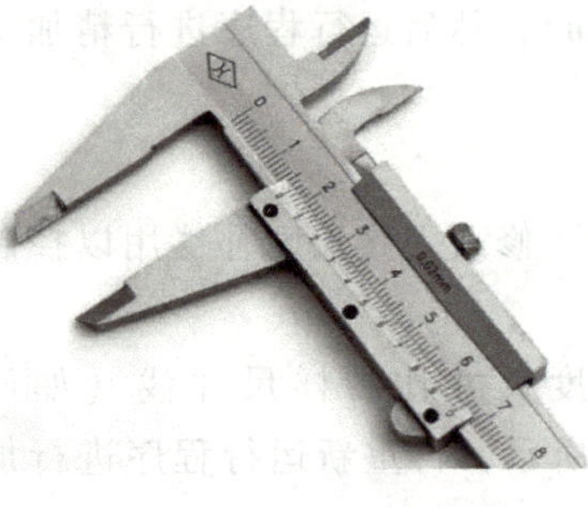

图 3-40 游标卡尺

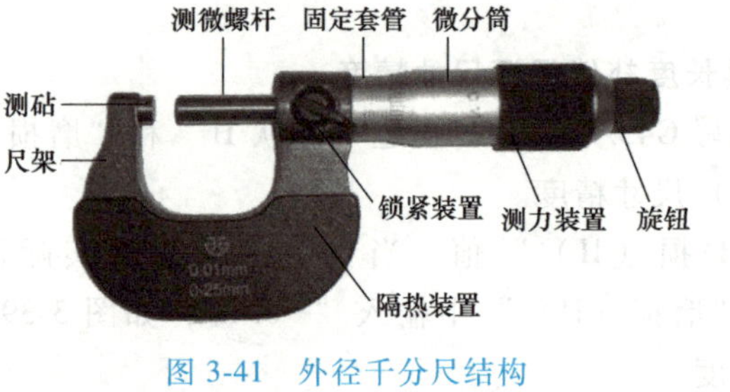

图 3-41 外径千分尺结构

二维码 3-10
外径千分尺使用

3. 误差分析

（1）铣削加工常见问题的分析（表 3-8）

表 3-8 铣削加工常见问题产生原因及解决方法

问题	产生原因	解决方法
前刀面产生月牙洼	刀片与切屑焊住	1)用抗磨损刀片、用涂层合金刀片 2)降低铣削深度或铣削负荷 3)用较大的铣刀前角
刃边粘切屑	变化振动负荷造成增加铣削力与温度	1)将刀尖圆弧或倒角处用油石研光 2)改变合金牌号,增加刀片强度 3)减少每齿进给量,铣削硬材料时,降低铣削速度 4)使用足够的润滑性能和冷却性能好的切削液
刀齿热裂	高温时迅速变化温度	1)改变合金牌号 2)降低铣削速度 3)适量使用切削液
刀齿刃边缺口或下陷	刀片受拉压交变应力;铣削硬材料刀片氧化	1)加大铣刀导角 2)将刀片切削刃用油石研光 3)降低每齿进给量
镶齿切削刃破碎或刀片裂开	过高的铣削力	1)采用抗振合金牌号刀片 2)采用强度较高的负角铣刀 3)用较厚的刀片、刀垫 4)减小进给量或铣削深度 5)检查刀片座是否全部接触
刃口过度磨损或边磨损	磨削作用、机械振动及化学反应	1)采用抗磨合金牌号刀片 2)降低铣削速度、增加进给量 3)进行刃磨或更换刀片
铣刀排屑槽结渣	不正常的切屑、容屑槽太小	1)增大容屑空间和排屑槽 2)铣削铝合金时,抛光排屑槽
铣削中工件产生鳞刺	过高的铣削力及铣削温度	1)铣削硬度在 34~38HRC 以下软材料及硬材料时增加铣削速度 2)改变刀具几何角度,增大前角并保持刃口锋利 3)采用涂层刀片
工件产生冷硬层	铣刀磨钝,铣削厚度太小	1)刃磨或更换刀片 2)增加每齿进给量 3)采用顺铣 4)用较大隙角和正前角铣刀
表面粗糙度值偏大	铣削用量偏大;铣削中产生振动;铣刀跳动;铣刀磨钝	1)降低每齿进给量 2)采用宽刃大圆弧修光齿铣刀 3)检查工作台镶条消除其间隙以及其他运动部件的间隙 4)检查主轴孔与刀杆配合以及刀杆与铣刀配合,消除其间隙或在刀杆上加装惯性飞轮 5)检查铣刀刀齿跳动,调整或更换刀片,用油石研磨刃口,降低刃口表面粗糙度值 6)刃磨与更换可转位刀片的刃口或刀片,保持刃口锋利 7)铣削侧面时,用有侧隙角的错齿或镶齿三面刃铣刀
平面度超差	铣削中工件变形,由于铣刀轴心线与工件不垂直,工件在加紧中产生变形	1)减小夹紧力,避免产生变形 2)检查加紧点是否在工件刚度最好的位置 3)在工件的适当位置增设可锁紧的辅助支撑,以提高工件刚度 4)检查定位基面是否有毛刺、杂物是否全部接触 5)在工件的安装夹紧过程中应遵照由中间向两侧或对角顺次加紧的原则,避免由于夹紧顺序不当而引起的工件变形 6)减小铣削深度 a_p,降低铣削速度 v_c,加大进给量 f,采用小余量、低速度大进给铣削,尽可能降低铣削时工件的温度变化 7)精铣前,放松工件后再加紧,以消除粗铣时的工件变形 8)校准铣刀轴线与工件平面的垂直度,避免产生工件表面铣削时的下凹

（续）

问题	产生原因	解决方法
垂直度超差	立铣刀铣侧面时直径偏小，或振动、摆动，三面刃铣刀垂直于轴线进给铣侧面时刀杆刚度不足	1）选用直径较大刚度好的立铣刀 2）检查铣刀套筒或夹头与主轴的同轴度以及内孔与外圆的同轴度，并消除安装中可能产生的歪斜 3）减小进给量或提高铣削速度 4）适当减小三面刃铣刀直径，增大刀杆直径，并降低进给量，以减小刀杆的弯曲变形
尺寸超差	立铣刀、键槽铣刀、三面刃铣刀等刀具本身摆动	1）检查铣刀刃磨后是否符合图样要求；及时更换已磨损的刀具 2）检查铣刀安装后的摆动是否超过精度要求范围 3）检查铣刀刀杆是否弯曲；检查铣刀与刀杆套筒接触的端面是否平整或与轴线是否垂直，或有杂物毛刺未清除

（2）外轮廓零件加工误差的分析（表3-9）

表3-9 外轮廓零件加工误差分析

影响因素	产生原因
装夹与校正	工件装夹不牢固，加工过程中产生松动与振动
	工件校正不正确
刀具	刀具尺寸不正确或产生磨损
	对刀不正确，工件的位置尺寸产生误差
	刀具刚性差，刀具加工过程中产生振动
加工	刀具补偿参数设置不正确
	精加工余量过大
	切削用量选择不当，导致切削力、切削热过大，从而产生热变形和内应力
	切削力过大，导致刀具发生弹性变形，加工面呈锥形
测量	量具自身误差
	使用量具不当
	测量人员
	测量环境
尺寸	程序不正确
	刀具补偿参数设置不正确
	测量不正确

项目实施（工程案例）

如图3-2所示，完成项目转化后的电气连接器外壳四方形外轮廓加工。按照制订零件加工工艺、编制加工程序、完成零件的加工和质量评估的顺序进行（本书中主要介绍连接器数控铣削部分的加工）。

二维码3-11
连接器工艺

制订连接器零件加工工艺

1. 零件图样分析

通过零件图工艺分析，确定零件的加工内容、加工要求，各个加工结构的加工方法。分析项目及内容见表3-10。

表 3-10 连接器零件图样分析

项目	项目内容
加工内容及技术要求	该零件数车部分主要加工要素为：$\phi28_{-0.021}^{0}\times20$、$\phi36_{-0.025}^{0}\times35$、$\phi32_{-0.025}^{0}\times22$ 的外圆各 1 处，$\phi22_{0}^{+0.033}\times26$、$\phi26_{0}^{+0.033}\times35$ 的内孔各 1 处；数铣主要加工要素为：$48_{-0.025}^{0}\times48_{-0.025}^{0}\times6$ 的四方外轮廓及 4×R6.5 的圆角。材料为 2A12，是高强度硬铝合金。其切削加工性能较好，无热处理要求
尺寸精度分析	连接器零件外圆标准公差等级为 IT7 级，内孔 $\phi22_{0}^{+0.033}$、$\phi26_{0}^{+0.033}$ 的标准公差值为 0.033mm，标准公差等级为 IT8 级；四方外轮廓 $48_{-0.025}^{0}\times48_{-0.025}^{0}\times6$ 的标准公差等级为 IT7 级
几何公差分析	$\phi28_{-0.021}^{0}$ 外圆的轴线相对于 $\phi26_{0}^{+0.033}$ 内孔的轴线的同轴度公差为 0.03mm。按照基准先行的原则，应先加工 $\phi26_{0}^{+0.033}$ 内孔表面；四方外轮廓上下两端面的平行度公差为 0.04mm
表面粗糙度分析	连接器内外表面，四方外轮廓表面粗糙度要求均为 $Ra1.6\mu m$。其余表面粗糙度要求为 $Ra3.2\mu m$
零件加工难点	该连接器零件单边壁厚为 3mm，属于薄壁工件，在加工时应注意防止工件产生变形
整体加工方法	该零件数控车削部分为公差等级 IT7～IT8 的轴套类零件，加工方案为：粗车→精车；四方外轮廓 $48_{-0.025}^{0}\times48_{-0.025}^{0}\times6$ 的标准公差等级为 IT7 级，加工方案应为：粗铣→精铣

2. 机床设备、夹具选择

根据零件的结构特点及加工要求，选择在数控车床和数控铣床上进行各结构的加工。在数控铣床上加工连接器四方形外轮廓时采用自定心卡盘装夹的方式，其机床设备及夹具选择清单见表 3-11。

表 3-11 机床设备及夹具清单

序号	类型	名称	规格及型号	数量
1	机床设备	数控铣床	KV650	1
2	夹具	自定心卡盘		1

3. 刀具、量具的确定

连接器四方形外轮廓为平面类零件，适合选用平底立铣刀进行加工。在粗加工时主要考虑加工效率，因此可选用较大直径的平底立铣刀，精加工时也可选用同一把立铣刀。所以粗、精加工选择 $\phi16$ 高速钢铣刀，$Z_n=3$。刀具与量具的选择分别参见表 3-12、表 3-13。

表 3-12 刀具卡

产品名称或代号		零件名称		零件图号		备注
序号	刀具号	刀具名称	刀具规格		刀具材料	
	T01	平底立铣刀	$\phi16$		高速钢	3 刃
编　制		审　核		批　准		共　页　第　页

表 3-13 量具卡

产品名称或代号		零件名称		零件图号	
序号	量具名称	量具规格	分度值		数量
1	游标卡尺	0～150mm	0.02mm		1 把
2	外径千分尺	25～50mm	0.01mm		1 把
3	粗糙度样板	组合式			1 套
编　制	审核		批准		共　页　第　页

4. 编制数控加工工艺文件

根据以上分析，拟订机械工艺过程卡及数控加工工序卡，见表 3-14、表 3-15。

表 3-14 机械工艺过程卡

(工厂)	机械工艺过程卡	产品型号		零件图号			
		产品名称		零件名称		共 1 页	第 1 页

材料牌号	2A12	毛坯种类	棒料	毛坯外形尺寸	ϕ68mm×85mm	每毛坯可制件数		每台件数		备注	

	工序号	工序名称	工序内容	车间	工段	设备	工艺装备	工时/min 准终	工时/min 单件
	1	备料	备料 ϕ68mm×81mm 棒料	金工		锯床			
	2	数控车	(1)打中心孔	数控车间		CAK6140	自定心卡盘		
			(2)钻 ϕ12mm 通孔						
			(3)扩 ϕ20mm 通孔						
			(4)粗、精车右端外圆及内孔,保证达图样要求						
			(5)调头,保证总长,粗、精车左端外圆及内孔,保证达图样要求						
	3	数控铣	(1)粗铣 48mm×48mm×6mm 四方形外轮廓及 $R6.5$ 圆弧			KV650	自定心卡盘		
			(2)精铣 48mm×48mm×6mm 四方外轮廓及 $R6.5$ 圆弧到图样要求						
	4	钳工	去毛刺	钳工车间					
	5	检验							
描图									
描校									
底图号									
装订号							设计(日期)	审核(日期)	标准化(日期)	会签(日期)

标记	处数	更改文件号	签字	日期	标记	处数	更改文件号	签字	日期				

表 3-15　数控加工工序卡

（工厂）	数控加工工序卡					
产品型号		零件图号				
产品名称		零件名称		共 1 页	第 1 页	
车间	工序号	工序名称	材料牌号			
数控	3	数控铣	2A12			
毛坯种类	毛坯外形尺寸	每毛坯可制件数	每台件数			
棒料	ϕ68mm×85mm					
设备名称	设备型号	设备编号	同时加工件数			
数控铣床	KV650					
夹具编号		夹具名称	切削液			
		自定心卡盘				
工位器具编号		工位器具名称	工序工时			
			准终	单件		

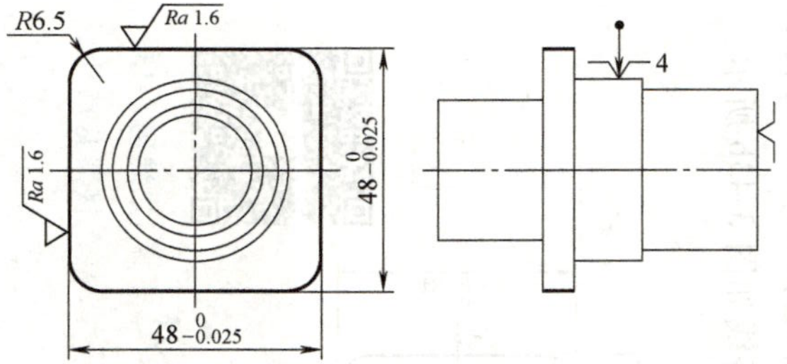

工步号	工步名称	工艺装备	主轴转速/（r/min）	切削速度/（m/min）	进给量/（mm/min）	背吃刀量/mm	进给次数	工时 机动	工时 单件
1	粗铣 48mm×48mm×6mm 四方形外轮廓及 $R6.5$ 圆弧，单边留 0.2mm 余量	ϕ16 立铣刀	3600	180	1080	6			
2	精铣 48mm×48mm×6mm 四方形外轮廓及 $R6.5$ 圆弧到图样要求	ϕ16 立铣刀	4000	200	720	6			

描图	描校	底图号	装订号

标记	处数	更改文件号	签字	日期	标记	处数	更改文件号	签字	日期	设计（日期）	审核（日期）	标准化（日期）	会签（日期）

连接器零件编程

1. 建立编程坐标系

在数控铣床上完成四方形外轮廓及圆弧的加工，工件形状对称，选择工件上表面几何中心为编程原点，并建立编程坐标系，编程坐标系的设置如图3-42所示。

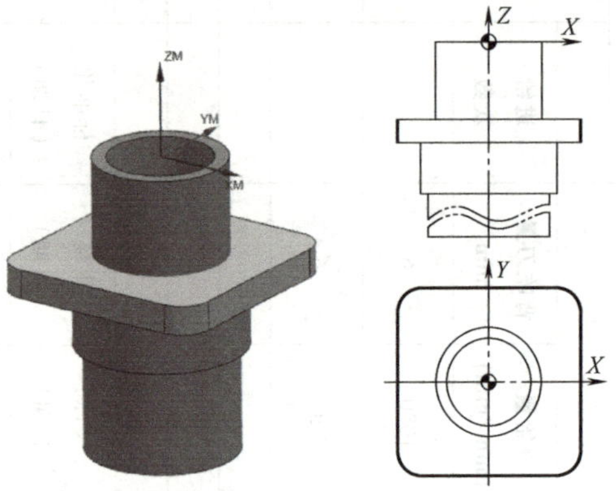

图3-42 连接器四方形外轮廓编程坐标系设置

二维码3-12 连接器编程

2. 确定走刀路线

（1）粗加工走刀路线的确定 粗加工时，Z向一次性下刀6mm，铣削$48_{-0.025}^{0}\times48_{-0.025}^{0}\times6$的四方形外轮廓，采用切线切入、圆弧切出的方式进退刀，其走刀路线如图3-43a所示。其中起刀点A'应设在毛坯之外，并考虑加刀补的距离；刀补点A应根据所选刀具的直径值，留出足够的刀补建立运行距离，如$\phi16$平底立铣刀加工外轮廓时，建立刀补的程序段运行距离应大于刀具半径值8；切入点B为刀具切入工件轮廓的第一个点；切出点T一般设置在轮廓之外，并且应沿工件轮廓切线切出或圆弧方式切出，保证刀路光顺，不存在刀具干涉；退刀点T'应设置在工件之外，一般在这个程序段中取消刀具半径补偿。

（2）精加工走刀路线的确定 粗加工完成后，单边留0.2mm的精加工余量，精加工时沿四方形外轮廓走一刀完成零件加工，精加工走刀路线如图3-43b所示。

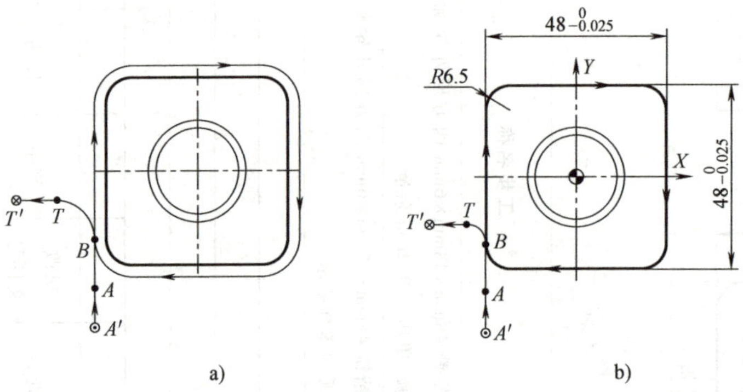

图3-43 四方形及圆弧加工的走刀路线

a）粗加工刀路 b）精加工刀路与基点计算

二维码3-13 连接器基点计算

二维码3-14 连接器程序与走刀

3. 计算基点坐标

编制零件程序前，应根据制订的加工工艺方案，规划出加工的走刀路线，计算出各基点坐标，合理设置加工时的起刀点、刀补点、切入点、切出点和退刀点，连接器四方形外轮廓这几个点的坐标值见表 3-16。

表 3-16 坐标计算

名称	代码	坐标值	名称	代码	坐标值
起刀点	*A′*	-24,-40	切出点	*T*	-34,-7.5
刀补点	*A*	-24,-30	退刀点	*T′*	-44,-7.5
切入点	*B*	-24,-17.5			

4. 编写加工程序

连接器四方外轮廓加工方案为粗铣后再精铣，粗、精铣轮廓一致，用同一把刀加工。因此，粗、精铣四方轮廓时使用同一个加工程序，通过调整刀具半径补偿值进行粗、精加工。连接器四方形外轮廓加工程序见表 3-17。

表 3-17 连接器四方形外轮廓加工程序

程　序	注　释	程　序	注　释
O0030;	主程序	G01 X17.5	刀具沿 *X* 正向走刀
G90 G94 G40 G21 G17;	程序保护头	G02 X24 Y17.5 R6.5	刀具走 *R*6.5 的圆弧
G54 G00 X-24 Y-40;	*XY* 平面快速点定位	G01 Y-17.5	刀具沿 *Y* 负向走刀
M03 S3600;	主轴正转，转速 3600r/min	G02 X17.5 Y-24 R6.5	加工右前方 *R*6.5 的圆弧
G43 G00 Z100 H01;	建立刀具长度正补偿	G01 X-17.5	刀具沿 *X* 负向走刀
G00 Z5;	刀具下降到工件上表面附近	G02 X-24 Y-17.5 R6.5	加工左前面 *R*6.5 的圆弧
G01 Z-27 F1080;	*Z* 方向进刀	G03 X-34 Y-7.5 R10;	圆弧切出至点 *T*
G41 G01 X-24 Y-30 D01;	建立刀具半径左补偿	G40 G01 X-44	取消刀具半径补偿
Y-17.5	刀具走刀至切入点 *B*	Z5	抬刀至工件上表面
Y17.5	刀具沿 *Y* 正向走刀	G00 Z100	抬刀至安全平面
G02 X-17.5 Y24 R6.5	刀具走 *R*6.5 的圆弧	M30	程序结束并复位

连接器零件加工

1. 连接器四方形外轮廓零件仿真加工

根据编制的连接器四方形外轮廓零件加工工艺和加工程序，进行程序校验，并完成零件仿真加工。

2. 连接器零件机床加工与质量评估

使用数控铣床完成连接器零件的加工。在零件加工过程中，要养成良好的质量意识和安全意识，灵活应用零件尺寸精度控制方法保证工件尺寸精度。

二维码 3-15
连接器仿真加工

项目拓展

1. 企业点评

在机械加工过程中，往往有很多因素影响工件的最终加工质量，如何使工件的加工达到质量要求，如何减少各种因素对加工精度的影响，就成为加工前必须考虑的事情：

1）把工件装在三爪卡盘上后，一定用百分表找正，否则加工出来的工件就不对称。

2）用机械式寻边器对刀，偏差不能太大，否则与 $\phi28$ 的外圆不同心；如果误差大，可以用百分表打表找中心的方法对刀。

3）刀具装得不宜太长，太长易产生颤动，四方形及圆弧四周就会产生振纹。

4）切削用量不宜太大，太大容易断刀，且易产生振动，加工出来的质量不好。

5）粗加工后一定要进行测量，否则工件尺寸有可能偏大或者偏小。

二维码 3-16
全国劳动模范秦世俊

2. 思想/技能进阶

全国劳动模范秦世俊

秦世俊，哈尔滨飞机工业集团有限责任公司数控铣工、高级技师。曾获得全国劳动模范、全国技术能手、全国五一劳动奖章、全国青年岗位能手、全国优秀共青团员、黑龙江省劳动模范、黑龙江省技术能手、黑龙江省五一劳动奖章、黑龙江省青年岗位能手、龙江工匠等荣誉称号，是中航工业数控铣工首席技能专家，享受国务院政府特殊津贴。他始终扎根一线，凭借其坚毅的品质和精湛的技艺，从一名普通岗位工人成长为我国航空领域旋翼、起落架等零件数控加工制造的知名专家型技能人才，为推动企业技术进步和国家航空装备制造水平的提升做出了卓越的贡献。

项目 4　内轮廓零件加工

项目导读

项目描述

本项目为学习者提供了与内轮廓零件加工有关的理论知识与实践内容，并且提供了内轮廓零件加工的工程案例，供学习者参阅。

本项目提供的工程案例为壳体零件的加工，零件图如图 4-1 所示，毛坯为 62mm×50mm×18mm 的方料，材料为 2A12。

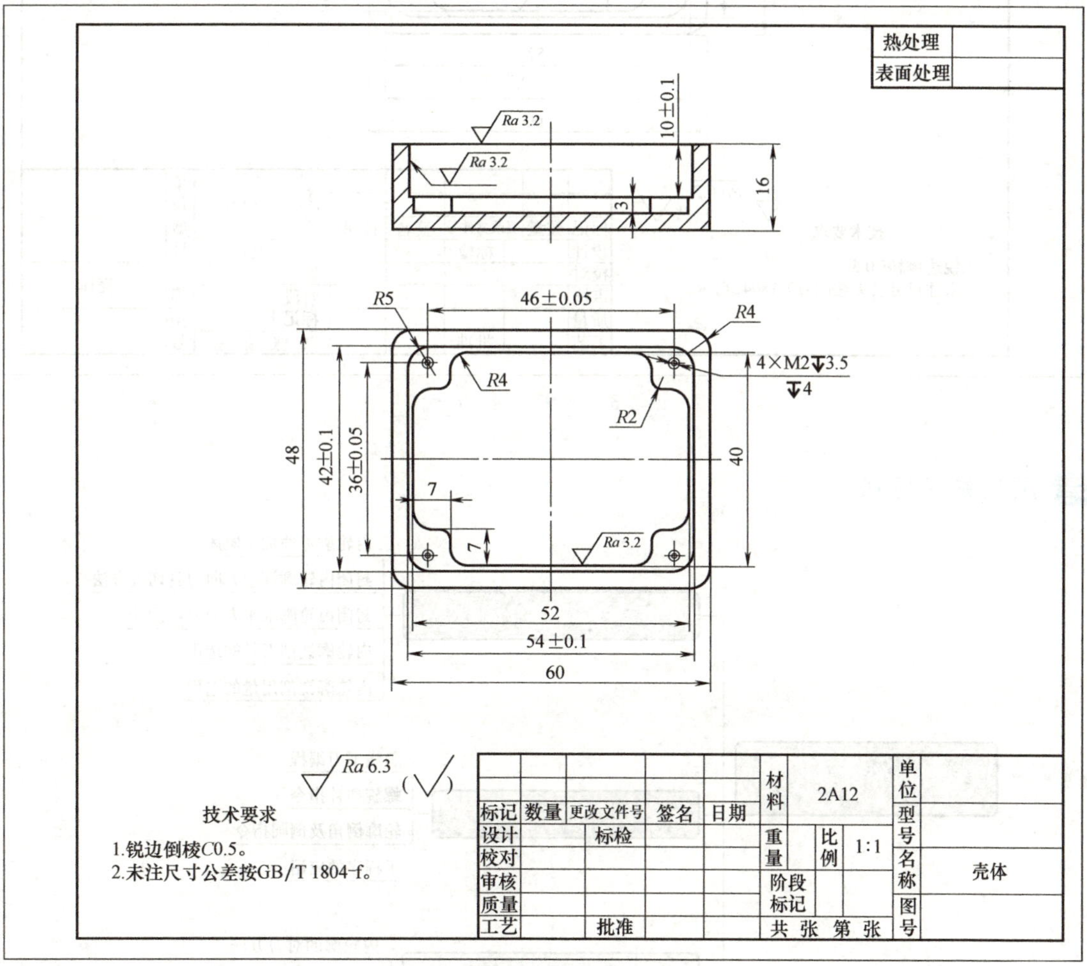

图 4-1　壳体零件

项目转化

结合教学实际，对壳体零件的结构进行转化，转化后的壳体如图 4-2 所示。要求制订该零件的加工工艺，编制零件加工程序，并完成零件加工和质量评估。

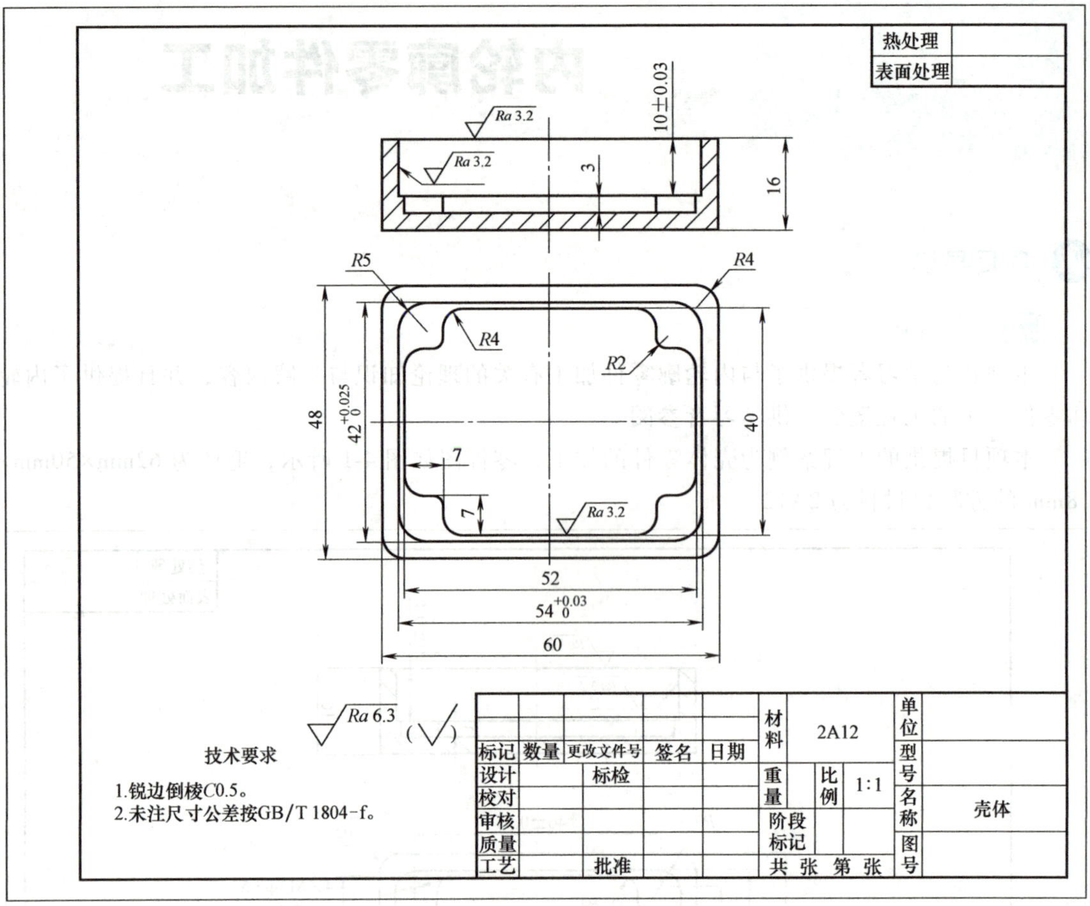

图 4-2 壳体零件转化图

项目知识图谱

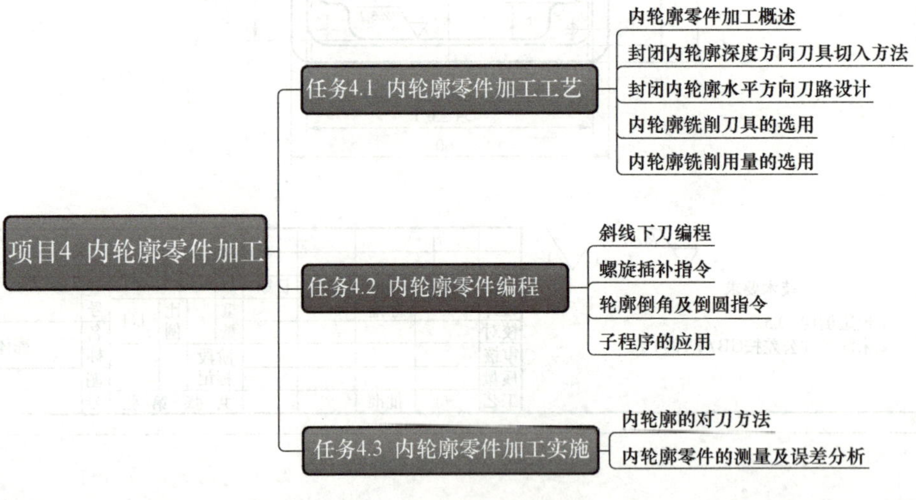

项目资讯

任务 4.1　内轮廓零件加工工艺

4.1.1　内轮廓零件加工概述

内轮廓（型腔）加工是数控铣削中常见的一种加工类型。内轮廓加工需要在边界线确定的一个封闭区域内去除材料，该区域由侧壁和底面围成，其侧壁和底面可以是斜面、凸台、球面以及其他形状，内轮廓内部可以全空或有孤岛。型腔的主要加工要求有：侧壁和底面的尺寸精度、表面粗糙度。

按照结构形式，内轮廓可分为开放内轮廓、封闭内轮廓和复合内轮廓等，如图 4-3 所示。

a)　　b)　　c)

图 4-3　内轮廓的分类

a）开放内轮廓　b）封闭内轮廓　c）复合内轮廓

4.1.2　开放内轮廓铣削工艺

开放内轮廓零件最大的结构特点是轮廓曲线不封闭，留有一个或多个开口，如图 4-4 所示。铣削开放内轮廓零件的工艺、刀具选择、切削用量的确定、残料的清除方法与 2D 外轮廓铣削基本相同，其进退刀路线通常设计在轮廓开口的延长线上，如图 4-5 所示。由于加工过程中排屑较 2D 外轮廓困难，因而铣削开放内轮廓零件时必须配备大流量的切削液，以便在冷却刀具的同时，靠切削液的压力冲走内腔切屑。

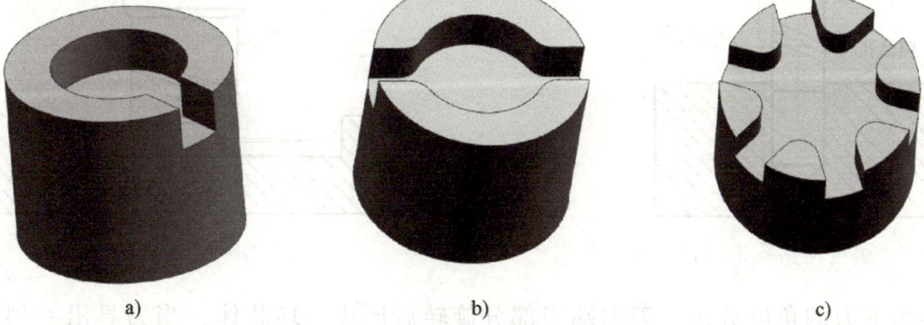

a)　　b)　　c)

图 4-4　开放内轮廓的结构类型

a）单个开口　b）两个开口　c）多个开口

4.1.3 封闭内轮廓铣削工艺

封闭内轮廓结构如图4-6所示，其轮廓线首尾相连，形成一个闭合的凹轮廓。与开放内轮廓相比，由于轮廓是封闭的，粗铣时切屑难以排除，散热条件差，故要求机床应有足够的功率及良好的冷却系统，同时加工工艺的合理与否也直接影响内轮廓的加工质量。

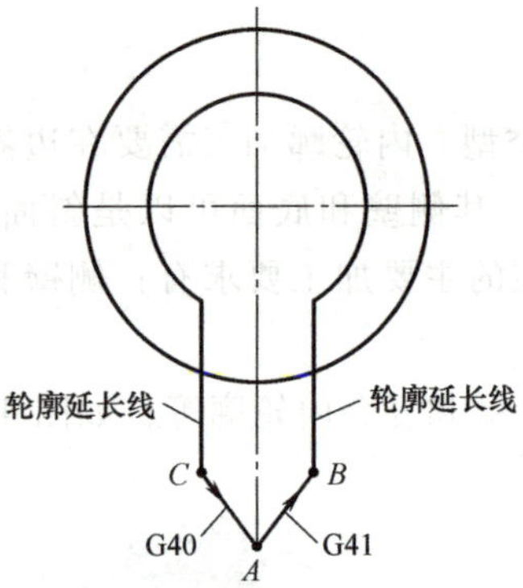

图4-5 开放内轮廓进、退刀路线设计

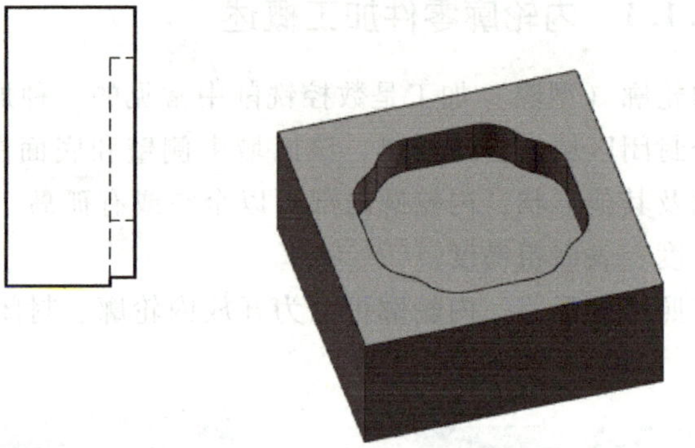

图4-6 封闭内轮廓的结构

1. 封闭内轮廓深度方向刀具切入方法

(1) 垂直切深进刀方式 采用垂直切深进刀时，必须选择切削刃过中心的键槽铣刀进行加工，不能采用平底立铣刀进行加工，另外，由于采用这种进刀方式切削时，刀具中心切削速度为零，因此，选择键槽铣刀进行加工时，应选用较低的切削进给速度。

(2) 在工艺孔中进刀方式 在内轮廓加工中，为保证刀具强度，有时需用平底立铣刀来加工，但由于平底立铣刀中心无切削刃，无法进行 Z 向垂直切削，可选用直径稍小的钻头先加工出工艺孔，再用平底立铣刀进行垂直切削，如图4-7所示。这种方式的特点是进刀路线简单，编程简单，但要两把刀具（钻头+立铣刀），生产组织工作较多。

(3) 斜线式进刀方式 刀具以斜线方式切入工件来达到深度方向进刀的目的，即在两个切削层之间，刀具从上一层的高度沿斜线以渐进的方式切入工件，直到下一层的高度，然后正式切削，如图4-8所示。该方式能有效地避免分层切削时刀具中心处切削速度过低的缺点，改善了刀具的切削条件，提高了切削效率，广泛应用于大尺寸的内轮廓粗加工。

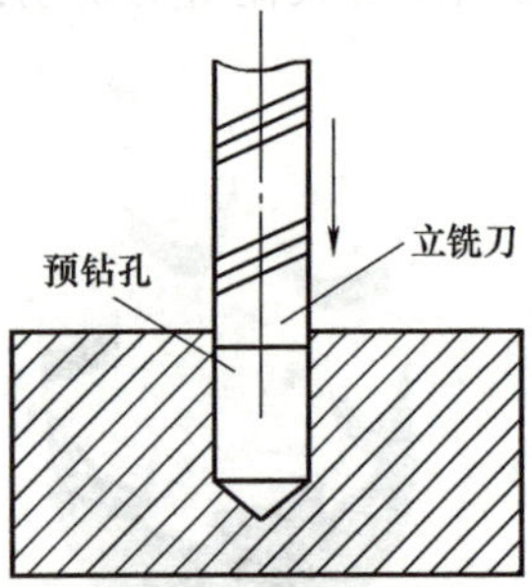

图4-7 通过预钻孔下刀铣型腔

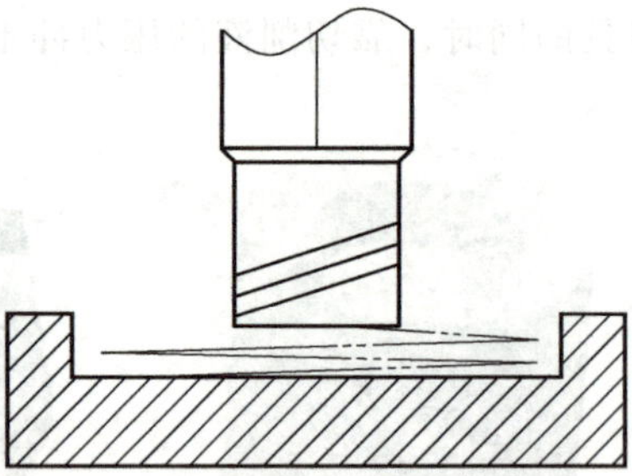

图4-8 斜线式下刀

1）斜线下刀的角度分析。刀的端刃部分旋转后形成一环状体，当刀具沿一斜线下刀时，处于前方的切削刃与处于后方的切削刃间存在切深差（图4-9），此切深差随着刀轨与工件上表面夹角的增大而增大，当此切深差超过立铣刀端刃的容屑区域内侧刃长时，工件上的残留

材料就会挤压刀具，影响刀具寿命，严重时会损坏刀具。所以斜线下刀的刀轨与工件上表面夹角的极限（图 4-10）的计算公式为

$$\theta=\arctan(h/d)$$

式中　h——平底立铣刀端刃头部容屑区内侧刃长；

d——平底立铣刀端刃头部容屑区直径。

进一步考虑到斜线下刀为往返切削运动，反向切削时，切削路线后部切削刃承担的切深逐渐加大，此时的切削深度为单向切削时切深的两倍，因此下刀角度应调整为

$$\theta=\arctan(h/2d)$$

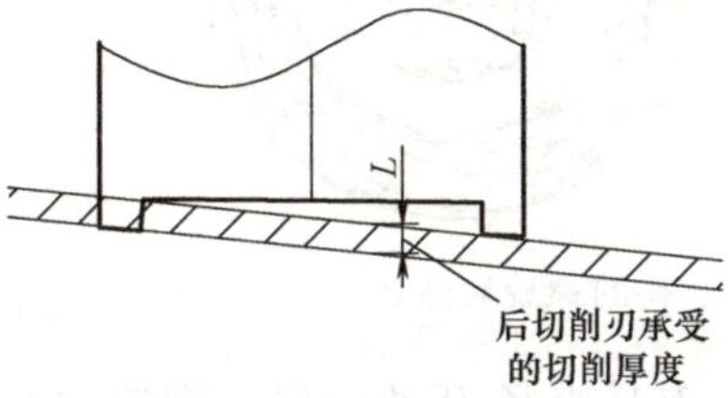

图 4-9　前后切削刃间的切深差

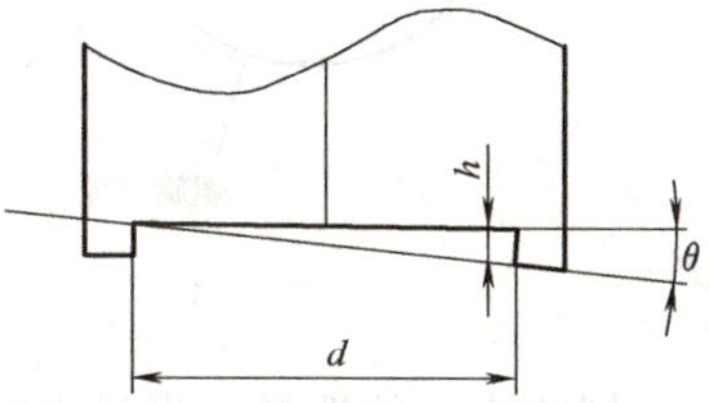

图 4-10　斜线下刀角度

2）斜线下刀的切削长度。由图 4-11 所示，当切削行程不够时，容屑区内侧切削刃会产生切削不到的区域，从而产生材料的残留。此时，尽管斜线下刀的角度取值合适，在切削的初始阶段为正常切削，但随着切深的增加，残留的材料就会顶住刀具，影响切削，甚至会损坏刀具。实际分析得出，切削行程必须大于或等于 d，即端刃移动轨迹必须覆盖整个切削区，端刃的切削区域必须相接或重叠。例如 ϕ16mm 的三刃立铣刀，d 为 8mm，所以斜向下刀时，切削路径在水平方向的长度分量应大于 8mm。

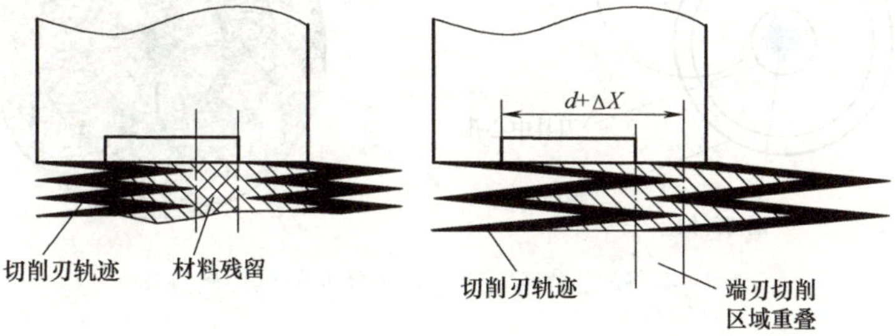

图 4-11　切削长度对材料残留情况的影响

（4）螺旋进刀方式　螺旋进刀，即在两个切削层之间，刀具从上一层的高度沿螺旋线以渐进的方式切入工件，直到下一层的高度，然后正式切削，如图 4-12 所示。以螺旋下刀方式铣削型腔时，可使切削过程稳定，能有效避免轴向垂直受力所造成的振动，且下刀空间小，非常适合小功率机床和窄深型腔的加工。采用螺旋下刀方式粗铣型腔，其螺旋角通常控制在 3°~5°之间。

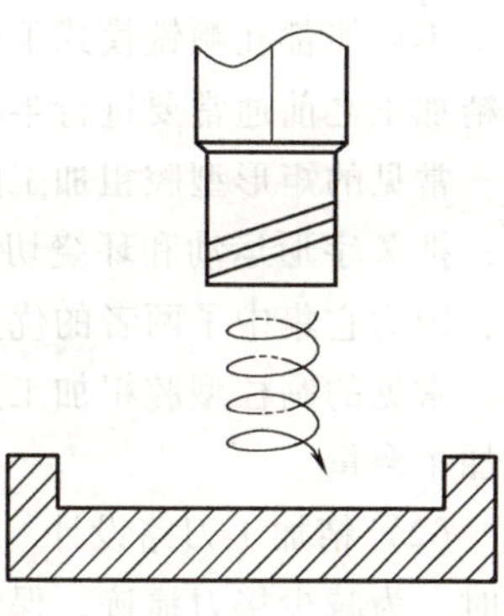

图 4-12　螺旋下刀

1）最小螺旋半径的选择。平底立铣刀端面切削刃不到中心，其中心有一工艺孔，孔的直径一般为刀具直径的 35%。当螺旋半径小于刀具直径的 35%时，在执行螺旋下刀的过程中，

刀具中心孔（即工艺孔）内的材料无法完全切除，造成漏切，如图 4-13 所示。刀具不断地下降，中心孔不断地受孔下漏切材料的挤压，由此产生顶刀。顶刀后会出现烧刀或者刀具折断，由此对机床的主轴造成相当大的损伤，影响机床精度。故在加工过程中，刀具的最小螺旋半径应大于刀具中心孔的半径。

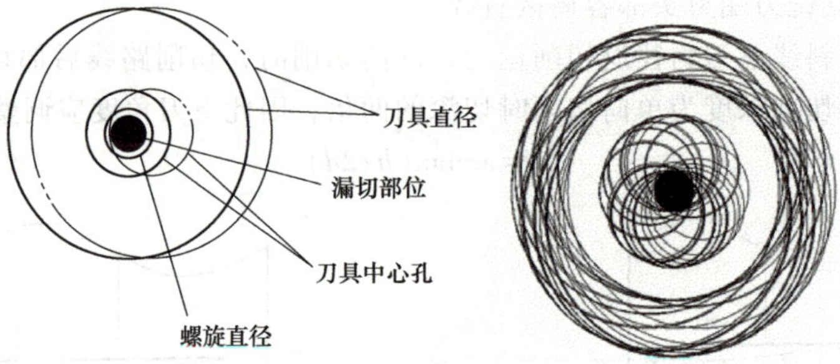

图 4-13 螺旋半径小于刀具中心孔的螺旋轨迹图

2）最大螺旋半径的选择。当最大螺旋直径大于刀具直径 D 的时候，螺旋中心处涂色区域内的材料将会产生漏切，如图 4-14 所示，导致螺旋下刀已经完成即深度方向已经到位的时候，工件中心仍然保留了一个小圆台。若此时再进行铣削，因不易受力，圆台处的材料会被刀具挤断，使得底部表面粗糙度无法达到要求。故最大螺旋半径不能超过刀具半径值。

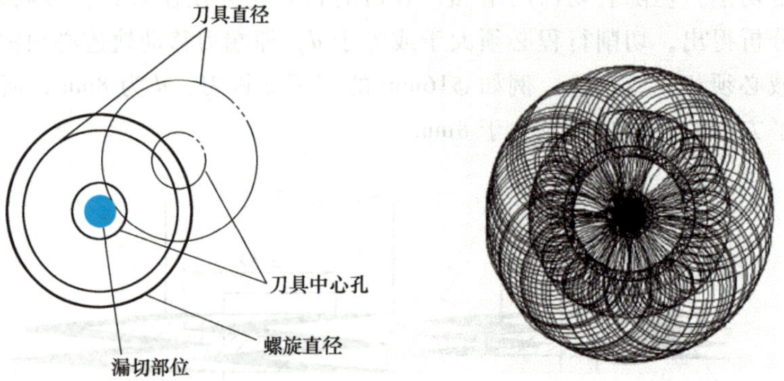

图 4-14 螺旋半径大于刀具半径时的螺旋轨迹图

2. 封闭内轮廓水平方向刀路设计

（1）粗加工刀路设计 型腔的加工分粗、精加工，先用粗加工从内切除大部分材料，粗加工不可能都在顺铣模式下完成，也不可能保证所有地方留作精加工的余量完全均匀。所以在精加工之前通常要进行半精加工。这种情况下可能使用一把或多把刀具。

常见的矩形型腔粗加工路线有：Z 字形行切，如图 4-15a 所示；环绕切削，如图 4-15b 所示；把 Z 字形运动和环绕切削结合起来用一把刀进行粗加工和半精加工也是一个很好的方法，因为它集中了两者的优点，如图 4-15c 所示。

常见的圆柱型腔粗加工路线如图 4-16 所示，刀具从中心下刀，由里向外逐渐切削，保留精加工余量。

（2）精加工刀路设计 内轮廓精加工时，切入、切出方法选择立铣刀侧刃铣削轮廓类零件时，为减少接刀痕迹，保证零件表面质量，铣刀的切入和切出点应选在零件轮廓曲线的延长线上，而不应沿法向直接切入零件，以避免加工表面产生刀痕，保证零件轮廓光滑。

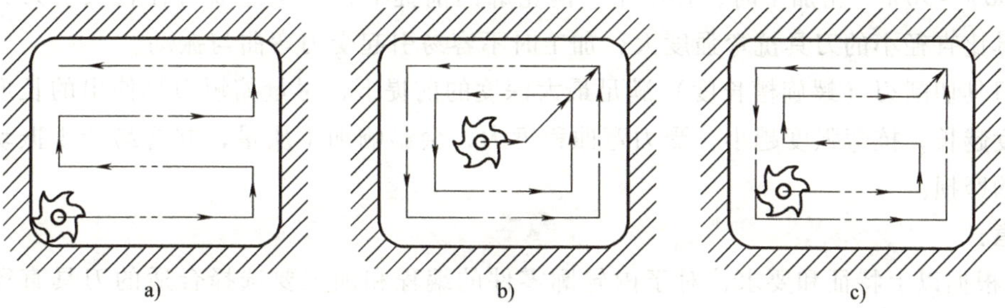

图 4-15　矩形型腔粗加工方法刀路

a）Z 字形刀路　b）环绕切削刀路　c）Z 字形刀路粗加工和环绕半精加工

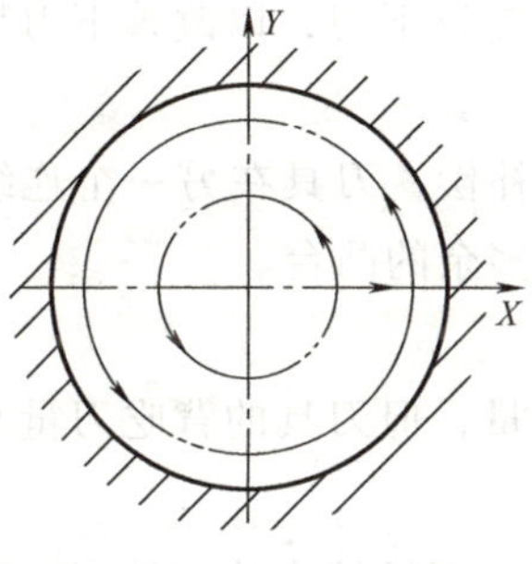

图 4-16　圆柱型腔粗加工刀路　　二维码 4-1　Z 字形刀路加工　　二维码 4-2　环绕切削刀路加工

铣削内轮廓表面时，如果切入和切出无法外延，切入与切出应尽量采用圆弧过渡。以铣削一个整内圆轮廓为例，如图 4-17 所示。选择 *A* 点为下刀起始点，*C* 点为切入点，同时 *C* 点也为切出点。为保证零件轮廓的光滑，采用圆弧方式切入切出（*BC* 段和 *CG* 段）；在进行轮廓加工之前要建立刀具半径补偿（假使建立刀具左补偿），则应在 *BC* 段之前加上刀补，故 *AB* 段为建立刀补段；依此加工完 $C \rightarrow D \rightarrow E \rightarrow F \rightarrow C$ 轮廓后，刀具沿 *CG* 圆弧切出，然后在直线段 *GA* 撤销刀具半径补偿，完成整个轮廓的走刀路线安排。在无法实现圆弧过渡时，铣刀可沿零件轮廓的法线方向切入和切出，但需将切入、切出点选在零件轮廓两几何元素的交点处，如图 4-18 所示，且进给过程中要避免停顿。

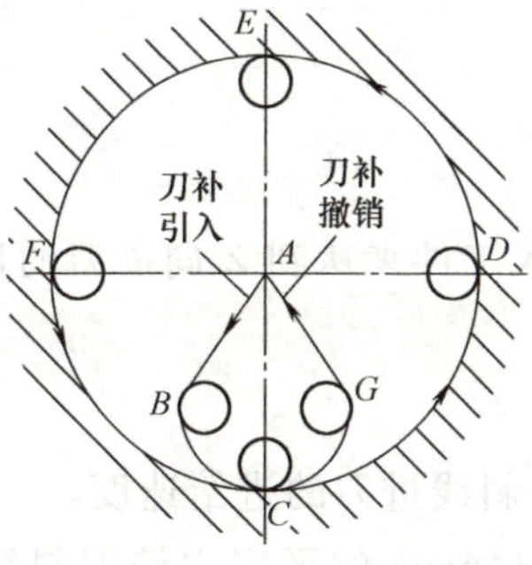

图 4-17　铣削内圆加工路径

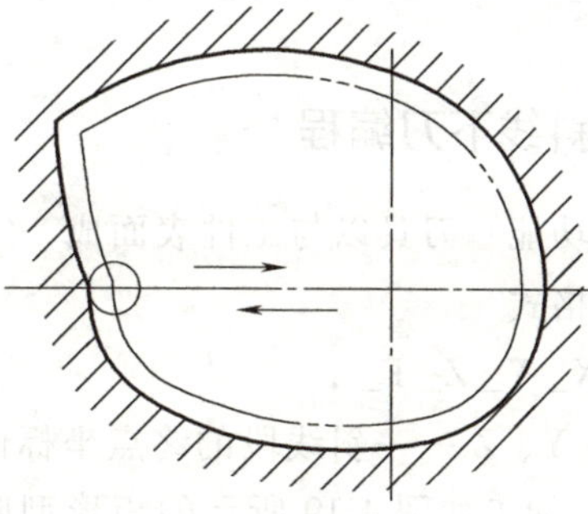

图 4-18　从尖点切入铣削内轮廓

3. 内轮廓铣削刀具的选用

适合型腔铣削的刀具有平底立铣刀，键槽铣刀，型腔的斜面区域用 R 刀或球头刀加工。

精铣型腔时，其刀具半径一定小于型腔零件最小曲率半径，刀具半径一般取内轮廓最小曲率半径的80%~90%。粗加工时，在不干涉内轮廓的前提下，尽量选取直径较大的刀具，直径大的刀具比直径小的刀具抗弯强度大，加工时不容易引起受力弯曲与振动。

在刀具切削刃（螺旋槽长度）满足最大深度的前提下，尽量缩短刀具伸出的长度，立铣刀的长度越长，抗弯强度越小，受力弯曲程度大，会影响加工质量，并容易产生振动，加速切削刃的磨损。

注意：

1）根据以上特征和要求，对于内轮廓零件的编程和加工要选择合适的刀具直径，刀具直径太小将影响加工效率；刀具直径太大可能使某些转角处难于切削，或由于岛屿的存在形成不必要的区域。

2）由于圆柱形铣刀垂直切削时受力情况不好，因此要选择合适的刀具类型，一般可选择双刃的键槽铣刀，并注意下刀的方式，可选择斜向下刀或螺旋形下刀，以改善下刀切削时刀具的受力情况。

3）当刀具在一个连续的轮廓上切削时使用一次刀具半径补偿，刀具在另一个连续的轮廓上切削时应重新使用一次刀具半径补偿，以避免过切或留下多余的凸台。

4. 内轮廓铣削用量的选用

粗加工时，为了得到较高的切削效率，选择较大的切削用量，但刀具的背吃刀量与侧吃刀量应与加工条件（机床、工件、装夹、刀具）相适应。

实际应用中，一般让 Z 方向的背吃刀量不超过刀具的半径；直径较小的立铣刀，背吃刀量一般不超过刀具直径的1/3。侧吃刀量与刀具直径大小成正比，与背吃刀量成反比，一般侧吃刀量取60%~90%的刀具直径。值得注意的是型腔粗加工开始第一刀时，刀具为全刃切削，切削力大，切削条件差，应适当减小进给量和切削速度。

精加工时，为了保证加工质量，应避免工艺系统受力变形，精加工时背吃刀量不应过大，数控机床的精加工余量可略小于普通机床，一般在深度、宽度方向留0.2~0.5mm余量进行精加工。精加工时，进给量大小主要受表面粗糙度要求的限制，切削速度大小主要取决于刀具寿命。

任务4.2 内轮廓零件编程

4.2.1 斜线下刀编程

（1）指令功能 刀具以与工件表面成一定角度切入工件来达到 Z 向进刀的目的。

（2）编程格式

```
G01 X_ Y_ Z_ F_ ;
```

其中：X、Y、Z ——斜线段的终点坐标值；F——斜线进刀的进给速度。

［例4-1］ 加工如图4-19所示的矩形型腔，利用 ϕ16mm 的平底立铣刀斜线下刀至深度5mm，刀具背吃刀量 $a_p=3$mm，编写斜线下刀的程序。

斜线下刀角度一般控制在3°~15°，本例取5°，计算出水平方向移动的距离为36mm，采用对称的方式斜线下刀，具体路径如图4-20所示，其程序编制如下：

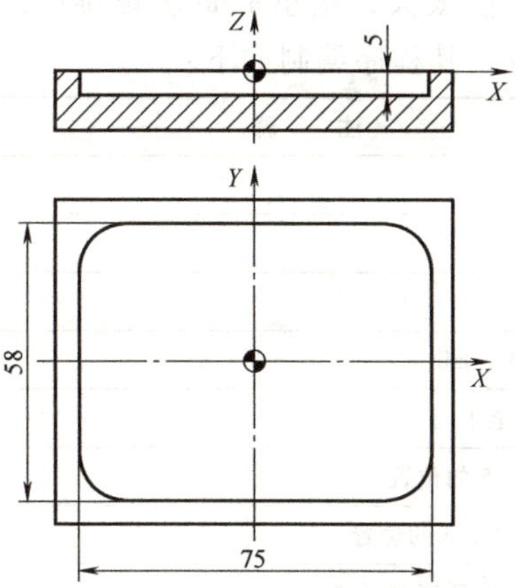

图 4-19　矩形型腔零件

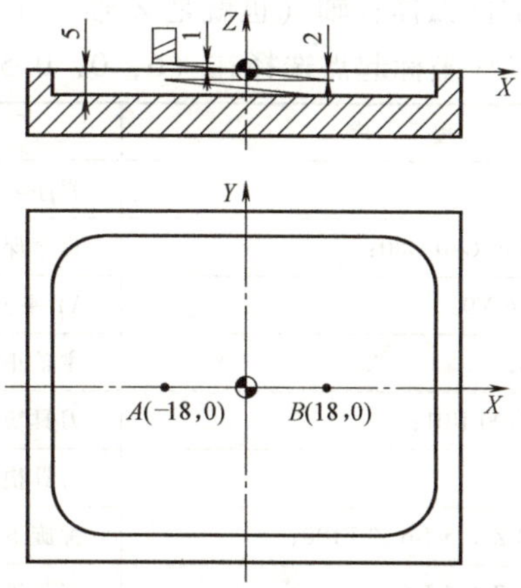

图 4-20　斜线下刀路径

程　　序	注　　释
O1234;	程序名
G90 G21 G49 G40 G80;	程序保护头
G54 G00 X-18 Y0;	*XY* 平面快速点定位
M03 S1000;	主轴正转,转速 1000r/min
G43 G00 Z100 H01;	刀具快速定位至安全平面
G00 Z1	刀具快速定位至 Z1 的位置
G01 X18 Y0 Z-2 F100;	斜线下刀至 Z-2 的位置
G01 X-18;	刀具切削至 X-18 Y0,保证底面平整
G01 X18 Y0 Z-5;	进行第二次斜线下刀至 Z-5 的位置
G01 X-18;	刀具切削至 X-18 Y0,保证底面平整
……	……
M30;	程序结束复位

4.2.2　螺旋插补指令

（1）指令功能　刀具在指定的平面（G17/G18/G19）内做圆弧插补运动，同时控制刀具在非圆弧插补轴上做直线运动。

（2）编程格式

G02/G03 X_ Y_ Z_ I_ J_ F_ ;

其中：X、Y、Z ——螺旋线终点坐标值；I、J——圆弧圆心在 *XY* 平面上 *X*、*Y* 轴相对于螺旋线起点的坐标 。

[例 4-2]　利用 ϕ16mm 的平底立铣刀铣削如图 4-21 所示的圆柱型腔，螺旋下刀至 5mm，编写螺旋下刀的程序。

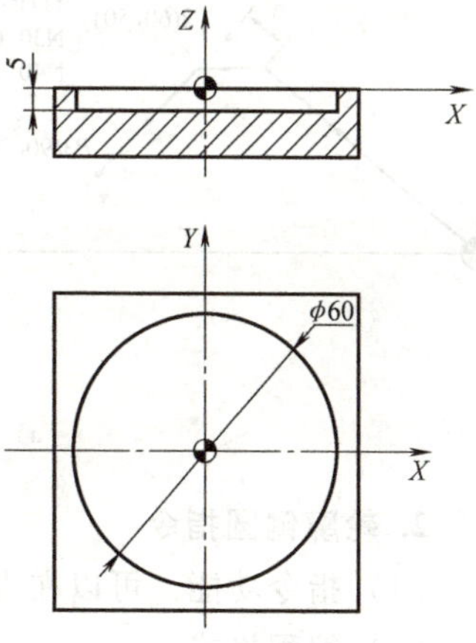

图 4-21　圆柱型腔零件

由于螺旋的半径值要小于刀具的半径，大于平底立铣刀中心孔的半径，否则会有残料留下，所以这里选择螺旋半径为 6mm。螺旋下刀时的螺旋角一般控制在 3°~5°之间，所以螺旋线在非圆弧插补轴（也就是 Z 轴）上的距离不能太大，这里取每次螺旋的高度不超过 2mm，螺旋线坐标起点选择在（6，0，0.5）的位置，其程序编制如下：

程　序	注　释
O1235；	程序名
G90 G21 G49 G40 G80；	程序保护头
G54 G00 X6 Y0；	XY 平面快速点定位
M03 S1000；	主轴正转，转速 1000r/min
G43 G00 Z100 H01；	刀具快速定位至安全平面
G00 Z0.5	刀具快速定位至 Z0.5 的位置
G02 X6 Y0 Z-1.5 I-6 J0 F100；	螺旋下刀至 X6 Y0 Z-1.5 的位置
G02 X6 Y0 Z-1.5 I-6 J0 ；	刀具进行圆弧插补，保证底面平整
G02 X6 Y0 Z-3.5 I-6 J0 F100；	进行第二次螺旋下刀至 Z-3.5 的位置
Z-3.5 I-6；	再次进行圆弧插补保证底面平整
G02 X6 Y0 Z-5 I-6 J0 F100；	进行第三次螺旋下刀至 Z-5 的位置
Z-5 I-6；	再次进行圆弧插补保证底面平整
……	……
M30；	程序结束复位

4.2.3 轮廓倒角及倒圆指令

在一个轮廓拐角处可以插入倒角或者倒圆。

1. 轮廓倒角指令

（1）指令功能　可以在直线与直线、直线与圆弧之间倒角。

（2）编程格式

G01 X_ Y_ ,C_ F_ ；

其中：X、Y——两轮廓（直线与直线、直线与圆弧）间虚拟交点的坐标值，如图 4-22a、b 中的 P2 点；C——从虚拟交点到拐角起点或终点或距离。

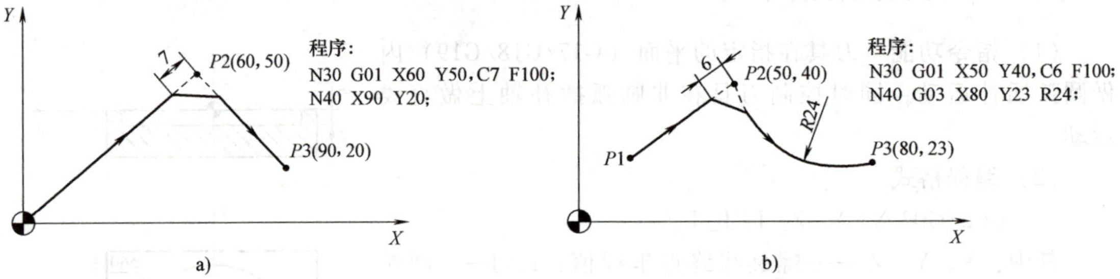

图 4-22　倒角编程举例

a）直线与直线之间倒角　b）直线与圆弧之间倒角

2. 轮廓倒圆指令

（1）指令功能　可以在直线与直线、直线与圆弧之间倒圆。

（2）编程格式

G01 X_ Y_ ,R_ F_ ;

其中：X、Y——两轮廓（直线与直线、直线与圆弧）间虚拟交点的坐标值，如图 4-23a、b 中的 *P*2 点）；*R*——为倒圆部分圆弧半径，该圆弧与两轮廓相切。

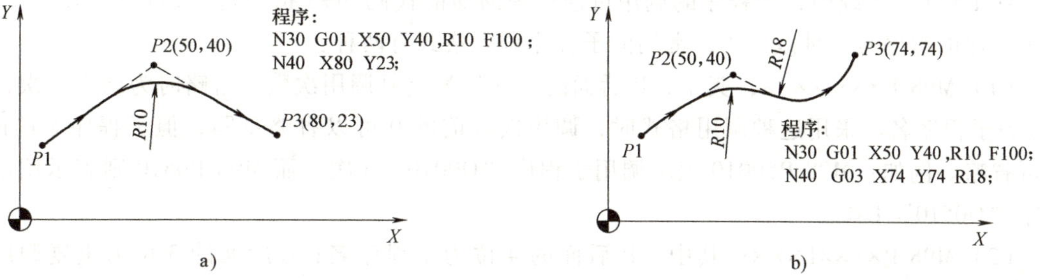

图 4-23　倒圆编程举例

a）直线与直线之间倒圆　b）直线与圆弧之间倒圆

注意：

1）倒角、倒圆指令不仅可用于直线与直线、直线与圆弧之间，也可用于圆弧与圆弧之间的过渡。

2）倒角、倒圆指令只能在（G17、G18 或 G19）指定平面内执行，在平面切换过程中，不能指定倒角或倒圆。

3）如果超过 3 个程序段中不含移动指令时，不能进行倒角或倒圆。

4）不能进行任意角度倒角和拐角圆弧过渡。

4.2.4　子程序的应用

1. 子程序的定义

机床的加工程序可以分为主程序和子程序两种。主程序是一个完整的零件加工程序，或是零件加工程序的主体部分，它和被加工零件或加工要求一一对应，不同的零件或不同的加工要求，都只有唯一的主程序。

在编制加工程序时，有时会遇到一组程序段在一个程序中多次出现，或者在几个程序中都要使用它。这个典型的加工程序可以做成固定程序，并单独加以命名，这组程序段就称为子程序。子程序通常不可以作为独立的加工程序使用，它只能通过调用，实现加工中的局部动作。子程序执行结束后，能自动返回调用的主程序中。

2. 子程序格式

在大部分数控系统中，子程序和主程序的格式并无本质的区别。子程序和主程序在程序号及程序内容方面基本相同，但结束标记不同，主程序用 M02 或 M30 指令表示程序结束；而子程序则用 M99 指令表示程序结束，并实现自动返回主程序功能。如下所示：

O0100;

……

N10 G91 G01 Z-2.0 F100;

……

N80 G91 G28 Z0;

N90 M99;

对于子程序结束指令 M99，可单独书写一行，也可与其他指令同行书写，上述程序中的 N80 与 N90 程序段可写为“G91 G28 Z0 M99;”。

3. 子程序的调用

在 FANUC 系统中，子程序的调用可通过辅助功能代码 M98 指令进行，且在调用格式中将子程序的程序号地址改为 P，常用的子程序调入格式有两种：

（1）M98 P××× ××××；其中，P 后面的前 3 位为重复调用次数，省略时为调用一次，后 4 位为子程序名。采用这种调用格式时，调用次数前的 0 可以省略不写，但子程序名前的 0 不可省略。例如：M98 P50010 表示调用子程序“O0010”5 次，而 M98 P0510 则表示调用子程序“O0510”1 次。

（2）M98 P××××L×××；其中，P 后面的 4 位为子程序名；L 后面的 3 位为重复调用次数，省略时为调用一次。

子程序的执行过程可表示为：

主程序：

O0001;

N10…;

N20 M98 P0100;

N30…;

…

O0200;

N60 M98 P20300;

…

N100 M30;

子程序：

O0100;

…

M99;

O0300;

…

M99;

4. 子程序的嵌套

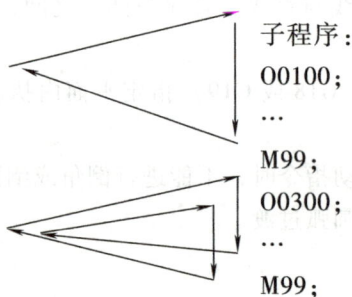

为了进一步简化程序，可以让子程序调用另一个子程序，这一功能称为子程序的嵌套。当主程序调用子程序时，该子程序被认为是一级子程序。系统不同，其子程序的嵌套级数也不相同，FANUC 系统可实现子程序 4 级嵌套，如图 4-24 所示。

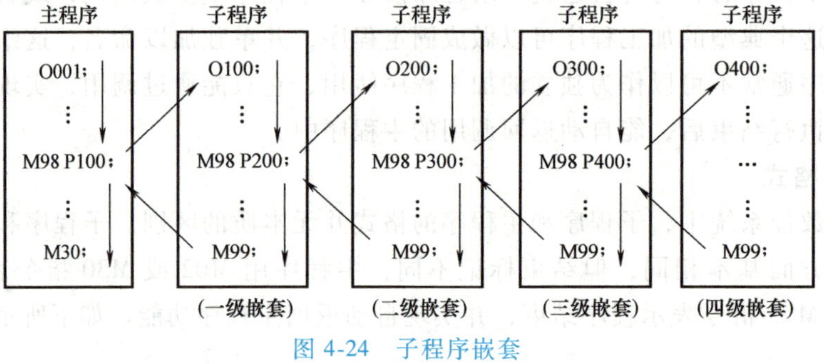

图 4-24 子程序嵌套

5. 子程序调用的特殊用法

（1）子程序返回到主程序某一程序段　如果在子程序返回程序段中加上 Pn，则子程序在返回主程序时将返回到主程序中顺序号为“n”的那个程序段。其程序格式如下：

M99 Pn;

例：M99 P100;　　　　（返回到 N100 程序段）

（2）自动返回到程序头　如果在主程序中执行 M99 指令，则程序将返回到主程序的开头并继续执行程序；也可以在主程序中插入“M99 Pn;”用于返回到指定的程序段；为了能够执行后面的程序，通常在该指令前加“/”，以便在不需要返回执行时，跳过该程序段。

（3）强制改变子程序重复执行的次数　用“M99 L××;”指令可强制改变子程序重复执行的次数，其中，L××表示子程序调用的次数。

6. 子程序的应用

（1）实现零件的分层切削　当零件在某个方向上的总切削深度比较大时，可通过调用子程序采用分层切削的方式来编写该轮廓的加工程序。

[例 4-3]　在数控铣床上加工如图 4-25 所示的凸台外形轮廓，*Z* 向采用分层切削的方式进行，每次 *Z* 向背吃刀量为 5mm，试编写其数控铣削加工程序。

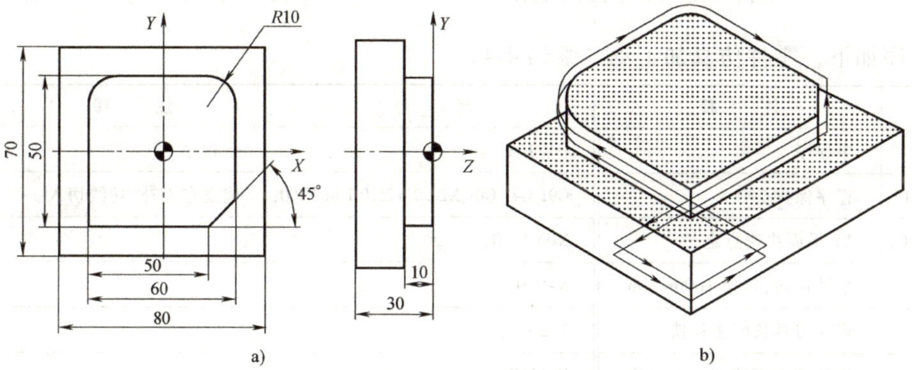

图 4-25　*Z* 向分层切削子程序实例

a）实例平面图　b）子程序轨迹图

二维码 4-3

例 4-3 零件仿真加工

其加工程序如下，零件仿真加工见二维码 4-3。

程　序	注　释	程　序	注　释
O0001;	主程序	O1000;	子程序
G90 G94 G40 G21 G17;	程序保护头	G91 G01 Z-5.0 F100;	增量向下移动 5mm
G54 G00 X-40.0 Y-40.0;	*XY* 平面快速点定位	G90 G41 G01 X-30.0 D01 F100;	建立左刀补，切线切入
M03 S1000;	主轴正转，转速 1000r/min	Y15.0;	
G43 Z100.0 H01;	建立刀具长度正补偿	G02 X-20.0 Y25.0 R10;	
Z20.0;		G01 X20.0;	
G01 Z0.0 F50;	刀具下降到子程序 *Z* 向起始点	G02 X30.0 Y15.0 R10;	
M98 P21000;	调用子程序 2 次	G01 Y-15.0;	
G00 Z50.0;		G01 X20.0 Y-25.0;	
M30;		X-40.0;	沿切线切出
		G40 Y-40.0;	取消刀补
		M99;	子程序结束，返回主程序

（2）同平面内多个相同轮廓工件的加工　在数控编程时，只编写其中一个轮廓的加工程序，然后用主程序调用。

[例 4-4] 加工如图 4-26 所示外形轮廓的零件，矩形凸台高为 5mm，试编写该外形轮廓的数控铣削精加工程序。

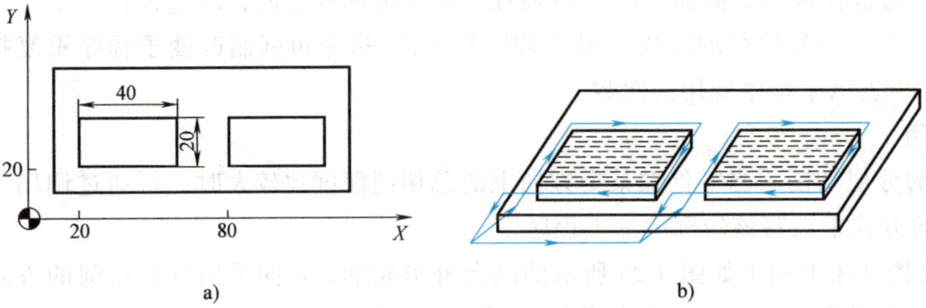

图 4-26 同平面多轮廓子程序加工实例

a）实例平面图 b）子程序轨迹图

二维码 4-4

例 4-4 零件仿真加工

其精加工程序如下，零件仿真加工见二维码 4-4。

程　　序	注　　释	程　　序	注　　释
O0001；	主程序	O1213；	子程序
G90 G94 G40 G21 G17；	程序保护头	G91 G41 G01 X20.0 Y25.0 D01 F100；	建立左刀补，切线切入
G54 G00 X0 Y-10.0；	*XY* 平面快速点定位	X0Y25.0；	
M03 S1000；	主轴正转，转速 1000r/min	X40.0；	
G43 G00Z100.0 H01；	建立刀具长度正补偿	Y-20.0；	
G01 Z-5.0 F50；	刀具 *Z* 向下降至凸台底平面	X-45.0；	
M98 P21213；	调用子程序 2 次	G40 X-15.0 Y-30.0；	取消刀补
G90 G00 Z100.0；	抬刀至安全平面	X60.0；	刀具移动到第二次循环起点
M30；	程序结束	M99；	子程序结束，返回主程序

（3）实现程序的优化　加工中心的程序往往包含许多独立的工序，编程时，把每一个独立的工序编成一个子程序，主程序只有换刀和调用子程序的命令，从而实现优化程序的目的。

7. 使用子程序注意事项

1）注意主程序与子程序之间绝对坐标与增量坐标模式代码的变换。在例 4-5 中，子程序采用了 G91 模式，但需要注意及时进行 G90 与 G91 模式的变换。

[例 4-5]　O1；（主程序）　O2；（子程序）

G90 模式　G90 G54；　G91……；

G91 模式　M98 P2；　……；　G91 模式

……；　M99；

G90 模式　G90……；

M30；

2）在刀具半径补偿模式中的程序不能被分支，在例 4-6 中，刀具半径补偿模式在主程序及子程序中被分支执行，当采用这种形式编程时，系统将出现程序出错报警。正确的程序书写格式见例 4-7。

［例 4-6］ O1；（主程序）

G91……；
G41……；
M98 P2；
G40……；
M30；

O2；（子程序）

……；
M99；

［例 4-7］ O1；（主程序）

G90……；
……；
M98 P2；
M30；

O2；（子程序）

G41……；
……；
G40……；
M99；

任务 4.3 内轮廓零件加工实施

4.3.1 内轮廓的对刀方法

在日常生产中，经常会遇到采用工序件上的已加工内轮廓（内腔）为基准来进行其他结构的加工，这种情况下一般要将加工原点设置在已有内轮廓的几何中心，如图 4-27 所示。内轮廓的对刀原理及方法与外轮廓对刀基本相同，本书项目 2 中已经就对刀原理及对刀方法进行了详细介绍，在此仅将不同之处做出说明。

1）相比外轮廓对刀，在内轮廓上进行靠边对刀时，寻边器 *Z* 方向的下降深度要合理，与内轮廓底平面需保持一定的安全距离以防止碰撞。

2）*X*、*Y* 轴靠边对刀时，深度方向下降到位后，在整个靠边过程中均无须抬起 *Z* 轴，有利于提高对刀效率。

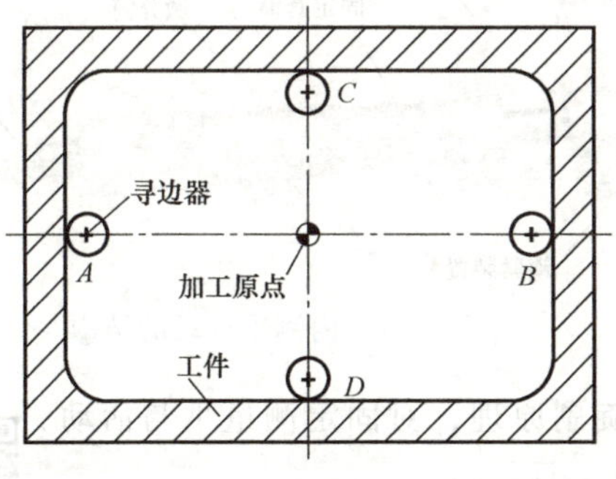

图 4-27 内轮廓零件的对刀

二维码 4-5 内轮廓 *X*、*Y* 对刀

4.3.2 内轮廓零件的测量及误差分析

1. 内轮廓零件的测量工具

（1）游标深度卡尺 游标深度卡尺如图 4-28 所示，用于测量零件的深度尺寸、台阶高低和槽的深度。它的读数方法和游标卡尺完全一样。

测量时，先把测量基座轻轻压在工件的基准面上，两个端面必须接触工件的基准面，如

图 4-29a 所示。测量内孔深度时，应把基座的端面紧靠在被测孔的端面上，使尺身与被测孔的中心线平行，如图 4-29b 所示，再移动尺身，直到尺身的端面接触到工件的测量面（台阶面）上，然后用紧固螺钉固定尺框，提起卡尺，读出深度尺寸。

二维码 4-6
游标深度卡尺测量

（2）深度千分尺　深度千分尺（图 4-30）是应用螺旋副转动原理将回转运动变为直线运动的一种量具。其结构主要由微分筒、固定套管、测量杆、基座、测力装置、锁紧装置等组成。它是用来测量工件中表面粗糙度值小、尺寸精度要求高的台阶、槽和不通孔的深度。测量时以基座测量面作为基准面，测杆的长度可根据工件的尺寸不同进行调换。

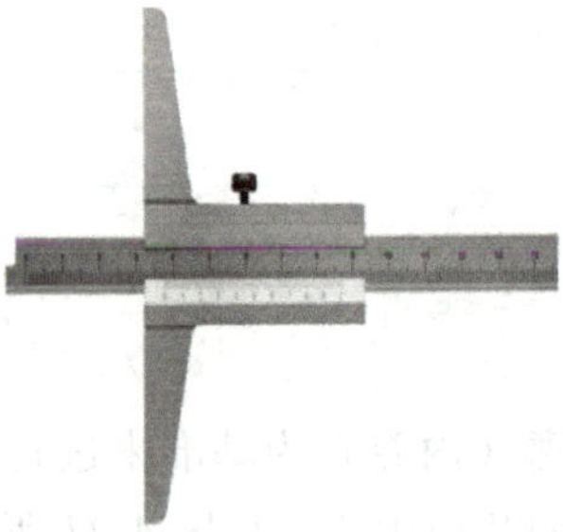

图 4-28　游标深度卡尺

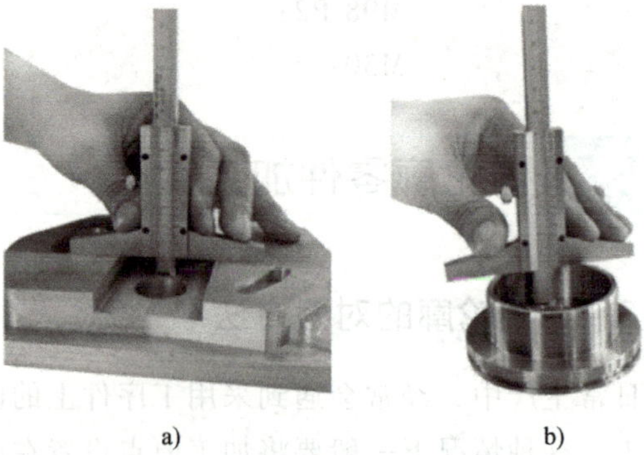

图 4-29　游标深度卡尺测量

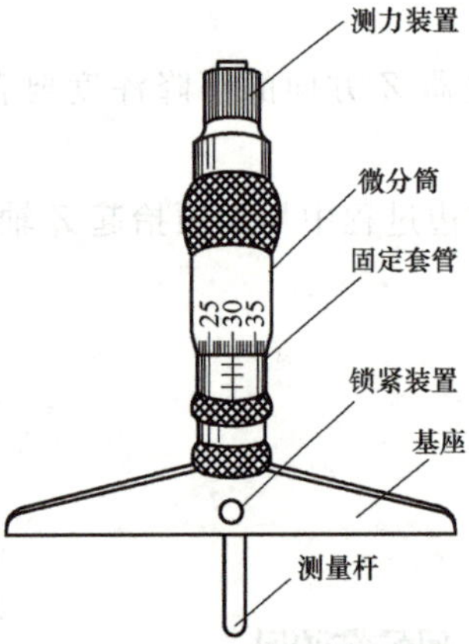

图 4-30　深度千分尺的组成

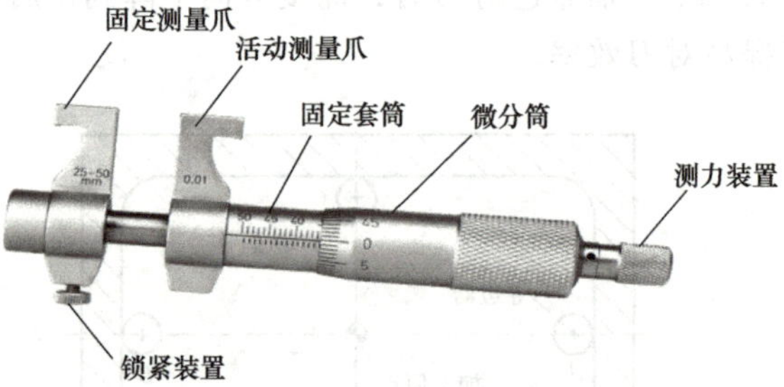

图 4-31　内测千分尺的结构

（3）内测千分尺　内测千分尺是利用螺旋副原理，对固定测量爪与活动测量爪之间的分隔距离进行读数的内尺寸测量工具。

内测千分尺（图 4-31）由测量爪、固定套筒、微分筒和测力装置等组成。当旋转微分筒棘轮时，导向管带着活动测量爪做直线移动，改变两个测量爪测量面之间的距离，从而达到测量目的。内测千分尺主要用于测量孔及零部件的各种内尺寸。

二维码 4-7
内测千分尺测量

2. 零件误差分析

（1）尺寸精度误差分析　铣削加工过程中造成尺寸精度降低的原因是多方面的，在实际加工过程中，尺寸精度降低的原因分析见表 4-1。

表 4-1　尺寸精度降低原因分析

影响因素	产生原因
装夹与校正	工件装夹不牢固,加工过程中产生松动与振动
	工件校正不正确
刀具	刀具尺寸不正确或产生磨损
	对刀不正确,工件的位置尺寸产生误差
	刀具刚性差,刀具加工过程中产生振动
加工	切削深度过大,导致刀具发生弹性变形,加工面呈锥形
	刀具补偿参数设置不正确
	精加工余量选择过大或过小
	切削用量选择不当,导致切削力、切削热过大,从而产生热变形和内应力
工艺系统	机床原理误差(由于数控系统的插补原理等所产生的误差)
	机床几何误差
	工件定位不正确或夹具与定位元件制造误差

（2）影响表面粗糙度的因素　加工过程中，影响表面粗糙度的因素见表 4-2。

表 4-2　影响表面粗糙度的因素

影响因素	产生原因
装夹与校正	工件装夹不牢固,加工过程中产生振动
刀具	刀具磨损后没有及时修磨
	刀具刚性差,使刀具在加工过程中产生振动
	主偏角、副偏角及刀尖圆弧半径选择不当
加工	进给量选择过大,残留层高度增加
	切削速度选择不合理,产生积屑瘤
	背吃刀量(精加工余量)选择过大或过小
	Z 向分层切削后没有进行精加工,留有接刀痕迹
	切削液选择不当或使用不当
	加工过程中刀具停顿
加工工艺	工件材料热处理不当或热处理工艺安排不合理
	采用不恰当的进给路线,精加工采用逆铣

项目实施（工程案例）

案例描述

如图 4-1 所示，要求最终完成壳体零件转化图的加工。按照制订零件加工工艺、编制加工程序、完成零件的加工和质量评估的顺序进行。

制订壳体零件加工工艺

1. 零件图样分析

通过零件图工艺分析，确定零件的加工内容、加工要求，初步确定各个加工结构的加工方法。壳体零件图样分析见表 4-3。

2. 机床设备、夹具选择

根据零件的结构特点及加工要求，选择在数控铣床上进行各结构的加工，采用平口钳装

夹，机床设备及夹具选择清单见表4-4。

表4-3 壳体零件图样分析

项目	项目内容
加工内容及技术要求	本次要加工的零件属于壳体类零件，主要由外轮廓及内轮廓组成，所有表面都需要加工。材料为2A12，切削加工性能较好，无热处理要求
尺寸精度分析	54mm×42mm的矩形型腔的尺寸公差分别为0.03mm和0.025mm，矩形型腔深度公差为±0.03mm
几何公差分析	零件无几何公差要求
表面粗糙度分析	零件上表面与内轮廓表面粗糙度要求为 $Ra3.2\mu m$，外轮廓表面粗糙度要求为 $Ra6.3\mu m$
零件加工难点	零件为壳体零件，壁厚3mm，在加工过程中要注意走刀路线及切削用量的合理选择

表4-4 机床设备及夹具清单

序号	类型	名称	规格及型号	数量
1	机床设备	数控铣床	KV650	1
2	夹具	平口钳		

3. 刀具、量具的确定

该零件为平面类零件，需要加工上下底面及内外轮廓，所以铣削上下底面时选择 ϕ80mm 的面铣刀，铣削外轮廓时为了提高效率及考虑刀具的刚性，选择 ϕ20mm 的硬质合金平底立铣刀。内轮廓加工选用键槽铣刀，由于内轮廓最小凹圆弧半径为 R4mm，所以粗加工选择 ϕ8mm 硬质合金键槽铣刀；精加工选择 ϕ6mm 硬质合金键槽铣刀。刀具与量具的选择分别参见表4-5、表4-6。

表4-5 刀具卡

产品名称或代号		零件名称		零件图号		备注
序号	刀具号	刀具名称	刀具规格		刀具材料	
	1	面铣刀	ϕ80mm		硬质合金	
	2	平底立铣刀	ϕ20mm		硬质合金	
	3	键槽铣刀	ϕ8mm		硬质合金	
	4	键槽铣刀	ϕ6mm		硬质合金	
编　制		审　核		批　准		共　页　第　页

表4-6 量具卡

产品名称或代号		零件名称		零件图号	
序号	量具名称		量具规格	分度值	数量
1	游标卡尺		0~150mm	0.02mm	1
2	深度千分尺		0~25mm	0.01mm	1
3	内测千分尺		25~50mm 50~75mm	0.01mm	2
4	粗糙度样板		组合式		1套
编　制		审核		批准	共　页　第　页

4. 编制数控加工工艺文件

根据以上分析，拟订机械工艺过程卡及数控加工工序卡，见表4-7、表4-8。

表 4-7　机械工艺过程卡

	（工厂）	机械工艺过程卡		产品型号		零件图号			
				产品名称		零件名称	壳体	共 1 页	第 1 页
	材料牌号	2A12	毛坯种类	方料	毛坯外形尺寸	62mm×50mm×25mm	每毛坯可制件数	1	每台件数　　备注
	工序号	工序名称	工序内容	车间	工段	设备	工艺装备	工时/min 准终	工时/min 单件
	1	备料	备 62mm×50mm×25mm 方料			锯床			
	2	数控铣	（1）铣面及粗、精铣 60mm×48mm 的外形轮廓，高度至 18mm	数控车间		数控铣床	平口钳		
			（2）翻面，铣面保证总高度 16mm，粗、精铣 54mm×42mm 的矩形型腔及 52mm×40mm 的花形型腔至图样要求						
	3	钳工	去毛刺	钳工车间					
	4	检验							
描图									
描校									
底图号									
装订号						设计（日期）	审核（日期）	标准化（日期）	会签（日期）
	标记	处数	更改文件号	签字	日期	标记　处数	更改文件号　签字	日期	

表 4-8 数控加工工序卡

（工厂）	数控加工工序卡	产品型号		零件图号			
		产品名称		零件名称	壳体	共 2 页	第 1 页

车间	工序号	工序名称	材料牌号
数控车间	2	数控铣	2A12

毛坯种类	毛坯外形尺寸	每毛坯可制件数	每台件数
方料	62mm×50mm×25mm	1	
设备名称	设备型号	设备编号	同时加工件数
数控铣床	KV650		
夹具编号		夹具名称	切削液
		平口钳	
工位器具编号		工位器具名称	工序工时
			准终 / 单件

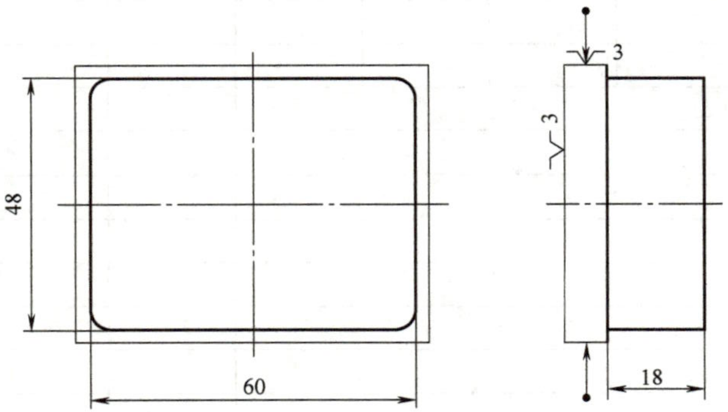

工步号	工步名称	工艺装备	主轴转速/(r/min)	切削速度/(m/min)	进给量/(mm/min)	背吃刀量/mm	进给次数	工时 机动	工时 单件
1	铣面保证表面质量 $Ra6.3\mu m$	ϕ80mm 面铣刀	300	80	180	1			
2	粗铣 60mm×48mm 的矩形外轮廓，侧面留 0.2mm 的余量，深度至图样要求	ϕ20mm 平底立铣刀	1200	80	360	2			
3	精铣 60mm×48mm 的矩形外轮廓至图样要求	ϕ20mm 平底立铣刀	1600	100	480	18			

										设计（日期）	审核（日期）	标准化（日期）	会签（日期）
描图													
描校													
底图号													
装订号													
	标记	处数	更改文件号	签字	日期	标记	处数	更改文件号	签字	日期			

（续）

（工厂）	数控加工工序卡	产品型号		零件图号			
		产品名称		零件名称		共 2 页	第 2 页
		车间	工序号	工序名称	材料牌号		
		数控车间	2	数控铣	2A12		
		毛坯种类	毛坯外形尺寸	每毛坯可制件数	每台件数		
		方料	62mm×50mm×25mm	1			
		设备名称	设备型号	设备编号	同时加工件数		
		数控铣床	KV650				
		夹具编号		夹具名称	切削液		
				平口钳			
		工位器具编号		工位器具名称	工序工时		
					准终	单件	

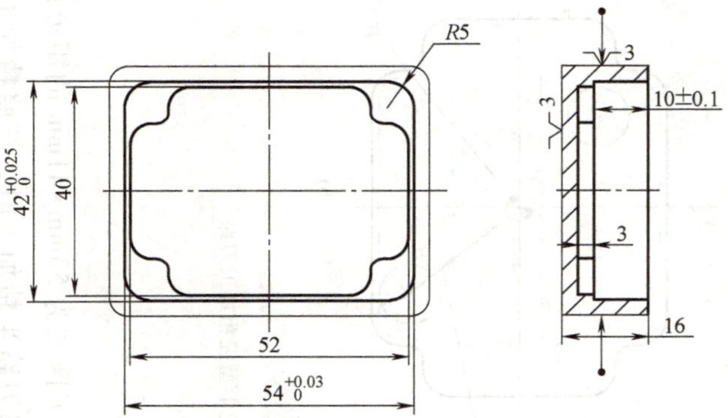

工步号	工步名称	工艺装备	主轴转速/(r/min)	切削速度/(m/min)	进给量/(mm/min)	背吃刀量/mm	进给次数	工时 机动	工时 单件
4	翻面，铣面保证总高度 16mm，表面质量 $Ra3.2$	ϕ80mm 面铣刀	300	80	180	1			
5	粗铣 54mm×42mm 的矩形型腔及 52mm×40mm 的花形型腔，型腔侧面留 0.5mm 的余量；深度至图样要求	ϕ8mm 键槽铣刀	3000	80	600	5			
6	精铣 54mm×42mm 的矩形型腔及 52mm×40mm 的花形型腔至图样要求	ϕ6mm 键槽铣刀	4000	80	800	10			

描图													
描校													
底图号													
装订号										设计（日期）	审核（日期）	标准化（日期）	会签（日期）
	标记	处数	更改文件号	签字	日期	标记	处数	更改文件号	签字	日期			

壳体零件编程（以翻面加工为例）

1. 建立编程坐标系

以工件上表面几何中心为编程原点，编程坐标系设置如图4-32所示。

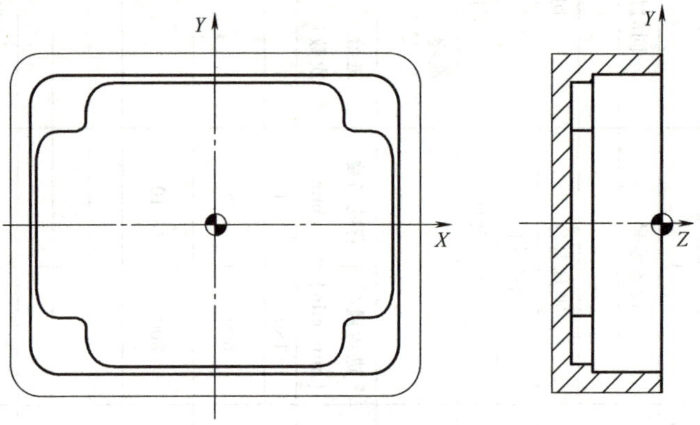

图4-32 零件编程坐标系

2. 确定走刀路线

（1）粗加工走刀路线的确定 在粗加工时，由于有两个不同形状的内型腔，因此应该在深度方向分两层加工，第一层先去除54mm×42mm的矩形型腔内部的残料，第二层去除52mm×40mm的花形型腔内部的残料。先用平行切削刀路进行粗加工，去除大部分加工余量，再用环绕切削刀路沿工件轮廓进行半精加工，环绕切削刀路按照精加工路线编制，在ϕ8mm的键槽铣刀的刀偏表号位“形状”里设定为4.2mm，以保证轮廓侧面0.2mm的精加工余量。两个不同深度层的走刀路线如图4-33所示。

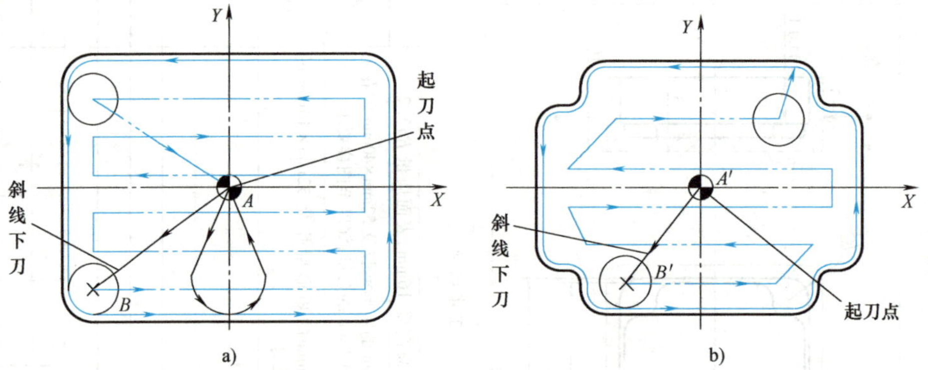

图4-33 粗加工走刀路线

a）矩形型腔粗加工刀路 b）花形型腔粗加工刀路

（2）精加工走刀路线的确定（图4-34）

3. 计算基点坐标

矩形型腔粗加工单边余量留0.5mm，设计粗加工区域为53mm×41mm的矩形区域，刀具切入工件点选在如图4-35所示B点位置，环绕切削刀路半精加工时，按照精加工路线编程，利用刀补值设置精加工余量0.2mm，圆弧切入的半径要大于刀具的半径，这里取R6mm。起刀点A、粗加工切入点B、半精加工刀补引入点C、半精加工圆弧切出点D坐标值见表4-9。

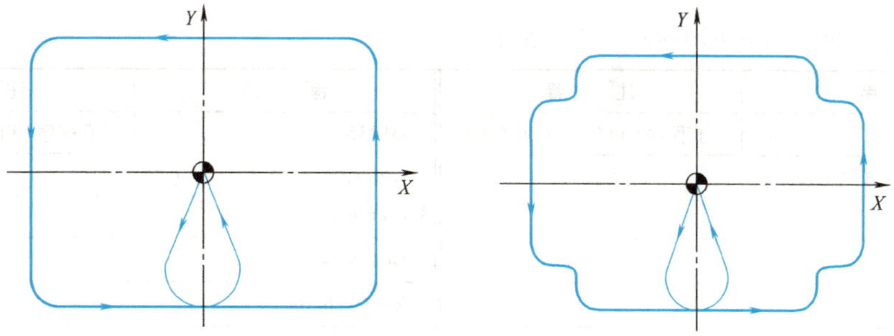

a)　　b)

图 4-34 精加工走刀路线

a）矩形型腔精加工刀路　b）花形型腔精加工刀路

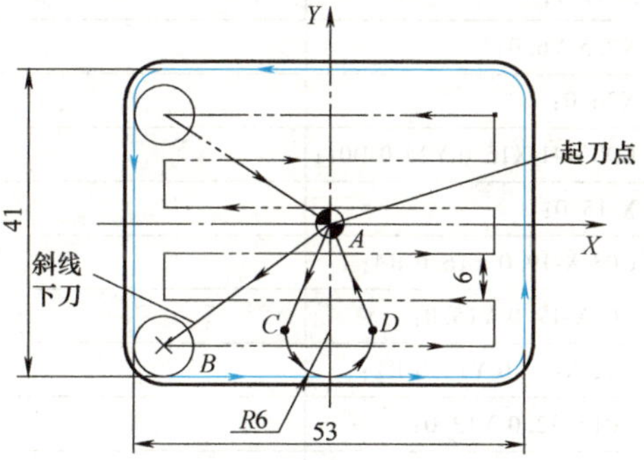

图 4-35 矩形型腔基点计算

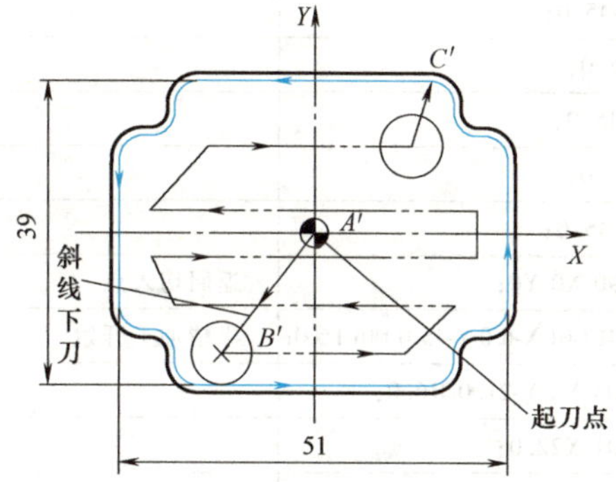

图 4-36 花形型腔基点计算

表 4-9 坐标计算 1

名称	代码	坐标值	名称	代码	坐标值
起刀点	*A*	(0,0)	半精加工刀补引入点	*C*	(-6,-15)
粗加工切入点	*B*	(-22.5,-16.5)	半精加工圆弧切出点	*D*	(6,-15)

同样方法如图 4-36 所示计算出花形型腔粗加工切入点 *B′*坐标、半精加工切入点 *C′*坐标，见表 4-10，中间的基点坐标可以利用 CAD 软件查询。

表 4-10 坐标计算 2

名称	代码	坐标值	名称	代码	坐标值
起刀点	*A′*	(0,0)	半精加工切入点	*C′*	(15,20)
粗加工切入点	*B′*	(-12,-15)			

4. 编写加工程序

粗加工内轮廓程序如下：

程　　序	注　　释	程　　序	注　　释
O0001;	主程序	M98 P21234;	调用子程序 O1234 2 次
G90 G94 G40 G21 G17;	程序保护头	M98 P1235;	调用子程序 O1235 1 次
G54 G00 X0 Y0;	*XY* 平面快速点定位	G01 Z5.0 F600;	抬刀至工件上表面
M03 S3000;	主轴正转，转速 3000r/min	G90 G00 Z50.0;	抬刀至安全平面
G43 G00 Z100.0 H01;	建立刀具长度正补偿	M05;	主轴停止
G00 Z5.0;	刀具下降到工件上表面附近	M30;	程序结束并复位
G01 Z0 F100;	刀具下降到子程序 *Z* 向起始点		

粗加工矩形型腔与花形型腔子程序如下：

程　　序	注　　释	程　　序	注　　释
O1234;	子程序(粗加工矩形型腔)	O1235;	子程序(粗加工花形型腔)
G91 G01 X-22.5 Y-16.5 Z-5.0 F600;	斜线下刀	G91 G01 X-12.0 Y-15.0 Z-3.0 F600;	斜线下刀
X45.0;		G01 X24.0;	
Y6.0;		X6.0 Y6.0;	
X-45.0;		X-36.0;	
Y6.0;		X-3 Y6.0;	
X45.0;		X42.0;	
Y6.0;		Y6.0;	
X-45.0;		X-41.0;	
Y6.0;		X7.5 Y6.0;	
X45.0;		X26.0;	
Y7.0;		G90 G41 X15.0 Y20.0 D01;	
X-45.0;		X-15.0;	
G90 X0 Y0;	返回切入点	G03 X-19.0 Y16.0 R4;	
G41 G01 X-6.0 Y-15.0 D01 F600;	半精加工开始	G01X-19.0 Y15.0;	
G03 X0 Y-21.0 R6.0;		G02 X-21.0 Y13.0 R2;	
G01 X22.0;		G01X-22.0 Y13.0;	
G03 X27.0 Y-16.0 R5;		G03 X-26.0 Y9.0 R4;	
G01 Y16.0;		G01 Y-9.0;	
G03 X22.0 Y21.0 R5.0;		G03X-22.0 Y-14.0 R4;	
G01 X-22.0 Y21.0;		G01 X-21.0;	
G03 X-27.0 Y16.0 R5.0;		G02 X-19.0Y-15.0 R2;	
G01 Y-16.0;		G01Y-16.0;	
G03 X-22.0 Y-21.0 R5.0;		G03 X-15.0Y-20.0 R4;	
G01 X0;		G01X15.0;	
G03 X6.0 Y-15.0 R5.0;		G03X19.0Y-16.0 R4;	
G40 G01 X0 Y0;		G01Y-15.0;	
M99;	子程序结束	G02X21.0Y-13.0 R2;	
		G01X22.0;	
		G03X26.0Y-9.0 R4;	
		G01Y9.0;	
		G03X22.0Y13.0 R4;	
		G01X21.0;	
		G02X19.0Y15.0 R2;	
		G01Y16.0;	
		G03X15.0Y20.0 R4;	
		G40G01X0Y0;	返回切入点
		M99;	子程序结束

内轮廓精加工程序如下：

程　序	注　释	程　序	注　释
O1236;	主程序	G01X22.0 Y-13.0;	
G90 G94 G40 G21 G17;	程序保护头	G03X26.0Y-9.0 R4;	
G54 G00 X0 Y0;	*XY* 平面快速点定位	G01X26.0Y9.0;	
M03 S4000;	主轴正转，转速 4000r/min	G03X22.0Y13.0 R4;	
G43 G00 Z100.0 H02;	建立刀具长度正补偿	G01X21.0Y13.0;	
G00 Z5.0;	刀具下降到工件上表面附近	G02X19.0Y15.0 R2;	
G01 Z-10.0 F400;	刀具下降到 *Z* 向起始点	G01Y16.0;	
G41 G01 X-6.0 Y-15.0 D02 F800;	建立刀具半径左补偿	G03X15.0Y20.0 R4;	
G03 X0 Y-21.0 R6.0;	圆弧方式切入	G01X-15.0;	
G01 X22.0;		G03X-19.0Y16.0 R4;	
G03 X27.0 Y-16.0 R5;		G01Y15.0;	
G01 Y16.0;		G02X-21.0Y13.0 R2;	
G03 X22.0 Y21.0 R5.0;		G01X-22.0;	
G01 X-22.0Y21.0;		G03X-26.0Y9.0 R4;	
G03 X-27.0 Y16.0 R5.0;		G01X-26.0Y-9.0;	
G01 Y-16.0;		G03X-22.0Y-13.0 R4;	
G03 X-22.0 Y-21.0 R5.0;		G01X-21.0;	
G01 X0;		G02X-19.0Y-15.0 R2;	
G03 X6.0 Y-15.0 R5.0;		G01Y-16.0;	
G40 G01 X0 Y0;	取消刀具半径补偿	G03X-15.0Y-20.0R4;	
G01 Z-13.0 F1000;		G01X0;	
G41 G01 X-5.0 Y-15.0 D02 F800;	建立刀具半径左补偿	G03X5.0Y-15.0 R5;	
G03 X0 Y-20.0 R5.0;	圆弧方式切入	G40G01X0Y0;	
G01 X15.0 Y-20.0 ;		G01Z10.0;	
G03 X19.0 Y-16.0 R4.0;		G00Z100.0;	抬刀至安全平面
G01 Y-15.0;		M30;	程序结束
G02 X21.0Y-13.0 R2;			

壳体零件加工

1. 壳体零件仿真加工

根据编制的壳体零件加工工艺和加工程序，进行程序校验，并完成零件仿真加工。

2. 壳体零件机床加工与质量评估

使用数控铣床完成壳体零件的加工。在零件加工过程中，要养成良好的质量意识和安全意识，灵活应用零件尺寸精度控制方法保证尺寸精度。

二维码 4-8
内轮廓的粗加工

二维码 4-9
内轮廓的精加工

项目拓展

1. 企业点评

1）壳体零件加工在数控加工中占有相当大的比例。在机器设备中，壳体零件通常作为设备的外壳，里面有各种各样的零件和机构，有机械的也有电子的。壳体内安装这些零件的型面是型腔。型腔的结构有多种多样，一般由多个侧面与底面构成。侧面多由二维的直面和曲面组成，有的中间还有凸台。壳体零件的加工主要是型腔的加工，因为要控制刀具走曲线、圆弧线，普通铣床无法进行这种加工，所以，壳体零件的型腔多用数控铣床加工。

2）壳体零件的生产类型不同，其毛坯也不同。单件小批量生产，毛坯多为板料，成本低；批量生产，多用铸件，节省材料，加工效率高。根据毛坯的不同，加工工艺也会不同。毛坯为板料时，要考虑下刀问题，除了键槽铣刀外，立铣刀是不能直接向下进刀的，因为立铣刀底齿中间有中心孔，不能切削，所以，直接下刀是要打刀的。而毛坯为铸件，则不存在这个问题，因底面余量一般都较小，立铣刀的中心孔不会被堵死，所以不会打刀。

3）粗铣去余量，毛坯不同，方法也不一样。毛坯为板料，则要分层铣，每一层用行切法，用立铣刀逐层切削余量。毛坯若为铸件，型腔的底面和侧面余量均很小，底面最多分2~3层进刀即可，每层也是用行切法，也用立铣刀逐层切削余量。轮廓侧面和凸台的侧面，用立铣刀精铣轮廓即可保证精度。综上所述，型腔加工工艺主要有如下三部分：下刀→逐层行切→精铣轮廓。

2. 思想/技能进阶

全国劳动模范苗秀

苗秀是哈尔滨东安汽车动力股份有限公司研发中心的一名员工，也是公司加工中心女操作工。她是哈尔滨市首席技师、黑龙江省龙江巾帼工匠、省五一劳动奖章获得者，也是全国人大代表，享受国务院政府津贴。在这些荣誉的背后，是一个中专毕业的学徒工成长为研发中心高级技师的17年成长史。

二维码 4-10
全国劳动模范苗秀

项目5 孔类零件加工

项目导读

项目描述

本项目为学习者提供了与孔类零件加工有关的理论知识与实践内容，并且提供了孔类零件加工的工程案例，供学习者参阅。

本项目提供的工程案例为固定板零件的加工，零件图如图 5-1 所示，毛坯尺寸为 210mm×190mm×35mm，材料为 45 钢。

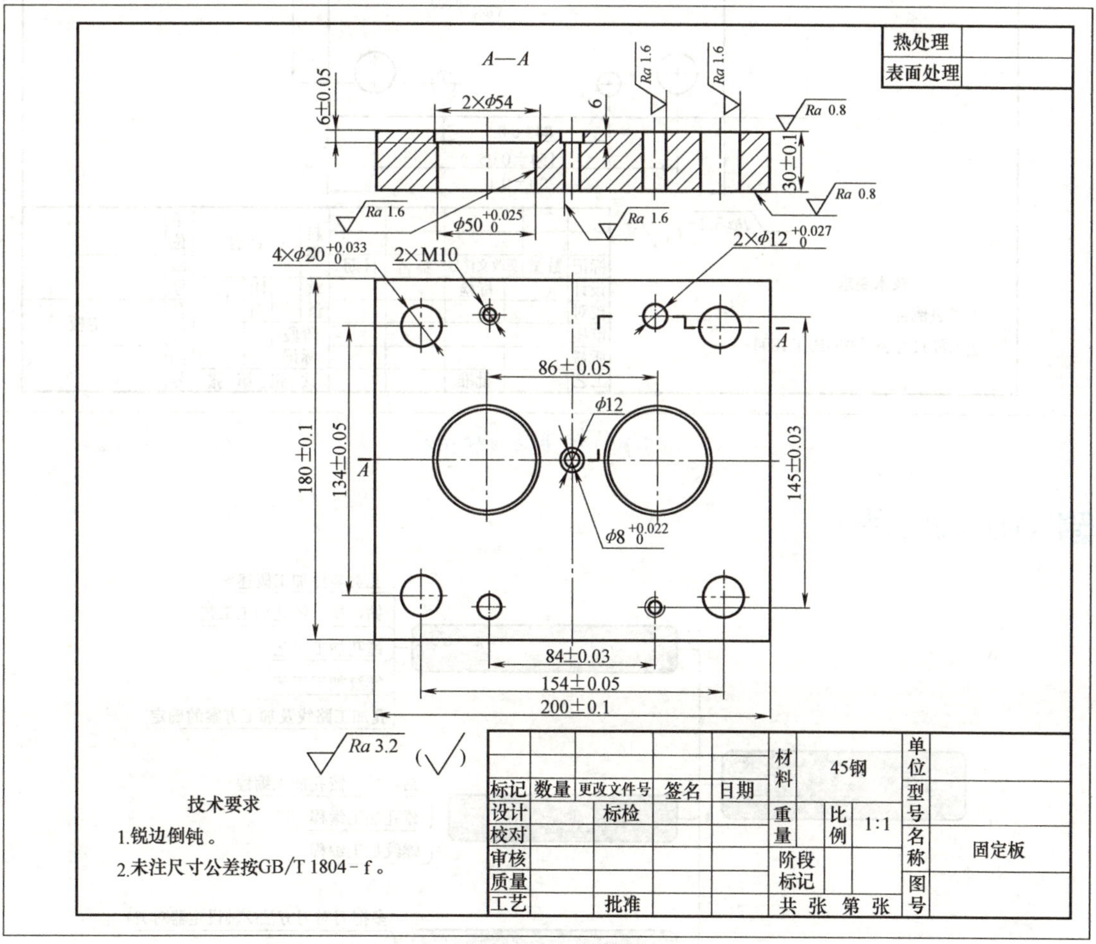

图 5-1 固定板零件

项目转化

结合教学实际，对固定板零件的结构进行转化，转化后的固定板如图5-2所示。要求制订该零件的加工工艺，编制零件加工程序，并完成零件加工和质量评估。

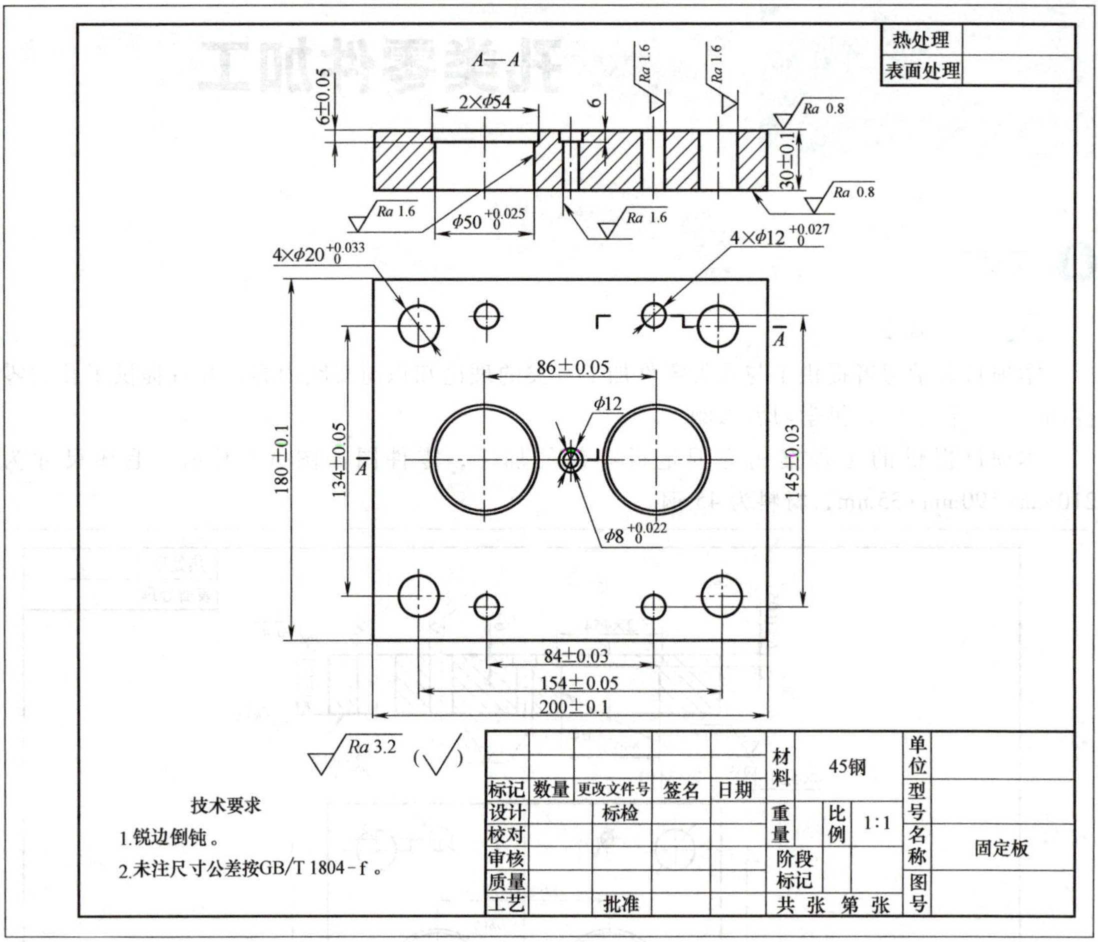

图5-2 固定板零件转化图

项目知识图谱

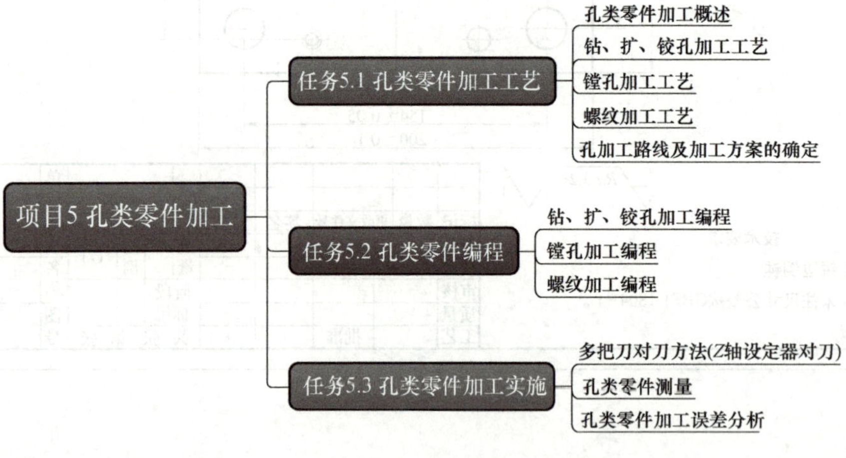

项目资讯

任务 5.1　孔类零件加工工艺

在数控铣床及加工中心上，常用的孔加工方法有钻孔、扩孔、铰孔、镗孔及攻螺纹等。通常情况下，在数控铣床及加工中心上能较方便地加工出 IT7 ~ IT9 级精度的孔。下面对各类孔加工方法进行介绍。

5.1.1　孔类零件加工概述

1. 孔的作用与类型

孔结构是零件的重要组成要素之一，它在机器的运行中起着不可替代的作用，概括起来孔大致有以下几个作用：①连接作用；②导向作用；③定位作用；④配合作用，如图 5-3 所示。

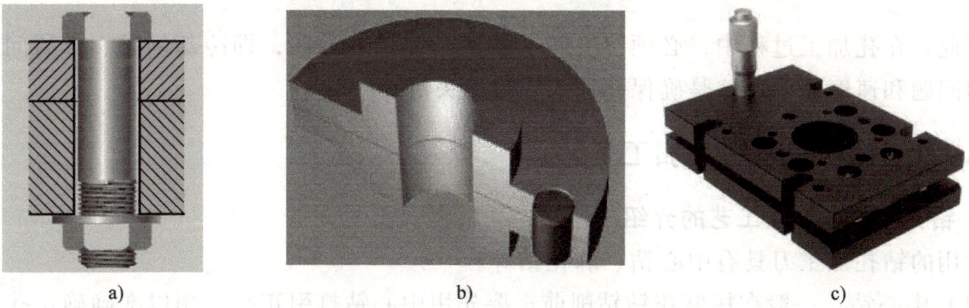

图 5-3　孔的作用

a）连接孔　b）定位孔和装配孔　c）导柱孔

孔的类型很多，按是否穿通零件可分为通孔和盲孔；按组合形式可分为单一孔和复杂孔（如沉头孔、埋头孔等）：按几何形状可分为圆孔、锥孔和螺纹孔等，如图 5-4 所示。

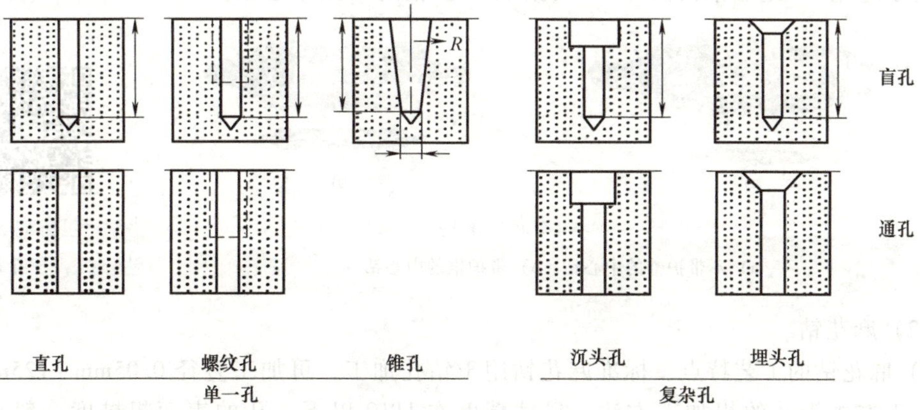

图 5-4　孔的类型

2. 孔加工方法及特点

（1）常用的孔加工方法　加工孔时通常根据孔的结构和技术要求，选择不同的加工方法。常用的孔加工方法有钻孔、扩孔、铰孔、镗孔、攻螺纹和铣孔等。

(2) 孔的加工特点　由于孔加工是对零件内表面进行加工，加工过程不便观察、控制较困难，因而其加工难度要比外轮廓等开放表面的加工大得多。概括起来，孔加工主要有以下几方面的特点：

1) 孔加工刀具多为定尺寸刀具，如钻头、铰刀等，在加工过程中，刀具磨损造成的形状和尺寸的变化会直接影响被加工孔的精度。

2) 由于受被加工孔直径大小的限制，切削速度很难提高，从而影响了加工效率和加工表面质量，尤其是在对小尺寸孔进行精密加工时，为达到所需的速度，必须使用专门的装置，因此对机床的性能也提出了很高的要求。

3) 刀具的结构受孔直径和长度的限制，加工时，由于轴向力的影响，刀具容易产生弯曲变形和振动，从而影响孔的加工精度。孔的长径比（孔深度与直径之比）越大，其加工难度越高。

4) 孔加工时，刀具一般在半封闭的空间工作，由于切屑排除困难，切削液难以进入加工区域，导致切削区域热量集中，温度较高，散热条件不好，从而影响刀具寿命和孔加工质量。

因此，在孔加工过程中，必须解决好上述特点带来的问题，即冷却问题、排屑问题、刚性导向问题和速度问题，这是确保孔加工质量的关键。

5.1.2 钻、扩、铰孔加工工艺

1. 钻孔加工刀具及工艺的介绍

常用的钻孔加工刀具有中心钻、麻花钻等。

(1) 中心钻　一般在用麻花钻钻削前，要先用中心钻打引正孔，用以准确确定孔中心的起始位置，减少定位误差，引导麻花钻进行加工。由于切削部分直径较小，所以用中心钻钻孔时，应选取较高的转速。

常用的中心钻有A型中心钻（不带护锥）和B型中心钻（带护锥）两种，如图5-5所示。在加工中若仅用于钻定位孔时A、B型均可；在遇到工序较长、精度要求高的工件加工时，为了避免60°定心锥被损坏，一般采用带护锥的B型中心钻。

a)

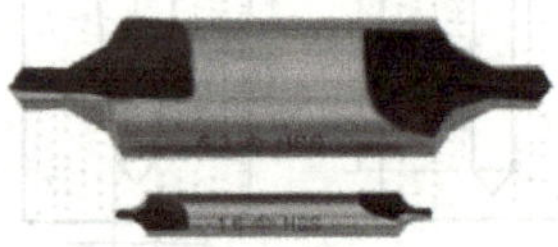

b)

图5-5　常用中心钻类型

a) 不带护锥的中心钻　b) 带护锥的中心钻

二维码5-1

钻、扩、铰孔加工工艺

(2) 麻花钻

1) 麻花钻的工艺特点。标准麻花钻用于钻孔加工，可加工直径0.05mm~125mm的孔。钻孔加工方式为孔的粗加工方法，尺寸精度在IT10以下，孔的表面粗糙度一般只能达到Ra12.5μm。对于精度要求不高的孔（如螺栓的贯穿孔、油孔以及螺纹底孔），可以直接采用钻孔方式加工。

2) 麻花钻的结构。标准麻花钻的结构如图5-6所示，由柄部、颈部和工作部分组成。

① 柄部。柄部是钻头的夹持部分，并在钻孔时传递转矩和轴向力，有直柄和锥柄两种形状。一般直径小于 13mm 时采用直柄，如图 5-7 所示，直径 13mm 或 13mm 以上时采用锥柄结构，如图 5-6 所示。

② 颈部。麻花钻的颈部凹槽是磨削钻头柄部时的砂轮越程槽，槽底通常刻有钻头的规格等。直柄钻头多无颈部。

③ 工作部分。工作部分是钻头的主要部分，由切削部分和导向部分组成。

标准麻花钻的切削部分由两个主切削刃、两个副切削刃、一个横刃和两条螺旋槽组成，如图 5-8 所示。在加工中心上钻孔时，因无夹具钻模导向，受两切削刃上切削力不对称的影响，容易引起钻孔偏斜，故要求钻头的两切削刃必须有较高的刃磨精度（两刃长度一致，顶角对称于钻头中心线或先用中心钻确定中心，再用钻头钻孔）。

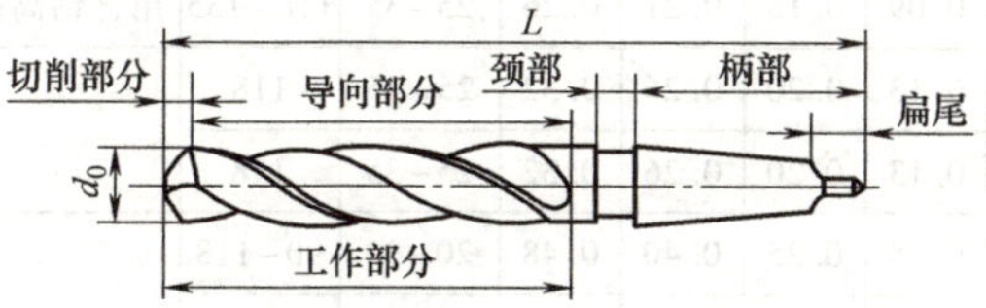

图 5-6　锥柄麻花钻的结构

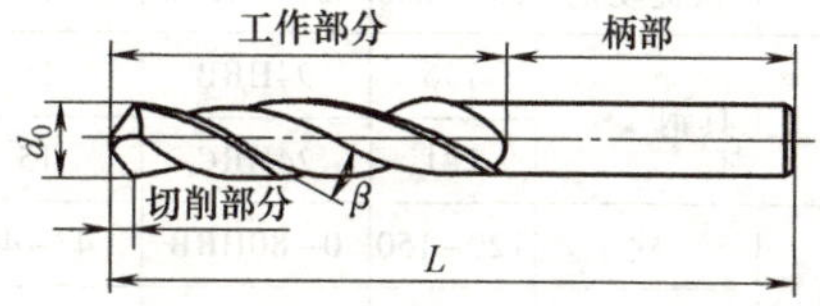

图 5-7　直柄麻花钻的结构

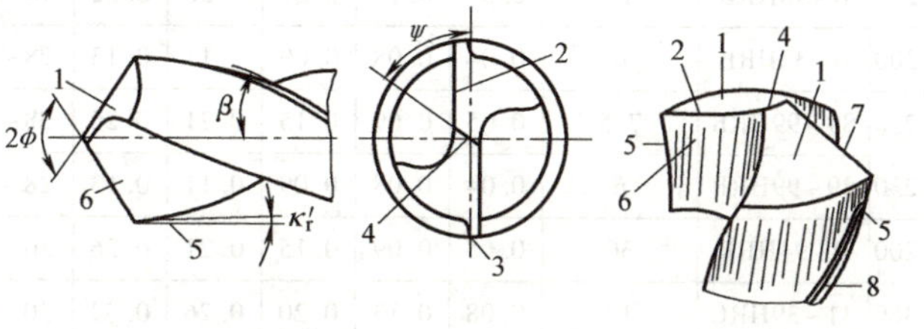

图 5-8　麻花钻切削部分的组成

1—主后面　2—主切削刃　3—副后面　4—横刃　5—副切削刃　6—前面　7—主切削刃刃　8—副后面（棱边）

3）切削用量选择。高速钢麻花钻钻削不同材料的切削用量见表 5-1。

表 5-1　高速钢麻花钻钻削不同材料的切削用量

加工材料		硬度		切削速度 v_c/(m/min)	钻头直径 d_0/mm					钻头螺旋角/(°)	钻尖角/(°)	备注
		布氏/HBW	洛氏		<3	3~6	6~13	13~19	19~25			
					进给量 f/(mm/r)							
铝及铝合金		45~105	0~62HRB	105	0.08	0.15	0.25	0.40	0.48	32~42	90~118	
铜及铜合金	高加工性	0~124	10~70HRB	60	0.08	0.15	0.25	0.40	0.48	15~40	118	
	低加工性	0~124	10~70HRB	20	0.08	0.15	0.25	0.40	0.48	0~25	118	
镁及镁合金		50~90	0~52HRB	45~120	0.08	0.15	0.25	0.40	0.48	25~35	118	
锌合金		80~100	41~62HRB	75	0.08	0.15	0.25	0.40	0.48	32~42	118	
碳钢	~0.25C	125~175	71~88HRB	24	0.08	0.13	0.20	0.26	0.32	25~35	118	
	~0.50C	175~225	88~98HRB	20	0.08	0.13	0.20	0.26	0.32	25~35	118	
	~0.90C	175~225	88~98HRB	17	0.08	0.13	0.20	0.26	0.32	25~35	118	

（续）

加工材料		硬度		切削速度 v_c/(m/min)	钻头直径 d_0/mm					钻头螺旋角(°)	钻尖角(°)	备注
		布氏/HBW	洛氏		<3	3~6	6~13	13~19	19~25			
					进给量 f/(mm/r)							
合金钢	0.12~0.25C	175~225	88~98HRB	21	0.08	0.15	0.20	0.40	0.48	25~35	118	
	0.30~0.65C	175~225	88~98HRB	15~18	0.05	0.09	0.15	0.21	0.26	25~35	118	
马氏体时效钢		275~325	28~35HRC	17	0.08	0.13	0.20	0.26	0.32	25~32	118~135	
不锈钢	奥氏体	135~185	75~90HRB	17	0.05	0.09	0.15	0.21	0.26	25~35	118~135	用含钴高速钢
	铁素体	135~185	75~90HRB	20	0.05	0.09	0.15	0.21	0.26	25~35	118~135	
	马氏体	135~185	75~90HRB	20	0.08	0.15	0.25	0.40	0.48	25~35	118~135	用含钴高速钢
	沉淀硬化	150~200	82~94HRB	15	0.05	0.09	0.15	0.21	0.26	25~35	118~135	用含钴高速钢
工具钢		196	94HRB	18	0.08	0.13	0.20	0.26	0.32	25~35	118	
		241	24HRC	15	0.08	0.13	0.20	0.26	0.32	25~35	118	
灰铸铁	软	120~150	0~80HRB	43~46	0.08	0.15	0.25	0.40	0.48	20~30	90~118	
	中硬	160~220	80~97HRB	24~34	0.08	0.13	0.20	0.26	0.32	14~25	90~118	
可锻铸铁		112~126	0~71HRB	27~37	0.08	0.13	0.20	0.26	0.32	20~30	90~118	
球墨铸铁		190~225	0~98HRB	18	0.08	0.13	0.20	0.26	0.32	14~25	90~118	
高温合金	镍基	150~300	0~32HRB	6	0.04	0.08	0.09	0.11	0.13	28~35	118~135	
	铁基	180~230	89~99HRB	7.5	0.05	0.09	0.15	0.21	0.26	28~35	118~135	用含钴高速钢
	钴基	180~230	89~99HRB	6	0.04	0.08	0.09	0.11	0.13	28~35	118~135	
钛及钛合金	纯钛	110~200	0~94HRB	30	0.05	0.09	0.15	0.21	0.26	30~38	135	
	α 及 $\alpha+\beta$	300~360	31~39HRC	12	0.08	0.13	0.20	0.26	0.32	30~38	135	用含钴高速钢
	β	275~350	29~38HRC	7.5	0.04	0.08	0.09	0.11	0.13	30~38	135	
碳		—	—	18~21	0.04	0.08	0.09	0.11	0.13	25~35	90~118	
塑料		—	—	30	0.08	0.13	0.20	0.26	0.32	15~25	118	
硬橡胶		—	—	30~90	0.05	0.09	0.15	0.21	0.26	10~20	90~118	

（3）钻孔时的注意事项

1）钻削孔径大于30mm的大孔时，一般应分两次钻削。第一次用0.6~0.8倍孔径的钻头，第二次用所需直径的钻头扩孔。扩孔钻头应使用两条主切削刃长度相等、对称，否则会使孔径扩大。

2）钻直径1mm以下的小孔时，开始进给力要轻，防止钻头弯曲和滑移，以保证钻孔试切的正确位置。钻削过程要经常退出钻头排屑和加注切削液。切削速度可选在2000~3000r/min以上，进给力应小而平稳，不宜过大过快。

2. 扩孔加工刀具及工艺的介绍

（1）麻花钻　在实际生产中常用经修磨的麻花钻当扩孔钻使用。在实心材料上钻孔，如果孔径较大，不能用麻花钻一次钻出，常用直径较小的麻花钻预钻一孔，再用大直径的麻花钻扩孔。用麻花钻扩孔时，扩孔前的钻孔直径为孔径的0.5~0.7倍，扩孔时的切削速度约为钻孔时的1/2，进给量约为钻孔时的1.5~2倍。

（2）扩孔钻

1）扩孔钻的工艺特点。扩孔是孔的半精加工方法，尺寸精度为 IT10～IT9，孔的表面粗糙度可控制在 $Ra6.3 \sim 3.2\mu m$。当钻削孔径 > 30mm 的孔时，为了减小钻削力，提高孔的质量，一般先用 0.5～0.7 倍孔径大小的钻头钻出底孔，再用扩孔钻进行扩孔，也可采用镗刀扩孔。这样可较好地保证孔的精度，控制表面粗糙度，且生产率比直接用大钻头一次钻出时高。

2）扩孔钻的结构。标准扩孔钻一般有 3～4 条主切削刃，结构形式有直柄式、锥柄式和套式等。如图 5-9 所示为锥柄扩孔钻。扩孔直径较小时，可选用直柄式扩孔钻；扩孔直径中等时，可选用锥柄式扩孔钻；扩孔直径较大时，可选用套式扩孔钻。

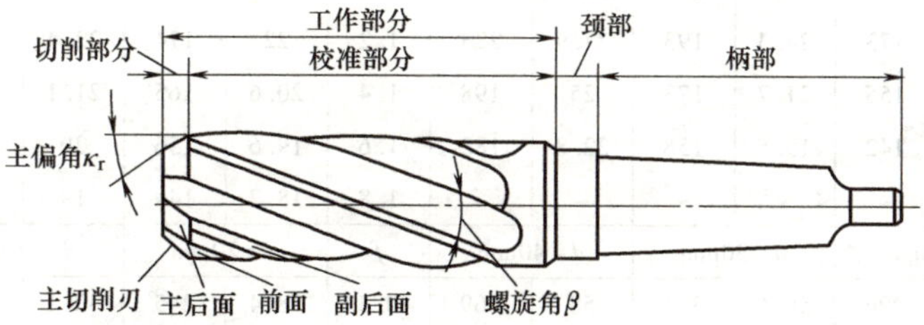

图 5-9　锥柄扩孔钻

3）切削用量选择。扩孔钻的切削用量见表 5-2。

表 5-2　扩孔钻的切削用量

D_0	碳素结构钢 σ_b=650MPa（加切削液）							灰铸铁（195HBW）						
	f	v_c	n	v_c	n	v_c	n	f	v_c	n	v_c	n	v_c	n
		d=10mm		d=15mm		d=20mm			d=10mm		d=15mm		d=20mm	
25	≤0.2	45.7	581	48.8	621	～	～	0.2	43.9	559	45.7	581	～	～
	0.3	37.3	474	39.9	507	～	～	0.3	37.3	475	38.8	495	～	～
	0.4	32.3	411	34.5	439	～	～	0.4	33.2	423	34.6	441	～	～
	0.5	28.8	368	30.9	392	～	～	0.6	28.3	360	29.5	375	～	～
	0.6	26.3	336	28.1	359	～	～	0.8	25.2	320	26.3	334	～	～
	0.8	22.8	290	24.4	310	～	～	1.0	23.1	294	24	305	～	～
	1.0	20.4	260	21.8	287	～	～	1.2	21.4	272	22.3	284	～	～
	1.2	18.6	237	19.9	254	～	～	1.4	20.1	256	21	267	～	～
	～	～	～	～	～	～	～	1.6	19.1	243	19.8	253	～	～
	f	d=10mm		d=15mm		d=20mm		f	d=10mm		d=15mm		d=20mm	
30	≤0.2	46.4	491	49.1	520	53.5	566	0.2	44.6	473	45.9	487	47.8	507
	0.3	37.8	401	40.1	425	43.4	461	0.3	37.9	402	39.1	414	40.7	437
	0.4	33.8	348	34.7	368	37.6	400	0.4	33.8	359	34.8	369	36.2	384
	0.5	29.3	312	31.1	329	33.6	357	0.6	28.7	305	29.5	314	30.8	327
	0.6	26.8	284	28.3	301	30.7	326	0.8	25.6	271	26.3	279	27.5	291
	0.8	23.1	246	24.6	261	26.6	282	1.0	23.4	248	24.1	256	25.1	266
	1.0	20.7	219	22	233	23.9	252	1.2	21.8	231	22.4	238	23.3	247
	1.2	19	200	20	213	21.7	231	1.4	20.5	217	21.2	223	22	233
	～	～	～	～	～	～	～	1.6	19.4	206	20	212	20.8	221

（续）

D_0	碳素结构钢 $\sigma_b=650MPa$（加切削液）							灰铸铁（195HBW）						
	f	v_c	n	v_c	n	v_c	n	f	v_c	n	v_c	n	v_c	n
		$d=10mm$		$d=15mm$		$d=20mm$			$d=10mm$		$d=15mm$		$d=20mm$	
40	f	$d=15mm$		$d=20mm$		$d=30mm$		f	$d=15mm$		$d=20mm$		$d=30mm$	
	≤0.2	43.4	346	48.6	387	55.8	444	0.3	38.2	304	39.1	311	41.9	334
	0.3	35.5	282	39.7	316	45.6	363	0.4	34.1	271	34.8	277	37.4	297
	0.4	30.7	245	34.4	273	39.5	314	0.6	28.9	231	29.6	236	31.8	253
	0.5	27.5	219	30.7	245	35.3	281	0.8	25.8	206	26.4	210	28.3	225
	0.6	25.1	199	28	223	32.2	256	1.0	23.6	188	24.1	192	25.9	206
	0.8	21.7	173	24.3	193	27.9	223	1.2	22	174	22.4	179	24	191
	1.0	19.4	155	21.7	173	25	198	1.4	20.6	165	21.1	168	22.6	180
	1.2	17.7	142	19.8	158	22.8	182	1.6	19.6	156	20	159	21.4	171
	~	~	~	~	~	~	~	1.8	18.7	149	19	152	20.5	163
50	f	$d=20mm$		$d=30mm$		$d=40mm$		f	$d=20mm$		$d=30mm$		$d=40mm$	
	0.2	46.6	296	50.6	321	58	369	0.3	38.4	245	40.1	255	42.9	273
	0.3	38.1	242	41.3	263	47.4	302	0.4	34.3	218	35.7	227	38.3	244
	0.4	32.9	210	35.8	228	41	262	0.6	29.1	185	30.3	193	32.5	207
	0.5	29.5	188	32	204	36.8	234	0.8	26	166	27.1	172	29	184
	0.6	26.9	171	29.2	186	33.6	214	1.0	23.8	151	24.7	158	26.5	169
	0.8	23.3	149	25.3	161	29	185	1.2	22.1	141	23	147	24.7	157
	1.0	20.8	133	22.6	144	26	166	1.4	20.7	133	21.6	138	23.1	148
	1.2	19	123	20.6	132	23.7	151	1.6	19.7	125	20.5	131	22	140
	1.4	17.6	112	19.5	122	22	140	1.8	18.8	119	19.6	125	20.9	134
60	f	$d=30mm$		$d=40mm$		$d=50mm$		f	$d=30mm$		$d=40mm$		$d=50mm$	
	0.3	39.3	208	41.4	220	49.2	261	0.4	35	186	36.4	193	39.1	207
	0.4	34.1	180	36.9	196	42.5	225	0.6	29.7	158	31	165	33.2	176
	0.5	30.4	162	33	175	38	202	0.8	26.5	141	27.6	147	29.6	157
	0.6	27.8	148	30.2	160	34.7	184	1.0	24.2	129	25.3	134	27.1	143
	0.8	24.1	128	26.1	139	30.1	159	1.2	22.5	119	23.5	125	25.2	134
	1.0	21.5	114	23.3	124	26.9	142	1.4	21.2	112	22.1	117	23.7	125
	1.2	19.7	104	21.4	113	24.6	130	1.6	20.1	107	20.9	111	22.4	119
	1.4	18.2	96	19.8	105	22.7	120	1.8	19.1	101	19.9	106	21.4	113
	1.6	17.1	90	18.4	98	21.3	113	2	18.4	98	19.1	101	20.5	109

注：f为进给量（mm/r）；v为切削速度（m/min）；n为转速（r/min）；D_0=扩孔钻直径（mm）；d=工件底孔直径（mm）。

（3）锪孔钻　锪孔钻有较多的刀齿，以成形法将孔端加工成所需的形状。如图5-10所示，锪孔钻主要用于加工各种沉头螺钉的沉头孔（平底沉孔、锥孔或球面孔）或削平孔的外端面。

高速钢及硬质合金锪钻加工的切削用量见表5-3。

3. 铰孔加工刀具及工艺的介绍

（1）铰孔的工艺特点　铰孔是对中小直径的孔进行半精加工和精加工的方法，也可用于磨孔或研孔前的预加工。孔的精度可达IT6~IT9，孔的表面粗糙度可控制在$Ra3.2\sim0.4\mu m$。

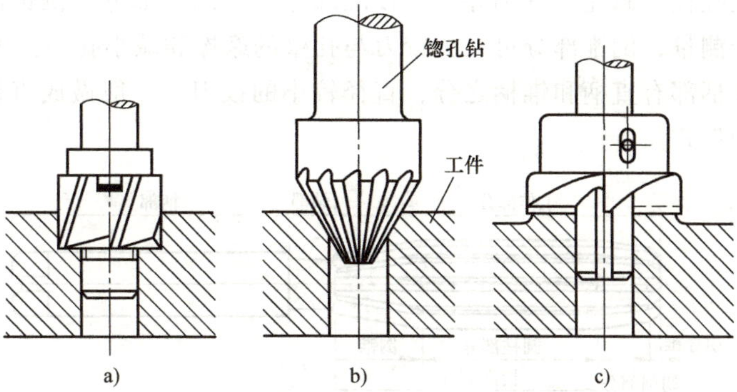

图 5-10　锪孔钻加工

a）柱形锪钻锪孔　b）锥形锪钻锪锥孔　c）端面锪钻锪孔端面

表 5-3　高速钢及硬质合金锪钻加工的切削用量

加工材料	高速钢锪钻		硬质合金锪钻	
	进给量 f/(mm/r)	切削速度 v_c/(m/min)	进给量 f/(mm/r)	切削速度 v_c/(m/min)
铝	0.13~0.38	120~245	0.15~0.30	150~245
黄铜	0.13~0.25	45~90	0.15~0.30	120~210
软铸铁	0.13~0.18	37~43	0.15~0.30	90~107
软钢	0.08~0.13	23~26	0.10~0.20	75~90
合金钢及工具钢	0.08~0.13	12~24	0.10~0.20	55~60

（2）铰孔的刀具　铰孔的刀具为铰刀，为定尺寸刀具，可以加工圆柱孔、圆锥孔、通孔和盲孔。粗铰时余量一般为 0.10~0.35mm，精铰时余量一般为 0.04~0.06mm。

1）铰刀的种类。铰刀的种类较多，按材质可分为高速钢铰刀、硬质合金铰刀等；按柄部形状可分为直柄铰刀、锥柄铰刀、套式铰刀等；按适用方式可分为机用铰刀和手用铰刀。如图 5-11 所示为各类铰刀。

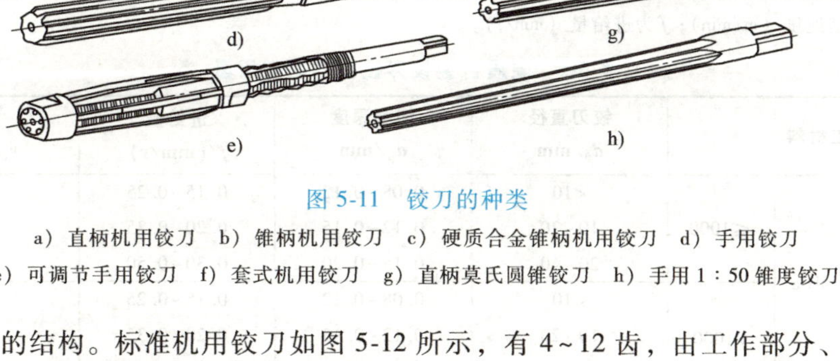

图 5-11　铰刀的种类

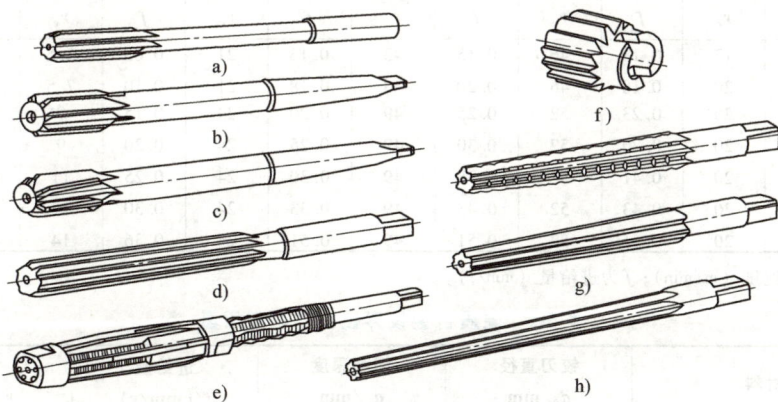

a）直柄机用铰刀　b）锥柄机用铰刀　c）硬质合金锥柄机用铰刀　d）手用铰刀
e）可调节手用铰刀　f）套式机用铰刀　g）直柄莫氏圆锥铰刀　h）手用 1∶50 锥度铰刀

2）铰刀的结构。标准机用铰刀如图 5-12 所示，有 4~12 齿，由工作部分、颈部和柄部组成。铰刀工作部分包括切削部分与校准部分。切削部分为锥形，担负主要切削工作；校准部分的作用是校正孔径、修光孔壁和导向。校准部分包括圆柱部分和倒锥部分。圆柱部分保证铰刀直径和便于测量，倒锥部分可减少铰刀与孔壁的摩擦和减小孔径扩大量。

整体式铰刀的柄部有直柄和锥柄之分，直径较小的铰刀，一般做成直柄形式，而大直径铰刀则常做成锥柄形式。

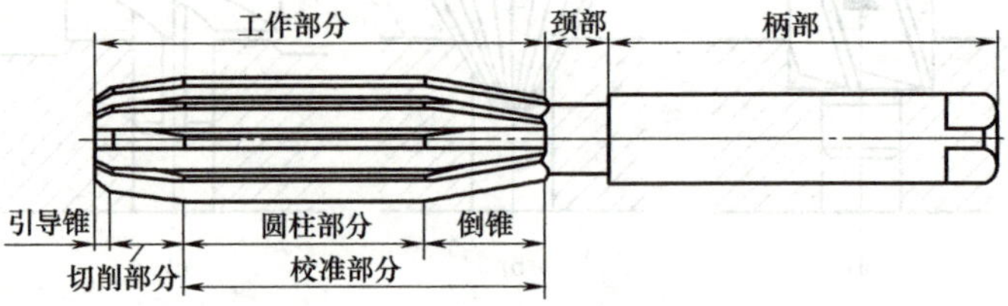

图 5-12 铰刀的结构

3）铰刀切削用量的选择。高速钢铰刀切削用量参考表 5-4，硬质合金铰刀切削用量参考表 5-5。

表 5-4 高速钢铰刀加工不同材料的切削用量

铰刀直径 d_0/mm	低碳钢 120～200HBW		低合金钢 200～300HBW		高合金钢 300～400HBW		软铸铁 130HBW		中硬铸铁 175HBW		硬铸铁 230HBW	
	f	v_c	f	v_c	f	v_c	f	v_c	f	v_c	f	v_c
6	0.13	23	0.10	18	0.10	7.5	0.15	30.5	0.15	26	0.15	21
9	0.18	23	0.18	18	0.15	7.5	0.20	30.5	0.20	26	0.20	21
12	0.20	27	0.20	21	0.18	9	0.25	36.5	0.25	29	0.25	24
15	0.25	27	0.25	21	0.20	9	0.30	36.5	0.30	29	0.30	24
19	0.30	27	0.30	21	0.25	9	0.38	36.5	0.38	29	0.36	24
22	0.33	27	0.33	21	0.25	9	0.43	36.5	0.43	29	0.41	24
25	0.51	27	0.38	21	0.30	9	0.51	36.5	0.51	29	0.41	24
铰刀直径 d_0/mm	可锻铸铁		铸造黄铜及青铜		铸造铝合金及锌合金		塑料		不锈钢		钛合金	
	f	v_c	f	v_c	f	v_c	f	v_c	f	v_c	f	v_c
6	0.10	17	0.13	46	0.15	43	0.13	21	0.05	7.5	0.15	9
9	0.18	20	0.18	46	0.20	43	0.18	21	0.10	7.5	0.20	9
12	0.20	20	0.23	52	0.25	49	0.20	24	0.15	9	0.25	12
15	0.25	20	0.30	52	0.30	49	0.25	24	0.20	9	0.25	12
19	0.30	20	0.41	52	0.38	49	0.30	24	0.25	11	0.30	12
22	0.33	20	0.43	52	0.43	49	0.33	24	0.30	12	0.38	18
25	0.38	20	0.51	52	0.51	49	0.51	24	0.36	14	0.51	18

注：v 为切削速度（m/min）；f 为进给量（mm/r）。

表 5-5 硬质合金铰刀铰孔的切削用量

加工材料			铰刀直径 d_0/mm	切削深度 a_p/mm	进给量 f/(mm/r)	切削速度 v_c/(m/min)
钢	σ_b/MPa	≤1000	<10	0.08～0.12	0.15～0.25	6～12
			10～20	0.12～0.15	0.20～0.35	
			20～40	0.15～0.20	0.30～0.50	
		>1000	<10	0.08～0.12	0.15～0.25	4～10
			10～20	0.12～0.15	0.20～0.35	
			20～40	0.15～0.20	0.30～0.50	

（续）

加工材料		铰刀直径 d_0/mm	切削深度 a_p/mm	进给量 f/(mm/r)	切削速度 v_c/(m/min)
铸钢（$\sigma_b \leqslant$ 700MPa）		<10	0.08~0.12	0.15~0.25	6~10
		10~20	0.12~0.15	0.20~0.35	
		20~40	0.15~0.20	0.30~0.50	
灰铸铁/HBW	≤200	<10	0.08~0.12	0.15~0.25	8~15
		10~20	0.12~0.15	0.20~0.35	
		20~40	0.15~0.20	0.30~0.50	
	>200	<10	0.08~0.12	0.15~0.25	5~10
		10~20	0.12~0.15	0.20~0.35	
		20~40	0.15~0.20	0.30~0.50	
冷硬铸铁		<10	0.08~0.12	0.15~0.25	3~5
		10~20	0.12~0.15	0.20~0.35	
		20~40	0.15~0.20	0.30~0.50	
黄铜		<10	0.08~0.12	0.15~0.25	10~20
		10~20	0.12~0.15	0.20~0.35	
		20~40	0.15~0.20	0.30~0.50	
铸青铜		<10	0.08~0.12	0.15~0.25	15~30
		10~20	0.12~0.15	0.20~0.35	
		20~40	0.15~0.20	0.30~0.50	
铜		<10	0.08~0.12	0.15~0.25	6~12
		10~20	0.12~0.15	0.20~0.35	
		20~40	0.15~0.20	0.30~0.50	
铝	$w_{si} \leqslant 7\%$	<10	0.09~0.12	0.15~0.25	15~30
		10~20	0.14~0.15	0.20~0.35	
		20~40	0.18~0.20	0.30~0.50	
	$w_{si} > 14\%$	<10	0.08~0.12	0.15~0.25	10~20
		10~20	0.12~0.15	0.20~0.35	
		20~40	0.15~0.20	0.30~0.50	
热塑性树脂		<10	0.09~0.12	0.15~0.25	15~30
		10~20	0.14~0.15	0.20~0.35	
		20~40	0.18~0.20	0.30~0.50	
热固性树脂		<10	0.08~0.12	0.15~0.25	10~20
		10~20	0.12~0.15	0.20~0.35	
		20~40	0.15~0.27	0.30~0.50	

注：粗铰（Ra3.2~1.6μm）钢和灰铸铁时，切削速度也可增至 60~80m/min。

5.1.3　镗孔加工工艺

1. 镗孔的工艺特点

镗孔加工可对不同孔径的孔进行粗加工、半精加工和精加工。粗镗的尺寸公差等级为 IT13~IT12，表面粗糙度值为 Ra12.5~6.3μm；半精镗的尺寸公差等级为 IT10~IT9，表面粗糙度值为 Ra6.3~3.2μm；精镗的尺寸公差等级为 IT8~IT7，表面粗糙度值为 Ra1.6~0.8μm。

二维码 5-2
镗孔加工工艺

镗孔可修正前工序造成的孔轴线的弯曲、偏斜等形状位置误差。

2. 镗孔的刀具

（1）镗刀的分类　镗刀种类很多，按加工精度可分为粗镗刀和精镗刀；按切削刃数量可分为单刃镗刀和双刃镗刀。

1）粗镗刀。粗镗刀如图5-13所示，其结构简单，用螺钉将镗刀刀头装夹在镗杆上。刀杆顶部和侧部有两个锁紧螺钉，分别起调整尺寸和锁紧作用。根据粗镗刀刀头在刀杆上的安装形式不同，粗镗刀又分成倾斜型粗镗刀和直角型粗镗刀。镗孔时，所镗孔径的大小要靠调整刀头的悬伸长度来保证，调整麻烦，效率低，大多用于单件小批量生产。

2）精镗刀。精镗刀目前较多地选用可调精镗刀（图5-14）和微调精镗刀（图5-15）。这种镗刀的径向尺寸可以在一定范围内进行微调，调节方便，且精度高。调整尺寸时，先松开锁紧螺钉，然后转动带刻度盘的调整螺母，调至所需尺寸后再拧紧锁紧螺钉。

3）双刃镗刀。如图5-16所示，其两端有一对对称的切削刃同时参加切削，与单刃镗刀相比，每转进给量可提高1倍左右，生产效率高。同时，可以消除切削力对镗杆的影响。

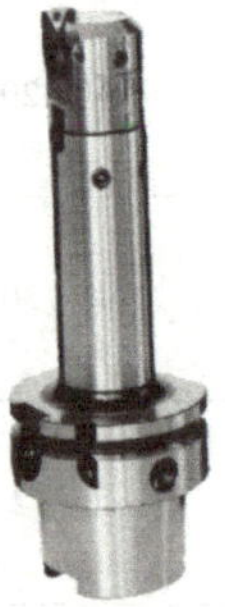
图5-13　粗镗刀

图5-14　可调精镗刀

图5-15　微调精镗刀

图5-16　双刃镗刀

4）镗孔刀刀头。镗孔刀刀头有粗镗刀刀头和精镗刀刀头之分，如图5-17、图5-18所示。粗镗刀刀头与普通焊接车刀类似；微调精镗刀刀头上带刻度盘，可根据要求进行精确调整，从而保证加工精度。

图5-17　粗镗刀刀头

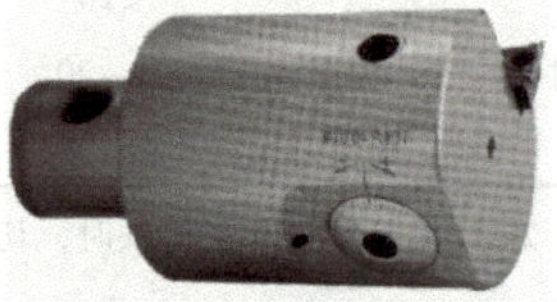
图5-18　精镗刀刀头

（2）镗刀的切削用量选择　镗刀的切削用量可参考表5-6。

表5-6　镗刀的切削用量表

加工方式	刀具材料	v_c/(m/min)					f/(mm/r)	a_p/mm（直径上）
		软钢	中硬钢	铸铁	铝镁合金	铜合金		
半精镗	高速钢	18~25	15~18	18~22	50~75	30~60	0.1~0.3	0.1~0.8
	硬质合金	50~70	40~50	50~70	150~200	150~200	0.08~0.25	

（续）

加工方式	刀具材料	v_c/(m/min)					f/(mm/r)	a_p/mm（直径上）
		软钢	中硬钢	铸铁	铝镁合金	铜合金		
精镗	高速钢	25~28	18~20	22~25	50~75	30~60	0.02~0.08	0.05~0.2
	硬质合金	70~80	60~65	70~80	150~200	150~200	0.02~0.06	
钻孔	高速钢	20~25	12~18	14~20	30~40	60~80	0.08~0.15	—
扩孔		22~28	15~18	20~24	30~50	60~90	0.1~0.2	2~5
精钻精铰		6~8	5~7	6~8	8~10	8~10	0.08~0.2	0.05~0.1

注：1. 加工精度高，工件材料硬度高时，切削用量选低值。

2. 刀架不平衡或切屑飞溅大时，切削速度选低值。

3. 镗孔加工的关键技术

镗孔加工的关键技术是解决镗刀杆的刚性问题和排屑问题。

（1）刚性问题的解决方案

1）选择截面积大的刀杆。为了增加刀杆的刚性，应根据所加工孔的直径和预钻孔的直径，尽可能选择截面积大的刀杆。

通常情况下，孔径在 $\phi30$~$\phi120$ 范围内，镗刀杆直径一般为孔径的 0.7~0.8 倍；孔径小于 $\phi30$ 时，镗刀杆直径取孔径的 0.8~0.9 倍。

2）刀杆的伸出长度尽可能短。镗刀刀杆伸得太长，会降低刀杆刚性，容易引起振动。因此，为了增加刀杆的刚性，选择刀杆长度时，只需选择刀杆伸出长度略大于孔深即可。

3）选择合适的切削角度。为了减小切削过程中由于受径向力作用而产生的振动，镗刀的主偏角一般应选得较大。镗铸铁孔或精镗时，一般取 $K_r=90°$；粗镗钢件孔时，取 $K_r=60°\sim75°$。

（2）排屑问题的解决方案　排屑问题主要通过控制切屑流出方向来解决。精镗孔时，要求切屑流向待加工表面（即前排屑），此时，选择正刃倾角的镗刀。加工盲孔时，通常向刀杆方向排屑，此时，选择负刃倾角的镗刀。

5.1.4 螺纹加工工艺

1. 螺纹加工刀具

在铣床或加工中心加工内螺纹时，大多采用丝锥攻螺纹的方法来加工内螺纹，也可采用螺纹铣削刀具来铣削螺纹。

二维码 5-3
螺纹加工工艺

（1）丝锥　丝锥如图 5-19 所示，由工作部分和柄部组成。工作部分包括切削部分和校准部分。切削部分的前角为 8°~10°，后角铲磨成 6°~8°，前端磨出切削锥角，使切削负荷分布在几个刀齿上，使切削省力。校正部分的大径、中径、小径均有（0.05~0.12）/100 的倒锥，以减小与螺孔的摩擦，减小所攻螺纹的扩张量。

丝锥螺纹公差：机用丝锥有 H1、H2 和 H3 三种；手用丝锥为 H4 一种。不同公差带丝锥加工内螺纹的相应公差等级见表 5-7。

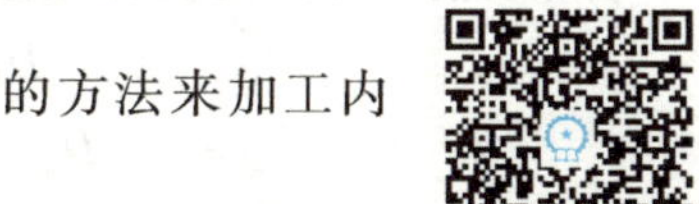

图 5-19　机用丝锥

（2）螺纹铣刀　螺纹铣刀如图 5-20 所示。螺纹铣削加工与传统螺纹加工方式相比，在加工精度、加工效率方面具有极大优势，加工时不受螺纹结构和螺纹旋向的限制，如一把螺纹铣刀可加工多种不同旋向的内、外螺纹。对于不允许有过渡扣或退刀槽结构的螺纹，采用螺纹铣削加工十分容易实现。此外，螺纹铣刀的耐用度是丝锥的几倍甚至数十倍，而且在数控铣削螺纹过程中，对螺纹直径尺寸的调整极为方便。

表 5-7 不同公差带丝锥加工内螺纹的相应公差等级

GB/T 967—2008 丝锥公差带代号	旧标准丝锥公差带代号	适用于内螺纹的公差带等级
H1	2 级	4H、5H
H2	2a 级	5G、6H
H3	—	6G、7H、7G
H4	3 级	6H、7H

注：1. 由于影响攻螺纹尺寸的因素很多，如材料性质、机床刚性、丝锥装夹方法、切削速度、冷却润滑条件等，因此，此表只能作为选择丝锥时参考。

2. 一般较小的螺纹孔适合采用手动攻螺纹的方式加工。

2. 内螺纹的工艺知识

(1) 普通螺纹简介　普通螺纹是我国应用最为广泛的一种三角形螺纹，牙型角为60°。普通螺纹分粗牙螺纹和细牙螺纹。普通粗牙螺纹螺距是标准螺距，其代号用字母 M 及公称直径表示，如 M16、M12 等。普通细牙螺纹代号用字母 M 及公称直径×螺距表示，如 M24×1.5、M27×2 等。

图 5-20 螺纹铣刀

普通螺纹有左旋螺纹和右旋螺纹之分。右旋螺纹不标注旋向，左旋螺纹应在螺纹标记的末尾处加注 LH 字样，如 M20×1.5LH。

(2) 底孔直径的确定　攻螺纹时，丝锥在切削金属的同时，还伴随较强的挤压作用。因此，金属产生塑性变形形成凸起挤向牙尖，使攻出的螺纹的小径小于攻螺纹前加工出的底孔直径。因此，攻螺纹前的底孔直径应稍大于螺纹小径，否则攻螺纹时因挤压作用而使螺纹牙顶与丝锥牙底之间没有足够的容屑空间，将丝锥箍住，甚至折断丝锥。这种现象在攻塑性较大的材料时将更为严重。但底孔直径也不易过大，否则会使螺纹牙型高度不够，降低强度。

攻螺纹前所加工的底孔直径的大小通常根据经验公式决定，其公式如下：

$$D_{底}=D-P\text{（加工钢件等塑性金属）}$$

$$D_{底}=D-1.05P\text{（加工铸铁等脆性金属）}$$

式中 $D_{底}$——攻螺纹、钻螺纹底孔用钻头直径（mm）；

D——螺纹大径（mm）；

P——螺距（mm）。

注：对于细牙螺纹，其螺纹的螺距已在螺纹代号中作了标记；而对于粗牙螺纹，每一种螺纹螺距的尺寸规格也是固定的，如 M8 的螺距为 1.25mm，M10 的螺距为 1.5mm，M12 的螺距为 1.75mm 等，具体请查阅有关螺纹尺寸参数表。

(3) 盲孔螺纹底孔长度的确定　攻盲孔螺纹时，由于丝锥切削部分有锥角，端部不能切出完整的牙型，所以钻孔深度要大于螺纹的有效深度，如图 5-21 所示。一般取：

$$H_{钻}=h_{有效}+0.7D$$

式中 $H_{钻}$——底孔深度（mm）；

$h_{有效}$——螺纹有效深度（mm）；

D——螺纹大径（mm）。

（4）螺纹轴向起点和终点尺寸的确定　在数控机床上攻螺纹时，沿螺距方向的 Z 向进给应和机床主轴的旋转保持严格的速比关系，但在实际攻螺纹开始时，伺服系统不可避免地有一个加速的过程，结束前也相应有一个减速的过程。在这两段时间内，螺距得不到有效保证。为了避免这种情况的出现，在安排工艺时要尽可能考虑合理的导入距离 δ_1 和导出距离 δ_2（即前节所说的“超越量”），如图 5-22 所示。

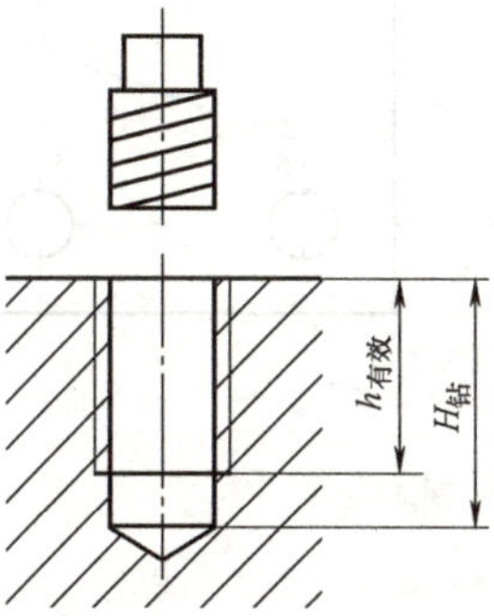

图 5-21　盲孔螺纹底孔长度

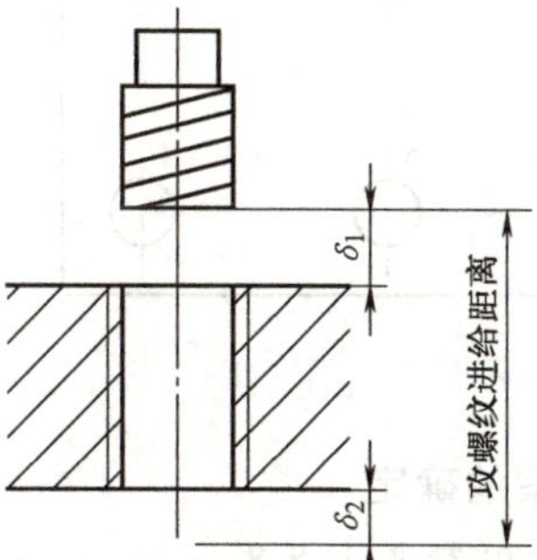

图 5-22　攻螺纹轴向起点与终点

δ_1 和 δ_2 的数值与机床拖动系统的动态特性有关，还与螺纹的螺距和螺纹的精度有关。一般 δ_1 取 $2\sim3P$，对大螺距和高精度的螺纹则取较大值；δ_1 一般取 $1\sim2P$。此外，在加工通孔螺纹时，导出量还要考虑丝锥前端切削锥角的长度。

5.1.5　孔加工路线及加工方案的确定

1. 孔加工路线的确定

（1）孔加工导入量　孔加工导入量是指在孔加工过程中，刀具从快进转为工进时，刀尖点位置与孔上表面之间的距离。如图 5-23 所示，ΔZ 即为孔加工导入量。

二维码 5-4
孔加工路线及加工方案的确定

孔加工导入量的具体值由工件表面的尺寸变化量确定，一般情况下取 2~10mm。当孔上表面为已加工表面时，导入量取较小值，2~5mm。

（2）孔加工超越量　孔加工超越量是指在加工盲孔或通孔时，孔加工刀具超越孔有效深度的那部分长度。如图 5-23 所示，$\Delta Z'$ 即为孔加工超越量。该值一般大于或等于钻尖高度 $Z_p = D/2\cos\alpha \approx 0.3D$。

扩、铰、镗盲孔时，刀具超越量取 0；钻盲孔时，刀具超越量等于 Z_p；镗通孔时，刀具超越量取 1~3mm；扩、铰通孔时，刀具超越量取 3~5mm；钻通孔时，刀具超越量等于 Z_p+（1~3）mm。

（3）孔系加工路线的选择　对于位置精度要求不高的孔系加工，在安排刀具路线时，主要考虑刀路长短，一般遵循最短路线原则。对于位置精度要求较高的孔系加工，要注意孔的加工顺序的安排，避免反向走刀所带入的反向间隙，影响位置精度。

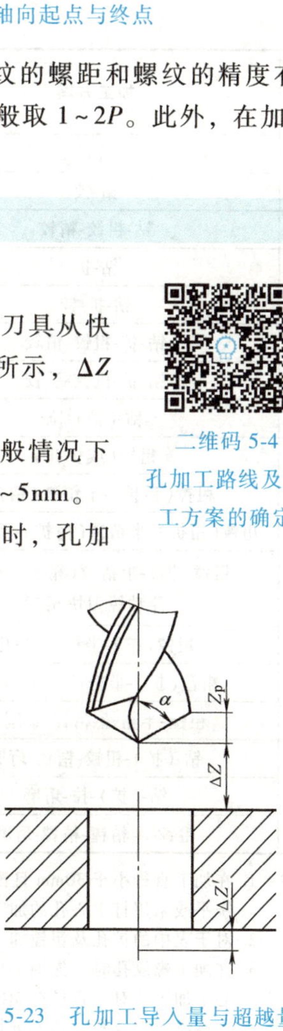

图 5-23　孔加工导入量与超越量

如图5-24所示孔系加工，如按 $A\to1\to2\to3\to4\to5\to6\to B$ 的顺序安排走刀路线，加工路线最短，但在加工5、6孔时，X 走刀方向与加工1、2、3孔时相反，其反向间隙会使定位误差增加，从而影响孔的位置精度。因此，该加工顺序适合于位置精度要求不高的孔系加工。而位置精度要求较高的孔系加工，可采用 $A\to1\to2\to3\to B\to6\to5\to4$ 的加工顺序，如图5-25所示。

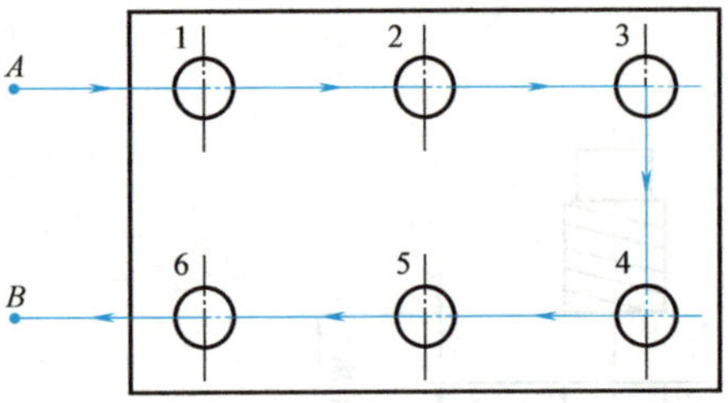

图5-24 孔系加工顺序1

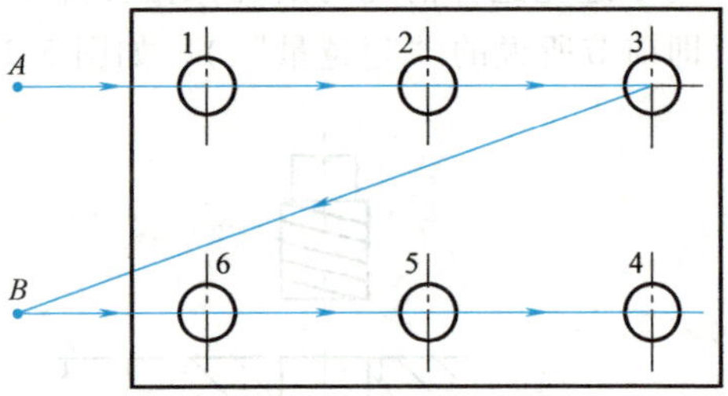

图5-25 孔系加工顺序2

2. 孔加工方案的确定

孔的加工方法可参考表5-8。

表5-8 孔的加工方法推荐选择表

序号	加工方案	尺寸精度	表面粗糙度/μm	适用范围
1	钻	IT11~13	*Ra*12.5	加工未淬火钢及铸铁的实心毛坯，也可用于加工非铁金属（但表面粗糙度值稍高），孔径<20mm
2	钻-铰	IT8~9	*Ra*3.2~1.6	
3	钻-粗铰-精铰	IT7~8	*Ra*1.6~0.8	
4	钻-扩	IT11	*Ra*12.5~6.3	加工未淬火钢及铸铁的实心毛坯，也可用于加工非铁金属（但表面粗糙度值稍高），孔径>20mm
5	钻-扩-铰	IT8~9	*Ra*3.2~1.6	
6	钻-扩-粗铰-精铰	IT7	*Ra*1.6~0.8	
7	钻-扩-机铰-手铰	IT6~7	*Ra*0.4~0.1	
8	钻-（扩）-拉	IT7~9	*Ra*1.6~0.1	大批量生产中小零件的通孔
9	粗镗（或扩孔）	IT11~12	*Ra*12.5~6.3	除淬火钢外各种材料，毛坯有铸出孔或锻出孔
10	粗镗（粗扩）-半精镗（精扩）	IT9~10	*Ra*3.2~1.6	
11	粗镗（粗扩）-半精镗（精扩）-精镗（铰）	IT7~8	*Ra*1.6~08	
12	粗镗（扩）-半精镗（精扩）-精镗-浮动镗刀块精镗	IT6~7	*Ra*0.8~0.4	
13	粗镗（扩）-半精镗-磨孔	IT7~8	*Ra*0.8~0.2	主要用于加工淬火钢，也可用于不淬火钢，但不宜用于有色金属
14	粗镗（扩）-半精镗-粗磨-精磨	IT6~7	*Ra*0.2~0.1	
15	粗镗-半精镗-精镗-金刚镗	IT6~7	*Ra*0.4~0.05	主要用于精度要求较高的有色金属加工
16	钻-（扩）-粗铰-精铰-珩磨 钻-（扩）-拉-珩磨 粗镗-半精镗-精镗-珩磨	IT6~7	*Ra*0.2~0.025	精度要求很高的孔

注：1. 在加工直径小于30mm且没有预孔的毛坯孔时，为了保证钻孔加工的定位精度，可选择在钻孔前先将孔口端面铣平或采用打中心孔的加工方法。
2. 对于表中的扩孔及粗镗加工，也可采用立铣刀铣孔的加工方法。
3. 在加工螺纹孔时，先加工出螺纹底孔，对于直径在M6以下的螺纹，通常采用手动攻螺纹的方法，不在加工中心上加工；对于直径在M6~M20的螺纹，通常采用攻螺纹的加工方法；而对于直径在M20以上的螺纹，可采用螺纹镗刀或螺纹铣刀进行镗削或铣削加工。

任务 5.2 孔类零件编程

5.2.1 钻、扩、铰孔加工编程

1. 孔加工固定循环指令概述

在数控铣床与加工中心上进行孔加工时，通常采用系统配备的固定循环功能进行编程。

通过对这些固定循环指令的使用，可以在一个程序段内完成某个孔加工的全部动作（孔加工进给、退刀、孔底暂停等），从而大大减少编程的工作量。FANUC 0i 系统数控铣床（加工中心）的固定循环指令见表 5-9。

二维码 5-5 钻、扩、铰孔加工编程

表 5-9 孔加工固定循环及其动作一览表

G 代码	加工动作	孔底部动作	退刀动作	用途
G73	间隙进给	—	快速进给	钻深孔
G74	切削进给	暂停、主轴正转	切削进给	攻左螺纹
G76	切削进给	主轴准停	快速进给	精镗孔
G80	—	—	—	取消固定循环
G81	切削进给	—	快速进给	钻孔、钻中心孔
G82	切削进给	暂停	快速进给	钻孔与锪孔
G83	间隙进给	—	快速进给	钻深孔
G84	切削进给	暂停、主轴正转	切削进给	攻右螺纹
G85	切削进给	—	切削进给	铰孔
G86	切削进给	主轴停	快速进给	镗孔
G87	切削进给	主轴正转	快速进给	反镗孔
G88	切削进给	暂停、主轴正转	手动	镗孔
G89	切削进给	暂停	切削进给	镗孔

(1) 孔加工固定循环动作 孔加工固定循环动作如图 5-26 所示。

动作① *XY*（G17）平面快速定位（*AB* 段）。

动作② *Z* 向快速进给到 *R* 面（*BR* 段）。

动作③ *Z* 轴切削进给，进行孔加工（*RZ* 段）。

动作④ 孔底部的动作（*Z* 点）。

动作⑤ *Z* 轴退刀（*ZR* 段）。

动作⑥ *Z* 轴快速回到起始位置（*RB* 段）。

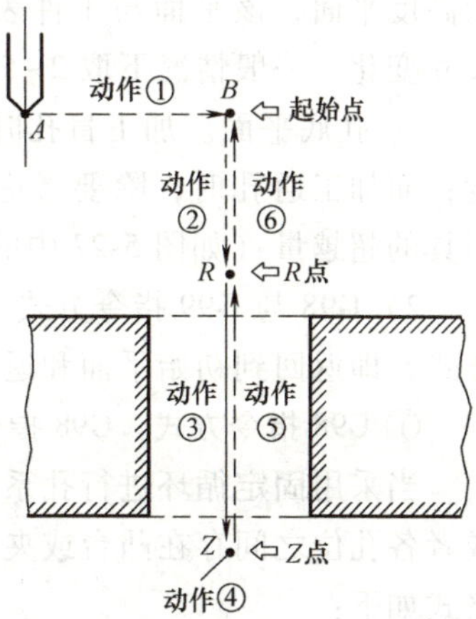

图 5-26 孔加工固定循环动作

(2) 固定循环编程格式 孔加工固定循环的通用编程格式如下：

编程格式：G99/G98 G73～G89 X_ Y_ Z_ R_ Q_ P_ F_ K_;

其中：

G99/G98——孔加工完成后的刀具返回方式。

G73～G89——孔加工固定循环指令。

X、Y——指定孔在 *XY* 平面内的位置。

Z——孔底平面的位置。

R——*R* 点平面的位置。

Q——在 G73、G83 深孔加工指令中，表示刀具每次加工深度；在 G76、G87 精镗孔指令中，表示主轴准停后刀具沿准停反方向的让刀量。

P——指定刀具在孔底的暂停时间，数字不加小数点，以毫秒（ms）作为时间单位。

F——孔加工切削进给时的进给速度。

K——指定孔加工循环的次数，该参数仅在增量编程中使用。

在实际编程时，并不是每一种孔加工循环的编程都必须要用到以上格式的所有代码。如在钻孔固定循环指令编程“G81 X50.0 Y50.0 Z-30.0 R5.0 F80;”中就未使用 P、Q、K 参数。

以上格式中，除 K 代码外，其他所有代码都是模态代码，只有在循环取消时才被清除，因此这些指令一经指定，在后面的重复加工中不必重新指定。

［例 5-1］ G82 X50.0 Y50.0 Z-30.0 R5.0 P1000 F80;
X100.0;
G80;

执行以上指令时，将在两个不同位置加工出两个相同深度的孔。

取消孔加工固定循环用 G80 指令表示。另外，如在孔加工循环中出现 01 组的 G 代码，则孔加工方式也会被取消。

1）固定循环平面。

① 初始平面。如图 5-27 中所示，初始平面是为安全下刀而规定的一个平面。初始平面可以设定在任意一个安全高度上。当使用同一把刀具加工多个孔时，刀具在初始平面内的任意移动将不会与夹具、工件凸台等发生干涉。

② *R* 点平面。*R* 点平面又叫参考平面。这个平面是刀具下刀时，由快速进给（简称快进）转为切削进给（简称工进）的高度平面，该平面与工件表面的距离主要考虑工件表面的尺寸变化，一般情况下取 2~5mm，如图 5-27 所示。

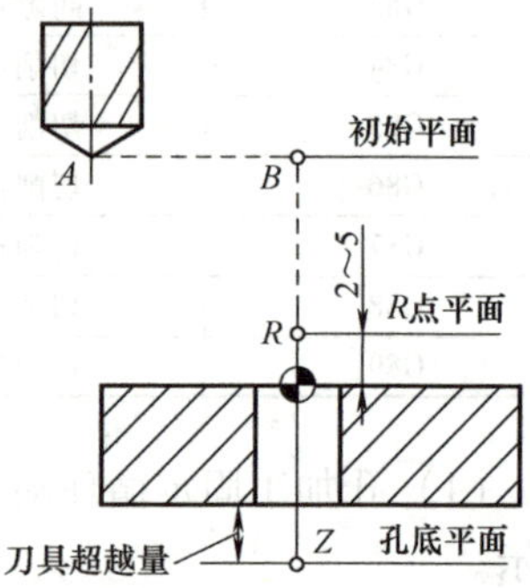

图 5-27 固定循环平面

③ 孔底平面。加工盲孔时，孔底平面就是孔底的 *Z* 轴高度；而加工通孔时，除要考虑孔底平面的位置外，还要考虑刀具的超越量（如图 5-27 中的 *Z* 点），以保证孔的成形。

2）G98 与 G99 指令方式。当刀具加工到孔底平面后，刀具从孔底平面返回有两种返回方式，即返回到初始平面和返回到 *R* 点平面，分别用 C98 与 G99 来指定。

① G98 指令方式。G98 指令为系统默认返回方式，表示返回初始平面，如图 5-28a 所示。

当采用固定循环进行孔系加工时，通常不必返回到初始平面；但是当完成所有孔加工后或者各孔位之间存在凸台或夹具等干涉时，则需返回初始平面，以保证加工安全。G98 指令格式如下：

G98 G81 X_Y_Z_R_F_;

② G99 指令方式。G99 指令表示返回 *R* 点平面，如图 5-28b 所示。在没有凸台等干涉情况下，为了节省加工时间，刀具一般返回到 *R* 点平面。G99 指令格式如下：

G99 G81 X_Y_Z_R_ F_;

3）G90 与 G91 指令方式。固定循环中 X、Y、Z 和 R 等值的指定与 G90 与 G91 指令的方式选择有关，但 Q 值与 G90 与 G91 指令方式无关。

① G90 指令方式。G90 指令方式中，X、Y、Z 和 R 均采用绝对坐标值指定，如图 5-29a 所示。此时，R 一般为正值，而 Z 一般为负值。

② G91 指令方式。G91 指令方式中，*R* 值是指从初始平面到 *R* 点平面的增量值，而 Z 值是指从 *R* 点平面到孔底平面的增量值。如图 5-29b 所示，R 值与 Z 值（G87 除外）均为负值。

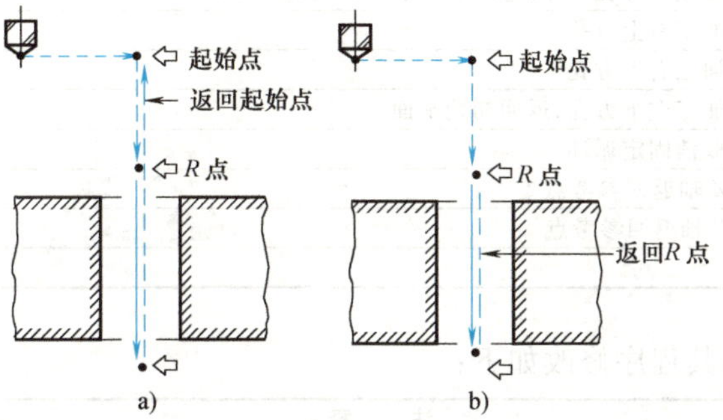

图 5-28　G98 与 G99 指令方式

a）G98　b）G99

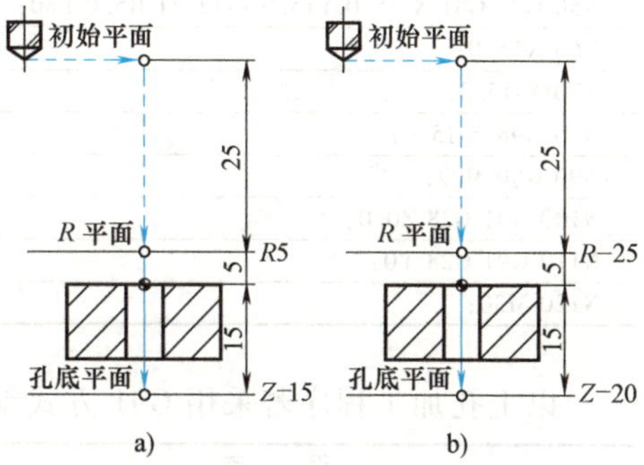

图 5-29　G90 与 G91 指令方式

a）G90　b）G91

［例 5-2］　G90 G99 G81 X_Y_Z-15.0 R5.0 F_;

［例 5-3］　G91 G99 G81 X_Y_Z-20.0 R-25.0 F_;

2. 钻削加工指令

（1）钻孔循环指令 G81

1）编程格式：G99/G98 G81 X_ Y_ Z_ R_ F_;

2）功能：G81 指令常用于普通钻孔，钻中心孔。

3）指令动作。其加工动作如图 5-30 所示，刀具在初始平面快速（G00 方式）定位到指令中指定的 *X*、*Y* 坐标位置，再 *Z* 向快速定位到 *R* 点平面，然后执行切削进给到孔底平面（*Z* 平面），刀具从孔底平面快速 *Z* 向退回到 *R* 点平面或初始平面。

［例 5-4］　用 G81 指令编写如图 5-31 所示孔的加工程序。

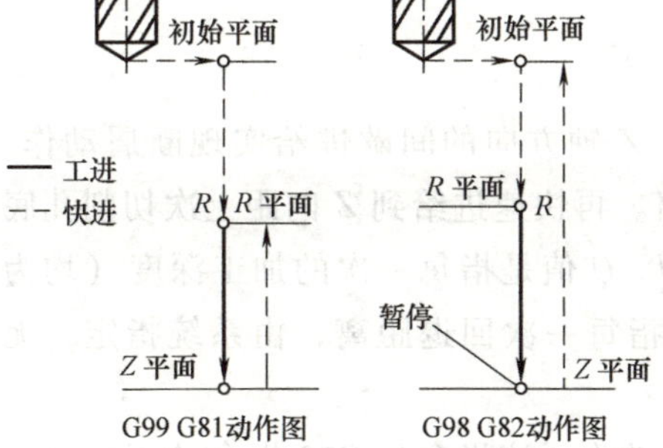

图 5-30　G81 与 G82 动作图

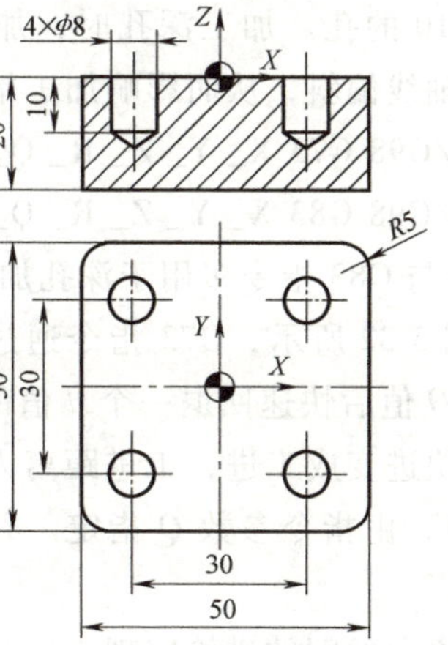

图 5-31　G81 编程实例

二维码 5-6

G81 动作讲解

程序如下：

程　序	注　释
O0001;	
N10 G17 G21 G40 G49 G80 G90 G94;	
N20 G54 G00 X0.0 Y0.0;	
N30 G43 Z100.0 H01;	Z100.0 即为初始平面
M08;	
N40 M03 S800;	
N50 G99 G81 X-15.0 Y15.0 Z-12.31 R5.0 F80;	钻左上方孔，*Z* 向超越量为钻尖高度 2.31mm
N60 X15.0;	加工右上方孔
N70 Y-15.0;	加工右下方孔
N80 G98 X-15.0;	加工左下方孔，返回初始平面
N90 G80 M09;	取消固定循环
N100 G91 G28 Z0.0;	*Z* 轴返回参考点
N110 G91 G28 Y0;	*Y* 轴返回参考点
N120 M30;	

以上孔加工程序若采用 G91 方式编程，则其程序修改如下：

程　序	注　释
O0001;	
N10 G17 G21 G40 G49 G80 G90 G94;	
N20 G54 G00 X0.0 Y0.0;	
N30 G43 Z100.0 H01;	Z100.0 即为初始平面
M08;	
N40 M03 S800;	
N50 G99 G91 G81 X-15.0 Y15.0 Z-17.31 R-95.0 F80;	钻左上方孔，*Z* 向超越量为钻尖高度 2.31mm
N60 X30.0;	加工右上方孔
N70 Y-30.0;	加工右下方孔
N80 G98 X-30.0;	加工左下方孔，返回初始平面
N90 G80 M09;	取消固定循环
N100 G91 G28 Z0.0;	*Z* 轴返回参考点
N110 G91 G28 Y0;	*Y* 轴返回参考点
N120 M30;	

（2）高速深孔钻削循环指令 G73 与深孔排屑钻削循环指令 G83　深孔通常是指孔深与孔直径之比大于 5 而小于 10 的孔。加工深孔时，加工中散热差，排屑困难，钻杆刚性差，易使刀具损坏和引起孔的轴线偏斜，从而影响加工精度和生产率。

1）编程格式：G99/G98 G73 X_ Y_ Z_ R_ Q_ F_;

G99/G98 G83 X_ Y_ Z_ R_ Q_ F_;

2）功能：G73 指令与 G83 指令多用于深孔加工。

3）指令动作。如图 5-32 所示，G73 指令通过刀具 *Z* 轴方向的间歇进给实现断屑动作。钻削时，钻头进给一个 *Q* 值后快速回退一个 *d* 值的距离。再快速进给到 *Z* 向距上次切削孔底平面 *d* 处，从该点处，快进变成工进，工进距离为 $Q+d$。*Q* 值是指每一次的加工深度（均为正值且为带小数点的值），由指令参数 *Q* 指定。*d* 值是指每一次回退距离，由系统指定，无需用户指定。

G83 指令通过 *Z* 轴方向的间歇进给实现断屑与排屑动作。该指令与 G73 指令的不同之处在于：刀具间歇进给后快速回退到 *R* 点，再快速进给到 *Z* 向距上次切削孔底平面 *d* 处，从该点处，快进变成工进，工进距离为 $Q+d$。

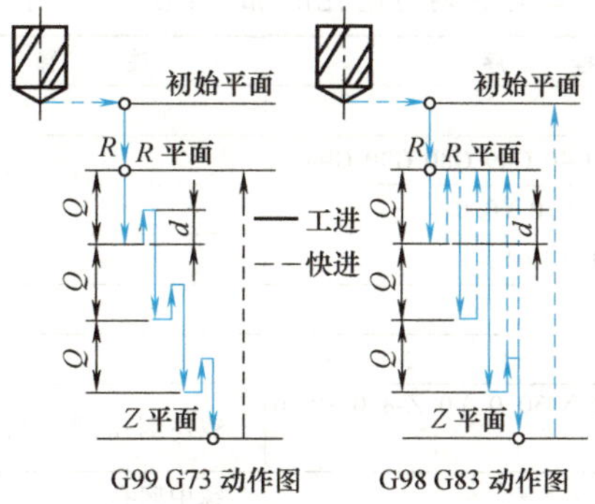

图 5-32　G73 与 G83 动作图

二维码 5-7　G73 运动仿真　二维码 5-8　G83 运动仿真

［例 5-5］　用 G83 指令编写如图 5-33 所示的孔加工程序，程序如下：

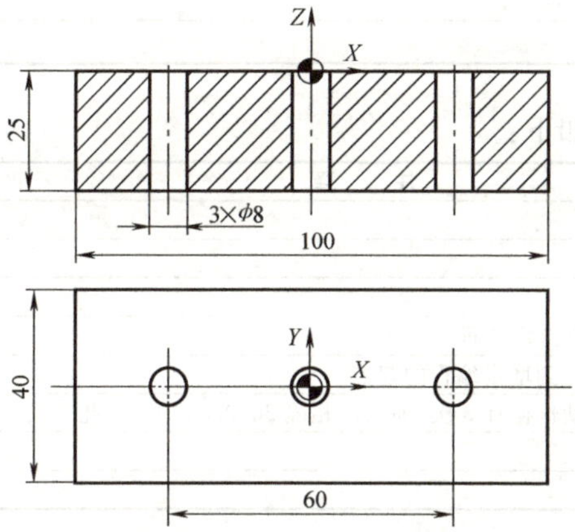

图 5-33　G83 编程实例

程　　序	注　　释
O0002;	
N10 G17 G21 G40 G49 G80 G90 G94;	
N20 G54 G00 X0.0 Y0.0;	
N30 G43 Z100.0 H01;	
M08;	
N40 M03 S800;	
N50 G99 G83 X-30.0 Y0 Z-28.31 R5.0 Q5.0 F80;	钻左侧孔
N60 X0;	钻中间孔
N70 G98 X30.0;	钻右侧孔
N90 G80 M09;	
N100 G91 G28 Z0;	
N110 G91 G28 Y0	
N120 M30;	

3. 扩孔加工指令

1）编程格式：G99/G98 G82 X_ Y_ Z_ R_ P_ F_;

2）功能：常用于扩/锪孔或台阶孔的加工。

3）指令动作。G82 与 G81 指令动作基本相同，只是 G82 指令在孔底增加了进给后的暂停，以提高孔底表面质量。G82 指令中不指定暂停参数 P，则与 G81 指令完全相同，如图 5-34 所示。

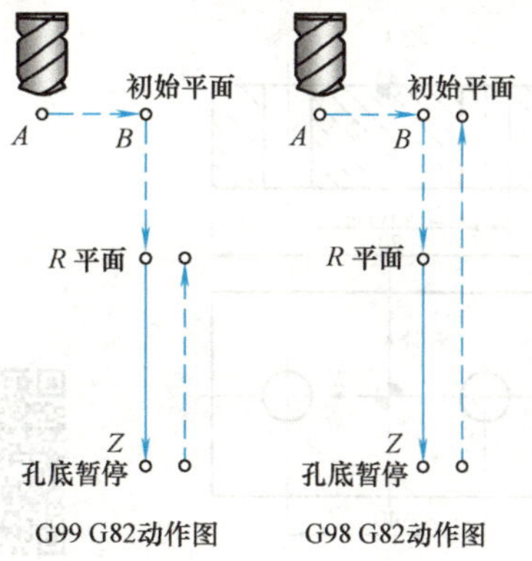

图 5-34　G82 动作图

二维码 5-9　G82 运动仿真

［例 5-6］ 如图 5-35 所示零件 $\phi8$ 孔已钻出，试用 G82 指令编写锪孔的加工程序。程序如下：

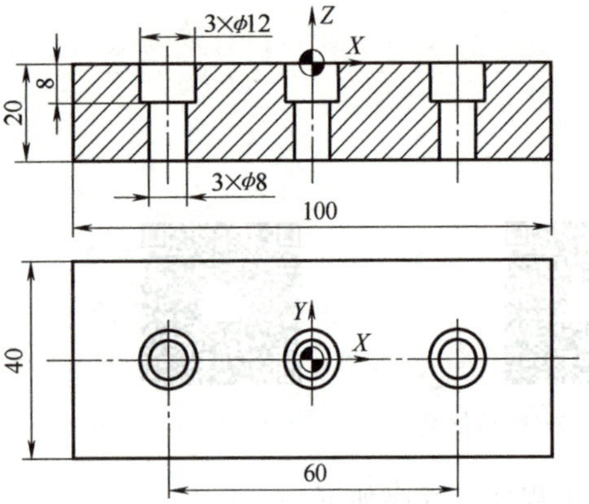

图 5-35 G82 编程实例

程 序	注 释
O0003;	
N10 G17 G21 G40 G49 G80 G90 G94;	
N20 G54 G00 X0.0 Y0.0;	
N30 G43 Z100.0 H01;	
N40 M08;	
N50 M03 S600;	
N60 G99 G82 X-30.0 Y0 Z-8.0 R5.0 P1000 F80;	锪左侧孔，孔底暂停 1s
N70 X0;	锪中间孔
N80 G98 X30.0;	锪右侧孔
N90 G80 M09;	取消固定循环
N100 G91 G28 Z0.0;	
N110 G91 G28 Y0.0;	
N120 M30;	

以上指令如果要以 G91 方式编程，则其程序修改如下：

程 序	注 释
O0001;	
……	
N40 M08;	
N50 M03 S600	Z100.0 即为初始平面；
N60 G91 X-60.0 Y0.0;	*XY* 平面定位到增量编程的起点
N70 G99 G82 X30.0 Z-13.0 R-95.0 P1000 F80 K3;	K3 表示该动作循环 3 次，即钻出相隔 30.0mm 的 3 个孔
N80 G80 M09;	
……	

4. 铰孔加工指令

1）编程格式：G99/G98 G85 X_ Y_ Z_ R_ F_;

2）功能：该指令常用于铰孔和扩孔加工，也可用于粗镗孔加工。

3）指令动作。如图 5-36 所示，执行 G85 固定循环指令时，刀具以切削进给方式加工到孔底，然后以切削进给方式返回到 *R* 平面，当采用 G98 方式时，继续从 *R* 平面快速返回到初始平面。

［例 5-7］ 如图 5-37 所示孔的粗加工已完成，用 G85 指令编写孔的精加工程序。

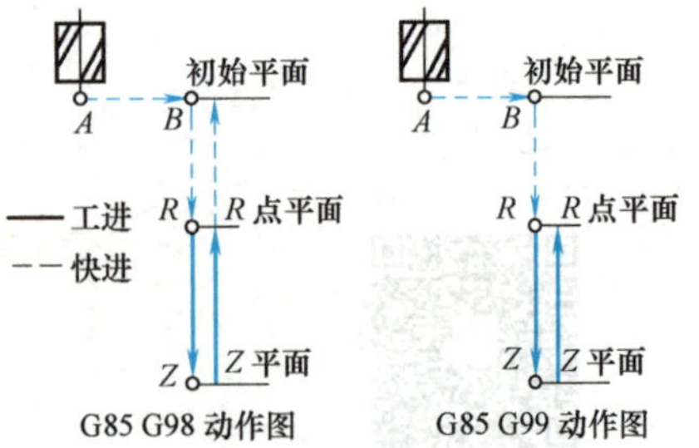

图 5-36 G85 指令动作图

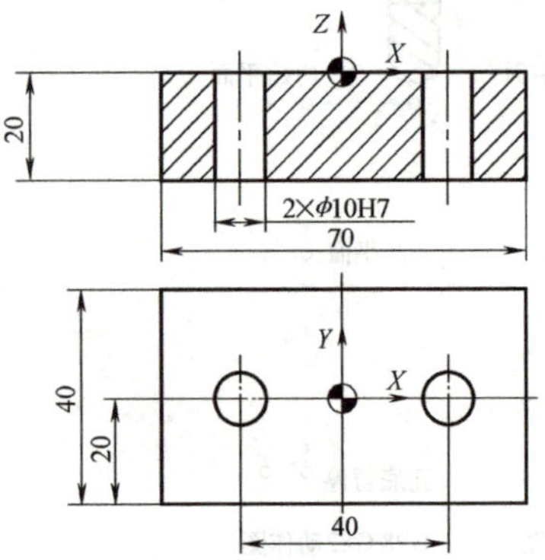

图 5-37 G85 编程实例

二维码 5-10 G85 仿真加工

程序如下：

程　　序	注　　释
O0004；	
……	
M08；	
M03 S300；	
G99 G85 X-20.0 Y0 Z-23.0 R5.0 P1000 F60；	铰左方孔，*Z* 向超越量为 3mm
G98 X20.0；	铰右方孔
G80 M09；	
……	

5.2.2　镗孔加工编程

1. 粗镗孔加工指令

除了前面介绍的铰孔指令 G85 可用于粗镗孔外，还有 G86、G88、G89 等指令也可用于镗孔，且其指令格式与铰孔固定循环指令 G85 的格式相类似。

1）编程格式：G99/G98 G86 X_ Y_ Z_ R_ P_ F_;

G99/G98 G88 X_ Y_ Z_ R_ P_ F_;

G99/G98 G89 X_ Y_ Z_ R_ P_ F_;

2）指令动作。如图 5-38 所示，执行 G86 循环指令时，刀具以切削进给方式加工到孔底，然后主轴停转，刀具快速退到 *R* 点平面后，主轴正转。采用这种方式退刀时，刀具在退回过程中容易在工件表面划出条痕。因此，该指令常用于精度及表面粗糙度要求不高的镗孔加工。

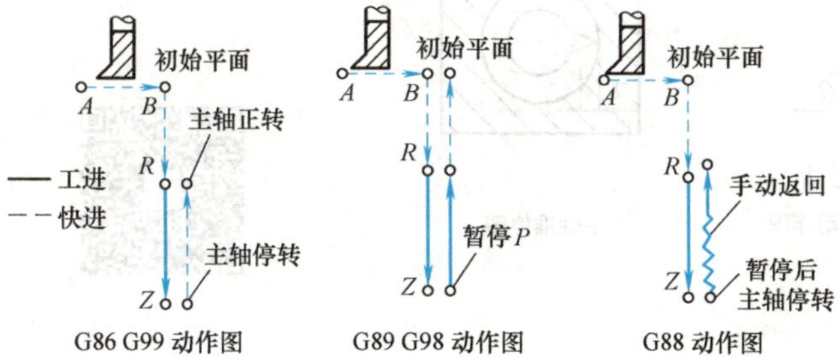

图 5-38　粗镗孔指令动作图

二维码 5-11　粗镗孔实际加工

G89 指令动作与前节介绍的 G85 指令动作类似，不同的是 G89 指令动作在孔底增加了暂停，因此该指令常用于阶梯孔的加工。

G88 循环指令较为特殊，刀具以切削进给方式加工到孔底，然后刀具在孔底暂停后主轴停转，这时可通过手动方式从孔中安全退出刀具。这种加工方式虽能提高孔的加工精度，但加工效率较低。因此，该指令常在单件加工中采用。

［例 5-8］　试用粗镗孔指令编写如图 5-39 所示 $\phi30$ 孔的加工程序。

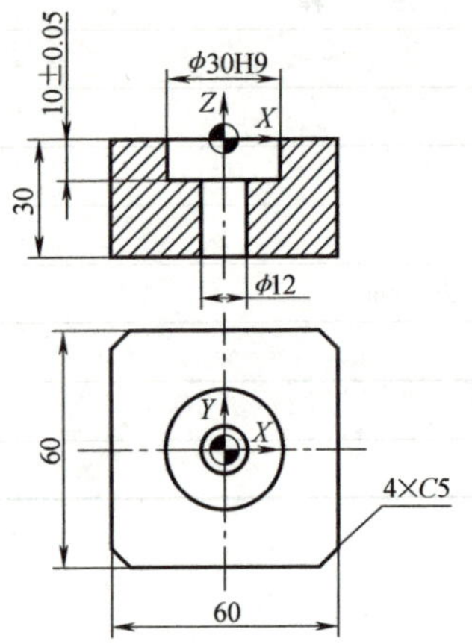

图 5-39 粗镗孔指令编程实例

程序	注释
O0005;	
G17 G21 G40 G49 G80 G90 G94;	
G54 G00 X0.0 Y0.0;	
G43 Z100.0 H01;	
M08;	
M03 S700;	
G98 G89 X0 Y0 Z-10.0 R5.0 P1500 F150;	粗镗孔至尺寸
G80 M09;	
G91 G28 Z0.0;	
M30;	

2. 精镗孔加工指令 G76 与反镗孔加工指令 G87

1）编程格式：G99/G98 G76 X_ Y_ Z_ R_ Q_ P_ F_;

G99/G98 G87 X_ Y_ Z_ R_ Q_ F_;

2）指令动作。如图 5-40 所示，执行 G76 循环指令时，刀具以切削进给方式加工到孔底，实现主轴准停，刀具向刀尖相反方向移动 Q，使刀具离开工件表面，保证刀具不划伤工件表面，然后快速退刀至 R 平面或初始平面，刀具正转。G76 指令主要用于精密镗孔加工。G76 镗孔加工视频见二维码 5-12。

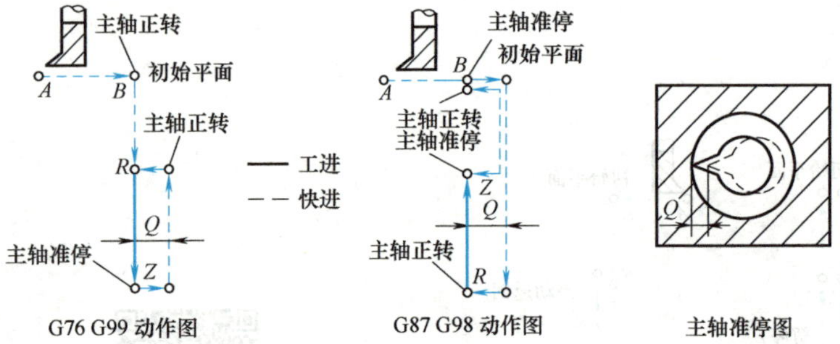

图 5-40 精镗孔指令动作图

二维码 5-12 G76 镗孔加工

执行 G87 循环指令时，刀具在 G17 平面内快速定位后，主轴准停，刀具向刀尖相反方向偏移 Q，然后快速移动到孔底（R 点），在这个位置刀具按原偏移量反向移动相同的 Q 值，主轴正转并以切削进给方式加工到 Z 平面，主轴再次准停，并沿刀尖相反方向偏移 Q，快速提刀至初始平面并按原偏移量返回到 G17 平面的定位点，主轴开始正转，循环结束。由于在执行 G87 循环指令的过程中，退刀时刀尖未接触工件表面，故加工表面质量较好，所以该循环指令常用于精密孔的镗削加工。

注意：G87 循环指令不能用 G99 指令进行编程。

［例 5-9］ 试用精镗孔循环指令编写如图 5-41 所示 2 个 φ25 孔的加工程序。

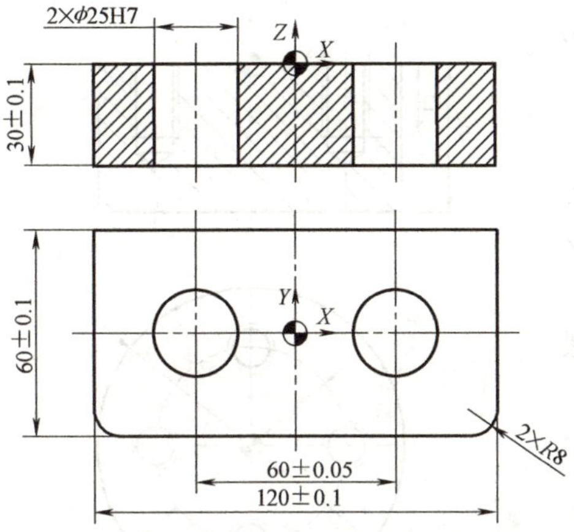

图 5-41　精镗孔循环指令编程实例

程　序	注　释
O0006;	
……	
M08;	
M03 S1200;	
G99 G76 X-30.0 Y0 Z-31.0 R5.0 Q0.2 F70;	精镗左方孔
G98 X30.0;	精镗右方孔
G80 M09;	
……	

5.2.3　螺纹加工编程

1. 攻螺纹编程

（1）刚性攻右旋螺纹指令 G84 与攻左旋螺纹指令 G74

1）编程格式：G99/G98 G84 X_ Y_ Z_ R_ P_ F_;

G99/G98 G74 X_ Y_ Z_ R_ P_ F_;

注意：指令中的 F 是指螺纹的导程，单线螺纹则为螺纹的螺距。

2）指令动作。如图 5-42 所示，G74 循环指令为左旋螺纹攻螺纹指令，用于加工左旋螺纹。执行该循环指令时，首先主轴反转，在 G17 平面快速定位后快速移动到 *R* 点，然后执行攻螺纹到达孔底后，主轴正转退回到 *R* 点，最后主轴恢复反转，完成攻螺纹动作。

G84 指令动作与 G74 指令基本类似，只是 G84 指令用于加工右旋螺纹。执行该循环指令时，首先主轴正转，在 G17 平面快速定位后快速移动到 *R* 点，然后执行攻螺纹到达孔底后，主轴反转退回到 *R* 点，最后主轴恢复正转，完成攻螺纹动作。攻螺纹加工视频见二维码 5-13。

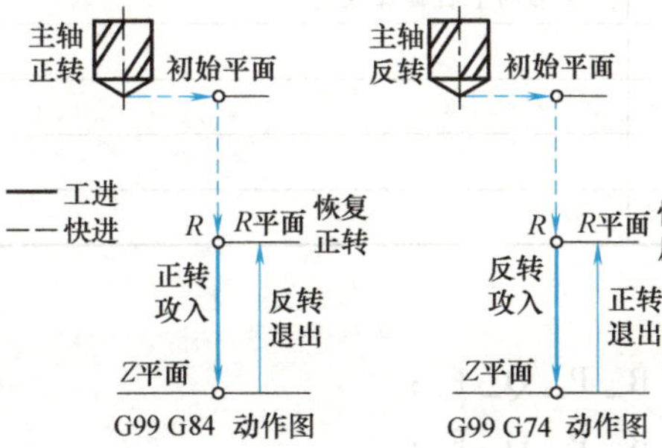

图 5-42　G84 指令与 G74 指令动作图　　二维码 5-13　攻螺纹加工

在指定 G74 指令前，应先进行换刀并使主轴反转。另外，在用 G74 指令与 G84 指令攻螺纹期间，进给倍率、进给保持（循环暂停）均被忽略。

刚性攻螺纹指令使用时需要指定刚性方式，有以下三种：

① 在攻螺纹指令段之前指定“M29 S_ ;”;

② 在包含攻螺纹指令的程序段中指定“M29 S_ ;”;

③ 将系统参数“NO. 5200#0”设为1。

注意：如果在M29和G84/G74之间指定主轴转速和轴移动指令，将产生系统报警；而如果在G84/G74中仅指定M29指令，也会产生系统报警。因此，本任务及以后任务中采用第三种方式指定刚性攻螺纹方式。

［例5-10］ 试用攻螺纹循环指令编写如图5-43所示4个螺纹孔的加工程序。

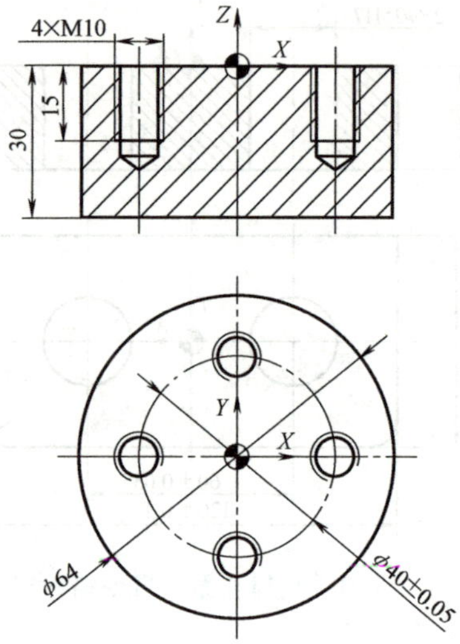

图5-43 G74、G84指令加工实例

该螺纹未标注旋向，为右旋螺纹，应采用G84加工。在攻螺纹前，应加工出与螺纹小径相等的螺纹底孔。由于M12粗牙螺纹的螺距为1.75mm，因此根据上节所介绍的孔底直径经验公式，算出孔底直径应为：

$$D_{底} = D - P = 12 - 1.75\text{mm} = 10.25\text{mm}$$

攻螺纹的加工程序为：

程　序	注　释
O0007;	
G17 G21 G40 G49 G80 G90 G94;	
G54 G00 X0.0 Y0.0;	
G43 Z100.0 H01;	
M08;	
M03 S150;	
G99 G84 X-20.0 Y0 Z-15.0 R5.0 P1000 F1.5;	攻第一个右旋螺纹
X0 Y20.0;	攻第二个右旋螺纹
X20.0 Y0;	攻第三个右旋螺纹
G98 X0 Y-20.0;	攻第四个右旋螺纹
G80 M09;	
G91 G28 Z0.0;	
G91 G28 Y0;	
M30;	

（2）深孔攻螺纹断屑或排屑循环指令

1）编程格式：G99/G98 G84 X_ Y_ Z_ R_ P_ Q_ F_;

G99/G98 G74 X_ Y_ Z_ R_ P_ Q_ F_;

2）指令动作。如图5-44所示，深孔攻螺纹的断屑与排屑动作与深孔钻动作类似，不同之处在于刀具在R点平面以下的动作均为切削加工动作。

深孔攻螺纹断屑与排屑动作的选择是通过修改系统攻螺纹参数来实现的。将系统参数“No. 5200#5”设为0时，不能实现深孔断屑攻螺纹；而将系统参数“NO. 5200#5”设为1时，可实现深孔断屑攻螺纹。

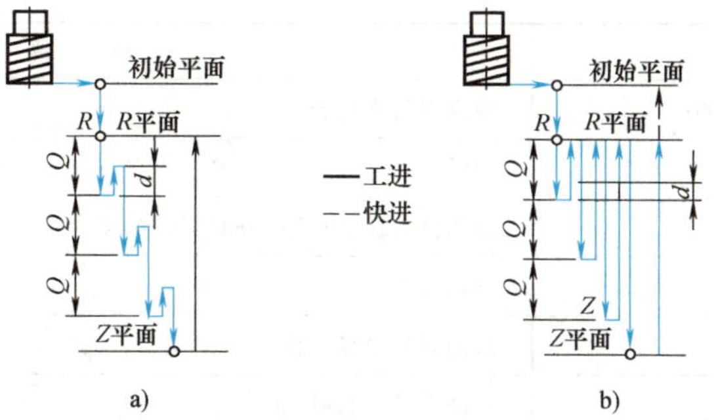

图 5-44　深孔攻螺纹断屑或排屑循环动作图

a）G99 G84（G74）断屑动作图　b）G98 G84（G74）排屑动作图

2. 铣削螺纹编程

螺纹铣刀配合模块三所介绍的螺旋下刀刀路即可实现铣削螺纹，其指令格式通常为：

G17 G02/G03 X_ Y_ I_ J_ Z_ F_;

故铣削螺纹是由刀具的自转与机床的螺旋插补形成的，是利用数控机床的圆弧插补指令和螺纹铣刀绕螺纹轴线做 X、Y 方向圆弧插补运动，同时轴向做直线运动来完成螺纹加工。

注意：每次螺旋插补 Z 向下刀距离应与螺纹的导程相等，即 Z=导程。

[例 5-11]　试用单牙螺纹铣刀铣削螺纹的方法，编写如图 5-45 所示螺纹的加工程序。螺纹底孔直径 $d_1=28.38$，螺距 $P=1.5$，使用的机夹螺纹铣刀直径 $d=19$mm。

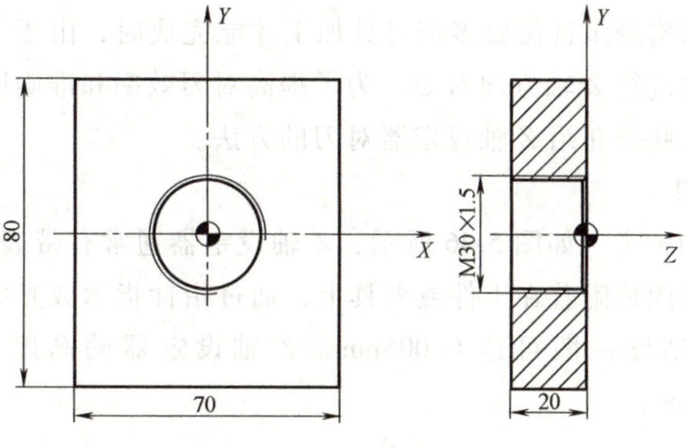

图 5-45　铣削螺纹加工图

铣螺纹前，先加工出 $\phi28.38$ 的螺纹底孔，铣螺纹的加工程序为：

程　　序	注　　释
O0008;	铣螺纹主程序
G17 G21 G40 G49 G80 G90 G94;	
G54 G00 X0 Y0;	
M08;	
M03 S1500;	
G43 G00 Z100.0 H01;	建立刀具长度补偿，到达 Z100mm 的高度
Z5.0;	到达 Z5.0 的高度
G01 Z2.0 F100;	到达 Z2.0 的高度，留有 2mm 的螺纹导入量

（续）

程　　序	注　　释
G42 G01 X3.0 Y-12 D01 F500;	建立刀具半径补偿
G03 X15 Y0 R12;	圆弧切入
M98 P160009;	调用铣螺纹子程序O0009共16次
G90 G03 X3.0 Y12.0 R12;	圆弧切出
G40 G01 X0 Y0;	取消刀具半径补偿
G00 Z100 M05;	抬高刀具,主轴停止
M30;	程序结束
O0009;	铣螺纹子程序
G91 G03 I-15 Z-1.5 F500;	螺纹加工,刀具每转一周Z向移动1.5mm
M99;	子程序结束

任务5.3 孔类零件加工实施

5.3.1 多把刀对刀方法

1. 概述

当零件上的加工结构较多且需要多把刀具加工才能完成时，由于刀具长度各不相同，因此每一把刀都需要单独进行 *Z* 轴方向对刀。为了提高对刀效率和准确度，一般采用 *Z* 轴设定器或机外对刀仪对刀，此处介绍 *Z* 轴设定器对刀的方法。

2. *Z* 轴设定器对刀

（1）*Z* 轴设定器的种类　如图5-46所示，*Z* 轴设定器通常有带表式、电子式两种类型，底座带有磁性，可以牢固地附着在工件或夹具上，通过指针指示或光电指示来判断刀具与对刀器是否接触，对刀精度一般可达0.005mm。*Z* 轴设定器的高度 *H* 值一般为50mm或100mm，如图5-46c所示。

a)　　b)　　c)

图5-46　*Z* 轴设定器的种类

a）带表式 *Z* 轴设定器　b）电子式 *Z* 轴设定器　c）*Z* 轴设定器尺寸

（2）*Z* 轴设定器的工作原理　带表式 *Z* 轴设定器装有指针式百分表，移动刀具使其接触 *Z* 轴设定器测量面到指针指向零位时，刀具与工件之间的距离为 *Z* 轴设定器的标准高度 *H*，则 *Z* 轴对刀值 $Z=Z_1-H$，如图5-47所示。

（3）Z 轴设定器的对刀方法

1）工件上表面直接对刀（图 5-47）。

① 将 Z 轴设定器放置在工件上表面。

② 移动刀具使其底面靠近 Z 轴设定器上表面，使刀具接触 Z 轴设定器上表面直到其指针指向零位。

③ 记下当前机床坐标系中的 Z 值（如 Z-200.8mm）。

④ 若 Z 轴设定器的高度 H 为 50mm，则加工原点在机床坐标系中的 Z 坐标值为当前坐标 Z 值减 Z 轴设定器的高度 H 值（如：-200.8mm-50mm=-250.8mm，则该把刀的 Z 轴方向对刀值为-250.8）。

二维码 5-14

Z 轴设定器对刀

⑤ 将所得值（-250.8）输入到刀具长度补偿“形状 H”所对应的参数表中。

2）工作台表面间接对刀（图 5-48）

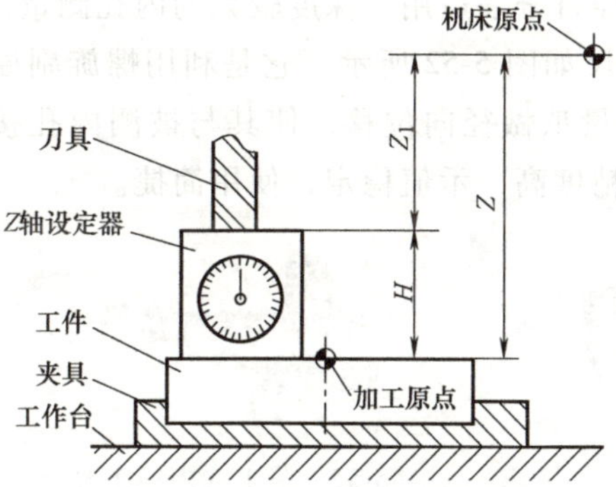

图 5-47　Z 轴设定器对刀原理图

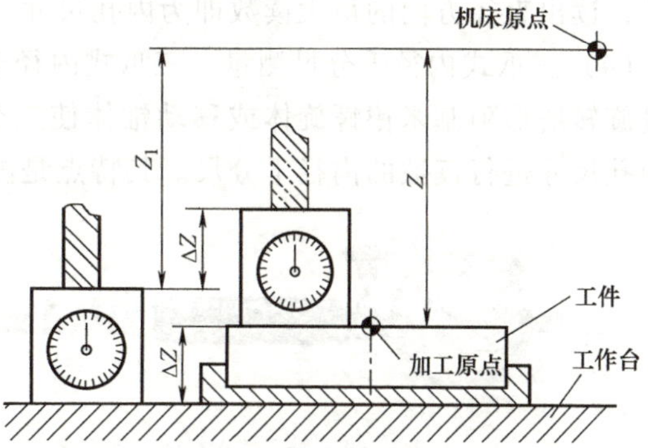

图 5-48　工作台表面间接对刀原理图

① 使用 Z 轴设定器或百分表测出工件上表面与工作台面的高度差 ΔZ。

② 将 Z 轴设定器放置在工作台上，移动刀具接触 Z 轴设定器上表面使其指针指向零位。

③ 此时 Z 轴方向对刀值为 $Z=(Z_1-H)+\Delta Z$。

3. 多把刀对刀时的注意事项

1）应提前根据刀具卡准备好所有刀具并将每把刀的实际刀具编号、长度补偿存储地址编号（H01~H99）、程序代码中的长度补偿编号设置为一一对应，防止因调用错误而产生严重后果。

2）机床上的“相对坐标”功能可快速完成标准刀具与加工刀具间的高度差的测量，可以进一步提高对刀效率。

5.3.2　孔类零件测量

1. 孔径的测量

当孔径尺寸精度要求较低时，可采用直尺、内卡钳或游标卡尺进行测量；当孔的精度要求较高时，可以用以下几种测量方法。

（1）内卡钳测量　当孔口试切削或位置狭小时，使用内卡钳显得方便灵活。当前使用的内卡钳已采用量表或数显方式来显示测量数据，如图 5-49 所示。采用这种内卡钳可以测出 IT7~IT8 级精度。

二维码 5-15

孔径的测量

（2）塞规测量　如图 5-50 所示，塞规是一种专用量具，一端为通端“T”，另一端为止端“Z”。使用塞规检测孔径时，当通端能进入孔内、而止端不能进入孔内时，说明孔径合格，否则为不合格孔径。

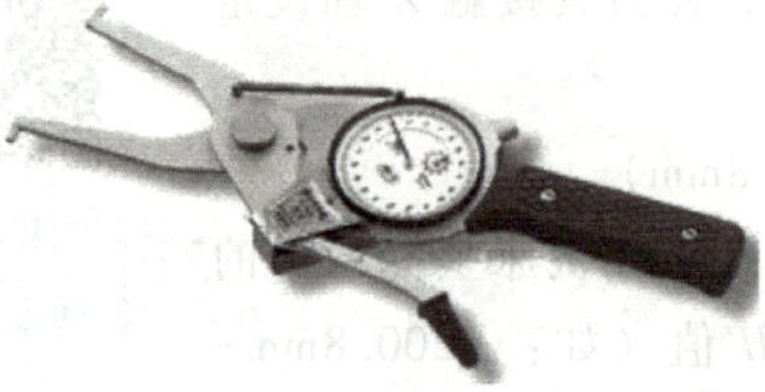

图 5-49　数显内卡钳

图 5-50　塞规

（3）内径百分表测量　内径百分表如图 5-51 所示，测量内孔时，图中左端触头在孔内摆动，读出直径方向的最大读数即为内孔尺寸。内径百分表适用于深度较大的内孔测量。

（4）三爪式内径千分尺测量　三爪式内径千分尺如图 5-52 所示，它是利用螺旋副原理，通过旋转塔形阿基米德螺旋体或移动锥体使三个测量爪做径向位移，使其与被测内孔接触，对内孔尺寸进行读数的内径千分尺。其特点是测量精度高，示值稳定，使用简捷。

图 5-51　内径百分表

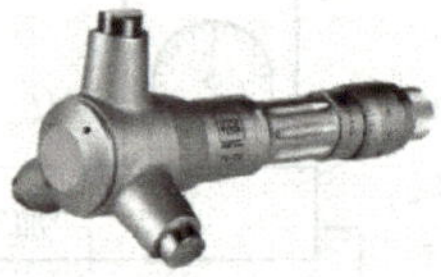

图 5-52　三爪式内径千分尺

2. 孔距测量

测量孔距时，通常采用游标卡尺测量。精度较高的孔距也可采用内径千分尺和千分尺配合圆柱测量芯棒进行测量。

3. 孔的其他精度测量

除了要进行孔径和孔距测量外，有时还要进行圆度、圆柱度等形状精度的测量以及径向圆跳动、端面圆跳动、端面与孔轴线的垂直度等位置精度的测量。

4. 螺纹测量

螺纹的主要测量参数有螺距、大径、小径和中径尺寸。

（1）大、小径的测量　外螺纹大径和内螺纹小径的公差一般较大，可用游标卡尺或千分尺测量。

（2）螺距的测量　螺距一般可用钢直尺或螺距规测量。由于普通螺纹的螺距一般较小，所以采用钢直尺测量时，最好测量 10 个螺距的长度，然后除以 10，就得出一个较正确的螺距尺寸。

（3）中径的测量　对精度较高的普通螺纹，可用外螺纹千分尺直接测量，如图 5-53 所示，所测得的千分尺的读数就是该螺纹中径的实际尺寸；也可用“三针”进行间接测量（三针测量法仅适用于外螺纹的测量），但需通过计算后，才能得到中径尺寸。

（4）综合测量　综合测量是指用螺纹塞规或螺纹环规（图 5-54）综合检查内、外普通螺纹是否合格。使用螺纹塞规和螺纹环规时，应按其对应的公差等级进行选择。

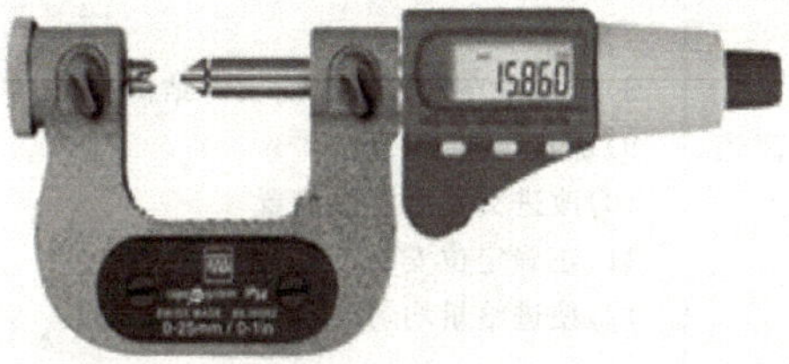

图 5-53　外螺纹千分尺

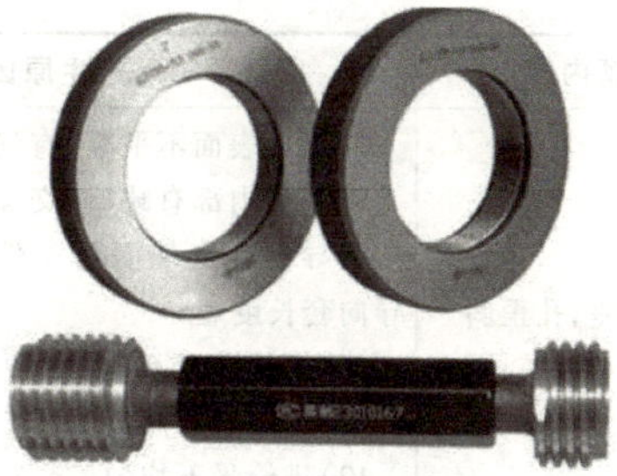

图 5-54　螺纹塞规与螺纹环规

5.3.3　孔类零件加工误差分析

1. 钻孔精度及误差分析（表 5-10）

表 5-10　钻孔中常见问题产生原因和解决方法

问题内容	产生原因	解决方法
孔径增大、误差大	1）钻头左、右切削刃不对称，摆差大 2）钻头横刃太长 3）钻头刃口崩刃 4）钻头刃带上有积屑瘤 5）钻头弯曲 6）进给量太大 7）钻床主轴摆差大或松动	1）刃磨时保证钻头左、右切削刃对称，将摆差控制在允许范围内 2）修磨横刃，减小横刃长度 3）及时发现崩刃情况，并更换钻头 4）将刃带上的积屑瘤用油石修整到合格 5）校直或更换 6）降低进给量 7）及时调整和维修钻床 二维码 5-16 孔类零件加工 误差分析
孔径小	1）钻头刃带已严重磨损 2）钻出的孔不圆	1）更换合格钻头 2）见该表中“钻孔时产生振动或孔不圆”问题的解决办法
钻孔时产生振动或孔不圆	1）钻头后角太大 2）无导向套或导向套与钻头配合间隙过大 3）钻头左、右切削刃不对称，摆差大 4）主轴轴承松动 5）工件夹紧不牢 6）工件表面不平整，有气孔砂眼 7）工件内部有缺口、交叉孔	1）减小钻头的后角 2）钻杆伸出过长时必须有导向套，采用合适间隙的导向套或先打中心孔再钻孔 3）刃磨时保证钻头左、右切削刃对称，将摆差控制在允许范围内 4）调整或更换轴承 5）改进夹具与定位装置 6）更换合格毛坯 7）改变工序顺序或改变工件结构
孔位超差，孔歪斜	1）钻头的钻尖已磨钝 2）钻头左、右切削刃不对称，摆差大 3）钻头横刃太长 4）钻头与导向套配合间隙过大 5）主轴与导向套轴线不同轴，主轴与工作台面不垂直 6）钻头在切削时振动	1）重磨钻头 2）刃磨时保证钻头左、右切削刃对称，将摆差控制在允许范围内 3）修磨横刃，减小横刃长度 4）采用合适间隙的导向套 5）校正机床夹具位置。检查钻床主轴的垂直度 6）先打中心孔再钻孔，采用导向套或改为工件回转的方式

（续）

问题内容	产生原因	解决方法
孔位超差，孔歪斜	7)工件表面不平整，有气孔砂眼 8)工件内部有缺口、交叉孔 9)导向套底端面与工件表面间的距离远，导向套长度短 10)工件夹紧不牢 11)工件表面倾斜 12)进给量不均匀	7)更换毛坯 8)改变工序顺序或改变工件结构 9)加长导向套长度 10)改进夹具与定位装置 11)正确定位安装 12)使进给量均匀
钻头折断	1)切削用量选择不当 2)钻头崩刃 3)钻头横刃太长 4)钻头已钝，刃带严重磨损呈正锥形 5)导向套底端面与工件表面间的距离太近，排屑困难 6)切削液供应不足 7)切屑堵塞钻头的螺旋槽，或切屑卷在钻头上，使切屑液不能进入孔内 8)导向套磨损成倒锥形，退刀时，钻屑夹在钻头与导向套之间 9)快速行程终了位置距工件太近，快速行程转向工件进给时误差大 10)孔钻通时，由于进给阻力迅速下降而进给量突然增加 11)工件或夹具刚性不足，钻通时弹性恢复，使进给量突然增加 12)进给丝杠磨损，动力头重锤重量不足。动力液压缸反压力不足，当孔钻通时，动力头自动下落，使进给量增大 13)钻铸件时遇到缩孔 14)锥柄扁尾折断	1)减小进给量和切削速度 2)及时发现崩刃情况，当加工较硬的钢件时，后角要适当减小 3)修磨横刃，减小横刃长度 4)及时更换钻头，刃磨时将磨损部分全部磨掉 5)加大导向套与工件间的距离 6)切削液喷嘴对准加工孔口，加大切削液流量 7)减小切削速度、进给量；采用断屑措施；或采用分级进给方式，使钻头退出数次 8)及时更换导向套 9)增加工作行程距离 10)修磨钻头顶角，尽可能降低钻孔轴向力；孔将要钻通时，改为手动进给，并控制进给量 11)减少机床、工件、夹具的弹性变形；改进夹具定位，增加工件、夹具刚性；增加二次进给 12)及时维修机床，增加动力头重锤重量；增加二次进给 13)对估计有缩孔的铸件要减少进给量 14)更换钻头，并注意擦净锥柄油污
钻头寿命低	1)同“钻头折断”一项中的1、3、4、5、6、7 2)钻头切削部分几何形状与所加工的材料不适应 3)其他	1)同“钻头折断”一项中的1、3、4、5、6、7 2)加工铜件时，钻头应选用较小后角，避免钻头自动钻入工件，使进给量突然增加；加工低碳钢时，可适当增大后角，以增加钻头寿命；加工较硬的钢材时，可采用双重钻头顶角，开分屑槽或修磨横刃等，以增加钻头寿命 3)改用新型高速钢（铝高速钢、钴高速钢）钻头或采用涂层刀具；消除加工件的夹砂、硬点等不正常情况
孔壁表面粗糙	1)钻头不锋利 2)后角太大 3)进给量太大 4)切屑液供给不足，切削液性能差 5)切屑堵塞钻头的螺旋槽 6)夹具刚性不够 7)工件材料硬度过低	1)将钻头磨锋利 2)采用适当后角 3)减小进给量 4)加大切削液流量，选择性能好的切屑液 5)见“钻头折断”一项中的7 6)改进夹具 7)增加热处理工序，适当提高工件硬度

2. 锪孔的误差分析（表5-11）

表5-11 锪孔中常见问题产生原因和解决方法

问题内容	产生原因	解决方法
锥面、平面呈多角形	1)前角太大,有扎刀现象 2)锪削速度太高 3)选择切削液不当 4)工件或刀具装夹不牢固 5)锪钻切削刃不对称	1)减小前角 2)降低锪削速度 3)合理选择切削液 4)重新装夹工件和刀具 5)正确刃磨
平面呈凹凸形	锪钻切削刃与刀杆旋转轴线不垂直	正确刃磨和安装锪钻
表面粗糙度差	1)锪钻几何参数不合理 2)选用切削液不当 3)刀具磨损	1)正确刃磨 2)合理选择切削液 3)重新刃磨

3. 铰孔精度及误差分析（表5-12）

表5-12 铰孔的精度及误差分析表

出现问题	产生原因
孔径扩大	1)铰孔中心与底孔中心不一致 2)进给量或铰削余量过大 3)切削速度太高,铰刀热膨胀 4)切削液选用不当或没加切削液
孔径缩小	铰刀磨损或铰刀已钝
孔呈多边形	1)铰削余量太大,铰刀振动 2)铰孔前钻孔不圆
表面粗糙度不符合要求	1)铰孔余量太大或太小 2)铰刀切削刃不锋利 3)切削液选用不当或没加切削液 4)切削速度过大,产生积屑瘤 5)孔加工固定循环选择不合理,进、退刀方式不合理 6)容屑槽内切屑堵塞

4. 镗孔精度及误差分析（表5-13）

表5-13 镗孔精度及误差分析表

出现问题	产生原因
表面粗糙度不符合要求	1)镗刀刀尖角或刀尖圆弧太小 2)进给量过大或切削液使用不当 3)工件装夹不牢固,加工过程中工件松动或振动 4)镗刀刀杆刚性差,加工过程中产生振动 5)精加工时采用不合适的镗孔固定循环指令 6)进、退刀时划伤工件表面
孔径超差或孔呈锥形	1)镗刀回转半径调整不当,与所加工孔直径不符 2)测量不正确 3)镗刀在加工过程中磨损 4)镗刀刚性不足,镗刀偏让 5)镗刀刀头锁紧不牢固
孔轴线与基准面不垂直	1)工件装夹与找正不正确 2)工件定位基准选择不当

5. 攻螺纹的误差分析（表 5-14）

表 5-14 攻螺纹的误差分析表

出现问题	产生原因
螺纹乱牙或滑牙	1)丝锥夹紧不牢固,造成乱牙 2)攻盲孔螺纹时,固定循环中的孔底平面选择过深 3)切屑堵塞,没有及时清理 4)固定循环程序选择不合理
丝锥折断	1)底孔直径太小 2)底孔中心与攻螺纹主轴中心不重合 3)攻螺纹夹头选择不合理,没有选择浮动夹头
尺寸不正确或螺纹不完整	1)丝锥磨损 2)底孔直径太大,造成螺纹不完整
表面粗糙度不符合要求	1)转速太快,导致进给速度太快 2)切削液选择不当或使用不合理 3)切屑堵塞,没有及时清理 4)丝锥磨损

项目实施（工程案例）

案例描述

如图 5-1 所示，要求最终完成固定板转化图的加工。按照制订零件加工工艺、编制加工程序、完成零件的加工和质量评估的顺序进行。

制订固定板零件加工工艺

1. 零件图工艺分析

通过零件图工艺分析，确定零件的加工内容、加工要求，初步确定各个加工结构的加工方法。分析项目及内容见表 5-15。

表 5-15 零件图样分析

项目	项目内容
加工内容及技术要求	本次要加工的零件属于孔系类,由六面体外形、阶梯孔、通孔等组成,所有孔都需要加工。材料为45#钢板,切削加工性能较好,无热处理要求
尺寸精度分析	通孔 $2\times\phi50^{+0.025}_{0}$、$4\times\phi20^{+0.033}_{0}$、$4\times\phi12^{+0.027}_{0}$、$\phi8^{+0.022}_{0}$ 有较高的尺寸精度要求。其余孔的尺寸精度要求不高
几何公差分析	通孔 $2\times\phi50^{+0.025}_{0}$ 的位置尺寸要求为 86 ± 0.05，$4\times\phi20^{+0.033}_{0}$ 的位置尺寸要求为 154 ± 0.05 和 134 ± 0.05，$4\times\phi12^{+0.027}_{0}$ 的位置尺寸要求为 145 ± 0.03 和 84 ± 0.03
表面粗糙度分析	通孔 $2\times\phi50^{+0.025}_{0}$、$4\times\phi20^{+0.033}_{0}$、$4\times\phi12^{+0.027}_{0}$、$\phi8^{+0.022}_{0}$ 孔壁的粗糙度要求均为 $Ra1.6\mu m$,其余孔粗糙度要求为 $Ra3.2\mu m$
零件加工难点	零件上孔的类型较多,容易混淆,在加工过程中要注意刀具与程序的对应关系,防止选错刀具和程序而造成零件报废

2. 机床设备、夹具选择

根据零件的结构特点及加工要求，选择在数控铣床上进行各结构的加工，采用平口钳装

夹，机床设备及夹具选择清单见表5-16。

表 5-16　机床设备及夹具清单

序号	类型	名称	规格及型号	数量
1	机床设备	数控铣床	KV650	1
2	夹具	平口虎钳		

3. 刀具、量具的确定

根据该零件各孔的尺寸精度及表面粗糙度要求，通孔 $\phi50^{+0.025}_{0}$ 选择打中心孔→钻孔→粗铣孔→精镗孔的方法加工；内孔 $\phi20^{+0.033}_{0}$ 选择打中心孔→钻孔→粗铣孔→精镗孔的方法加工；内孔 $\phi12^{+0.027}_{0}$ 选择打中心孔→钻孔→扩孔→铰孔的方法加工；内孔 $\phi8^{+0.022}_{0}$ 选择打中心孔→钻孔→铰孔的方法加工；$\phi54$ 台阶孔采用打中心孔→钻孔→粗铣孔→精铣孔的方法加工；$\phi12$ 台阶孔采用打中心孔→钻孔→锪孔的方法加工。刀具与量具的选择分别见表5-17、表5-18。

表 5-17　刀具卡

产品名称或代号			零件名称		零件图号	
序号	刀具号	刀具名称	刀具		刀具材料	备注
			直径/mm	长度/mm		
1	T01	中心钻	A3		高速钢	
2	T02	麻花钻	$\phi7.9$		高速钢	
3	T03	立铣刀	$\phi16$		硬质合金	
4	T04	扩孔钻	$\phi11.9$		硬质合金	
5	T05	锪孔钻	$\phi12$		硬质合金	
6	T06	微调精镗刀	$\phi50$		硬质合金	
7	T07	微调精镗刀	$\phi20$		硬质合金	
8	T08	机用铰刀	$\phi12H7$		高速钢	
9	T09	机用铰刀	$\phi8H7$		高速钢	
编　制		审　核		批　准		共1页　　第1页

表 5-18　量具卡

产品名称或代号	零件名称		零件图号	
序号	量具名称	量具规格	精度	数量
1	游标卡尺	0~150mm	0.02mm	1把
2	内径千分尺	0~25mm	0.01mm	1把
3	内径千分尺	25~50mm	0.01mm	1把
4	游标深度卡尺	0~150mm	0.02mm	1把
5	百分表	0~10mm	0.01mm	1只
6	粗糙度样板	组合式		1套
编　制	审核		批　准	共1页　　第1页

4. 拟订数控铣削加工工序卡片

制订该零件的机械加工工艺过程卡及数铣工序卡片，见表5-19~表5-21。

表 5-19 机械工艺过程卡

	（工厂）		机械工艺过程卡	产品型号		零件图号			
				产品名称		零件名称	固定板	共 1 页	第 1 页
	材料牌号	45#	毛坯种类 板材	毛坯外形尺寸 210mm×190mm×35mm	每毛坯可制件数	1	每台件数	备注	
	工序号	工序名称	工序内容	车间	工段	设备	工艺装备	工时/min 准终	工时/min 单件
	1	备料	备尺寸为 210mm×190mm×35mm 的板料			锯床			
	2	普铣	铣尺寸为 200mm×180mm×30mm 的六面体外形，上、下表面各留 0.1mm			普通铣床	平口虎钳		
	3	磨	磨六面体的上、下表面至尺寸要求			平面磨床			
	4	数控铣	① 加工孔 $2\times\phi50^{+0.025}_{0}$ 至尺寸要求			数控机床	压板		
			② 加工孔 $2\times\phi54$ 至尺寸要求						
			③ 加工孔 $4\times\phi20^{+0.033}_{0}$ 至尺寸要求						
			④ 加工孔 $4\times\phi12^{+0.027}_{0}$ 至尺寸要求						
			⑤ 加工孔 $\phi8^{+0.022}_{0}$ 至尺寸要求						
			⑥ 加工孔 $\phi12$ 至尺寸要求						
描图	5	钳工	去毛刺						
	6	检验							
描校									
底图号									
装订号							设计（日期）	审核（日期）	标准化（日期） 会签（日期）
	标记	处数	更改文件号 签字 日期	标记 处数	更改文件号	签字 日期			

表 5-20　数控加工工序卡 1

（工厂）	数控加工工序卡	产品型号		零件图号			
		产品名称		零件名称	固定板	共 2 页	第 1 页
		车间	工序号	工序名称	材料牌号		
			4	数控铣	45 钢		

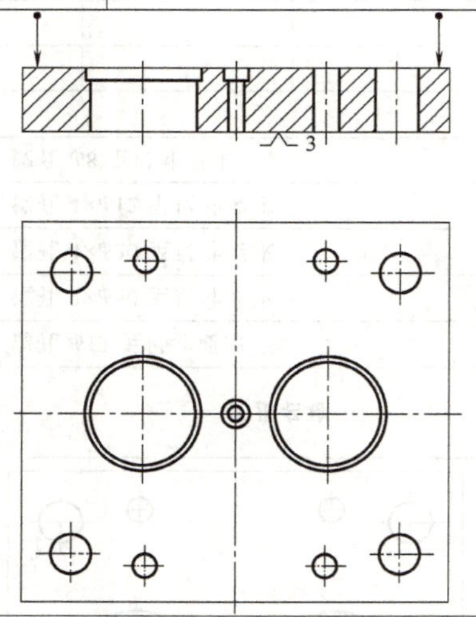

毛坯种类	毛坯外形尺寸	每毛坯可制件数	每台件数
板材	210mm×190mm×35mm	1	
设备名称	设备型号	设备编号	同时加工件数
数控铣床	KV650		
夹具编号		夹具名称	切削液
		压板	
工位器具编号		工位器具名称	工序工时
			准终 / 单件

	工步号	工步名称	工艺装备	主轴转速/(r/min)	切削速度/(m/min)	进给量/(mm/min)	背吃刀量/mm	进给次数	工时 机动	工时 单件
	1	在孔 2×ϕ50、4×ϕ20、4×ϕ12、ϕ8 处打 A3 中心孔	A3 中心钻	1300	12	50				
描图	2	在孔 2×ϕ50、4×ϕ20、4×ϕ12、ϕ8 处钻 ϕ7.9 的通孔	ϕ7.9 麻花钻	800	20	80				
	3	在孔 2×ϕ50 处粗铣 ϕ49.5 的通孔，在孔 4×ϕ20 处粗铣 ϕ19.7 的通孔	ϕ16 立铣刀	1600	80	250	1			
描校	4	铣 2×ϕ54 的台阶孔至尺寸要求	ϕ16 立铣刀	1600	80	250	1			
	5	在孔 4×ϕ12 处扩孔至 ϕ11.9	ϕ11.9 麻花钻	1200	45	120				
底图号										
装订号										

标记	处数	更改文件号	签字	日期	标记	处数	更改文件号	签字	日期	设计（日期）	审核（日期）	标准化（日期）	会签（日期）

表 5-21 数控加工工序卡 2

（工厂）	数控加工工序卡	产品型号		零件图号			
		产品名称		零件名称	固定板	共2页	第2页
		车间	工序号	工序名称	材料牌号		
			4	数控铣	45钢		

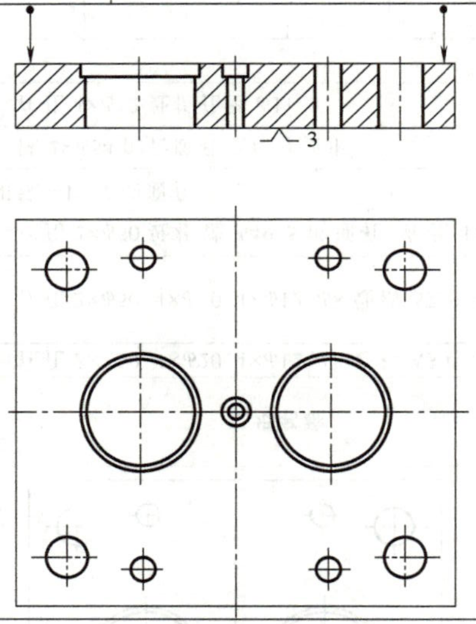

毛坯种类	毛坯外形尺寸	每毛坯可制件数	每台件数	
板材	210mm×190mm×35mm	1		
设备名称	设备型号	设备编号	同时加工件数	
数控铣床	KV650			
夹具编号		夹具名称	切削液	
		压板		
工位器具编号		工位器具名称	工序工时	
			准终	单件

	工步号	工步名称	工艺装备	主轴转速/（r/min）	切削速度/（m/min）	进给量/（mm/min）	背吃刀量/mm	进给次数	工时 机动	工时 单件
描图	6	锪孔 φ12 至尺寸要求	φ12 锪孔钻	1300	50	130				
	7	镗孔 2×φ50 至尺寸要求	φ50 微调精镗刀	410	65	15				
描校	8	镗孔 4×φ20 至尺寸要求	φ20 微调精镗刀	1000	60	40				
	9	铰孔 4×φ12 至尺寸要求	φ12H7 机用铰刀	200	7.5	20				
底图号	10	铰孔 φ8 至尺寸要求	φ8H7 机用铰刀	300	7.5	30				

										设计（日期）	审核（日期）	标准化（日期）	会签（日期）
装订号													
	标记	处数	更改文件号	签字	日期	标记	处数	更改文件号	签字	日期			

固定板零件编程

1. 走刀路线确定

（1）钻、扩、铰孔走刀路线确定　该零件各孔间的位置精度要求较高，为避免反向间歇引起的位置误差，安排的打中心孔及钻孔走刀路线如图5-55所示。同理，扩孔、铰孔时安排刀路也要避免反向走刀，如扩、铰 ϕ12孔时的走刀路线如图5-56所示。其余扩、铰孔的路线与之相似，这里不再逐一叙述。

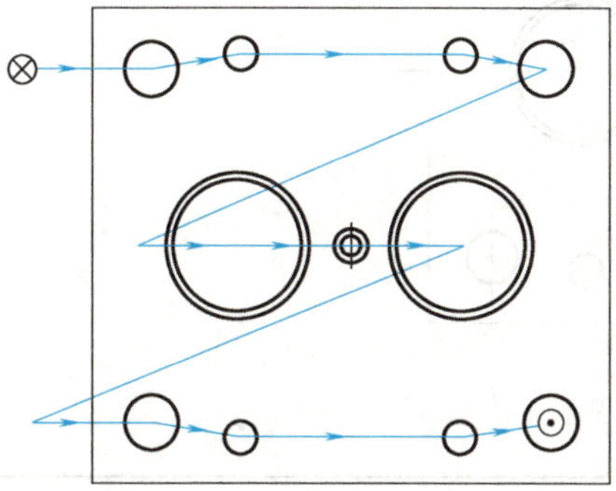

图5-55　打中心孔及钻孔走刀路线

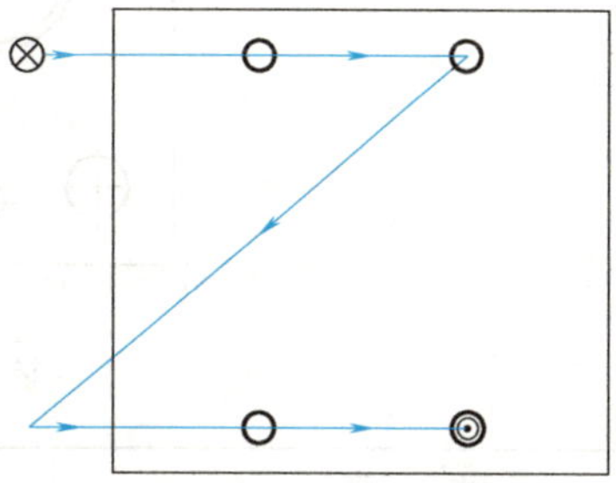

图5-56　扩、铰 ϕ12孔走刀路线

（2）铣孔走刀路线确定

1）粗铣 ϕ50孔至 ϕ49.5走刀路线确定。该孔深30mm，从Z0.5处开始采用螺旋下刀的方式铣削，每次铣削深度为1mm，需铣31次才能铣削完成。另外，铣该孔不属于孔的精加工，加工时不采用刀具半径补偿，编程时注意刀具路径向内偏移一个刀具半径。每层的走刀路线如图5-57所示，图中编号为1的刀路即为螺旋下刀的刀路。

2）粗、精铣 ϕ54孔至尺寸走刀路线确定。该孔深6mm，从Z1.0处开始采用螺旋下刀的方式铣削，每次铣削深度为1mm，需铣7次才能铣削完成。每层的走刀路线如图5-58所示，螺旋下刀（步骤1）后退回原点加刀补进行精加工。

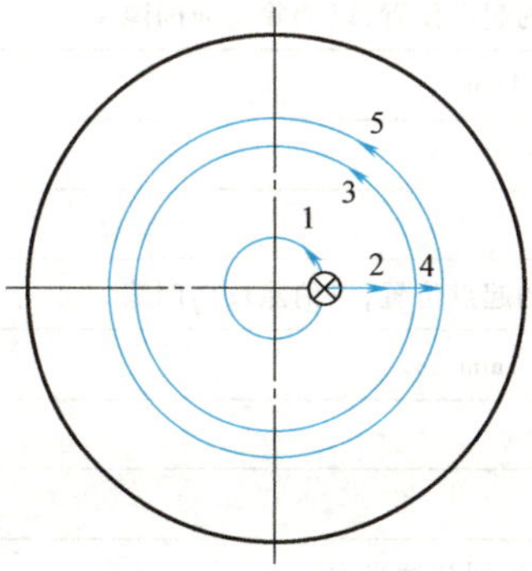

图5-57　铣 ϕ49.5孔走刀路线

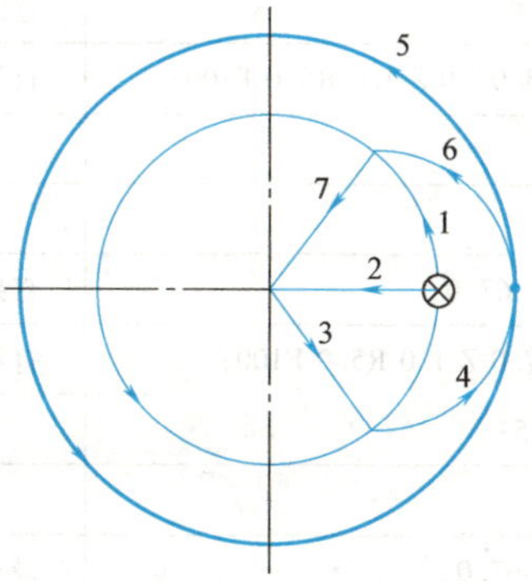

图5-58　铣 ϕ54孔走刀路线

2. 数控加工程序编写

以工件上表面几何中心为编程原点，编程坐标系设置如图5-59所示。

打中心孔、钻 ϕ7.9孔程序如下：

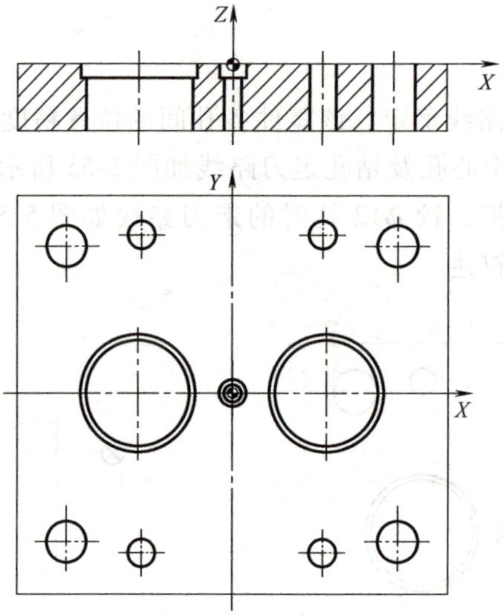

图 5-59 零件编程坐标系

程 序	注 释
O0011;	打中心孔程序
G17 G21 G40 G49 G80 G90 G94;	
G54 G00 X-90. 0 Y67. 0;	
G43 Z100. 0 H01;	
M08;	
M03 S1270;	
G99 G81 X-77. 0 Y67. 0 Z-1. 0 R5. 0 F100;	打第一排中心孔，深度 1mm
X-42. 0 Y72. 5;	
X42. 0;	
X77. 0 Y67. 0;	
G01 X-50. 0 Y0;	直线移动到第二排孔的起点位置，以消除反向间隙
G99 G81 X-43. 0 Y0 Z-1. 0 R5. 0 F100;	打第二排中心孔，深度 1mm
X0;	
X43. 0;	
G01 X-90. 0 Y-67. 0;	直线移动到第三排孔的起点位置，以消除反向间隙
G99 G81 X-77. 0 Z-1. 0 R5. 0 F100;	打第三排中心孔，深度 1mm
X-42. 0 Y-72. 5;	
X42. 0;	
G98 X77. 0 Y-67. 0;	打最后一中心孔，打孔后返回初始平面
G80 M09;	
G91 G28 Z0. 0;	
M30;	

注：钻 ϕ7. 9 孔程序与打中心孔程序基本一致，只需将 G81 指令替换为 G83 指令，并配合使用工艺安排的切削用量即可。

铣 ϕ49.5 孔及铣 ϕ19.7 孔主程序如下：

程　序	注　释	程　序	注　释
O0013；	主程序	G90 G01 Z5.0 F100；	
G17 G21 G40 G49 G80 G90 G94；		X78.85 Y67.0；	移至铣右上方 ϕ19.7 孔的位置
G54 G00 X-38.0 Y0；	建立工件坐标系并移至起点	G01 Z0.5；	下刀到 Z0.5 的位置
G43 Z100.0 H03；	建立刀具长度补偿	M98 P310022；	调用 O0022 子程序铣右上方孔
M08；			
M03 S1600；		G90 G01 Z5.0 F100；	
G00 Z5.0；		X78.85 Y-67.0；	移至铣右下方 ϕ19.7 孔的位置
G01 Z0.5 F100；	下刀至 Z0.5 的位置	G01 Z0.5；	下刀到 Z0.5 的位置
M98 P310021；	调用 O0021 子程序铣左侧孔	M98 P310022；	调用 O0022 子程序铣削右下孔
G90 G01 Z5.0 F100；		G90 G01 Z5.0 F100；	
X48.0 Y0；	移动至右方 ϕ49.5 孔的起点	X-75.15 Y-67.0；	移至铣左下方 ϕ19.7 孔的位置
G01 Z0.5；	下刀到 Z0.5 的位置	G01 Z0.5；	下刀到 Z0.5 的位置
M98 P310021；	调用 O0021 子程序铣削右侧孔	M98 P310022；	调用 O0022 子程序铣削左下孔
G90 G01 Z5.0 F100；		G90 G01 Z5.0 F100；	
X-75.15 Y67.0；	移至左上方 ϕ19.7 孔的起点	G91 G28 Z0.0；	
G01 Z0.5；	下刀到 Z0.5 的位置	M30；	
M98 P310022；	调用 O0022 子程序铣左上孔		

铣 ϕ49.5 孔的子程序及铣 ϕ19.7 孔的子程序：

程　序	注　释	程　序	注　释
O0021；	铣 ϕ49.5 孔的子程序	O0022；	铣 ϕ19.7 孔的子程序
G91 G03 I-5.0 Z-1.0 F100；	螺旋下刀 1mm	G91 G03 I-1.85 Z-1.0 F100；	螺旋下刀 1mm
G03 I-5.0 F250；	铣出 ϕ26 的圆形型腔	G03 I-1.85 F250；	铣出 ϕ19.7 的圆形型腔
G01 X9.0；		M99；	子程序结束
G03 I-14.0；	铣出 ϕ44 的圆形型腔		
G01 X2.75；			
G03 I-16.75；	铣出 ϕ49.5 的圆形型腔		
G01 X-11.75；	移至下次螺旋下刀起点		
M99；	子程序结束		

铣 ϕ54 孔的主程序及子程序如下：

程　序	注　释	程　序	注　释
O0014；	主程序	O0023；	铣 ϕ54 孔的子程序
G17 G21 G40 G49 G80 G90 G94；		G91 G03 I-18.5 Z-1.0 F100；	螺旋下刀 1mm
G54 G00 X-24.5 Y0；	建立工件坐标系并移至起点	G03 I-18.5 F250；	铣出 ϕ53 的圆形型腔
G43 Z100.0 H03；	建立刀具长度补偿	G01 X-18.5；	退回到孔中心位置
M08；			
M03 S1600；		G41 X12.0 Y-15.0 D03；	建立刀具半径补偿

（续）

程　序	注　释	程　序	注　释
G00 Z5.0;		G03 X15.0 Y15.0 R15.0;	切线进刀到 ϕ54 孔的切削起点
G01 Z1.0 F100;	下刀到 Z1.0 的位置	G03 I-27;	铣出 ϕ54 的圆形型腔
M98 P70023;	调用 O0023 子程序铣左方孔	G03 X-15.0 Y15.0 R15.0;	切线方向退刀
G90 G01 Z5.0 F100;		G40 G01 X-12.0 Y-15.0;	取消刀具半径补偿
X61.5 Y0;	移至铣右方 ϕ54 孔的位置	G01 X18.5;	移至下次螺旋下刀的起点位置
G01 Z1.0;	下刀到 Z1.0 的位置	M99;	子程序结束
M98 P70023;	调用 O0023 子程序铣右方孔		
G90 G01 Z5.0 F100;			
G91 G28 Z0.0;			
M30;			

扩、铰 ϕ12 孔的程序如下：

程　序	注　释
O0015;	扩 ϕ12 孔至 ϕ11.9 的程序
G17 G21 G40 G49 G80 G90 G94;	
G54 G00 X-50.0 Y72.5;	
G43 Z100.0 H04;	
M08;	
M03 S1200;	
G99 G82 X-42.0 Y72.5 Z-32.0 R5.0 F120;	扩左上方 ϕ12 孔至 ϕ11.9
X42.0;	扩右上方 ϕ12 孔至 ϕ11.9
G01 X-50.0 Y-72.5 F150;	直线移动到左下方孔的起点位置，以消除反向间隙
G99 G82 X-42.0 Y-72.5 Z-32.0 R5.0 F120;	扩左下方 ϕ12 孔至 ϕ11.9
G98 X42.0;	扩右下方 ϕ12 孔至 ϕ11.9，并返回初始平面
G80 M09;	
G91 G28 Z0.0;	
M30;	

注：铰 ϕ12 孔程序与扩孔程序基本一致，只需将 G82 指令替换为 G85 指令并配合使用工艺安排的切削用量即可。

锪 ϕ12 孔的程序如下：

程　序	注　释
O0016;	锪 ϕ12 孔程序
G17 G21 G40 G49 G80 G90 G94;	
G54 G00 X0 Y0;	
G43 Z100.0 H05;	
M08;	
M03 S1300;	
G98 G82 X0 Y0 Z-6.0 R5.0 P1000 F130;	锪零件中心 ϕ12 孔，并返回初始平面
G80 M09;	
G91 G28 Z0.0;	
M30;	

镗 ϕ50 孔的程序如下：

程　　序	注　　释
O0017；	镗 ϕ50 孔程序
G17 G21 G40 G49 G80 G90 G94；	
G54 G00 X-50.0 Y0；	
G43 Z100.0 H09；	
M08；	
M03 S410；	
G99 G76 X-43.0 Y0 Z-31.0 R5.0 Q0.2 F15；	精镗左方 ϕ50 孔
G98 X43.0；	精镗右方 ϕ50 孔，并返回初始平面
G80 M09；	
G91 G28 Z0.0；	
M30；	

镗 ϕ20 孔的程序如下：

程　　序	注　　释
O0018；	镗 ϕ20 孔程序
G17 G21 G40 G49 G80 G90 G94；	
G54 G00 X-90.0 Y67.0；	
G43 Z100.0 H08；	
M08；	
M03 S1000；	
G99 G76 X-77.0 Y67.0 Z-31.0 R5.0 Q0.2 F40；	精镗左上方 ϕ20 孔
X77.0；	精镗右上方 ϕ20 孔
G01 X-90.0 Y-67.0 F150；	直线移动到左下方孔的起点位置，以消除反向间隙
G99 G76 X-77.0 Y-67.0 Z-31.0 R5.0 Q0.2 F40；	精镗左下方 ϕ20 孔
G98 X77.0；	精镗右下方 ϕ20 孔，并返回初始平面
G80 M09；	
G91 G28 Z0.0；	
M30；	

铰 ϕ8 孔的程序如下：

程　　序	注　　释
O0020；	铰 ϕ8 孔程序
G17 G21 G40 G49 G80 G90 G94；	
G54 G00 X0 Y0；	
G43 Z100.0 H07；	
M08；	
M03 S300；	
G98 G85 X0 Y0 Z-33.0 R2.0 F30；	铰零件中心 ϕ8 孔，并返回初始平面
G80 M09；	
G91 G28 Z0.0；	
M30；	

固定板零件加工

1. 工件装夹

该零件外形轮廓已经加工成形，在数控铣床上加工孔时采用压板装夹。由于工件有多个通孔需要加工，刀具需贯穿工件，在压板装夹固定前，可在零件四条侧边的中心均垫上高低相等的垫块，以保证零件悬空。垫块的摆放方法如图 5-60 所示。垫块放好后，在左、右两侧垫块正上方用压板将工件压紧，如图 5-61 所示。

图 5-60 垫块摆放示意图

图 5-61 工件装夹示意图

2. 工件校正

在压紧过程中，为保证工件装夹没有发生各方向的倾斜，需要用百分表对工件表面进行打表找正。具体打表方法为：

1）对工件上表面的 X 方向和 Y 方向进行打表校正，以保证工件的水平放置，如图 5-62 所示。

2）对工件侧边的 X 方向进行打表校正，以保证侧边与 X 轴方向平行，如图 5-63 所示。

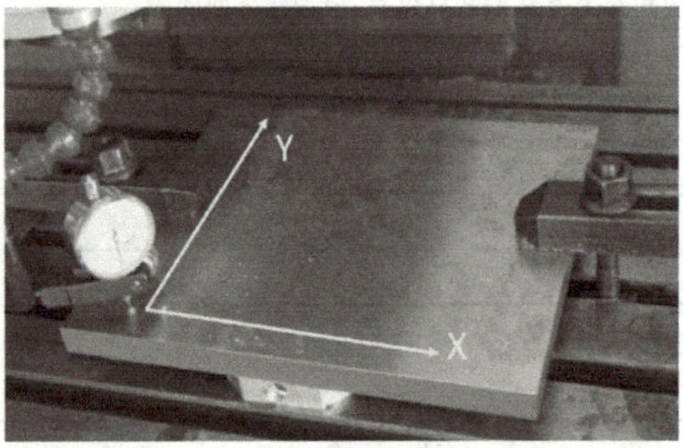

图 5-62 上表面打表校正示意图

图 5-63 侧面打表校正示意图

3. 对刀及自动加工

按本书项目 2 中所介绍的方法完成对刀及自动加工。零件加工过程中，养成良好的质量意识和安全意识，灵活应用零件尺寸精度控制方法保证尺寸精度。

二维码 5-17
零件仿真加工

项目拓展

1. 企业点评

1）固定板类零件是模具加工中较常见的孔类零件，除了本书所介绍的加工方法外，还可以采用多种其他方法进行加工。如扩通孔可采用扩孔钻削、铣削、镗削等方法，也可采用线切割方法进行；若数控机床的坐标插补精度能够达到孔的圆度要求，亦可直接采用铣孔的方法进行精加工。

2）采用可调镗刀进行粗、精镗孔时，需要按照要求对镗刀进行手工调节，一定要熟悉镗刀上的刻度与其加工尺寸的关系，避免调节错误而造成孔尺寸偏大，从而引起零件报废。

3）在进行精镗孔时，一次镗孔后要及时测量孔的尺寸，测量时可采用千分尺与游标卡尺配合测量的方法（先用游标卡尺粗略测量以获得孔的大致尺寸，再使用千分尺测量出其较高精度的尺寸），这样可以避免单独用千分尺测量而造成的读数错误问题。

4）精镗孔时的刀杆应尽量大、背吃刀量应选择合理，避免产生颤振、切屑二次切削而造成的孔壁粗糙或尺寸超差等问题。

5）螺纹加工中的铣削螺纹方法与传统攻螺纹方法相比，可大大提高加工效率、切削过程中产生的切削力小、有效避免刀具折断等，是一种较好的螺纹加工方法。

2. 思想/技能进阶

大国工匠刘湘宾

刘湘宾，中国航天科技集团九院7107厂数控铣工。获得2021年“大国工匠年度人物”称号。从事铣工38年，矢志奋斗、只争朝夕，与铣刀为伍，铸大国重器；他练出将陀螺仪精度加工到微米和亚微米级的绝活，以精准的导航擦亮大国重器的“眼睛”；他在以微米度量的世界不断超越，用一点点缩小的精度，一次次书写中国航天技术的跃进。

二维码5-18
大国工匠刘湘宾

项目 6　特征类零件加工

项目导读

项目描述

本项目为学习者提供了与特征类零件加工有关的理论知识与实践内容，并且提供了特征类零件加工的工程案例，供学习者参阅。

本项目提供的工程案例为矩形槽板零件的加工，零件图如图 6-1 所示，毛坯为 120mm×100mm×25mm 的板料，材料为 45 钢。

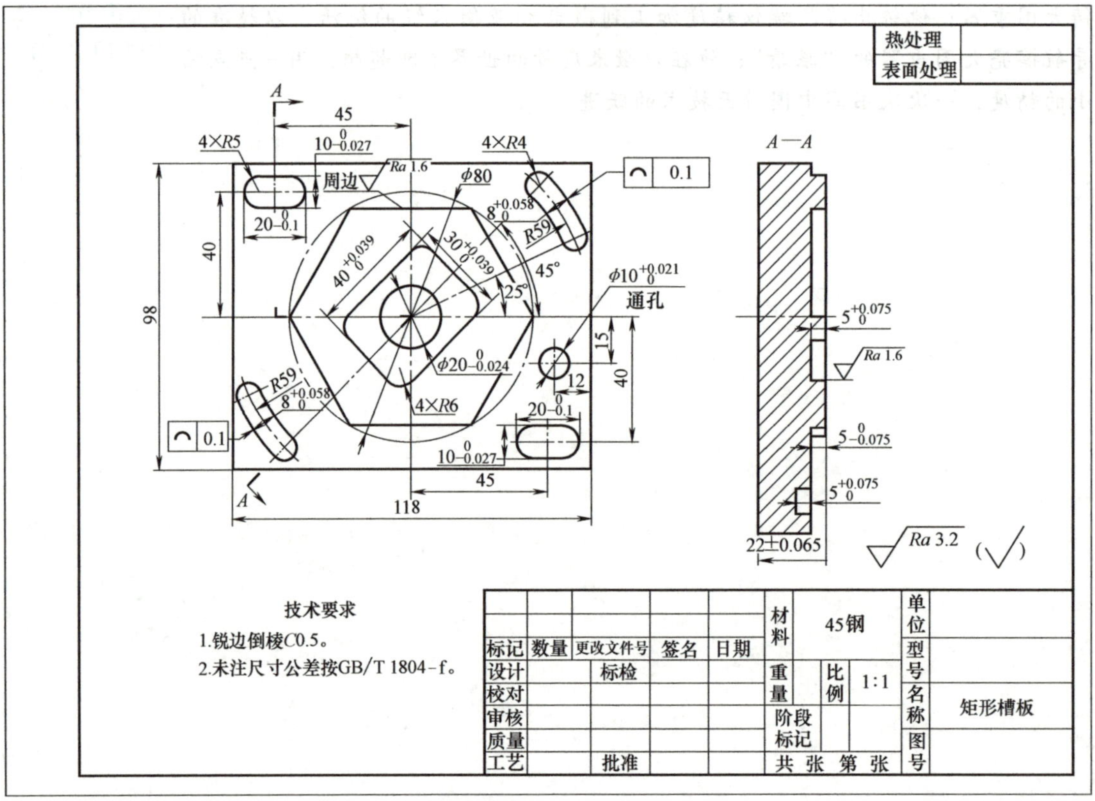

图 6-1　矩形槽板零件

项目转化

结合教学实际，对矩形槽板零件的结构进行转化，转化后的矩形槽板如图 6-2 所示。要求制订该零件的加工工艺，编制零件加工程序，并完成零件加工和质量评估。

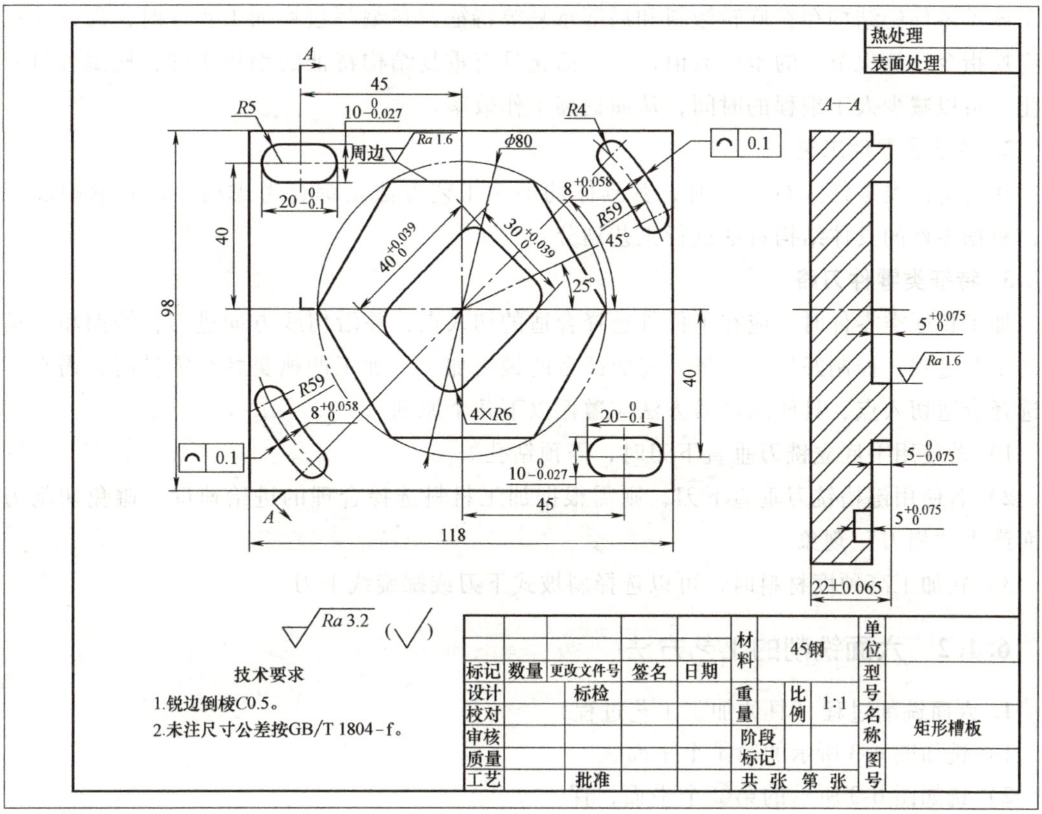

图 6-2　矩形槽板零件转化图

项目知识图谱

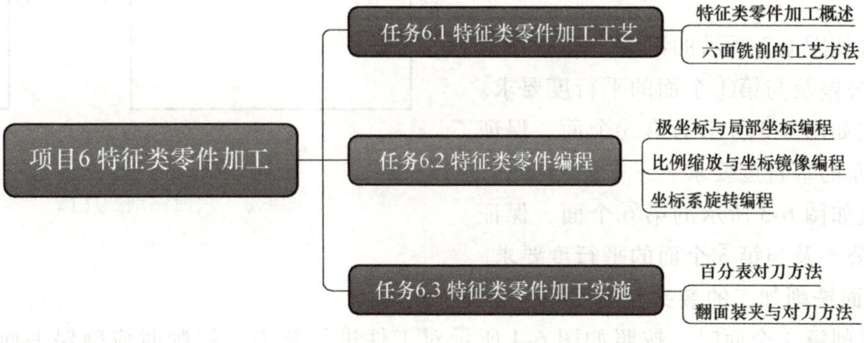

项目资讯

任务 6.1　特征类零件加工工艺

6.1.1　特征类零件加工概述

1. 特征类零件结构

特征类零件是指外形结构具有倾斜、相似、中心对称或轴对称等典型特征的机械零件。

由于该类零件的结构存在旋转倾斜和局部重复等特征，在编写数控加工程序时，通过使用坐标变换指令，简化节点的坐标数值计算，简化具有重复结构特征的编程步骤，使编程过程简单化，可以减少人工编程的时间，从而提高工作效率。

2. 特征类零件工艺

在对特征类零件进行加工时，其具体的加工工艺方法是综合考虑内、外轮廓的加工工艺，根据零件的具体结构特征进行工艺划分。

3. 特征类零件刀路

加工特征类零件时，应在工件外选择合适的切入点，并沿切线方向进刀，按照粗、精加工的工艺过程，控制好加工质量，完成凸台的最终加工。加工凹槽类特征零件时，需在凹槽内选择合适切入点，具体的进刀方法应遵循以下几个原则：

1）若使用平底立铣刀垂直下刀时，需预钻孔。

2）若使用键槽铣刀垂直下刀，则需根据加工材料选择合理的进给速度，避免切削力过大而产生“崩刀”现象。

3）在加工高硬度材料时，可以选择斜坡式下刀或螺旋线下刀。

6.1.2　六面铣削的工艺方法

1. 六面铣削过程（具体加工工艺过程）

1）铣如图6-3所示的第①个平面。

2）铣如图6-3所示的第②个平面，保证与第①个面的垂直度要求。

3）铣如图6-3所示的第③个平面，保证宽度尺寸公差及与第①个面的垂直度要求。

4）铣如图6-3所示的第④个面，保证厚度尺寸公差及与第①个面的平行度要求。

5）铣如图6-3所示的第⑤个面，保证与第①个面的垂直度要求。

6）铣如图6-3所示的第⑥个面，保证长度尺寸公差及与第⑤个面的平行度要求。

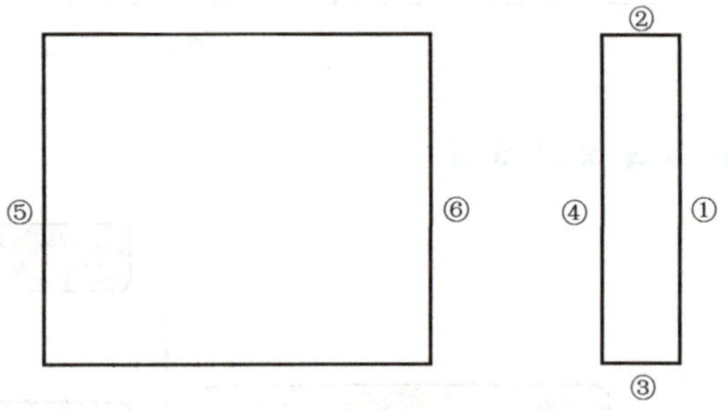

图6-3　六面铣削顺序图

2. 六面铣削加工的装夹与校正

1）铣削第①个面时，按照如图6-4所示对工件进行装夹，铣削时应确保平面度公差要求，并以此面作为后续工艺的精基准面。

2）将铣完的第①个面紧贴平口钳固定侧，铣削与第①个面相邻的一侧垂直面，确保垂直度公差要求，完成第②个面的铣削，装夹方法如图6-5所示。

3）将铣完的第①个面紧贴平口钳固定侧，铣完的第②个面紧贴平口钳底部，铣削与第②个面相对的另一侧平行面，先粗铣一刀，再精铣一刀至加工尺寸要求，并确保与第①个面的垂直度公差要求，完成第③个面的铣削，装夹方法如图6-6所示。

4）将铣完的第①个面置于等高精密平行垫铁上，铣完的第②、③个面置于平口钳两侧，铣削与第①个面相对的另一侧平行面，先粗铣一刀，再精铣一刀至加工尺寸要求，确保与第

①个面的平行度公差要求，完成第④个面的铣削，装夹方法如图 6-7 所示。

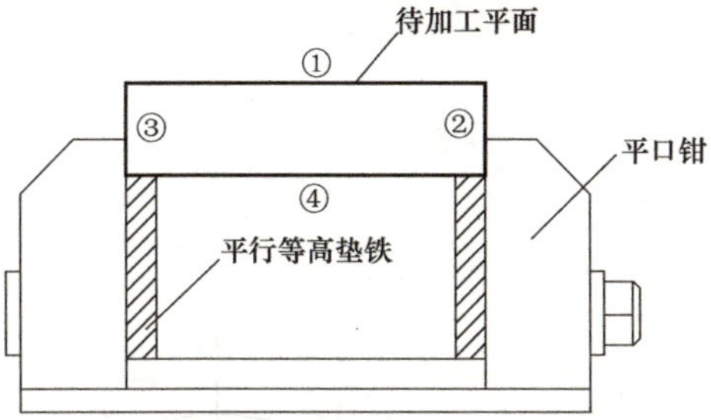

图 6-4　铣削第①个面的装夹示意图

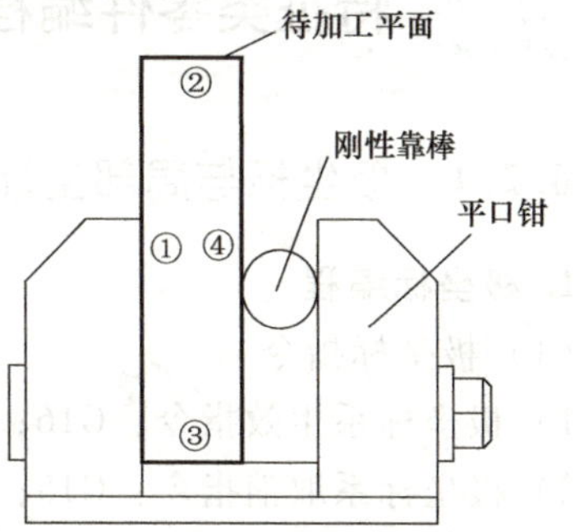

图 6-5　铣削第②个面的装夹示意图

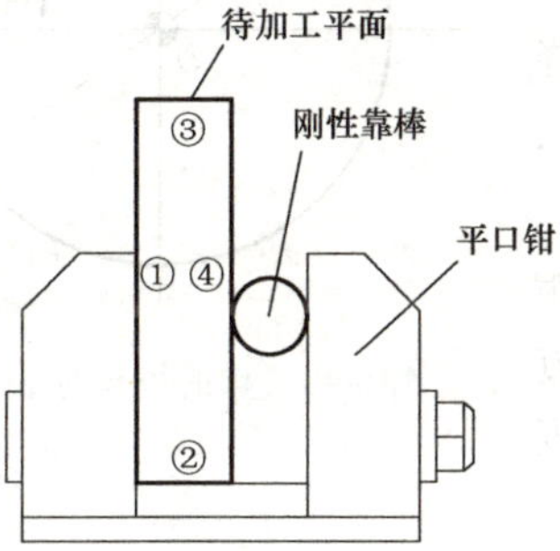

图 6-6　铣削第③个面的装夹示意图

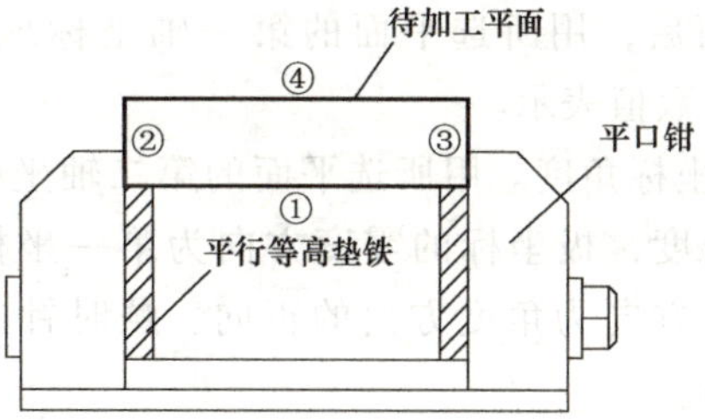

图 6-7　铣削第④个面的装夹示意图

5）将铣完的第①个面紧贴平口钳固定一侧，第④个面紧贴平口钳活动一侧，适当预夹紧，用百分表找正第②个面，确保第②个面与 *XY* 水平面的垂直度公差在 0.02mm 以内，再夹紧工件，铣削第⑤个面，装夹方法如图 6-8 所示。

6）将铣完的第①个面紧贴平口钳固定侧，铣完的第⑤个面紧贴平口钳底部，铣削与第⑤个面相对的另一侧平行面，先粗铣一刀，再精铣一刀至加工尺寸要求，并确保与第⑤个面的平行度公差要求，完成第⑥个面的铣削，装夹方法如图 6-9 所示。

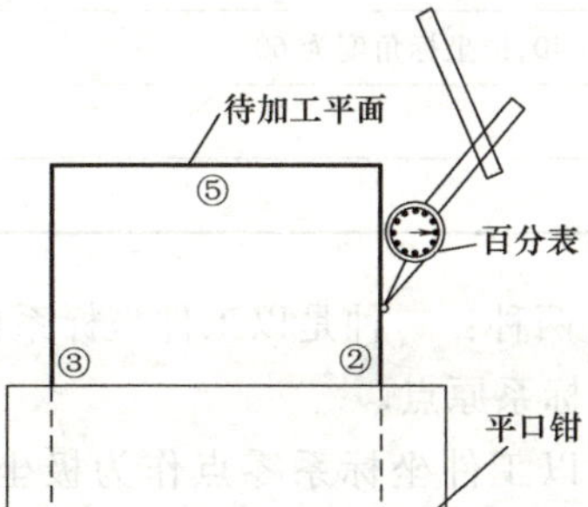

图 6-8　铣削第⑤个面的装夹示意图

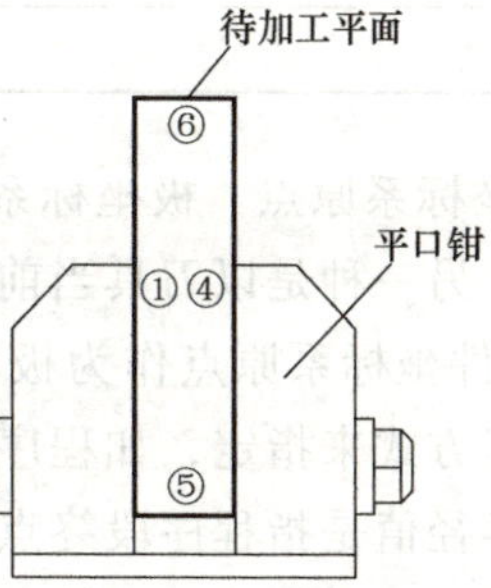

图 6-9　铣削第⑥个面的装夹示意图

任务 6.2 特征类零件编程

6.2.1 极坐标与局部坐标编程

1. 极坐标编程

(1) 极坐标指令

1) 极坐标系生效指令：G16;

2) 极坐标系取消指令：G15;

(2) 指令说明 当使用极坐标指令后，坐标值以极坐标方式指定，即以极坐标半径和极坐标角度来确定点的位置。

1) 极坐标半径。当使用 G17、G18、G19 指令选择好加工平面后，用所选平面的第一轴坐标地址来指定，该值用非负数值表示。

2) 极坐标角度。用所选平面的第二轴坐标地址来指定极坐标角度，极坐标的零度方向为第一坐标轴的正方向，逆时针方向为角度方向的正向，顺时针方向为角度方向的负向。

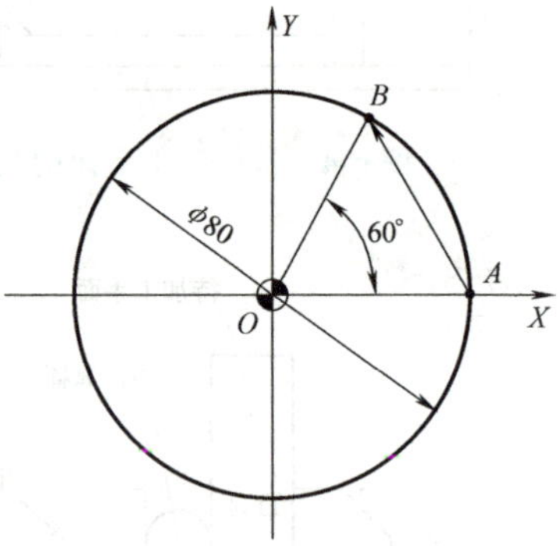

图 6-10 点的极坐标表示方法

[例 6-1] 如图 6-10 所示，在 *XY*（G17）加工平面内，*A*、*B* 两点采用极坐标方式，可描述为：

A：X40.0 Y0; （极坐标半径为 40mm，极坐标角度为 0°）

B：X40.0 Y60.0; （极坐标半径为 40mm，极坐标角度为 60°）

刀具从 *A* 点到 *B* 点采用极坐标系编程如下：

程　序	注　释
……	
G00 X50.0 Y0.0;	快速定位至起刀点
G90 G17 G16;	选择 *XY* 平面,极坐标生效
G01 X40.0 Y60.0;	终点极坐标半径为 40,极坐标角度为 60°
G15;	取消极坐标
……	

(3) 极坐标系原点 极坐标系原点指定方式有两种：一种是以工件坐标系的原点作为极坐标系原点；另一种是以刀具当前的位置作为极坐标系原点。

1) 以工件坐标系原点作为极坐标系原点。当以工件坐标系零点作为极坐标系原点时，用绝对值编程方式来指定，如程序段“G90 G17 G16;”。

极坐标半径值是指程序段终点坐标到工件坐标系原点的距离，极坐标角度是指程序段终点坐标与工件坐标系原点的连线与 *X* 轴的夹角，如图 6-11 所示。

2) 以刀具当前点作为极坐标系原点。当以刀具当前位置作为极坐标系原点时，用增量值编程方式来指定，如程序段“G91 G17 G16;”。

极坐标半径值是指程序段终点坐标到刀具当前位置的距离，角度值是指前一坐标系原点与当前极坐标系原点的连线与当前轨迹的夹角。

如图 6-12 所示，当前刀具位于 *A* 点，并以刀具当前点作为极坐标系原点时，极坐标系之前的坐标系为工件坐标系，原点为 *O* 点。这时，极坐标半径为当前工件坐标系原点到轨迹终点的距离（*AB* 线段的长度）；极坐标角度为前一坐标系原点 *O* 与当前极坐标系原点 *A* 的连线与当前轨迹线 *AB* 的夹角（即线段 *OA* 与线段 *AB* 的夹角）。当以图中 *BC* 段编程时，*B* 点为当前极坐标系原点，角度与半径的确定与 *AB* 段类似。

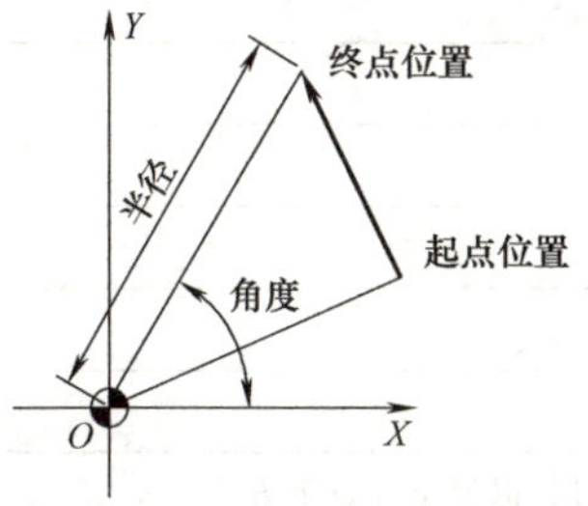

图 6-11 以工件坐标系原点作为极坐标系原点

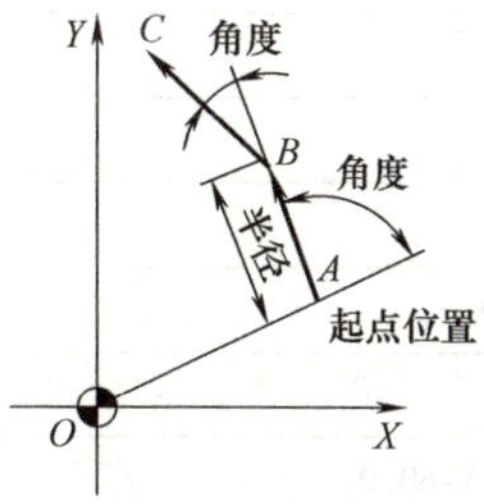

图 6-12 以刀具当前点作为极坐标系原点

（4）极坐标的应用与编程实例　采用极坐标系编程，有时可大大减少编程时计算的工作量。因此，在数控铣床、加工中心的编程中得到广泛应用。通常情况下，图样尺寸以半径与角度形式标注的零件（如图 6-13 所示正多边形外形铣）以及圆周分布的孔类零件（如图 6-14 所示法兰盘类零件），采用极坐标编程较为合适。

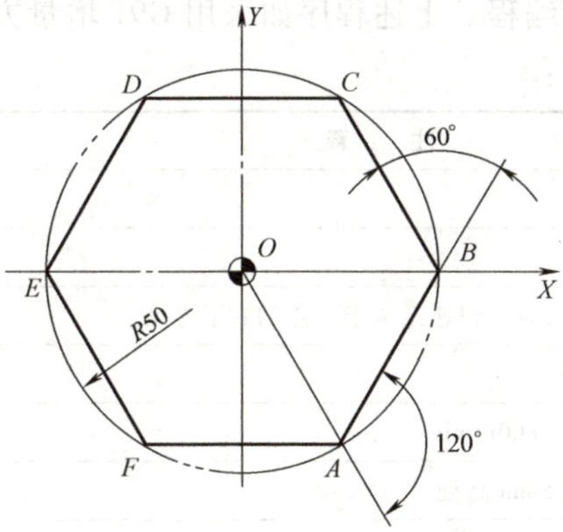

图 6-13 用极坐标编程加工正多边形零件

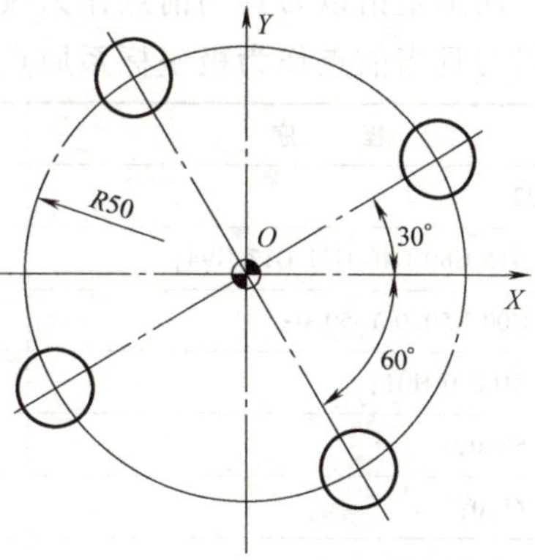

图 6-14 用极坐标编程加工孔

[例 6-2] 试用极坐标编程方式编写如图 6-13 所示正六边形外形铣削的刀具轨迹，*Z* 向切削深度为 2mm。

程 序	注 释
O0001;	程序名
G90 G80 G40 G21 G17 G15 G49;	程序保护头
G54 G00 X50.0 Y-50.0;	选择 G54 工件坐标系，刀具快速定位于 *A* 点的右下方处
G43 Z100.0 H01;	建立刀具长度正补偿
M03 S800;	开启主轴正转，速度为 800r/min

（续）

程　序	注　释
G00 Z5.0;	快速定位至工件表面5mm高处
G01 Z-2.0 F100;	以100mm/min进给速度下刀至加工深度
G90 G17 G16;	设定工件坐标系原点为极坐标系原点
G41 G01 X50.0 Y-60.0 D01;	建立刀具半径左补偿至 *A* 点(极坐标半径为50.0,极坐标角度为-60°)
G01 X50.0 Y240.0;	铣削到 *F* 点
Y180.0;	铣削到 *E* 点
Y120.0;	铣削到 *D* 点
Y60.0;	铣削到 *C* 点
Y0.0;	铣削到 *B* 点
X50.0 Y-60.0;	铣削返回到 *A* 点
G15;	取消极坐标编程
G40 G01 X25.0 Y-60.0;	取消刀具半径补偿,刀具退刀至 *A* 点下方
G01 Z10.0 F500;	以500mm/min进给速度抬刀
G00 Z100.0;	快速抬刀
M05;	主轴停转
M30;	程序结束

本例中，轮廓的角度也可采用增量方式编程。但应注意，此时的增量坐标编程仅为角度增量，而不是指以刀具当前点作为极坐标系原点进行编程。上述程序如采用G91增量方式编程，以刀具当前点作为极坐标系原点，则其编程如下：

程　序	注　释
O0002;	程序名
G90 G15 G80 G40 G21 G17 G94;	程序保护头
G54 G00 X50.0 Y-50.0;	选择G54工件坐标系,刀具快速定位于 *A* 点的右下方处
G43 Z100.0 H01;	建立刀具长度正补偿
M03 S800;	开启主轴正转,速度为800r/min
G00 Z5.0;	快速定位至工件表面5mm高处
G01 Z-2.0 F100;	以100mm/min进给速度下刀至加工深度
G90 G17 G16;	设定工件坐标系原点为极坐标系原点
G41 G01 X50.0 Y-60.0 D01;	建立刀具半径左补偿至 *A* 点(极坐标半径为50.0,极坐标角度为-60°)
G91 X50.0 Y-120.0;	相对坐标编程下,此时 *A* 点为极坐标系原点,极坐标半径等于 *AF* 长为50mm,极坐标角度为 *OA* 方向与 *AF* 方向的夹角为-120°,铣削到 *F* 点
X50.0 Y-60.0;	此时 *F* 点为极坐标系原点,极坐标半径等于 *FE* 长为50mm,极坐标角度为 *AF* 方向与 *FE* 方向的夹角为-60°,铣削到 *E* 点
X50.0 Y-60.0;	铣削到 *D* 点
X50.0 Y-60.0;	铣削到 *C* 点
X50.0 Y-60.0;	铣削到 *B* 点
X50.0 Y-60.0;	铣削返回到 *A* 点

（续）

程　　序	注　　释
G15；	取消极坐标编程
G40 G90 G01 X25. 0 Y-60. 0；	取消刀具半径补偿，刀具退刀至 *A* 点下方
Z10. 0 F200；	以 500mm/min 进给速度抬刀
G00 Z100. 0；	快速抬刀
M05；	主轴停转
M30；	程序结束

注意：以刀具当前点作为极坐标系原点进行编程时，情况较为复杂，且不易采用刀具半径补偿进行编程。所以，编程时请慎用。

［例 6-3］　用极坐标系编程方式编写如图 6-14 所示孔的加工程序，孔加工深度为 20mm。

程　　序		注　　释
O0003；		程序名
……		
G90 G17 G16；		设定工件坐标系原点为极坐标系原点
G83 X50. 0 Y30. 0 Z-20. 0 Q3. 0 R5. 0 F100；		钻第一象限孔
Y120. 0；	或：G91 Y90. 0；	钻第二象限孔
Y210. 0；	Y90. 0；	钻第三象限孔
Y300. 0；	Y90. 0；	钻第四象限孔
G15 G80；		取消极坐标和固定循环
……		

2. 局部坐标系编程

在数控编程中，为了方便编程，有时要给程序选择一个新的参考基准，通常是将工件坐标系偏移一个距离。在 FANUC 系统中，通过指令 G52 来实现。

（1）编程格式

1）设定局部坐标系：G52 X_ Y_ Z_；

2）取消局部坐标系：G52 X0 Y0 Z0；

（2）指令说明

1）局部坐标系的参考基准是当前设定的有效工件坐标系原点，即使用 G54～G59 设定的工件坐标系。

2）X、Y、Z 为局部坐标系的原点在原工件坐标系中的位置。该值用绝对坐标值进行指定。

3）当 X、Y、Z 坐标值取零时，表示取消局部坐标，其实质是将局部坐标系仍设定在原工件坐标系原点处。

［例 6-4］　G54；

G52 X20. 0 Y10. 0；

表示在 G54 指令工件坐标系中设定一个新的工件坐标系，该坐标系位于原工件坐标系 *XY* 平面的（20. 0，10. 0）位置，如图 6-15 所示。

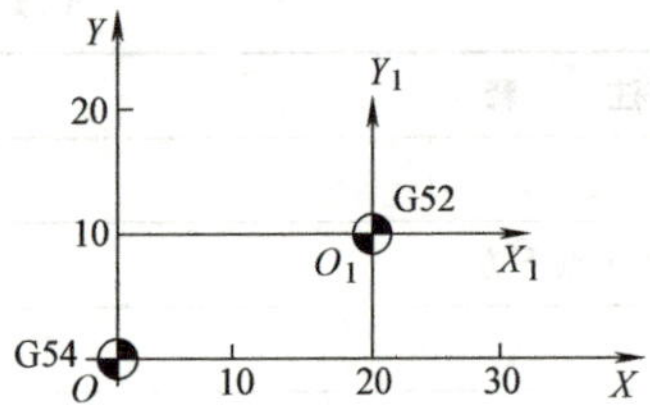

图 6-15 设定局部坐标系

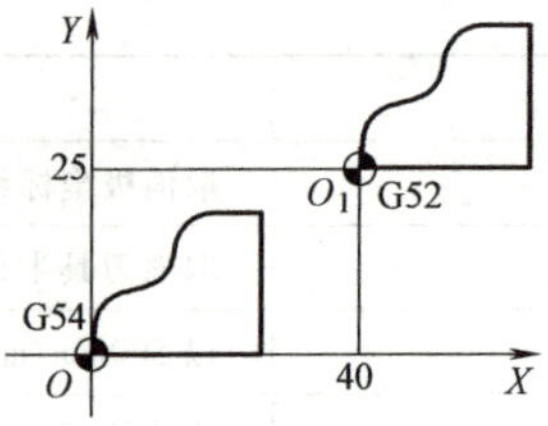

图 6-16 局部坐标系编程实例

二维码 6-1 局部坐标编程仿真加工

(3) 编程实例

[例 6-5] 试用局部坐标系及子程序调用指令来编写如图 6-16 所示工件的加工程序，该外形轮廓的加工子程序为 O200。

程 序	注 释
O0010;	程序名
G90 G80 G40 G21 G17 G94;	程序保护头
……	
M03 S800;	开启主轴正转，速度为 800r/min
G00 X0.0 Y-20.0;	将刀具移至 O 点正下方
M98 P200;	在 G54 坐标系中，调用 200 号子程序加工第一个轮廓
G52 X40.0 Y25.0;	设定局部坐标系，局部坐标系原点为 O_1
G00 X0.0 Y-20.0;	将刀具移至 O_1 点正下方
M98 P200;	在局部坐标系中，继续调用 200 号子程序加工第二个相同轮廓
G52 X0.0 Y0.0;	取消局部坐标系
……	

6.2.2 比例缩放与坐标镜像编程

1. 比例缩放

在数控编程中，有时在对应坐标轴上的值是按固定的比例系数进行放大或缩小的，这时，为了编程方便，可采用比例缩放指令来进行编程。

(1) 编程格式

1) 设置比例缩放编程格式一：

G51 X_ Y_ Z_ P_;

其中：

G51——比例缩放生效；

X、Y、Z——比例缩放中心的绝对坐标值；

P——缩放比例系数，不能用小数点指定该值，如“P2000”表示缩放比例为 2 倍。

[例 6-6] G51 X10.0 Y20.0 P1500;

该程序段只有 X、Y，没有 Z，表示在 *X*、*Y* 轴上进行比例缩放，而在 *Z* 轴上不进行比例缩放。本例表示在 *X*、*Y* 轴上进行比例缩放，缩放中心在坐标（10.0，20.0）处，缩放比例为 1.5 倍。

如果省略了 X、Y、Z，则 G51 指定刀具的当前位置作为缩放中心。

2）设置比例缩放编程格式二：

G51 X_ Y_ Z_ I_ J_ K_;

其中：

X、Y、Z——比例缩放中心的绝对坐标值；

I、J、K——分别用于指定 *X*、*Y*、*Z* 轴方向上的缩放比例。I、J、K 可以指定不相等的参数，表示该指令允许沿不同的坐标方向进行不等比例缩放。

［例 6-7］ G51 X10.0 Y20.0 Z0 I1500 J2000 K1000;

表示以坐标点（10，20，0）为中心进行比例缩放，在 *X* 轴方向的缩放倍数为 1.5 倍，在 *Y* 轴方向上的缩放倍数为 2 倍，在 *Z* 轴方向则保持原比例不变。

二维码 6-2
比例缩放编程仿真加工

3）取消缩放指令：G50;

（2）比例缩放编程实例

［例 6-8］ 如图 6-17 所示，将外轮廓轨迹 *ABCDE* 以原点为中心在 *XY* 平面内进行等比例缩放，缩放比例为 2.0，编写其加工程序。

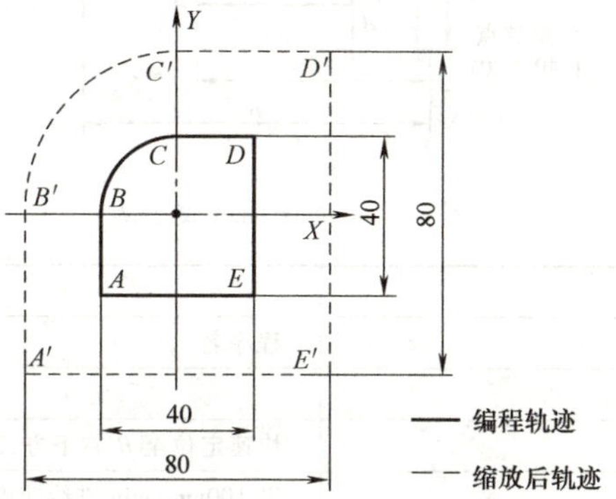

图 6-17 等比例缩放实例

程　　序	注　　释
O0004;	程序名
G90 G80 G40 G21 G17 G50 G94;	程序保护头
G54 G00 X-50.0 Y-50.0;	刀具位于缩放后工件轮廓外侧
G43 Z100.0 H01;	建立刀具长度正补偿
M03 S800;	开启主轴正转，速度为 800r/min
G00 Z5.0;	快速定位至工件表面 5mm 高处
G01 Z-2.0 F100;	以 100mm/min 进给速度下刀至加工深度
G51 X0.0 Y0.0 P2000;	在 *XY* 平面内进行缩放，缩放比例相同，为 2.0 倍
G41 G01 X-20.0 Y-30.0 D01;	在比例缩放编程中建立刀具半径左补偿
Y0.0;	以原轮廓尺寸编程加工至 *B* 点，但刀具加工轨迹为缩放后轨迹 *B'* 点
G02 X0.0 Y20.0 R20.0;	加工至 *C* 点，缩放后轨迹 *C'* 点
G01 X20.0;	加工至 *D* 点，缩放后轨迹 *D'* 点
Y-20.0;	加工至 *E* 点，缩放后轨迹 *E'* 点
X-30.0;	加工至 *A* 点延长线上，缩放后轨迹 *A'* 点延长线上

（续）

程　　序	注　　释
G40 X-25.0 Y-25.0;	取消刀具半径补偿
G50;	取消比例缩放
Z10.0 F200;	抬刀
G00 Z100.0;	取消长度补偿，刀具回归第二参考点
M05;	主轴停转
M30;	主程序结束

［例 6-9］ 如图 6-18 所示，将外轮廓轨迹 *ABCD* 以（−40，−20）为中心在 *XY* 平面内进行不等比例缩放，*X* 轴方向的缩放比例为 1.5，*Y* 轴方向的缩放比例为 2.0，试编写其加工程序。

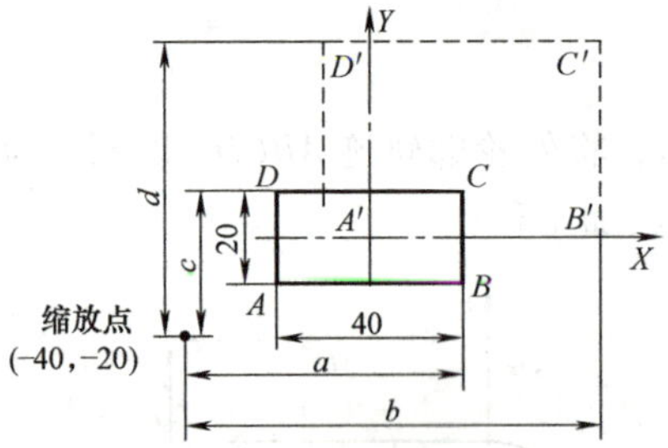

图 6-18 不等比例缩放实例

程　　序	注　　释
O0005;	程序名
……	
G00 X50.0 Y-20.0;	快速定位至 *B'* 右下方，准备下刀
G01 Z-2.0 F100;	以 100mm/min 进给速度下刀至加工深度
G51 X-40.0 Y-20.0 I500 J2000;	在 *XY* 平面内进行不等比例缩放
G41 G01 X25.0 Y-10.0 D01;	以原轮廓轨迹编程，建立刀补到达 *AB* 线延长线处
X-20.0;	铣削到 *A* 点
Y10.0;	铣削到 *D* 点
X20.0;	铣削到 *C* 点
Y-20.0;	铣削到 *CB* 线延长线处
G40 X50.0 Y-20.0;	取消刀补至 *B'* 右下方处
G50;	取消缩放
……	

（3）比例缩放编程说明

1）比例缩放中的刀具半径补偿问题。在编写比例缩放程序过程中，要特别注意建立刀补程序段的编写位置，一般将刀补程序段写在缩放程序段内。即为：

G51 X_ Y_ Z_ P_;

G41 G01…D01 F100;

如果执行以下程序则会产生机床报警。

G41 G01…D01 F100;

G51 X_ Y_ Z_ P_;

零件数控铣削编程与加工技术

第 2 版

任务工作页

专　　业：____________________

班　　级：____________________

学　　号：____________________

姓　　名：____________________

实训时间：____________________

指导教师：____________________

机 械 工 业 出 版 社

目　　录

项目 1　数控铣削基础

项目导读

项目描述

本项目主要完成数控铣床及其坐标系的认识、数控铣削常用刀具的认识、数控铣削常用夹具的认识，以及数控铣削编程基础知识，为后续项目中理论与实践内容的学习奠定基础。

项目目标（表 1-1）

表 1-1　项目目标

知识目标	能力目标	素质目标
1. 认识数控机床的组成、工作原理 2. 认识数控铣床的类型、结构及技术参数 3. 认识数控铣削常用夹具与刀具 4. 理解数控铣床坐标系的相关知识 5. 认识数控铣削编程格式及常用代码 6. 理解 G01、G00 指令	1. 能识别数控铣床的常用类型、结构 2. 能阐述数控铣床的常用技术参数 3. 能分辨数控铣削常用夹具及刀具 4. 能识别与判断数控铣床坐标系 5. 能运用 G01、G00 指令编制简单程序	1. 培养学生查阅资料、自主学习和勤于思考的学习能力 2. 树立质量意识、安全意识和岗位意识，培养良好的职业素养 3. 培养学生求真务实、精益求精的工匠精神

项目任务

学习任务 1.1　认识数控铣床

学习任务单

任务要求	认识数控铣床的概念、加工对象及加工特点	学时	1 学时
任务载体	数控铣床		
任务成果	能正确识别不同类型的数控铣床，能根据典型零件结构说出其加工方法		

任务资讯

1. 学习相关知识，填写图 1-1 中数控机床的名称。

(　　　　　　)　　　　(　　　　　　)　　　　(　　　　　　)

图 1-1　数控机床分类

2. 简述数控铣床的加工对象。

____

____

3. 简述常用的数控系统有哪些。

____

____

任务实施

1. 将图 1-2 中数控机床与其适合加工的零件结构连接起来。

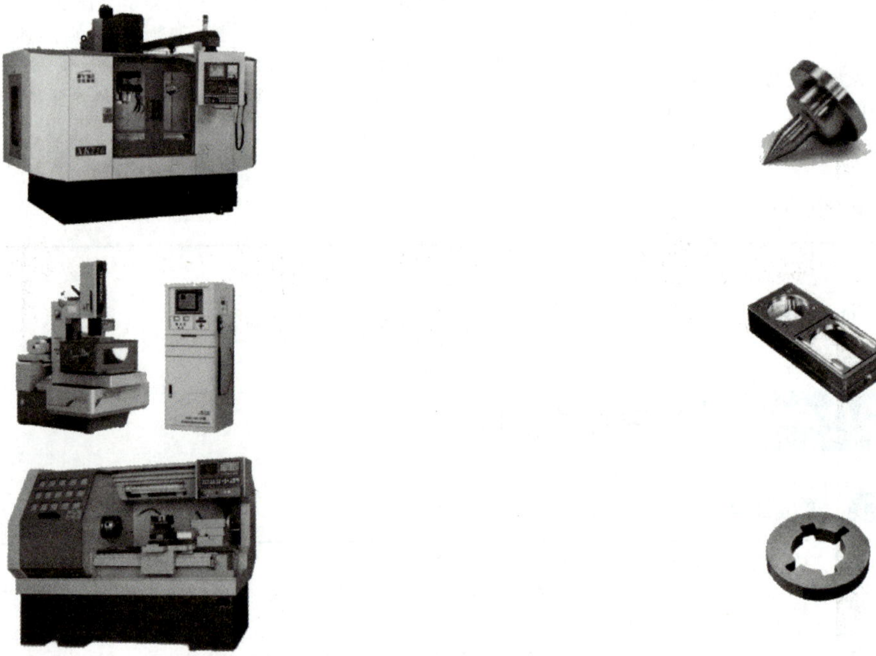

图 1-2　数控机床与加工对象连线

2. 观察如图 1-3 所示的数控铣床，在括号中填写其对应结构的名称。

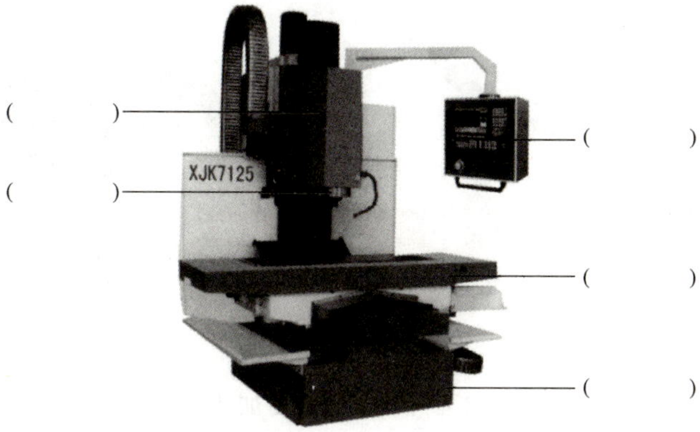

图 1-3　数控铣床的结构

学习任务 1.2　认识数控铣削常用夹具与刀具

学习任务单

任务要求	认识数控铣削常用夹具、刀柄系统、轮廓铣削刀具	学时	1 学时
任务载体	常用铣削夹具、铣刀柄、铣削刀具		
任务成果	能根据零件结构和工艺要求选择合理的夹具与刀具		

任务资讯

1. 写出图 1-4 中所示夹具的名称。

(　　　　)　(　　　　)　(　　　　)

图 1-4　数控铣削常用夹具

2. 写出表 1-2 中各类型的刀柄分别是怎样夹紧刀具的。

表 1-2　刀柄夹紧方式

刀柄类型	夹紧方式	刀柄类型	夹紧方式
弹簧夹头式刀柄		热装刀柄	
侧固式刀柄		液压刀柄	

3. 写出如图 1-5 所示的刀具名称。

(　　　　　)　(　　　　　)　(　　　　　)　(　　　　　)

图 1-5　数控铣削常用刀具

任务实施

1. 现有表 1-3 中零件需要加工，请仔细阅读加工要求，填写合理的夹具、勾选合理的刀具（可多选）。

表 1-3　夹具与刀具的合理选择

零件图示			
加工要求	零件六面已加工完成，要求加工上表面的两个圆形内腔	外圆柱面已加工完成，要求加工圆柱侧面的开槽	零件侧面与底面已加工完成，要求加工上表面及其圆形内腔
夹具选择			
刀具选择	□平底立铣刀/□键槽铣刀 □面铣刀　　/□球头铣刀	□平底立铣刀/□键槽铣刀 □面铣刀　　/□球头铣刀	□平底立铣刀/□键槽铣刀 □面铣刀　　/□球头铣刀

2. 图 1-6 中有三种类型的刀具，请选择合适的刀柄进行安装（连线）。

图 1-6　根据刀具选择刀柄

学习任务 1.3 数控铣削编程基础

学习任务单

任务要求	了解数控铣削加工程序的格式、认识常用功能代码、理解常用基本指令，完成任务图的编程	**学时**	2 学时
任务载体	任务图(图 1-7)		
任务成果	程序单		

如图 1-7 所示，外形 60mm×60mm×30mm 已经完成加工，要求编写 52mm×50mm×10mm 凸台的加工程序。

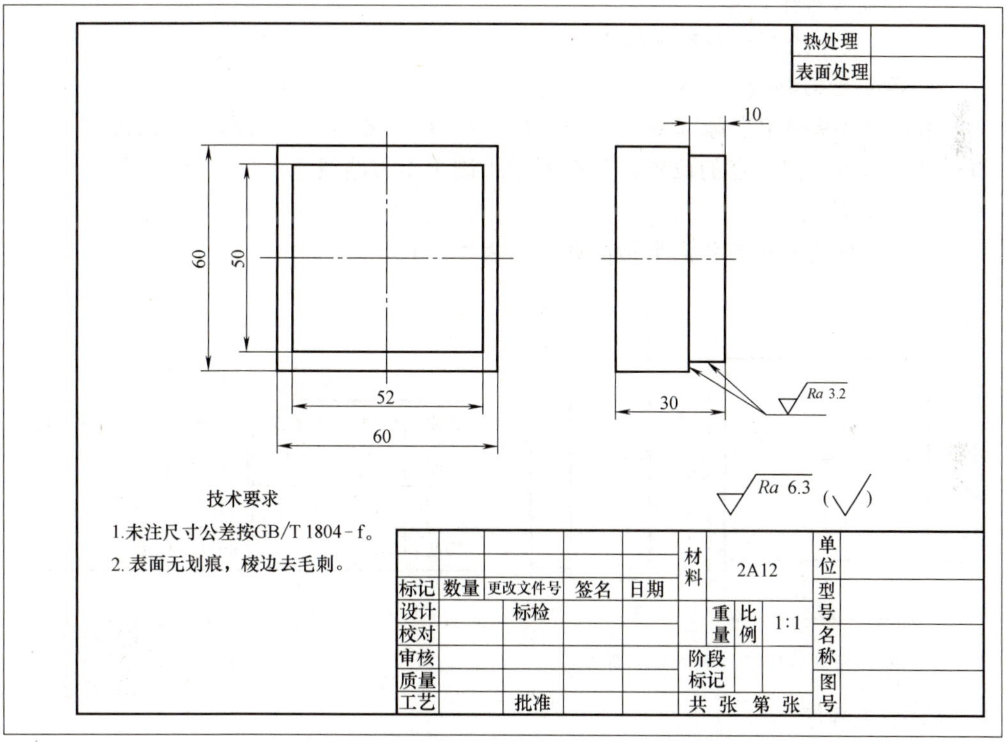

图 1-7　任务图

任务资讯

1. 根据图 1-8 中的已知条件，在相应的位置写出坐标轴及其方向。

2. 数控铣床的加工动作主要分刀具动作和工件动作两部分。在确定机床坐标系的运动方式时，假定________不动，________相对于静止的________而运动，把________运动的方向作为正方向。

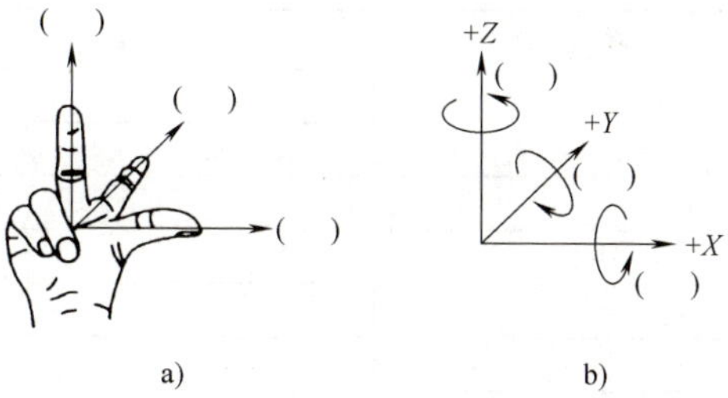

图 1-8　坐标系的判断

a）直线轴的确定　b）旋转轴的确定

3. 请写出表1-4中常用功能指令的功能名称及编程格式。

表1-4 功能指令名称及编程格式

指令	功 能	编程格式	指令	功 能	编程格式
G00			G90		
G01			G94		
G54			M05		
M03			G21		
M06			M30		

任务实施

1. 建立编程坐标系

在图1-9中绘制出编程坐标系。

2. 确定走刀路线

请在图1-9中用字母（A'、A、B、C、D、T'）分别标注出水平方向的起刀点、切入点、基点、退刀点的位置，并在图中绘制出走刀路线。

3. 计算基点坐标

请计算出所设定的各点坐标值并填入表1-5中。

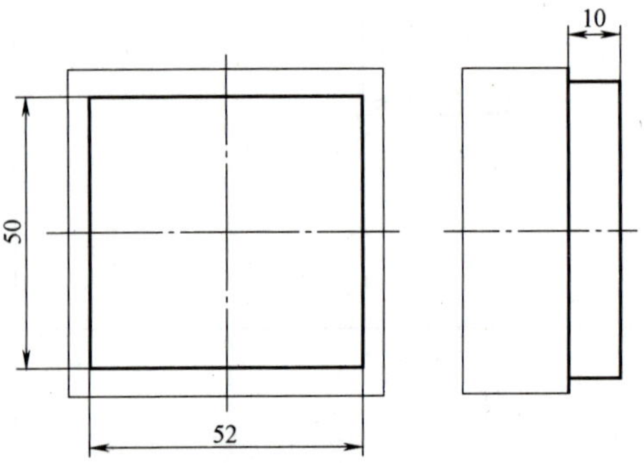

表1-5 坐标计算

名称	代码	坐标值	名称	代码	坐标值
起刀点	A'		基点	C	
切入点	A		基点	D	
基点	B		退刀点	T'	

图1-9 绘制编程坐标系及走刀路线

4. 编写加工程序

编写该轮廓的加工程序，并对主要程序段进行注释，填写在表1-6中。

表1-6 编写程序

程 序	注 释	程 序	注 释

项目总结

根据本项目的任务完成情况，说明存在的问题，分析原因并提出改进措施（表 1-7）。

表 1-7　项目总结

存在的问题	原因分析	改进措施

项目训练

1. 简述数控铣床有哪些类型，有哪些加工对象。
2. 简述 G01 指令与 G00 指令的运动路线有何区别。
3. 如图 1-10 所示零件，毛坯尺寸为 60mm×60mm×13mm，刀具为 $\phi20$ 平底立铣刀，建立合适的坐标系，分别采用 G90 和 G91 方式完成该零件上 40mm×40mm×4mm 凸台的精加工程序编制。
4. 如图 1-11 所示零件，毛坯尺寸为 60mm×60mm×14mm，刀具为 $\phi20$ 平底立铣刀，完成该零件上高度 8mm 凸台程序的编制。

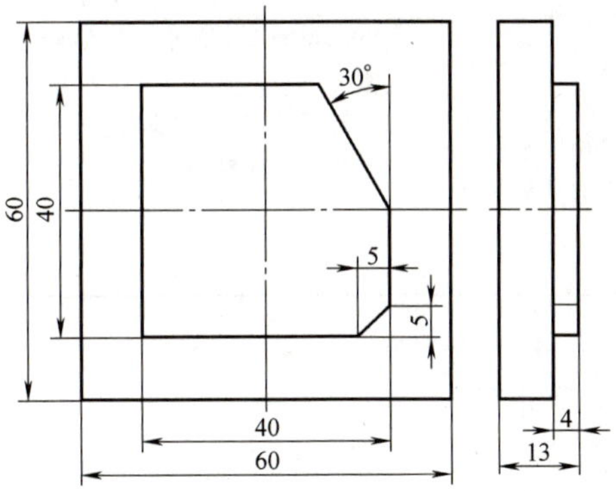

图 1-10　练习图 1

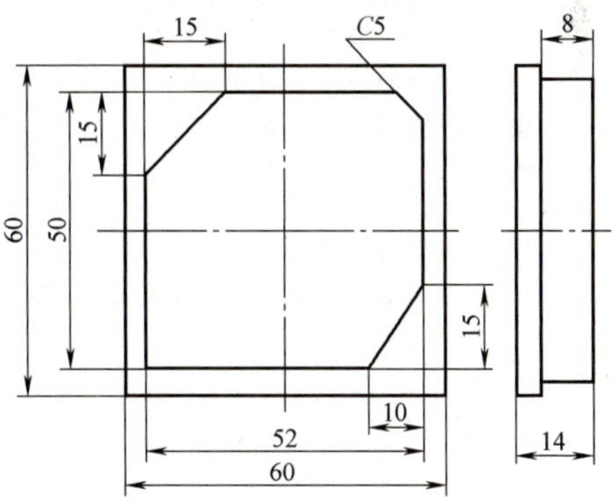

图 1-11　练习图 2

项目 2 数控铣床基本操作

项目导读

项目描述

本项目主要完成数控铣床安全操作知识的学习、数控铣床基本操作技能的学习，以及数控铣床日常维护知识的学习，为完成后续项目零件的加工奠定基础。

项目目标（表 2-1）

表 2-1 项目目标

知识目标	能力目标	素质目标
1. 理解数控铣床安全操作规程 2. 熟记数控铣床开机、回零的操作方法 3. 熟记数控铣床面板各功能 4. 熟记 MDI 操作与程序编辑方法 5. 熟记坐标移动操作方法 6. 熟记安装工件与安装刀具方法 7. 理解数控铣床对刀原理与方法 8. 熟记程序校验与自动加工操作方法 9. 熟记数控铣床的日常维护内容	1. 能进行数控铣床开机、回零操作 2. 能识别数控铣床面板各功能 3. 能进行 MDI 操作与程序编辑 4. 能进行坐标移动操作 5. 能安装工件与刀具 6. 能进行数控铣床对刀 7. 能校验程序与自动加工 8. 能进行数控铣床的日常维护	1. 培养学生查阅资料、自主学习和勤于思考的学习能力 2. 树立质量意识、安全意识和岗位意识，培养良好的职业素养 3. 培养学生求真务实、精益求精的工匠精神

项目任务

学习任务 2.1 数控铣床安全操作

学习任务单

任务要求	学习数控铣床的安全操作规程、理解安全操作规程的具体内容，具备安全意识，确保人身安全、设备安全	**学时**	2 学时
任务载体	数控铣床		
任务成果	能理解背诵数控铣床安全操作规程的具体内容，顺利通过安全知识的考试		

任务资讯

1. 判断以下事项是否正确（用“√”或“×”表示）。

1）直接碰触不认识的按钮、开关等，观察机床动作情况。（　　）

2）在教师的指导下，按操作说明书中的步骤进行操作。（　　）

3）天气比较热的时候可以穿裙子和拖鞋进入车间操作数控铣床。（　　）

4）开机前应对机床的各部位认真检查，在确保无误时才能使用。（　　）

2. 请根据开机顺序的描述，总结并写出数控铣床的开机步骤。

________→________→________

________→________→________

3. 请在图 2-1 中括号内用①②③标注出数控铣床回参考点的顺序，并分析原因。

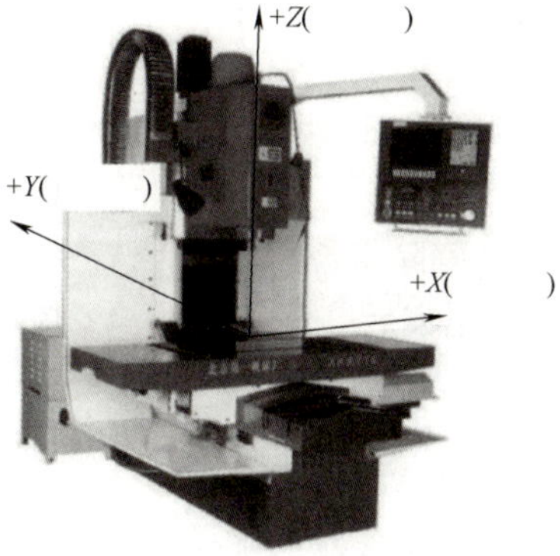

图 2-1　数控铣床回参考点的顺序

4. 思考回答以下问题。

（1）为什么在关机前要将 X、Y 轴放置于中间位置？

____

（2）怎样确保清扫机床卫生时不使切屑、切削液等进入主轴锥孔中？

____

任务实施

1. 总结操作前的安全注意事项（仅写出关键词即可）。

1）着装要求：________________________________

2）开机前的检查：________________________________

2. 总结操作中的安全注意事项（仅写出关键词即可）。

1）开机顺序：________________________________；

2）回参考点顺序：____________；3）退出参考点顺序：____________；

4）移动坐标注意事项：__________；5）主轴装刀注意事项：__________；

6）工件装夹注意事项：__________；7）自动运行注意事项：__________；

8）出现报警的处理方法：________；9）对旁观者的要求：__________。

3. 总结操作后的安全注意事项（仅写出关键词即可）。

1）工量具的使用：________________；2）打扫卫生注意事项：______________；

3）机床参数：____________________；4）关机前的要求：__________________；

5）关机顺序：____。

学习任务 2.2　数控铣床基本操作

学习任务单

任务要求	完成数控铣床的基本操作技能的学习	学时	6 学时
任务载体	数控铣床、工量刃辅具、数控加工仿真软件、任务图(图 1-7)及表 1-6 程序单		
任务成果	独立完成本书项目 1 给定零件(图 1-7)的加工，顺利通过数控铣床基本操作考核		

任务资讯

1. 在下列几种情况下，判断数控铣床是否需要回零，请在相应的位置画勾。

1）首次开机　（必须回零□/不用回零□）

2）发生坐标轴超程报警，解除报警后　（必须回零□/不用回零□）

3）“机床锁住”功能使用结束后　（必须回零□/不用回零□）

4）发生撞机等事故并排除故障后　（必须回零□/不用回零□）

5）编写程序后　（必须回零□/不用回零□）

6）输入对刀参数后　（必须回零□/不用回零□）

2. 写出表 2-2 所示 MDI 键盘上的功能键名称。

表 2-2　MDI 功能键

功能键	功能键名称	功能键	功能键名称	功能键	功能键名称

3. 写出表 2-3 所示控制面板上的功能键名称。

表 2-3　控制面板上的功能键

功能键	功能键名称	功能键	功能键名称	功能键	功能键名称

4. 简述手动与手轮移动坐标时各自的应用场合。

手动移动坐标应用场合：____；

手轮移动坐标应用场合：____。

5. 表 2-4 中各图为安装刀具的内容，请写出安装步骤：____________________；

____。

表 2-4　安装刀具的步骤

 ①刀柄	 ②弹簧夹头	 ③锁紧螺母	 ④刀具

6. 如图 2-2 所示，加工原点位于工件对称中心，寻边器直径为 $\phi 10$，水平向右为 X 轴正方向。请计算加工原点的 X 轴对刀值并填入括号中。

7. 如图 2-3 所示，根据已知条件计算加工原点的 Z 轴对刀值并填入括号中。

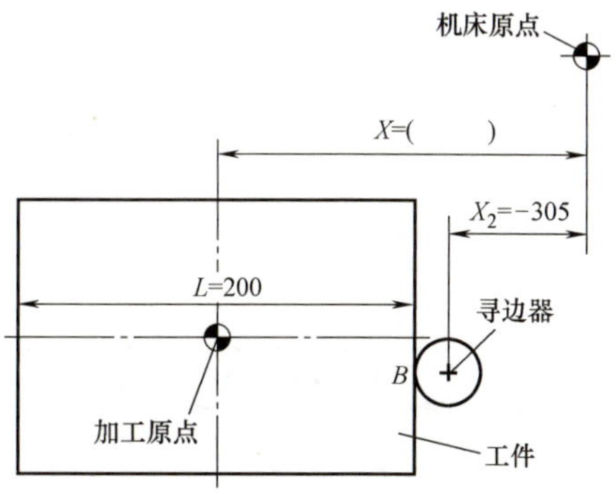

图 2-2　X 轴对刀数据计算

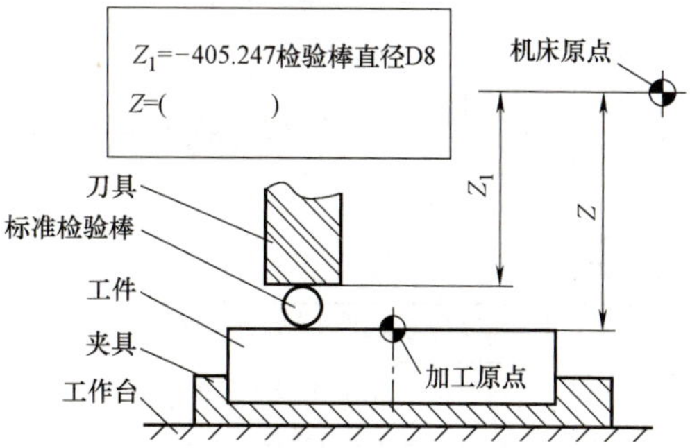

图 2-3　Z 轴对刀数据计算

任务实施

请参照表 2-5 中推荐的步骤，使用数控铣床完成图 1-7 的加工，记录各步骤的完成情况及其出现的问题和解决办法。

表 2-5 数控铣床基本操作过程记录

步骤	工作内容	完成情况		出现的问题	解决办法
1	开机、回零	(1)正确开机 (2)正确回零	是□/否□ 是□/否□		
2	安装工件	(1)夹具固定牢固 (2)夹具已经校正 (3)工件伸出尺寸够加工 (4)工件已经夹紧	是□/否□ 是□/否□ 是□/否□ 是□/否□		
3	安装刀具	(1)刀具无缺损 (2)刀具在刀柄上固定牢固 (3)刀柄在主轴上安装牢固	是□/否□ 是□/否□ 是□/否□		
4	对刀及参数设置	(1)佩戴护目镜 (2)寻边器转速合理 (3)完成 *X*、*Y* 轴对刀 (4)*X*、*Y* 轴对刀参数设置正确 (5)完成 *Z* 轴对刀 (6)*Z* 轴对刀参数设置正确 (7)验证对刀参数是否正确	是□/否□ 是□/否□ 是□/否□ 是□/否□ 是□/否□ 是□/否□ 是□/否□		
5	程序输入与校验	(1)完成程序的输入 (2)图形校验正确 (3)程序中的各数据设置正确 (4)校验正确后回零	是□/否□ 是□/否□ 是□/否□ 是□/否□		
6	自动加工	(1)关闭防护门 (2)单段运行 (3)切削液是否调整正确 (4)运行速度控制合理 (5)完成自动加工	是□/否□ 是□/否□ 是□/否□ 是□/否□ 是□/否□		
7	尺寸检测与拆卸工件	(1)完成尺寸测量 (2)拆卸工件	是□/否□ 是□/否□		

学习任务 2.3 数控铣床日常维护

学习任务单

任务要求	完成数控铣床日常维护与保养知识的学习	学时	2学时
任务载体	数控铣床、必备的维护工具		
任务成果	独立完成数控铣床的日常维护		

任务资讯

1. 分析并写出表 2-6 中所展示报警信息的报警原因。

表 2-6　报警信息分析

报警信息	原因分析	报警信息	原因分析
EMERGENCY STOP		X AXIS RETURN REFERENCEING POINT	
CNC ALARM		LUBRICATION OIL LACK	
SPINDLE ARALM		没有圆弧半径	
程序号已使用		不正确的 G 代码	

2. 简述数控铣床维护保养的意义。

____

____

3. 写出以下两项日常维护内容的指标范围。

1）供气气压：______________；　　2）切削液浓度：______________。

任务实施

1. 按照表 2-7 所示内容完成润滑系统及冷却系统的日常维护，在对应的方框中打“√”。

表 2-7　润滑系统与冷却系统的日常维护

润滑系统的日常维护		冷却系统的维护	
维护内容	检查情况（结合现场情况）	维护内容	检查情况（结合现场情况）
1）检查油量，及时添加润滑油	润滑油液面是否充足：是□/否□	1）检查切削液是否足够	① 观察切削液箱的液面：充足□/不足□ ② 切削液流速是否正常：是□/否□
2）检查油泵是否定时启动打油及停止	油泵能否正常工作：能□/否□	2）检查切削液使用状态	① 观察颜色是否正常：　是□/否□ ② 观察有无杂质：　有□/无□
		3）检查切削液浓度是否合适	① 使用浓度仪检测切削液的浓度值：______________ ② 浓度是否正常：　是□/否□

2. 按照表 2-8 所示内容完成气压系统的日常维护，在对应的方框中打“√”。

表 2-8　气压系统的维护

维护内容	检查情况（结合现场情况）
1）检查气压是否足够	① 观察气压表的气压指示，气压值：________ ② 压力是否正常：　是□/否□ ③ 各管路有无漏气情况：　有□/无□
2）检查压缩空气质量	① 观察颜色是否正常：　是□/否□ ② 观察有无杂质：　有□/无□ ③ 观察有无明显水雾：　有□/无□
3）检查主轴换刀是否正常（加工中心自动换刀是否正常）	① 主轴松刀功能开启是否正常　是□/否□ ② 从主轴上安装与拆卸刀具是否正常：　是□/否□ ③ 手动或自动换刀后是否有气压报警：　是□/否□

3. 按照表 2-9 所示内容完成运动部件的日常维护，在对应的方框中打“√”。

表 2-9 运动部件检查项目

检查项目	检查情况(结合现场情况)
1)各功能按钮是否正常,指示灯的显示情况是否正常	正常□/不正常□ 异常情况说明:________
2)行程开关和限位块是否正常,是否能够正常回位。移动坐标观察行程开关的限位作用是否有效	正常□/不正常□ 异常情况说明:________
3)手轮是否能够正常使用	正常□/不正常□ 异常情况说明:________
4)移动坐标,检查运动情况是否正常,响应是否灵敏,有无异响	正常□/不正常□ 异常情况说明:________
5)主轴运转是否正常,刀柄夹紧状态是否正常	正常□/不正常□ 异常情况说明:________
6)机床防护门是否能够正常使用、观察窗是否安全	正常□/不正常□ 异常情况说明:________
7)机床电柜风扇工作是否正常、柜门是否关闭,是否有漏电隐患	正常□/不正常□ 异常情况说明:________

4. 请按表 2-10 逐条完成清扫卫生与防锈处理,并在对应的方框中打"√",做到认真、仔细,有责任心。

表 2-10 清扫卫生与防锈处理

需完成的项目	完成情况(结合现场情况)
1)堵住主轴锥孔,以防止被切屑或切削液污染	已完成□/未完成□
2)拆除工作台面上的所有夹具,并将夹具上的切屑清理干净	已完成□/未完成□
3)清除工作台面、导轨防护罩、防护门及其观察窗等部位的切屑	已完成□/未完成□
4)清除行程开关和限位块处的切屑	已完成□/未完成□
5)清扫机床周边区域卫生,整理工具柜,保持干净整洁	已完成□/未完成□
6)擦净工作台面等部位的切削液,并均匀涂抹润滑油	已完成□/未完成□
7)在夹具、刀柄等需要进行防锈处理的附件表面均匀涂抹润滑油	已完成□/未完成□

项目总结与评价

根据本项目的任务完成情况,说明存在的问题,分析原因并提出改进措施(表 2-11)。

表 2-11 项目总结

存在的问题	原因分析	改进措施

按照各任务的完成情况，进行项目评价。评价标准见“附表 4 职业素养评分表”。

项目训练

1. 练习使用手轮移动坐标的操作。
2. 练习装工件与装刀操作。
3. 练习数控铣床对刀操作。
4. 练习程序的输入与校验操作。
5. 练习自动加工操作。

项目 3　外轮廓零件加工

项目导读

项目描述

如图 3-1 所示零件，毛坯尺寸为 60mm×60mm×35mm，六面已完成加工，材料为 2A12。要求编制该零件的数控加工工艺及加工程序，并在数控铣床上完成加工。

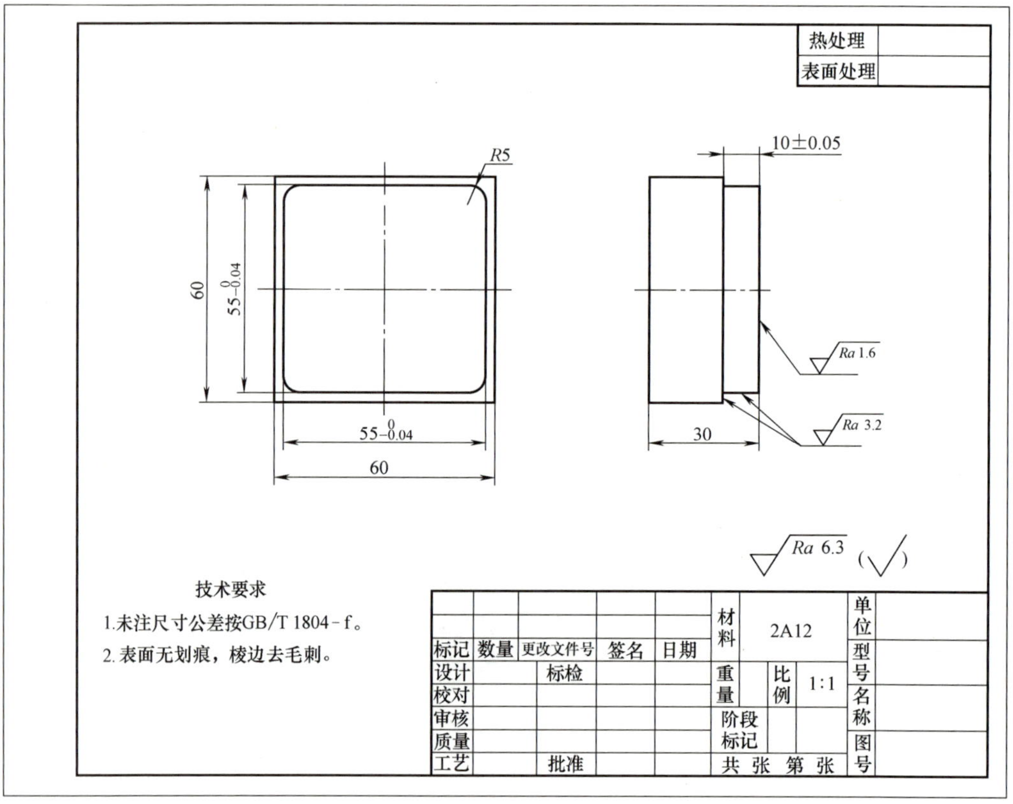

图 3-1　外轮廓零件任务图

项目目标（表 3-1）

表 3-1 项目目标

知识目标	能力目标	素质目标
1. 归纳数控铣削常用加工方式与铣削路径 2. 阐述数控铣削加工切削用量的选择 3. 归纳圆弧插补指令的指令格式及应用 4. 描述刀具补偿指令的指令格式及应用	1. 能编制外轮廓零件数控铣削加工工艺 2. 能应用 G02/G03、G41/G42 指令完成程序编制 3. 能操作数控铣床，完成外轮廓零件加工 4. 能正确检测零件加工质量并分析误差	1. 培养学生查阅资料、自主学习和勤于思考的学习能力 2. 树立质量意识、安全意识和岗位意识，培养良好的职业素养 3. 培养学生求真务实、精益求精的工匠精神

项目任务

学习任务 3.1 外轮廓零件加工工艺

学习任务单

任务要求	以企业数控工艺员身份制订外轮廓零件的加工工艺	学时	2 学时
任务载体	零件图(图 3-1)		
任务成果	机械工艺过程卡、数控加工工序卡		

任务资讯

1. 在进行铣削加工时，刀具从起始平面出发，经过图 3-2 所示哪几个平面后，切削进入工件内部？

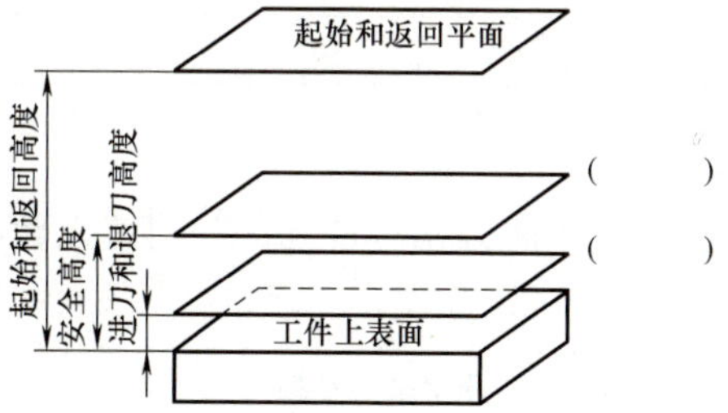

图 3-2 加工时的平面/高度

2. 在设置水平方向进退刀路线时，一般采用什么方式切入/切出？为什么？

______

______

3. 在图 3-3 描述的两种铣削方式中，哪一种是顺铣，哪一种是逆铣？

4. 使用 $\phi10$mm 的立铣刀精铣侧壁时，选择 v_c 为 80m/min，请计算主轴转速 n

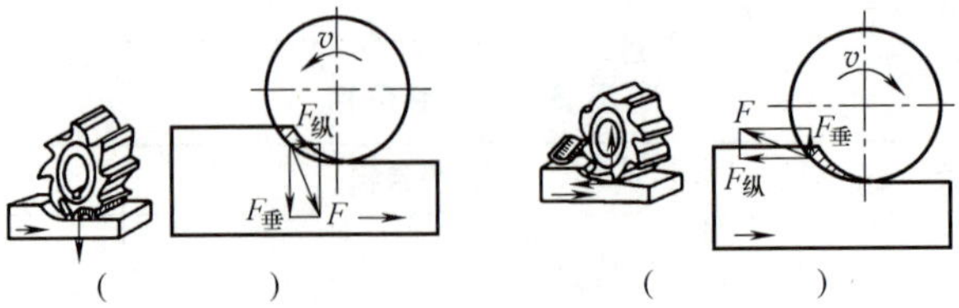

图 3-3 顺/逆铣的判断

为多少？

____

____

任务实施

1. 零件图样分析

识读零件图，确定加工内容，分析尺寸精度、几何公差和表面粗糙度要求，说明尺寸精度控制范围，并完成表 3-2。

表 3-2 零件图样分析

项目	项目内容
加工内容及技术要求	
尺寸精度分析	
几何公差分析	
表面粗糙度分析	
零件加工难点	

2. 机床设备、夹具选择（表 3-3）

表 3-3 机床设备、夹具选择

序号	类型	名称	规格及型号	数量
1	机床设备			
2	夹具			

3. 刀具、量具的确定

根据零件加工要素选用合适的刀具与量具，分别填入数控加工刀具卡与量具卡中，见表 3-4、表 3-5。

表 3-4 刀具卡

<table>
<tr><td>产品名称或代号</td><td colspan="2"></td><td colspan="2">零件名称</td><td></td><td>零件图号</td><td></td><td rowspan="2">备注</td></tr>
<tr><td>序号</td><td>刀具号</td><td colspan="2">刀具名称</td><td colspan="3">刀具规格</td><td>刀具材料</td></tr>
<tr><td></td><td></td><td colspan="2"></td><td colspan="3"></td><td></td><td></td></tr>
<tr><td></td><td></td><td colspan="2"></td><td colspan="3"></td><td></td><td></td></tr>
<tr><td></td><td></td><td colspan="2"></td><td colspan="3"></td><td></td><td></td></tr>
<tr><td>编 制</td><td></td><td>审 核</td><td></td><td>批 准</td><td colspan="2"></td><td colspan="2">共 页 第 页</td></tr>
</table>

表 3-5　量具卡

产品名称或代号			零件名称		零件图号	
序号	量具名称		量具规格	分度值		数量
编　制		审核		批准		共　页　第　页

4. 编制数控加工工艺文件

根据以上分析，拟订机械工艺过程卡及数控加工工序卡（参见“附表 1 机械工艺过程卡”“附表 2 数控加工工序卡”）。

学习任务 3.2　外轮廓零件编程

学习任务单

任务要求	以企业数控编程员身份编制外轮廓零件加工程序	学时	4 学时
任务载体	零件图(图 3-1)		
任务成果	程序单		

任务资讯

1. 认识坐标平面指令

（1）常用的坐标平面选择指令有哪些？分别表示选择哪个平面？

____

（2）根据坐标平面选择指令与平面的对应关系，在图 3-4 中标出各坐标平面对应的指令。

2. 认识圆弧插补指令

（1）圆弧插补指令 $G17\begin{Bmatrix}G02\\G03\end{Bmatrix}X\_\ Y\_\ \begin{Bmatrix}I\_\ J\_\\R\_\end{Bmatrix}F\_$ ；G17 表示________；I_ J_ 表示________。

（2）根据圆弧顺逆判断方法，判断如图 3-5 所示坐标平面中圆弧的顺逆，并标在图中。

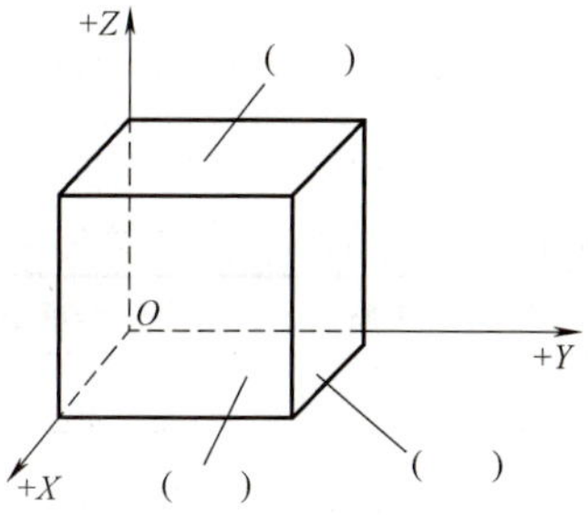

图 3-4　平面指令的选择

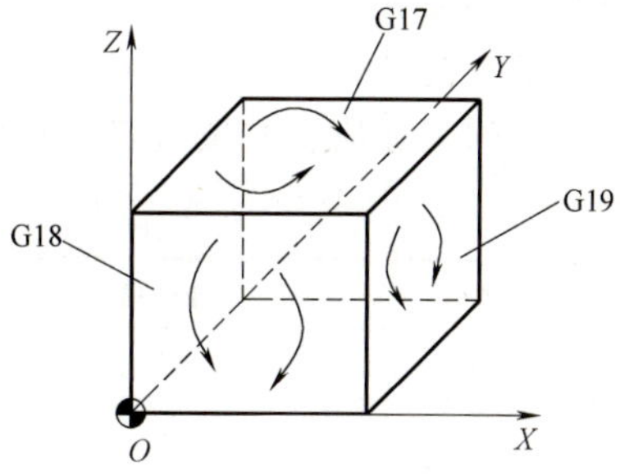

图 3-5　圆弧顺逆方向的判别

3. 认识刀具半径补偿

（1）根据刀具半径补偿指令格式，补充完整如图 3-6 所示的建立刀具半径补偿指令。

（2）根据 G41 指令与 G42 指令的判断方法，判断如图 3-7 所示内外轮廓加工所用左右刀补。

$$\left\{\begin{matrix} G17 \\ G18 \\ G19 \end{matrix}\right\} \left\{\begin{matrix} G41 \\ G42 \end{matrix}\right\} \left\{\begin{matrix} X\_\ Y\_ \\ X\_\ Z\_ \\ Y\_\ Z\_ \end{matrix}\right\} (\quad)\ F\_$$

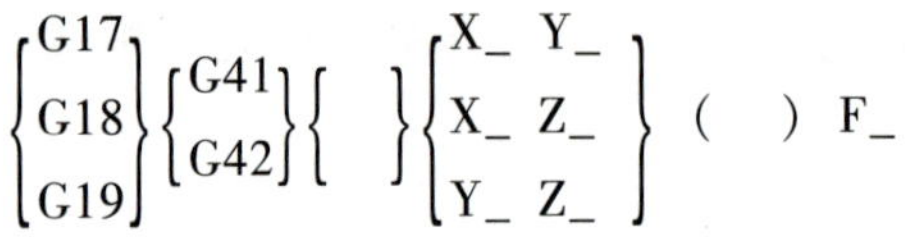

图 3-6　刀具半径补偿指令

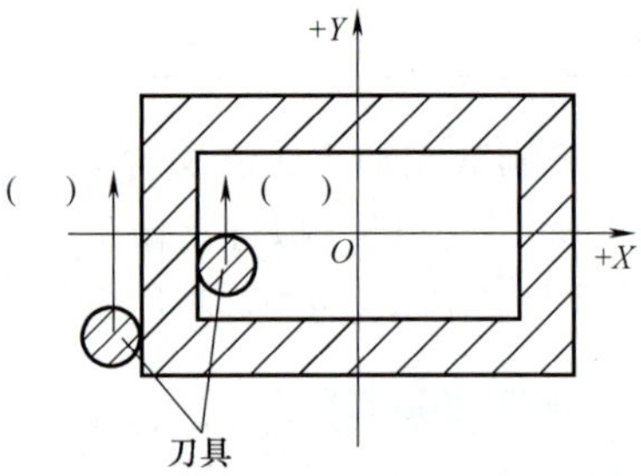

图 3-7　左右刀补的判别

📋 任务实施

1. 建立编程坐标系

在图 3-8 中绘制出外轮廓零件的编程坐标系。

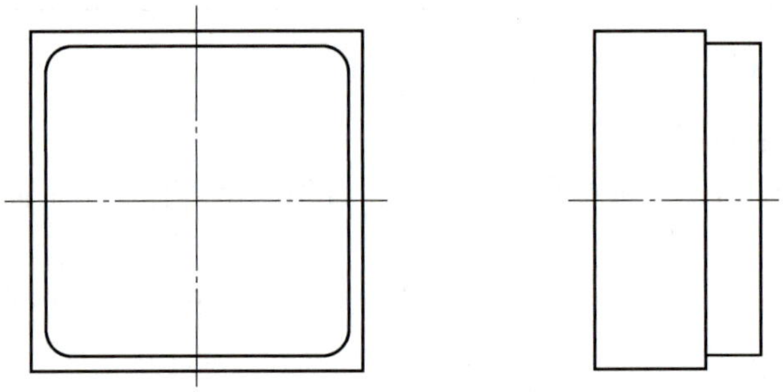

图 3-8　编程坐标系及刀具路线

2. 确定走刀路线

在图 3-8 中标注出水平方向的起刀点（A'）、刀补点（A）、切入点（B）、切出点（T）和退刀点（T'）的位置，并在图中绘制出走刀路线。

3. 计算基点坐标

请计算出所设定的起刀点（A'）、刀补点（A）、切入点（B）、切出点（T）和退刀点（T'）的坐标值，并填入表 3-6 中。

表 3-6　坐标计算

名称	代码	坐标值	名称	代码	坐标值
起刀点	A'		切出点	T	
刀补点	A		退刀点	T'	
切入点	B				

4. 编写加工程序

使用刀具半径补偿功能编写该零件的加工程序，并对主要程序段进行注释。程序卡参见“附表3 程序卡”。

学习任务3.3 外轮廓零件加工实施

学习任务单

任务要求	以企业数控操作员身份加工外轮廓零件	学时	4学时
任务载体	数控加工工艺文件、加工程序、数控铣床		
任务成果	合格的外轮廓零件		

任务资讯

1. 简述圆形工件的对刀方法？

____

____

2. 怎样使用刀具半径补偿功能实现零件尺寸精度的控制？

____

____

3. 简述零件表面粗糙度值较大的原因及解决方法。

____

____

____

任务实施

请参照表3-7中推荐的步骤完成外轮廓零件的加工，记录各步骤的完成情况及出现的问题和解决办法。

表3-7 外轮廓零件加工过程记录

步骤	工作内容	完成情况		出现的问题	解决办法
1	开机、回零	(1)正确开机 (2)正确回零	是□/否□ 是□/否□		
2	安装工件	(1)夹具固定牢固 (2)夹具已经校正 (3)工件伸出尺寸够加工 (4)工件已经夹紧	是□/否□ 是□/否□ 是□/否□ 是□/否□		
3	安装刀具	(1)刀具无缺损 (2)刀具在刀柄上固定牢固 (3)刀柄在主轴上安装牢固	是□/否□ 是□/否□ 是□/否□		

（续）

步骤	工作内容	完成情况		出现的问题	解决办法
4	对刀及参数设置	(1)佩戴护目镜 (2)寻边器转速合理 (3)完成 X、Y 轴对刀 (4)X、Y 轴对刀参数设置正确 (5)完成 Z 轴对刀 (6)Z 轴对刀参数设置正确 (7)验证对刀参数是否正确	是□/否□ 是□/否□ 是□/否□ 是□/否□ 是□/否□ 是□/否□ 是□/否□		
5	程序输入与校验	(1)完成程序的输入 (2)图形校验正确 (3)程序中的各数据设置正确 (4)校验正确后回零	是□/否□ 是□/否□ 是□/否□ 是□/否□		
6	自动加工	(1)关闭防护门 (2)单段运行 (3)切削液调整正确 (4)运行速度控制合理 (5)完成自动加工	是□/否□ 是□/否□ 是□/否□ 是□/否□ 是□/否□		
7	检测与尺寸调整	(1)完成尺寸测量 (2)调整尺寸至合格	是□/否□ 是□/否□		

项目总结与评价

根据本项目的任务完成情况，说明存在的问题，分析原因并提出改进措施（表3-8）。

表3-8 项目总结

存在的问题	原因分析	改进措施

按照各任务的完成情况，进行项目评价。评价标准具体如下：

1. 职业素养（见“附表4 职业素养评分表”）
2. 工艺文件（见“附表5 工艺文件评分表”）
3. 零件尺寸（见“附表6 零件尺寸评分表”）
4. 零件质量评估汇总（见“附表7 零件质量评估汇总表”）

项目训练

1. 完成如图3-9所示零件的加工工艺制订、编程及加工，零件材料为2A12。
2. 完成如图3-10所示零件的加工工艺制订、编程及加工，零件材料为45钢。

3. 完成如图 3-11 所示零件的加工工艺制订、编程及加工，零件材料为 2A12。

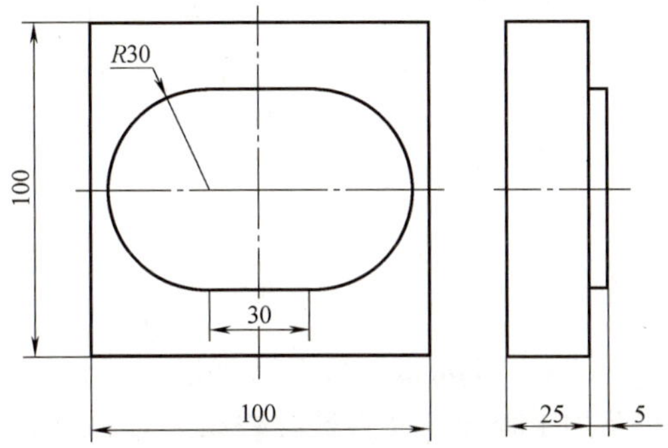

图 3-9 练习图 1

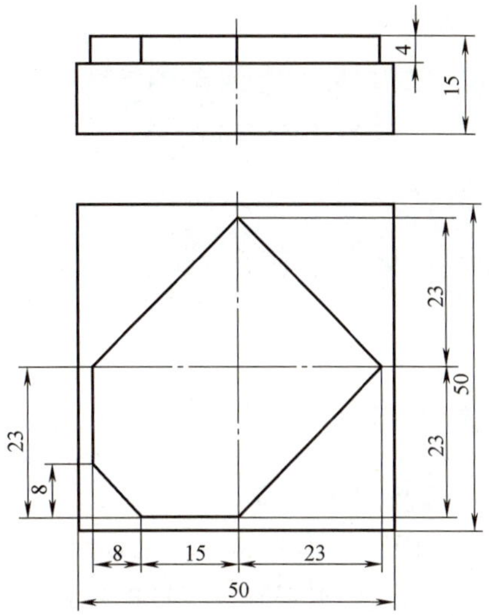

图 3-10 练习图 2

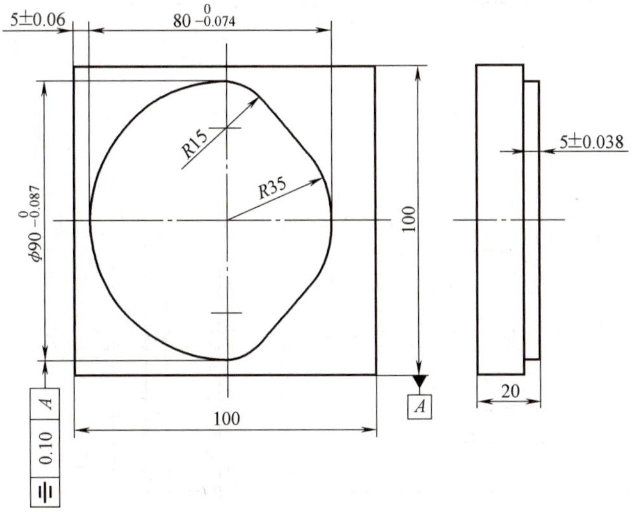

图 3-11 练习图 3

项目 4 内轮廓零件加工

项目导读

项目描述

如图 4-1 所示零件，毛坯尺寸为 60mm×60mm×20mm，六面已完成加工，材料为 2A12。要求编制该零件的数控加工工艺及加工程序，并在数控铣床上完成加工。

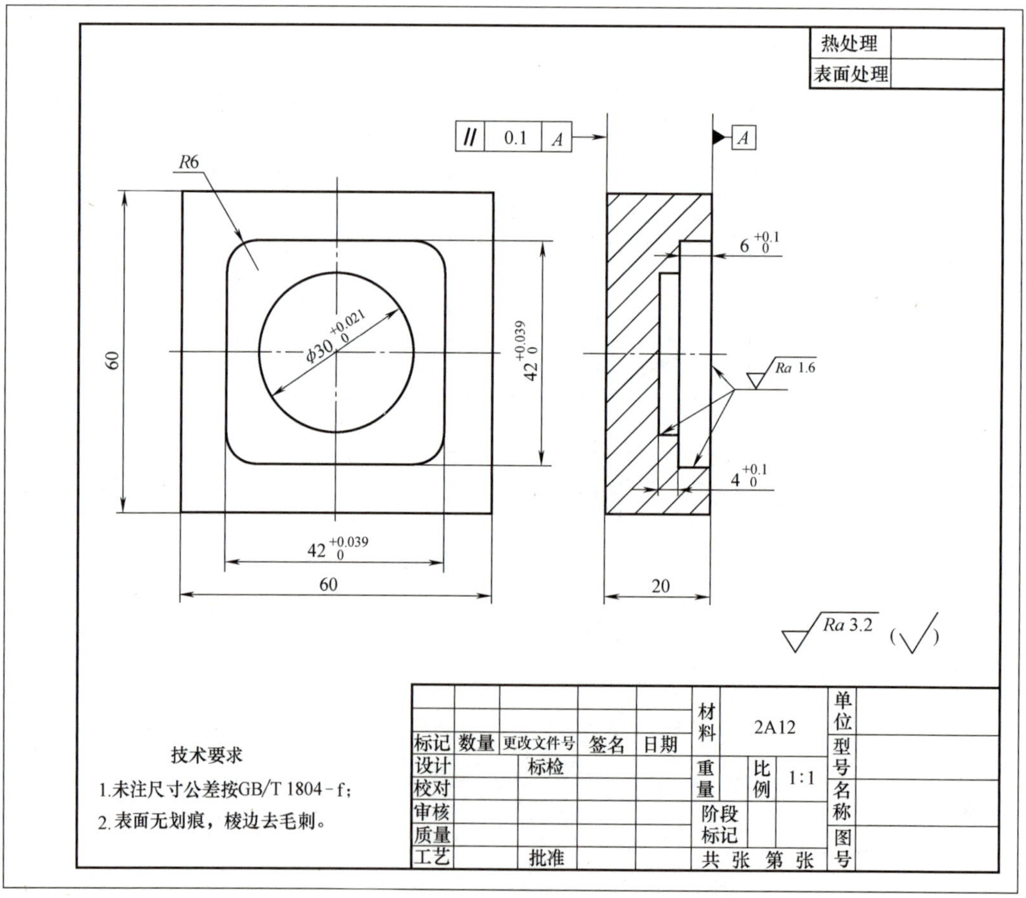

图 4-1 内轮廓零件任务图

项目目标（表4-1）

表4-1 项目目标

知识目标	能力目标	素质目标
1. 归纳内轮廓零件适合的刀具 2. 归纳内轮廓零件的进刀方式 3. 描述倒角指令的编程格式及功能含义 4. 识记子程序的指令格式及指令字含义	1. 能编制内轮廓零件数控铣削加工工艺，填写工艺卡片 2. 能正确应用编程基本指令完成程序编制 3. 能正确操作数控铣床，完成零件加工 4. 能检测零件加工质量，分析产品误差	1. 培养学生查阅资料、自主学习和勤于思考的学习能力 2. 树立质量意识、安全意识和岗位意识，培养良好的职业素养 3. 培养学生求真务实、精益求精的工匠精神

项目任务

学习任务4.1 内轮廓零件加工工艺

学习任务单

任务要求	以企业数控工艺员身份制订内轮廓零件的加工工艺	**学时**	2学时
任务载体	零件图(图4-1)		
任务成果	机械工艺过程卡、数控加工工序卡		

任务资讯

1. 平底立铣刀在铣削型腔时，深度方向下刀方式有哪些？

2. 指出常见的矩形型腔粗加工路线的名称并连线。

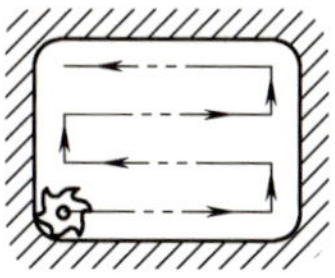

环绕切削刀路

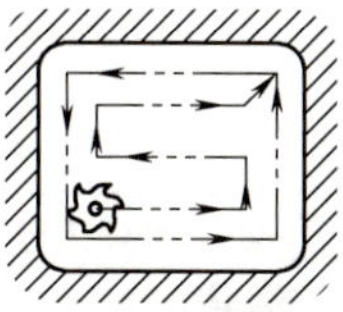

Z形切削刀路

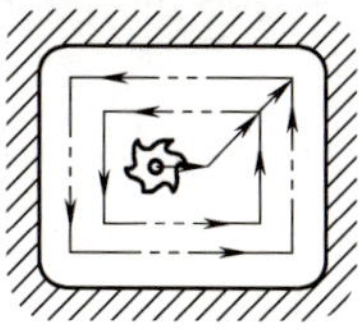

Z形刀路+环绕刀路

3. 在铣削如图4-2所示的内轮廓时，画出刀具在水平方向的进刀和退刀路线。

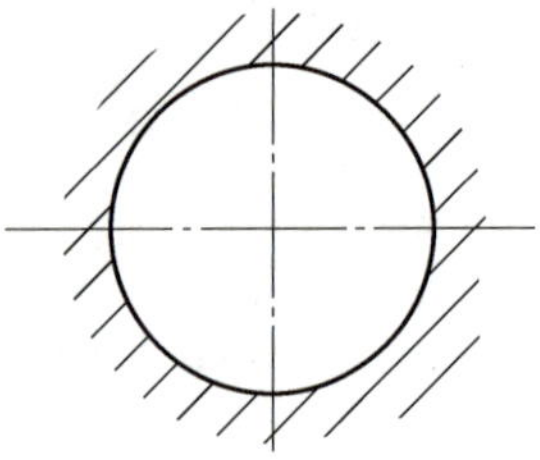

图 4-2 绘制进/退刀路线

任务实施

1. 零件图样分析

识读零件图，确定加工内容，分析尺寸精度、几何公差和表面粗糙度要求，说明尺寸精度控制范围，并完成表 4-2。

表 4-2 零件图样分析

项目	项目内容
加工内容及技术要求	
尺寸精度分析	
几何公差分析	
表面粗糙度分析	
零件加工难点	

2. 机床设备、夹具选择（表 4-3）

表 4-3 机床设备、夹具清单

序号	类型	名称	规格及型号	数量
1	机床设备			
2	夹具			

3. 刀具、量具的确定

根据零件加工要素选用合适的刀具与量具，分别填入数控加工刀具卡与量具卡中，见表 4-4、表 4-5。

表 4-4 刀具卡

产品名称或代号		零件名称		零件图号		备注
序号	刀具号	刀具名称	刀具规格	刀具材料		
编　制		审　核		批　准		共　页　第　页

表 4-5　量具卡

产品名称或代号		零件名称		零件图号	
序号	量具名称	量具规格	分度值	数量	
编　制		审核		批准		共　页　第　页

4. 编制数控加工工艺文件

根据以上分析，拟订机械工艺过程卡及数控加工工序卡（参见附表 1 和附表 2）。

学习任务 4.2　内轮廓零件编程

学习任务单

任务要求	以企业数控编程员身份编制内轮廓零件加工程序	学时	4 学时
任务载体	零件图(图 4-1)		
任务成果	程序单		

任务资讯

1. 认识子程序。

（1）调用子程序的指令是______________。

（2）M98 Pxxxxxxx 中前三位数字表示______，后四位数字表示__________。

2. 子程序的嵌套（用箭头画出主程序调用子程序的过程）。

主程序	子程序
O1234;	O0200
N10……;	……
N20 M98 P0200	M99;
N30……;	

3. 螺旋插补指令 G02/G03 X_ Y_ Z_ I_ J_ F_ ；Z 表示__________________；I_ J_ 表示______________。

4. 轮廓倒圆指令 G01 X_ Y_ ，R_ F_ ；　R_ 表示______________。

任务实施

1. 建立编程坐标系

在图 4-3 中绘制出编程坐标系。

2. 确定走刀路线

在图 4-3 中标注出矩形型腔水平方向的起刀点（A'）、刀补点（A）、切入点

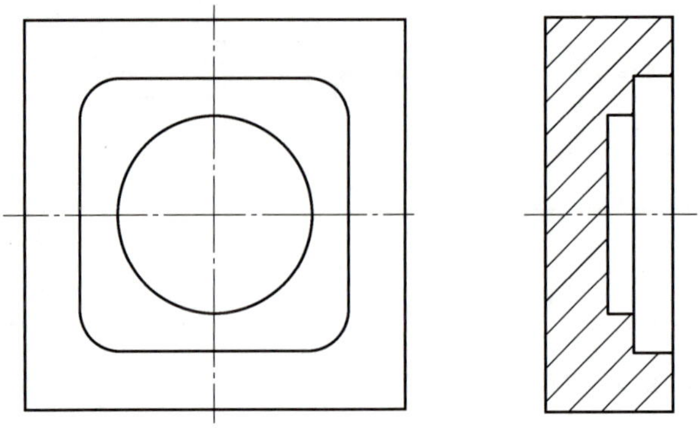

图 4-3 编程坐标系及走刀路线

（B）、切出点（T）和退刀点（T'）的位置，并在图中绘制出走刀路线。

3. 计算基点坐标

请计算出所设定的起刀点（A'）、刀补点（A）、切入点（B）、切出点（T）和退刀点（T'）的坐标值，并填入表 4-6 中。

表 4-6 坐标计算

名称	代码	坐标值	名称	代码	坐标值
起刀点	A'		切出点	T	
刀补点	A		退刀点	T'	
切入点	B				

4. 编写加工程序

编写该零件的加工程序，并对主要程序段进行注释。程序卡参见“附表 3 程序卡”。

学习任务 4.3 内轮廓零件加工实施

学习任务单

任务要求	以企业数控操作员身份加工内轮廓零件	**学时**	4 学时
任务载体	数控加工工艺文件、加工程序、数控铣床		
任务成果	合格的内轮廓零件		

任务资讯

1. 在加工内轮廓时，怎样使用刀具半径补偿功能实现零件尺寸精度的控制？

____

____

2. 写出下列量具的名称？

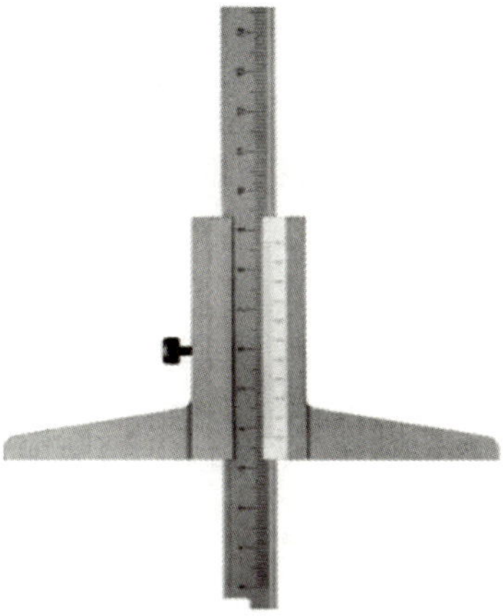

____

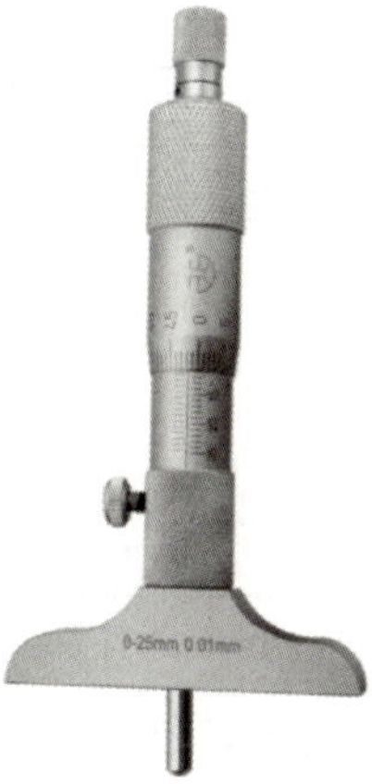

____

3. 分析在实际加工过程中，尺寸精度降低的因素有哪些？

____

____

任务实施

请参照表 4-7 中推荐的步骤完成内轮廓零件的加工，记录各步骤的完成情况及其出现的问题和解决办法。

表 4-7　内轮廓零件加工过程记录

步骤	工作内容	完成情况		出现的问题	解决办法
1	开机、回零	(1)正确开机 (2)正确回零	是□/否□ 是□/否□		
2	安装工件	(1)夹具固定牢固 (2)夹具已经校正 (3)工件伸出尺寸够加工 (4)工件已经夹紧	是□/否□ 是□/否□ 是□/否□ 是□/否□		
3	安装刀具	(1)刀具无缺损 (2)刀具在刀柄上固定牢固 (3)刀柄在主轴上安装牢固	是□/否□ 是□/否□ 是□/否□		
4	对刀及参数设置	(1)佩戴护目镜 (2)寻边器转速合理 (3)完成 X、Y 轴对刀 (4)X、Y 轴对刀参数设置正确 (5)完成 Z 轴对刀 (6)Z 轴对刀参数设置正确 (7)验证对刀参数是否正确	是□/否□ 是□/否□ 是□/否□ 是□/否□ 是□/否□ 是□/否□ 是□/否□		
5	程序输入与校验	(1)完成程序的输入 (2)图形校验正确 (3)程序中的各数据设置正确 (4)校验正确后回零	是□/否□ 是□/否□ 是□/否□ 是□/否□		

（续）

步骤	工作内容	完成情况		出现的问题	解决办法
6	自动加工	(1)关闭防护门 (2)单段运行 (3)切削液调整正确 (4)运行速度控制合理 (5)完成自动加工	是□/否□ 是□/否□ 是□/否□ 是□/否□ 是□/否□		
7	检测与尺寸调整	(1)完成尺寸测量 (2)调整尺寸至合格	是□/否□ 是□/否□		>

项目总结与评价

根据本项目的任务完成情况，说明存在的问题，分析原因并提出改进措施（表4-8）。

表4-8 项目总结

存在的问题	原因分析	改进措施

按照各任务的完成情况，进行项目评价。评价标准具体如下：

1. 职业素养（见“附表4 职业素养评分表”）
2. 工艺文件（见“附表5 工艺文件评分表”）
3. 零件尺寸（见“附表6 零件尺寸评分表”）
4. 零件质量评估汇总（见“附表7 零件质量评估汇总表”）

项目训练

1. 完成如图4-4所示零件的加工工艺制订、编程及加工，零件材料为45钢。

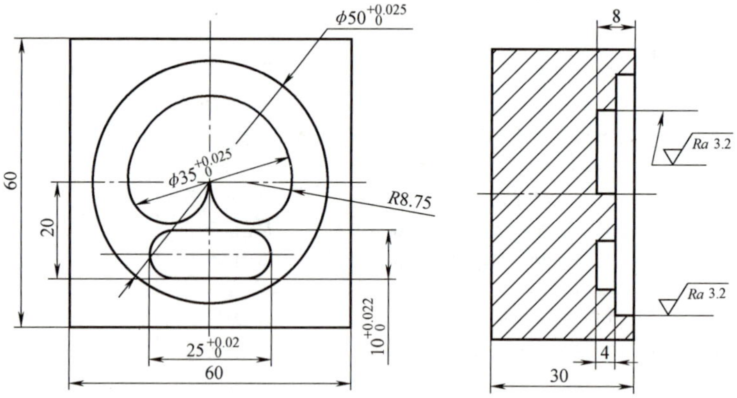

图4-4 练习图1

2. 完成如图 4-5 所示零件的加工工艺制订、编程及加工，零件材料为 45 钢。

3. 完成如图 4-6 所示零件的加工工艺制订、编程及加工，零件材料为 45 钢。

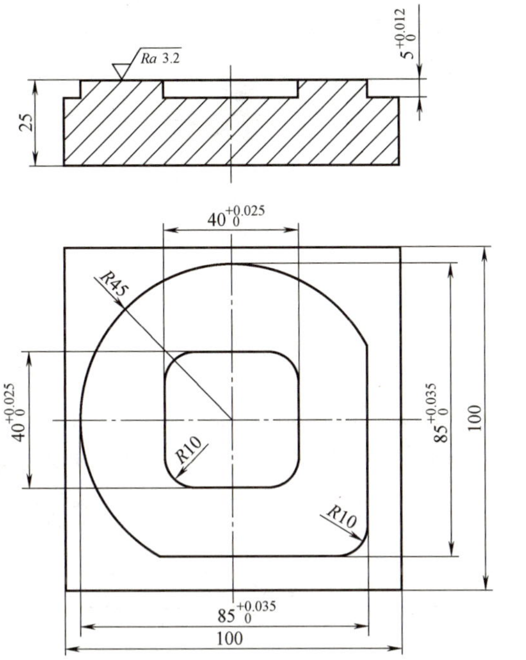

图 4-5　练习图 2

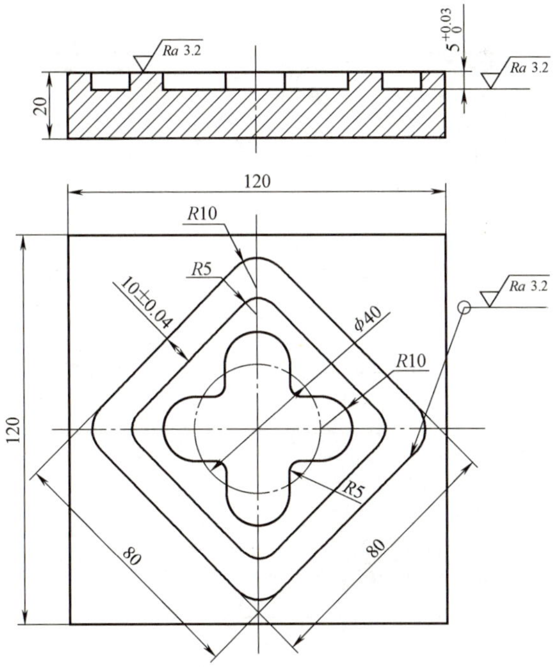

图 4-6　练习图 3

项目 5　孔类零件加工

项目导读

项目描述

如图 5-1 所示零件，毛坯尺寸为 60mm×60mm×35mm，材料为 45 钢，六面已完成加工。要求编制该零件的数控加工工艺与加工程序，并在数控铣床上完成加工。

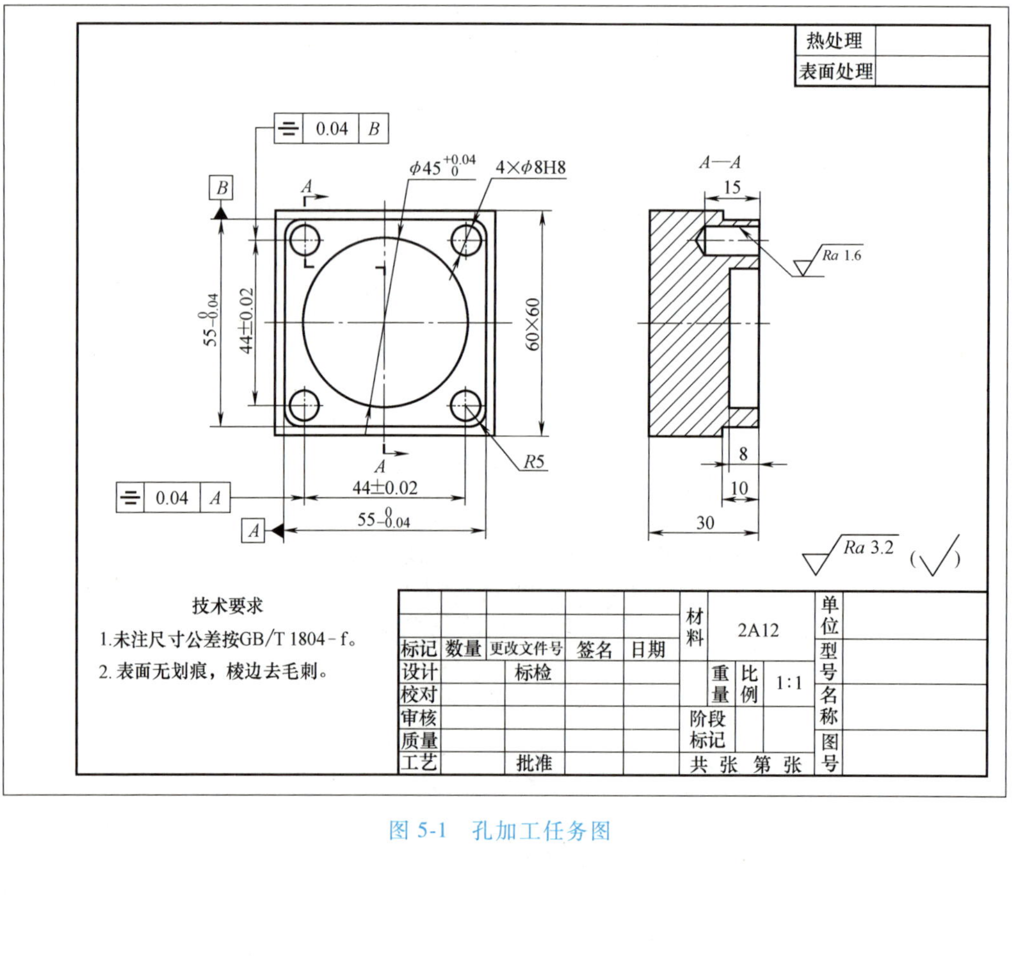

图 5-1　孔加工任务图

项目目标（表 5-1）

表 5-1　项目目标

知识目标	能力目标	素质目标
1. 归纳孔加工的常用加工方法 2. 阐述钻、扩、铰、镗孔及螺纹加工的工艺 3. 归纳孔加工路线、方案的确定 4. 描述钻、扩、铰、镗孔及螺纹加工的编程指令 5. 归纳孔加工精度检测及误差分析	1. 能编制孔类零件数控铣削加工工艺，填写工艺卡片 2. 能正确应用孔加工固定循环指令完成程序编制 3. 能操作数控铣床，完成零件加工 4. 能检测零件加工质量，分析产品误差	1. 培养学生查阅资料、自主学习和勤于思考的学习能力 2. 树立质量意识、安全意识和岗位意识，培养良好的职业素养 3. 培养学生求真务实、精益求精的工匠精神

项目任务

学习任务 5.1 孔类零件加工工艺

学习任务单

任务要求	以企业数控工艺员身份制订孔类零件的加工工艺	学时	2 学时
任务载体	零件图(图 5-1)		
任务成果	机械工艺过程卡、数控加工工序卡		

任务资讯

1. 在孔系加工时，为避免机床反向间隙造成孔间距位置误差，请进行加工路线规划（连线）。

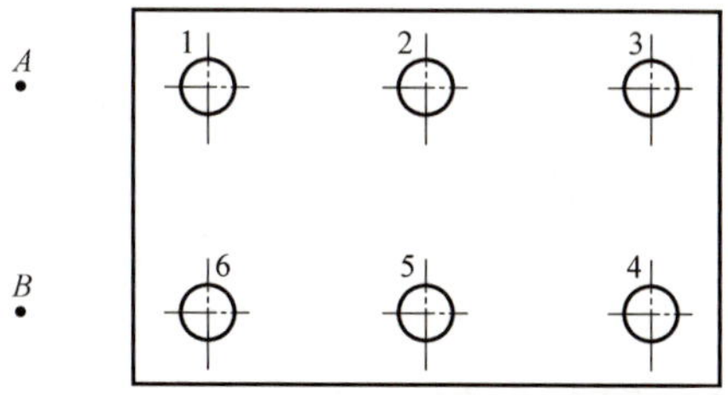

2. 对孔进行钻、扩、铰、镗加工的工艺划分依据是什么？（在下方空白处填写①表面粗糙度②精度等级③大小）孔径的________尺寸的__________孔壁的________。

3. M10×1.25 螺纹加工时，底孔怎么计算？

____

____

4. 如何增加镗刀刀杆的刚性？

____

____

任务实施

1. 零件图样分析

识读零件图，确定加工内容，分析尺寸精度、几何公差和表面粗糙度要求，说明尺寸精度控制范围，并完成表 5-2。

表 5-2 零件图样分析

项目	项目内容
加工内容及技术要求分析	
尺寸精度分析	
几何公差分析	
表面粗糙度分析	
零件加工难点	

2. 机床设备、夹具选择（表 5-3）

表 5-3 机床设备、夹具清单

序号	类型	名称	规格及型号	数量
1	机床设备			
2	夹具			

3. 刀具、量具的确定

根据零件加工要素选用合适的刀具与量具，分别填入数控加工刀具卡与量具卡中，见表 5-4、表 5-5。

表 5-4 数控加工刀具卡

<table>
<tr><td>产品名称或代号</td><td colspan="2"></td><td colspan="2">零件名称</td><td colspan="2"></td><td colspan="2">零件图号</td><td></td><td rowspan="2">备注</td></tr>
<tr><td>序号</td><td>刀具号</td><td colspan="3">刀具名称</td><td colspan="4">刀具规格</td><td>刀具材料</td></tr>
<tr><td></td><td></td><td colspan="3"></td><td colspan="4"></td><td></td><td></td></tr>
<tr><td></td><td></td><td colspan="3"></td><td colspan="4"></td><td></td><td></td></tr>
<tr><td></td><td></td><td colspan="3"></td><td colspan="4"></td><td></td><td></td></tr>
<tr><td>编 制</td><td></td><td colspan="2">审 核</td><td colspan="2"></td><td colspan="2">批 准</td><td></td><td colspan="2">共 页 第 页</td></tr>
</table>

表 5-5 量具卡

<table>
<tr><td>产品名称或代号</td><td colspan="2"></td><td colspan="2">零件名称</td><td colspan="2"></td><td colspan="2">零件图号</td><td></td></tr>
<tr><td>序号</td><td colspan="3">量具名称</td><td colspan="2">量具规格</td><td colspan="3">分度值</td><td>数量</td></tr>
<tr><td></td><td colspan="3"></td><td colspan="2"></td><td colspan="3"></td><td></td></tr>
<tr><td></td><td colspan="3"></td><td colspan="2"></td><td colspan="3"></td><td></td></tr>
<tr><td></td><td colspan="3"></td><td colspan="2"></td><td colspan="3"></td><td></td></tr>
<tr><td>编 制</td><td></td><td colspan="2">审核</td><td colspan="2"></td><td>批准</td><td colspan="2"></td><td>共 页 第 页</td></tr>
</table>

4. 编制数控加工工艺文件

根据以上分析，拟订机械工艺过程卡及数控加工工序卡（参见附表 1 和附表 2）。

学习任务 5.2 孔类零件编程

学习任务单

任务要求	以企业数控编程员身份编制孔类零件加工程序	学时	4 学时
任务载体	零件图(图 5-1)		
任务成果	程序单		

任务资讯

1. 注解孔加工固定循指令的六步动作。

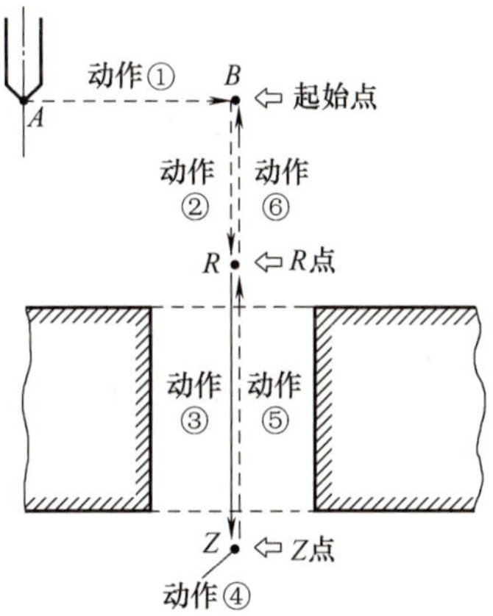

①

②

③

④

⑤

⑥

2. 简述 G73 与 G76 指令中“Q”值的区别。

3. 根据加工工艺任务选择正确的指令进行编程（连线）。

钻定位孔	G82
钻深孔	G85
铰孔	G81
锪孔	G83

4. 钻通孔时钻头的超越量如何计算？

任务实施

1. 建立编程坐标系

在图 5-2 中绘制出编程坐标系。

2. 确定走刀路线

在图 5-2 中用数字 1~4 分别标注出四个孔的位置，并在图中绘制出孔加工的走刀路线。

3. 计算基点坐标

计算出四个孔位的坐标值，并填入表 5-6 中。

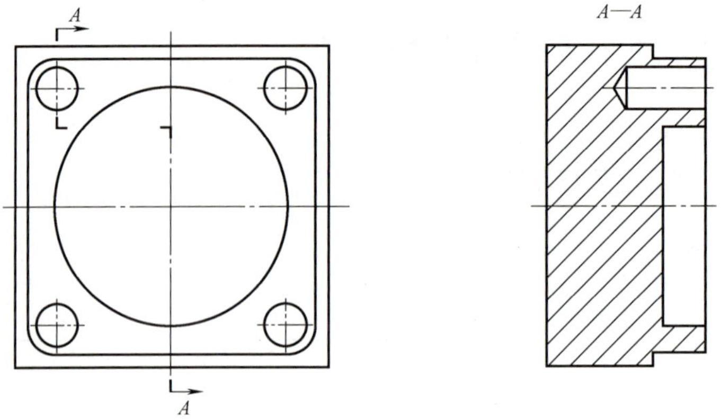

图 5-2 编程坐标系及走刀路线

表 5-6 坐标计算

孔位编号	坐标值	孔位编号	坐标值
1		3	
2		4	

4. 编写加工程序

编写该零件的内、外轮廓及孔加工程序，并对主要程序段进行注释。程序卡参见“附表3 程序卡”。

学习任务 5.3 孔类零件加工实施

学习任务单

任务要求	以企业数控操作员身份加工孔类零件	学时	4学时
任务载体	数控加工工艺文件、加工程序、数控铣床		
任务成果	合格的孔类零件		

任务资讯

1. 测量 $\phi80\times100$ 的孔径尺寸，选择以下哪种量具较合理（　　）。

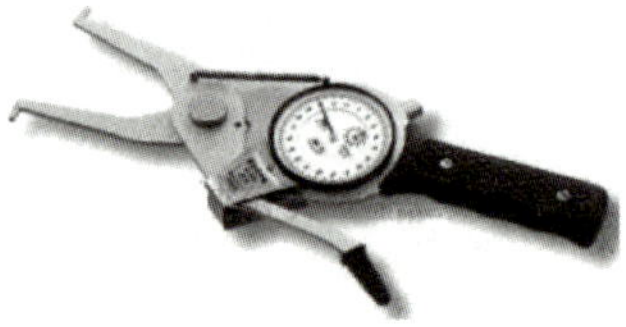

①数显内卡钳

②内径百分表

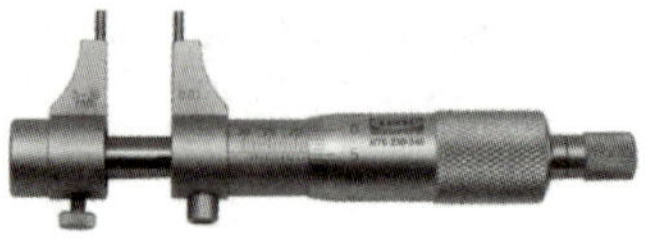

③内径千分尺

2. 钻孔时，以下哪些原因会造成孔径增大、误差增大（　　）。

① 钻头刃带已严重磨损　② 钻床主轴摆差大或松动

③ 钻头刃带上有积屑瘤　④ 钻头左、右切削刃不对称

3. 以下哪些原因会造成镗孔表面粗糙度不符合要求（　　）。

① 工件定位基准选择不当

② 镗刀刀杆刚性差，加工过程中产生振动

③ 精加工时采用不合适的镗孔固定循环指令

④ 镗刀回转半径调整不当，与所加工孔直径不符

任务实施

请参照表 5-7 中推荐的步骤完成孔类零件的加工，记录各步骤的完成情况及其出现的问题和解决办法。

表 5-7　孔类零件加工过程记录

步骤	工作内容	完成情况		出现的问题	解决办法
1	开机、回零	(1)正确开机 (2)正确回零	是□/否□ 是□/否□		
2	安装工件	(1)夹具固定牢固 (2)夹具已经校正 (3)工件伸出尺寸够加工 (4)工件已经夹紧	是□/否□ 是□/否□ 是□/否□ 是□/否□		
3	安装刀具	(1)刀具无缺损 (2)刀具在刀柄上固定牢固 (3)刀柄在主轴上安装牢固	是□/否□ 是□/否□ 是□/否□		
4	对刀及参数设置	(1)佩戴护目镜 (2)寻边器转速合理 (3)完成 *X*、*Y* 轴对刀 (4)*X*、*Y* 轴对刀参数设置正确 (5)完成 *Z* 轴对刀 (6)*Z* 轴对刀参数设置正确 (7)验证对刀参数是否正确	是□/否□ 是□/否□ 是□/否□ 是□/否□ 是□/否□ 是□/否□ 是□/否□		
5	程序输入与校验	(1)完成程序的输入 (2)图形校验正确 (3)程序中的各数据设置正确 (4)校验正确后回零	是□/否□ 是□/否□ 是□/否□ 是□/否□		
6	自动加工	(1)关闭防护门 (2)单段运行 (3)切削液调整正确 (4)运行速度控制合理 (5)完成自动加工	是□/否□ 是□/否□ 是□/否□ 是□/否□ 是□/否□		
7	检测与尺寸调整	(1)完成尺寸测量 (2)调整尺寸至合格	是□/否□ 是□/否□		

项目总结与评价

根据本项目的任务完成情况，说明存在的问题，分析原因并提出改进措施（表5-8）。

表5-8 项目总结

存在的问题	原因分析	改进措施

按照各任务的完成情况，进行项目评价。评价标准具体如下：

1. 职业素养（见“附表4 职业素养评分表”）
2. 工艺文件（见“附表5 工艺文件评分表”）
3. 零件尺寸（见“附表6 零件尺寸评分表”）
4. 零件质量评估汇总（见“附表7 零件质量评估汇总表”）

项目训练

1. 完成如图5-3所示零件的加工工艺制订、编程及加工，零件材料为45钢。
2. 完成如图5-4所示零件的加工工艺制订、编程及加工，零件材料为45钢。
3. 完成如图5-5所示零件的加工工艺制订、编程及加工，零件材料为2A12。

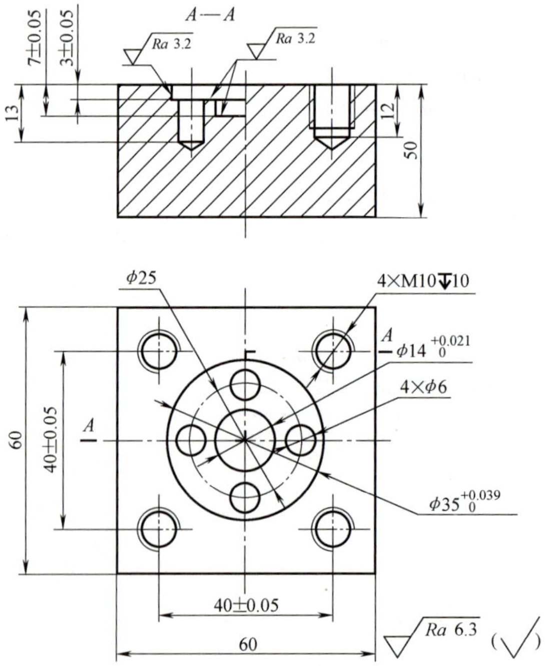

图5-3 练习图1

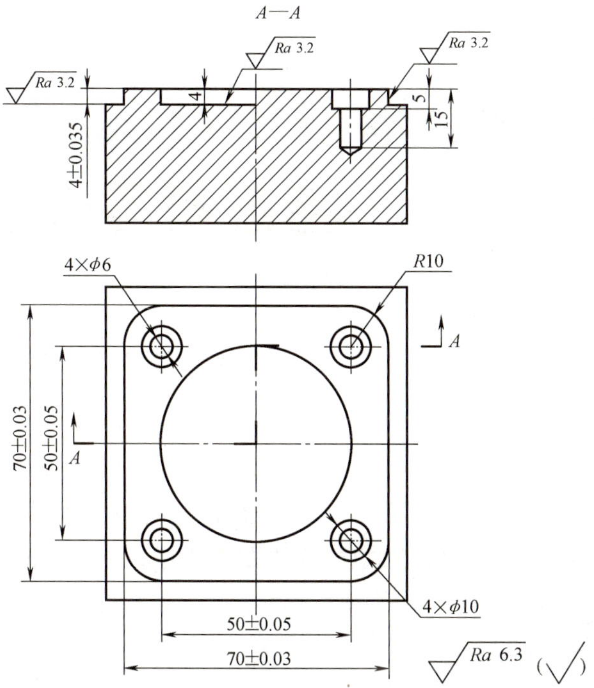

图 5-4 练习图 2

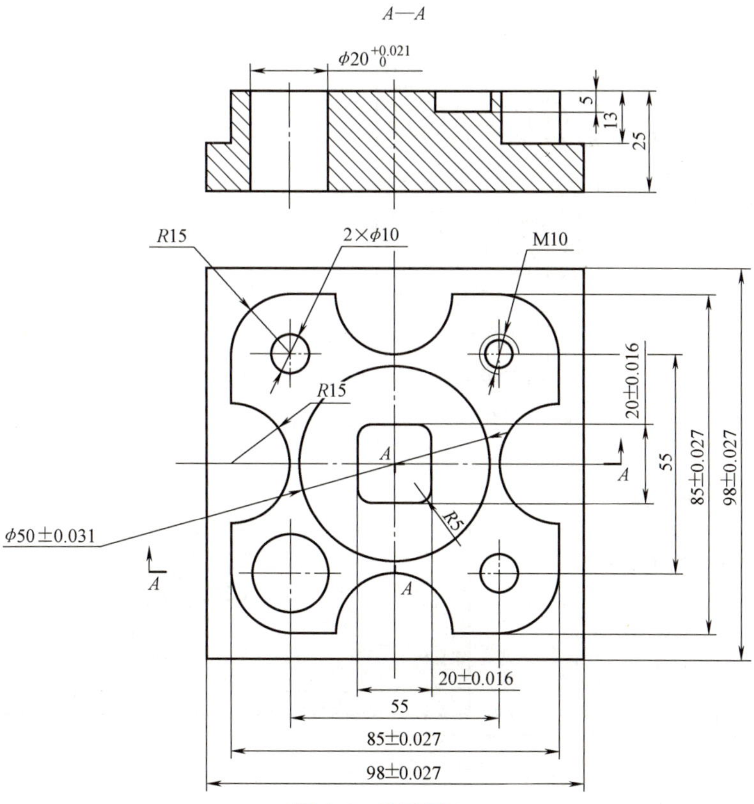

图 5-5 练习图 3

项目 6　特征类零件加工

项目导读

项目描述

如图 6-1 所示零件，毛坯尺寸为 60mm×60mm×30mm，六面已完成加工，材料为 2A12。要求编制该零件的数控加工工艺及加工程序，并在数控铣床上完成加工。

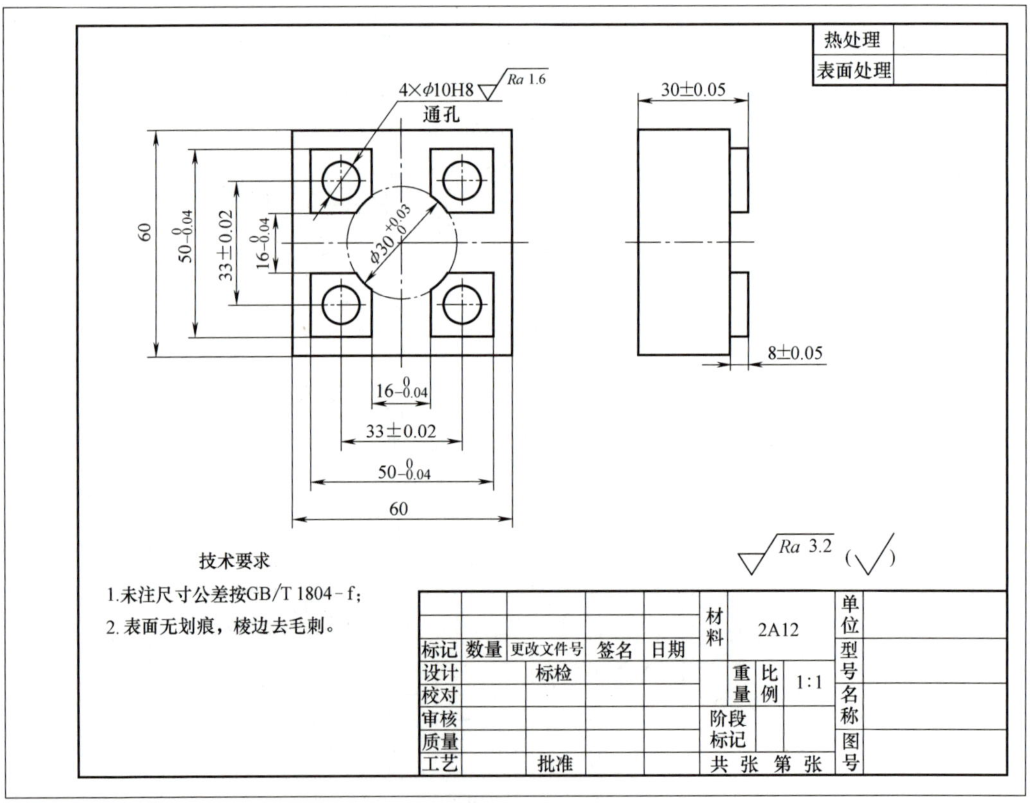

图 6-1　特征类零件任务图

项目目标（表 6-1）

表 6-1　项目目标

知识目标	能力目标	素质目标
1. 特征类零件数控铣削加工工艺制订 2. 极坐标与局部坐标编程指令 3. 比例缩放与坐标镜像编程指令 4. 坐标系旋转编程指令	1. 能编制特征类零件数控铣削加工工艺，填写工艺卡片 2. 能正确应用极坐标、比例缩放、坐标镜像、坐标系旋转等指令完成程序编制 3. 能操作数控铣床，完成零件加工 4. 能检测零件加工质量，分析产品误差	1. 培养学生查阅资料、自主学习和勤于思考的学习能力 2. 树立质量意识、安全意识和岗位意识，培养良好的职业素养 3. 培养学生求真务实、精益求精的工匠精神

项目任务

学习任务 6.1　特征类零件加工工艺

学习任务单

任务要求	以企业数控工艺员身份制订特征类零件的加工工艺	学时	2 学时
任务载体	零件图（图 6-1）		
任务成果	机械工艺过程卡、数控加工工序卡		

任务资讯

1. 在加工凹槽时，须选择合适下刀点，具体的进刀方法应遵循哪些原则？

____

____

2. 如图 6-2 所示，哪种装夹方式比较合理？为什么？

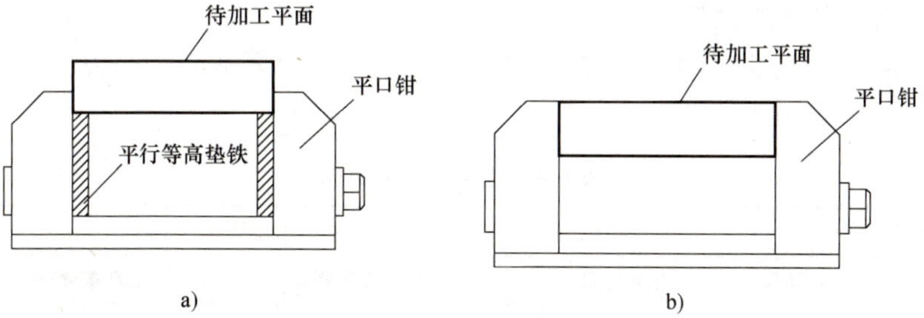

图 6-2　工件装夹示意图

____

____

3. 如图 6-3 所示，哪种进刀方式更好？在对应括号内打“√”。

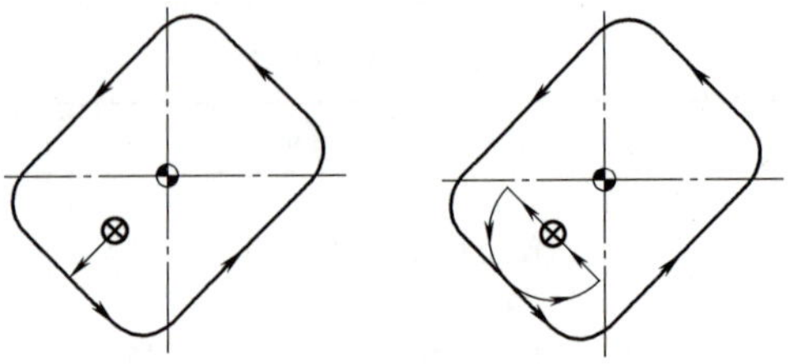

(　　)　　　　(　　)

图 6-3　进刀方式示意图

任务实施

1. 零件图样分析

识读图 6-1 零件图，确定加工内容，分析尺寸精度、几何公差和表面粗糙度要求，说明尺寸精度控制范围，并完成表 6-2。

表 6-2　零件图样分析

项目	项目内容
加工内容及技术要求	
尺寸精度分析	
几何公差分析	
表面粗糙度分析	
零件加工难点	

2. 机床设备、夹具选择（表 6-3）

表 6-3　机床设备、夹具清单

序号	类型	名称	规格及型号	数量
1	机床设备			
2	夹具			

3. 刀具、量具的确定

根据零件加工要素选用合适的刀具与量具，分别填入数控加工刀具卡与量具卡中，见表 6-4、表 6-5。

表 6-4　数控加工刀具卡

产品名称或代号		零件名称		零件图号		备注
序号	刀具号	刀具名称	刀具规格	刀具材料		
编　制		审　核		批　准		共　页　第　页

表 6-5　量具卡

产品名称或代号			零件名称		零件图号	
序号	量具名称		量具规格	分度值		数量
编　制		审核		批准		共　页　第　页

4. 编制数控加工工艺文件

根据以上分析，拟订机械工艺过程卡及数控加工工序卡（参见附表 1 和附表 2）。

学习任务 6.2　特征类零件编程

学习任务单

任务要求	以企业数控编程员身份编制特征类零件加工程序	学时	4 学时
任务载体	零件图(图 6-1)		
任务成果	程序单		

任务资讯

1. 分别说明图 6-4a、图 6-4b 两图极坐标的区别是什么？

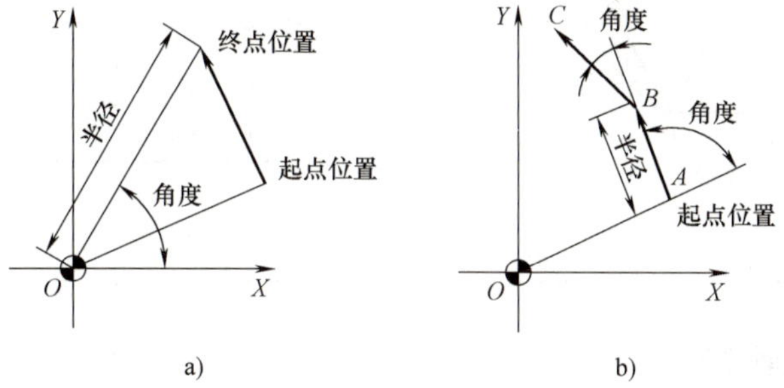

图 6-4　极坐标区别

2. 镜像指令

(1) 写出镜像指令的编程格式？

(2) 如图 6-5 所示，哪个图适合用镜像编程？

3. 计算基点坐标

以 A 点为基准，刀具按逆时针方向走刀，试用极坐标计算图 6-6 各基点坐标，并填写在表 6-6 中。

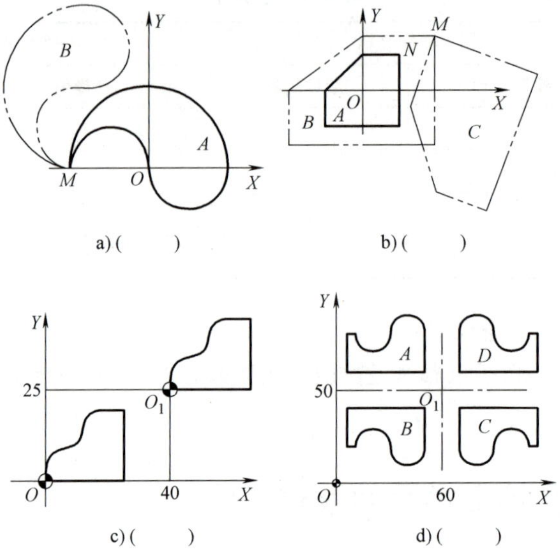

图 6-5 镜像编程

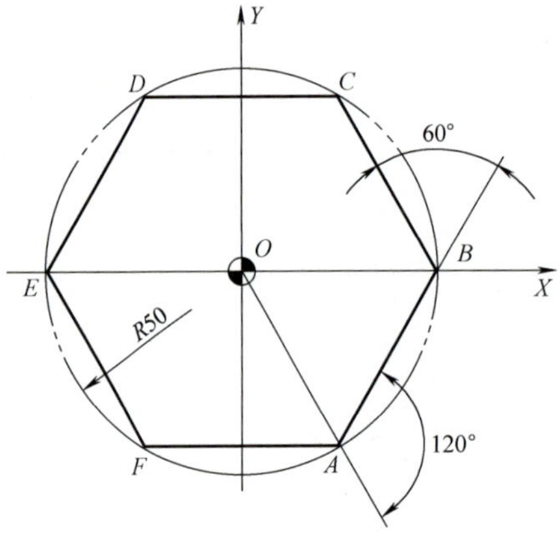

图 6-6 基点坐标计算

表 6-6 计算基点坐标

序号	绝对坐标	
	X	Y
A		
B		
C		
D		
E		
F		

任务实施

1. 建立编程坐标系

在图 6-7 中绘制出编程坐标系。

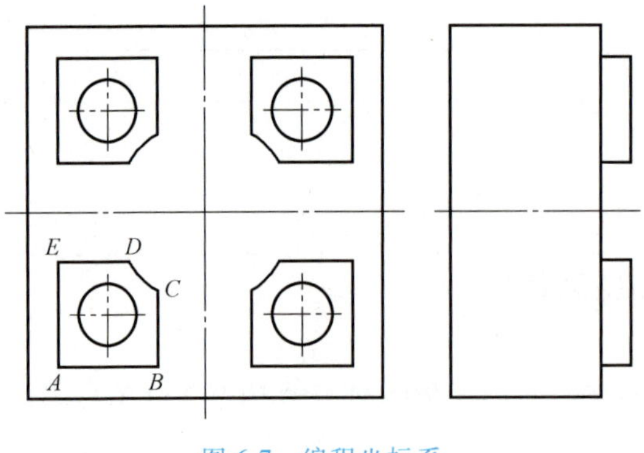

图 6-7 编程坐标系

表 6-7 坐标计算

序号	坐标值	
	X	Y
A		
B		
C		
D		
E		

2. 确定走刀路线

在图 6-7 中绘制出左下角凸台加工的走刀路线。

3. 计算基点坐标

计算出所列点的坐标值，并填入表 6-7 中。

4. 编写加工程序

利用坐标镜像或坐标系旋转编程指令编写该零件上的凸台加工程序，利用孔加工固定循环指令编写该零件上的孔加工程序，并对主要程序段进行注释。程序卡参见“附表 3 程序卡”。

学习任务 6.3 特征类零件加工实施

学习任务单

任务要求	以企业数控操作员身份加工特征类零件	学时	4 学时
任务载体	数控加工工艺文件、加工程序、数控铣床		
任务成果	合格的特征类零件		

任务资讯

1. 如图 6-8 所示，简述翻面加工 $\phi25$ 孔时百分表的对刀方法。

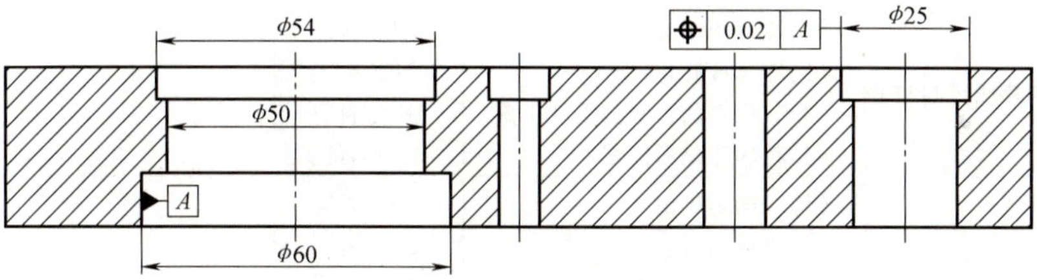

图 6-8 翻面装夹百分表对刀

2. 加工如图 6-1 所示零件时，如何控制尺寸精度？

3. 采用 $\phi16$ 立铣刀加工 60mm 长的正方形凸台，若单边预留 0.2mm 的精加工余量，粗加工时应设置的刀具半径补偿值为多少？若粗加工之后，实际测量得到的正方形凸台尺寸为 60.28mm，则精加工时刀具半径补偿值应修改为多少？

任务实施

请参照表6-8中推荐的步骤完成特征类零件的加工，记录各步骤的完成情况及其出现的问题和解决办法。

表6-8 特征类零件加工过程记录

步骤	工作内容	完成情况		出现的问题	解决办法
1	开机、回零	(1)正确开机 (2)正确回零	是□/否□ 是□/否□		
2	安装工件	(1)夹具固定牢固 (2)夹具已经校正 (3)工件伸出尺寸够加工 (4)工件已经夹紧	是□/否□ 是□/否□ 是□/否□ 是□/否□		
3	安装刀具	(1)刀具无缺损 (2)刀具在刀柄上固定牢固 (3)刀柄在主轴上安装牢固	是□/否□ 是□/否□ 是□/否□		
4	对刀及参数设置	(1)佩戴护目镜 (2)寻边器转速合理 (3)完成 X、Y 轴对刀 (4) X、Y 轴对刀参数设置正确 (5)完成 Z 轴对刀 (6) Z 轴对刀参数设置正确 (7)验证对刀参数是否正确	是□/否□ 是□/否□ 是□/否□ 是□/否□ 是□/否□ 是□/否□ 是□/否□		
5	程序输入与校验	(1)完成程序的输入 (2)图形校验正确 (3)程序中的各数据设置正确 (4)校验正确后回零	是□/否□ 是□/否□ 是□/否□ 是□/否□		
6	自动加工	(1)关闭防护门 (2)单段运行 (3)切削液调整正确 (4)运行速度控制合理 (5)完成自动加工	是□/否□ 是□/否□ 是□/否□ 是□/否□ 是□/否□		
7	检测与尺寸调整	(1)完成尺寸测量 (2)调整尺寸至合格	是□/否□ 是□/否□		

项目总结与评价

根据本项目的任务完成情况，说明存在的问题，分析原因并提出改进措施（表6-9）。

表6-9 项目总结

存在的问题	原因分析	改进措施

按照各任务的完成情况，进行项目评价。评价标准具体如下：

1. 职业素养（见“附表 4 职业素养评分表”）
2. 工艺文件（见“附表 5 工艺文件评分表”）
3. 零件尺寸（见“附表 6 零件尺寸评分表”）
4. 零件质量评估汇总（见“附表 7 零件质量评估汇总表”）

项目训练

1. 完成如图 6-9 所示零件的加工工艺制订、编程及加工，零件材料为 45 钢。
2. 完成如图 6-10 所示零件的加工工艺制订、编程及加工，零件材料为 45 钢。
3. 完成如图 6-11 所示零件的加工工艺制订、编程及加工，零件材料为 45 钢。

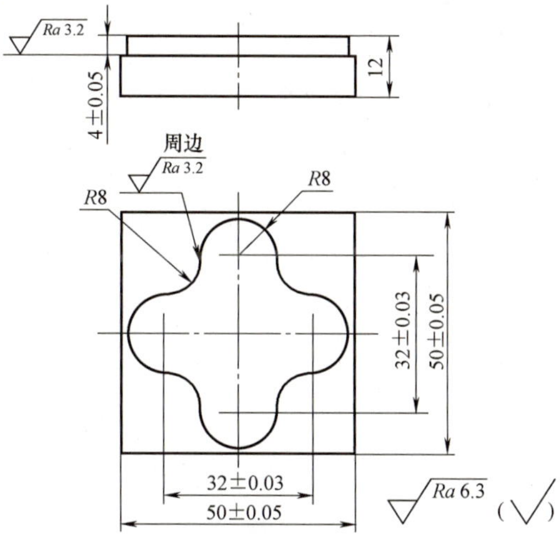

图 6-9　练习图 1

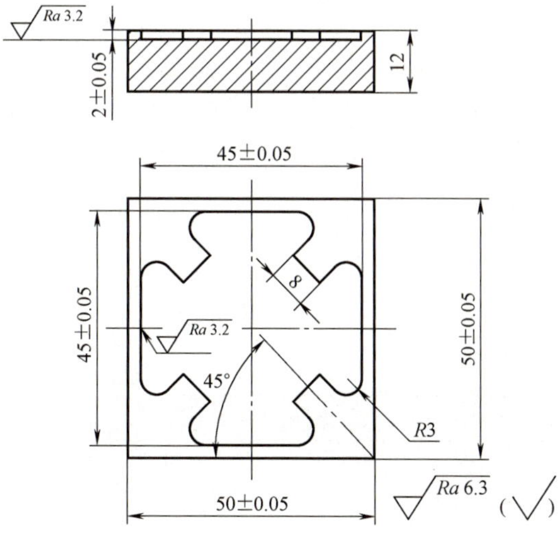

图 6-10　练习图 2

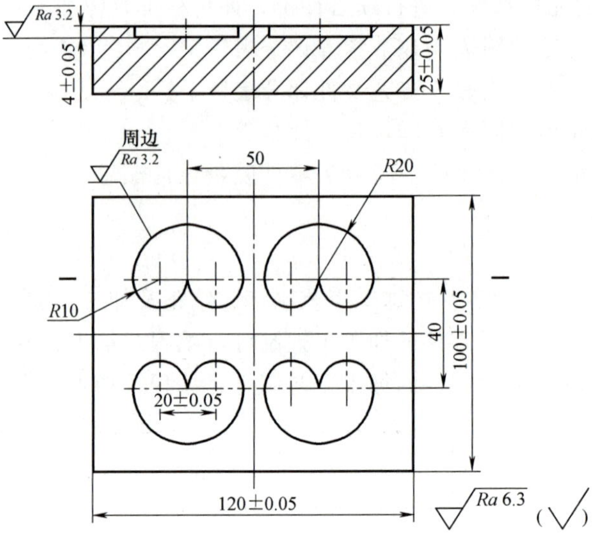

Ra 3.2
4±0.05
25±0.05
周边
Ra 3.2
50
R20
R10
40
100±0.05
20±0.05
120±0.05
Ra 6.3

图 6-11 练习图 3

项目 7 综合类零件加工

项目导读

项目描述

如图 7-1 所示零件，毛坯尺寸为 62mm×62mm×25mm，材料为 2A12。要求编制该零件的数控加工工艺及加工程序，并在数控铣床上完成加工。

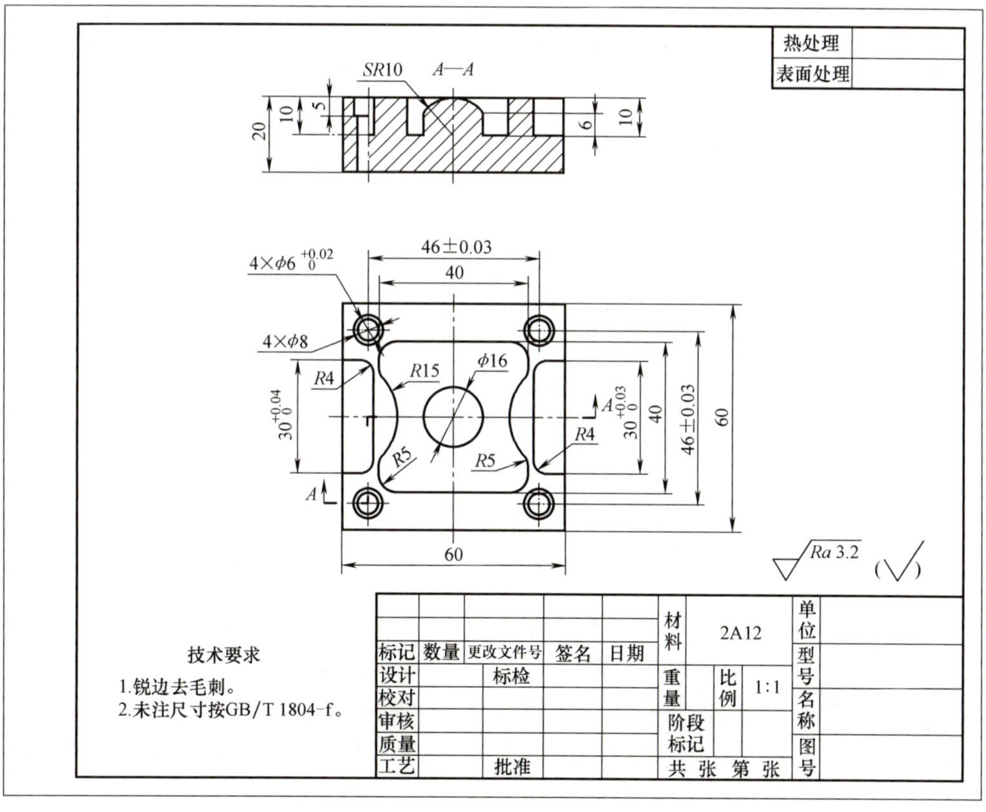

图 7-1 综合类零件任务图

项目目标（表7-1）

表7-1　项目目标

知识目标	能力目标	素质目标
1. 归纳综合类零件适合的刀具 2. 归纳综合类零件的CAM编程方法 3. 描述宏程序运算符及表达式 4. 识记NX编程模块功能含义	1. 能编制综合类零件数控铣削加工工艺，填写工艺卡片 2. 能正确应用NX软件完成加工工程序编制 3. 能正确操作数控铣床，完成零件加工 4. 能检测零件加工质量，分析产品误差	1. 培养学生查阅资料、自主学习和勤于思考的学习能力 2. 树立质量意识、安全意识和岗位意识，培养良好的职业素养 3. 培养学生求真务实、精益求精的工匠精神

项目任务

学习任务7.1　综合类零件加工工艺

学习任务单

任务要求	以企业数控工艺员身份制订综合类零件的加工工艺	学时	2学时
任务载体	零件图(图7-1)		
任务成果	机械工艺过程卡、数控加工工序卡		

任务资讯

1. 列举曲面铣削常见的走刀路线？

____

____

2. 指出常见的工序类型名称并连线。

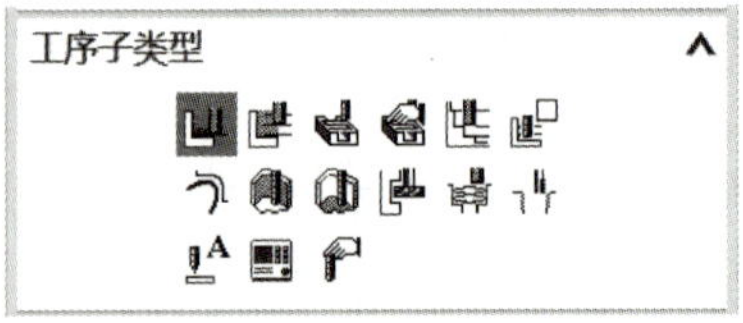

型腔铣

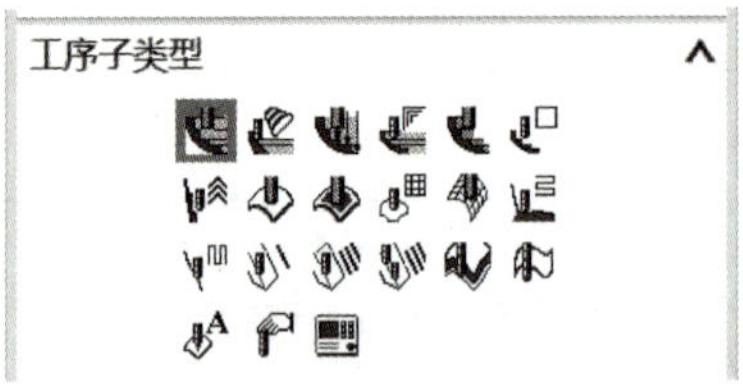

钻深孔

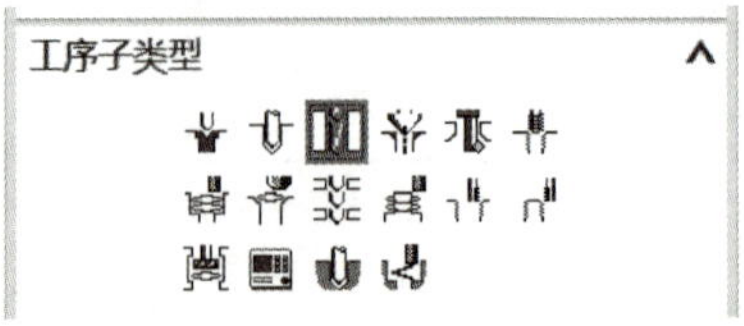

底壁铣

3. 简述如图7-2所示模板零件的数控铣削加工工艺，并在图上画出加工坐标系。

图 7-2 模板零件

数控铣削加工工艺简述

步骤	说明

任务实施

1. 零件图样分析

识读零件图，确定加工内容，分析尺寸精度、几何公差和表面粗糙度要求，说明尺寸精度控制范围，并完成表 7-2。

表 7-2 零件图样分析

项目	项目内容
加工内容及技术要求	
尺寸精度分析	
几何公差分析	
表面粗糙度分析	
零件加工难点	

2. 机床设备、夹具选择（表 7-3）

表 7-3 机床设备、夹具清单

序号	类型	名称	规格及型号	数量
1	机床设备			
2	夹具			

3. 刀具、量具的确定

根据零件加工要素选用合适的刀具与量具，分别填入数控加工刀具卡与量具卡中，见表 7-4、表 7-5。

表 7-4 数控加工刀具卡

产品名称或代号		零件名称		零件图号		备注
序号	刀具号	刀具名称	刀具规格		刀具材料	
编 制		审 核		批 准		共 页 第 页

表 7-5 量具卡

产品名称或代号		零件名称			零件图号	
序号	量具名称		量具规格	分度值		数量
编 制		审核		批准		共 页 第 页

4. 编制数控加工工艺文件

根据以上分析，拟订机械工艺过程卡及数控加工工序卡（参见附表 1 和附表 2）。

学习任务 7.2 综合类零件编程

学习任务单

任务要求	以企业数控编程员身份编制综合类零件加工程序	学时	4 学时
任务载体	零件图(图 7-1)		
任务成果	程序单		

任务资讯

1. 认识宏程序。

(1) 解释 GOTO 200 ____________________

(2) 解释 G65 P0020 A30.0 I40.0 J60.0 K0 I20.0 J10.0 K30.0

____

2. 理解以下宏程序的运算指令并将其与正确的解释连接起来（连线）。

#i=SIN[#j]	减法
#i=#j-#k	正弦
#i=FIX[#j]	绝对值
#i=ABS[#j]	上取整
#i=SQRT[#j]	平方根

3. WHILE [#1 GT#3] DO1；表示____________________

任务实施

1. 建立编程坐标系

在图 7-3 中绘制出编程坐标系。

2. 确定 CAM 加工方法及刀具

依据图样要求及零件模型（图 7-4）的特点，确定 CAM 加工方法及刀具类型。

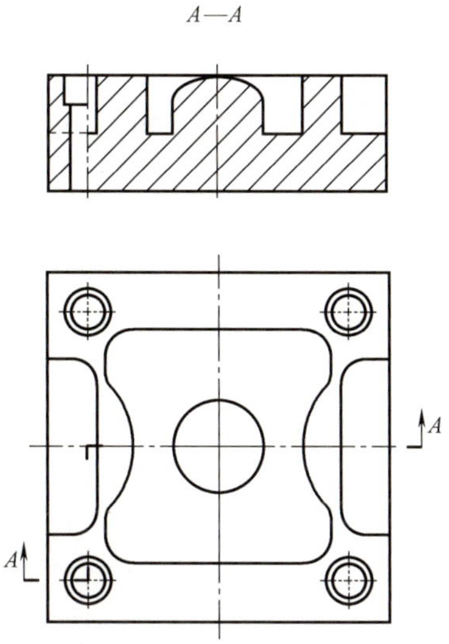

图 7-3　编程坐标系

图 7-4　零件模型

加工方法 （软件中的工序子类型）	刀具类型

3. 编写加工程序

使用 CAM 软件编写该零件的加工程序，将程序中的部分重要程序段填写到程序卡中，并对主要程序段进行注释。程序卡参见“附表 3 程序卡”。

学习任务 7.3　综合类零件加工实施

学习任务单

任务要求	以企业数控操作员身份加工综合类零件	学时	4 学时
任务载体	数控加工工艺文件、加工程序、数控铣床		
任务成果	合格的综合类零件		

任务资讯

1. 在精加工时，如何通过修改编程参数控制零件尺寸精度？

______

2. 写出如图 7-5 所示量具的名称。

3. 观察如图 7-6 所示刀路，写出生成此刀路的工序类型，并说明有什么特点。

图 7-5 ______

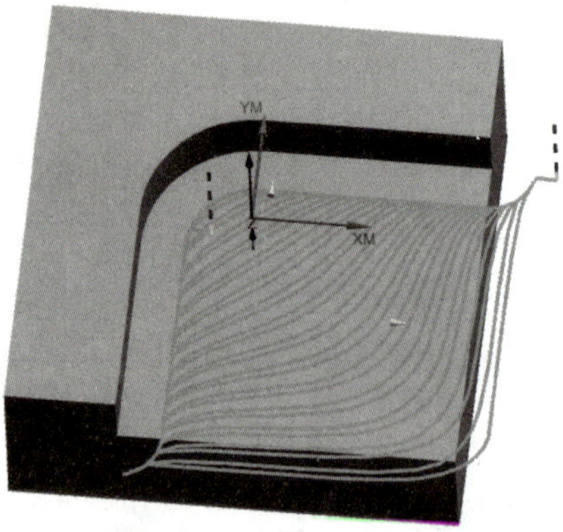

图 7-6　加工刀路

4. 试分析在实际加工过程中，影响该零件尺寸精度及表面质量的因素有哪些？

任务实施

请参照表 7-6 中推荐的步骤完成综合类零件的加工，记录各步骤的完成情况及其出现的问题和解决办法。

表 7-6　综合类零件加工过程记录

步骤	工作内容	完成情况		出现的问题	解决办法
1	开机、回零	(1)正确开机 (2)正确回零	是□/否□ 是□/否□		
2	安装工件	(1)夹具固定牢固 (2)夹具已经校正 (3)工件伸出尺寸够加工 (4)工件已经夹紧	是□/否□ 是□/否□ 是□/否□ 是□/否□		
3	安装刀具	(1)刀具无缺损 (2)刀具在刀柄上固定牢固 (3)刀柄在主轴上安装牢固	是□/否□ 是□/否□ 是□/否□		
4	对刀及参数设置	(1)佩戴护目镜 (2)寻边器转速合理 (3)完成 X、Y 轴对刀 (4)X、Y 轴对刀参数设置正确 (5)完成 Z 轴对刀 (6)Z 轴对刀参数设置正确 (7)验证对刀参数是否正确	是□/否□ 是□/否□ 是□/否□ 是□/否□ 是□/否□ 是□/否□ 是□/否□		

（续）

步骤	工作内容	完成情况		出现的问题	解决办法
5	程序输入与校验	(1)完成程序的输入 (2)图形校验正确 (3)程序中的各数据设置正确 (4)校验正确后回零	是□/否□ 是□/否□ 是□/否□ 是□/否□		
6	自动加工	(1)关闭防护门 (2)单段运行 (3)切削液调整正确 (4)运行速度控制合理 (5)完成自动加工	是□/否□ 是□/否□ 是□/否□ 是□/否□ 是□/否□		
7	检测与尺寸调整	(1)完成尺寸测量 (2)调整尺寸至合格	是□/否□ 是□/否□		

项目总结与评价

根据本项目的任务完成情况，说明存在的问题，分析原因并提出改进措施（表 7-7）。

表 7-7 项目总结

存在的问题	原因分析	改进措施

按照各任务的完成情况，进行项目评价。评价标准具体如下：

1. 职业素养（见“附表 4 职业素养评分表”）
2. 工艺文件（见“附表 5 工艺文件评分表”）
3. 零件尺寸（见“附表 6 零件尺寸评分表”）
4. 零件质量评估汇总（见“附表 7 零件质量评估汇总表”）

项目训练

1. 完成如图 7-7 所示零件的加工工艺制订、编程及加工，零件材料为 45 钢。
2. 完成如图 7-8 所示零件的加工工艺制订、编程及加工，零件材料为 45 钢。
3. 完成如图 7-9 所示零件的加工工艺制订、编程及加工，零件材料为 45 钢。

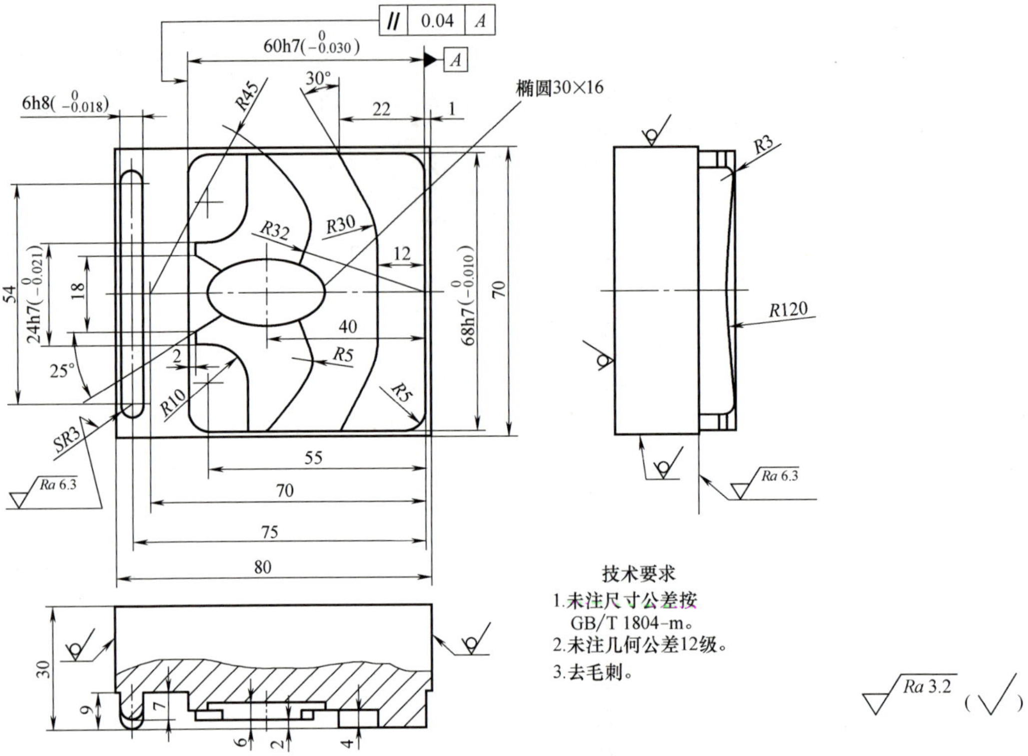

图 7-7 练习题 1

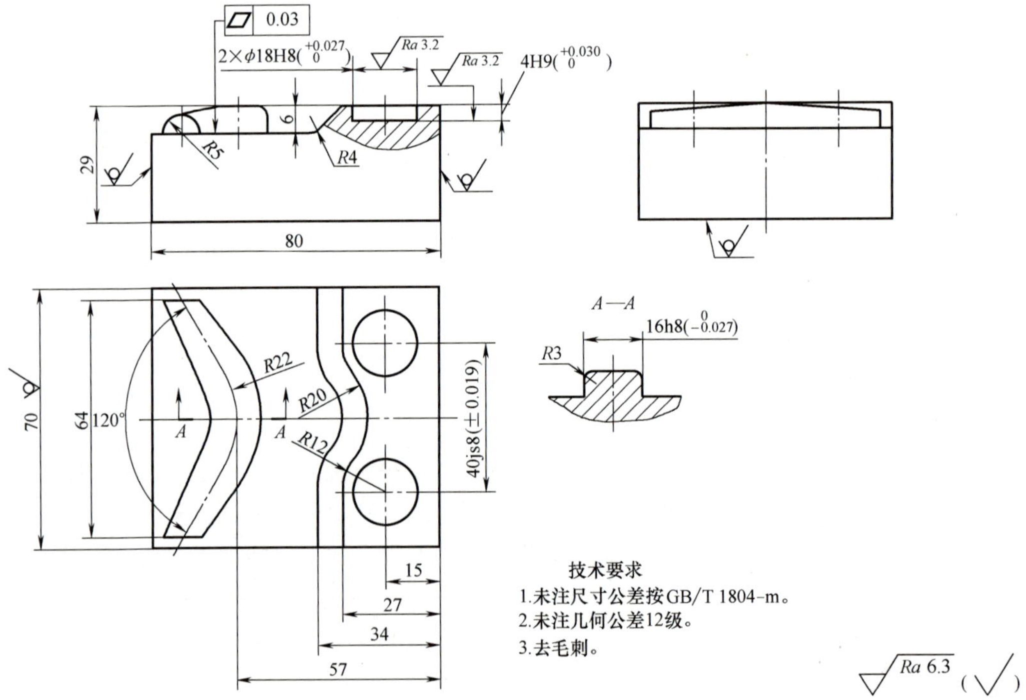

图 7-8 练习题 2

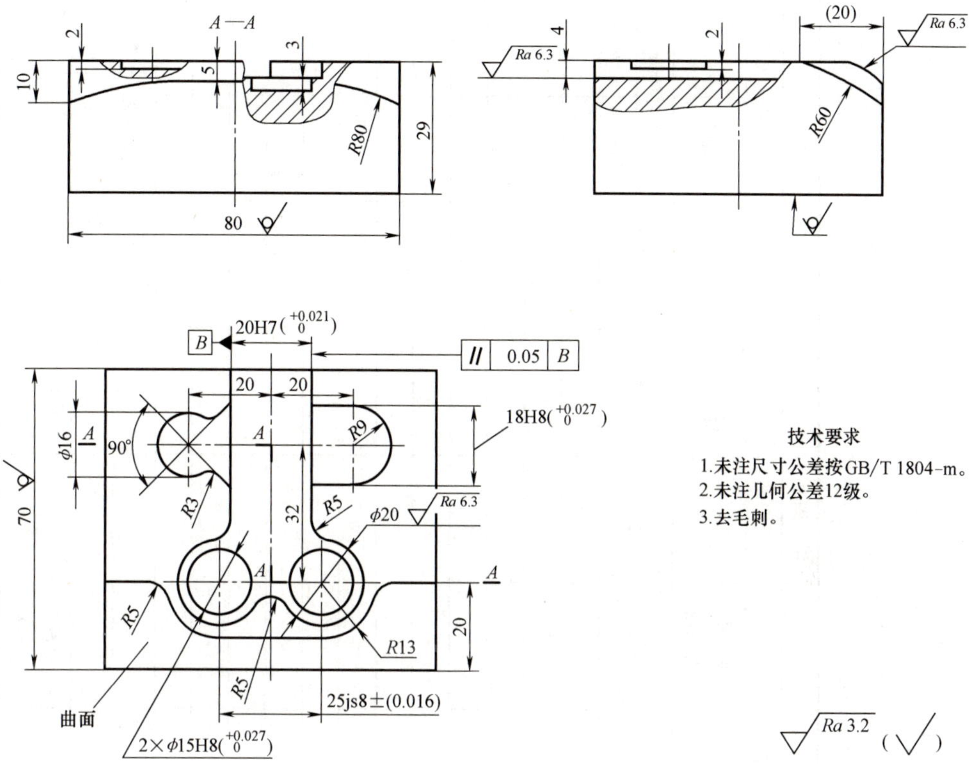
A—A
2
3
5
10
29
R80
80
4
Ra 6.3
2
(20)
Ra 6.3
R60
20H7($^{+0.021}_{0}$)
B
// 0.05 B
20
20
φ16
A
90°
A
R9
18H8($^{+0.027}_{0}$)
R3
R5
32
φ20
Ra 6.3
70
A
A
R5
R13
20
R5
25js8±(0.016)
曲面
2×φ15H8($^{+0.027}_{0}$)
技术要求
1.未注尺寸公差按GB/T 1804-m。
2.未注几何公差12级。
3.去毛刺。
Ra 3.2 (√)

图 7-9　练习题 3

任务工作页附表

附表 1 机械工艺过程卡

	(工厂)		机械工艺过程卡				产品型号		零件图号					
							产品名称		零件名称		共 页	第 页		
	材料牌号			毛坯种类		毛坯外形尺寸		每毛坯可制件数		每台件数		备注		
	工序号	工序名称	工序内容					车间	工段	设备	工艺装备	工时/min		
												准终	单件	
描图														
描校														
底图号														
											设计(日期)	审核(日期)	标准化(日期)	会签(日期)
装订号														
	标记	处数	更改文件号	签字	日期	标记	处数	更改文件号	签字	日期				

附表 2　数控加工工序卡

（工厂）	数控加工工序卡	产品型号		零件图号			
		产品名称		零件名称		共　页	第　页

（工序简图）				
	车间	工序号	工序名称	材料牌号
	毛坯种类	毛坯外形尺寸	每毛坯可制件数	每台件数
	设备名称	设备型号	设备编号	同时加工件数
	夹具编号		夹具名称	切削液
	工位器具编号		工位器具名称	工序工时
				准终 / 单件

	工步号	工步内容	工艺装备	主轴转速/（r/min）	切削速度/（m/min）	进给量/（mm/min）	背吃刀量/mm	进给次数	工时 机动	工时 单件
描图										
描校										
底图号										

											设计（日期）	审核（日期）	标准化（日期）	会签（日期）
装订号														
	标记	处数	更改文件号	签字	日期	标记	处数	更改文件号	签字	日期				

附表3 程序卡

程序	注释	程序	注释

附表 4 职业素养评分表

项目名称		学号		姓名	
场次		工位编号		零件编号	
				配分	20

序号	考核项目	评分标准	配分	得分
1	职业素养与操作规程(共 20 分)	按正确的顺序开关机床,关机时工作台停放在正确的位置	1	
		正确安装、校正夹具,正确安装、校正工件	2	
		正确安装刀具,正确安装刀柄	2	
		正确使用手轮,正确完成对刀及参数设置	4	
		正确进行程序输入与校验	2	
		正确使用工具、量具,使用后按规定位置正确摆放	1	
		正确进行自动加工操作	2	
		正确进行安全防护	4	
		正确进行数控机床日常维护,填写机床运行记录	2	
				扣分
2	文明生产(5 分,此项为扣分,扣完为止)	机床加工过程中工件掉落	-2	
		发生轻微机床碰撞事故	-3	
		若发生重大事故(人身和设备安全事故等)、严重违反工艺原则、违反考场纪律等取消成绩		
合计				

指导教师签字:

附表5 工艺文件评分表

<table>
<tr><td colspan="2">项目名称</td><td colspan="2"></td><td>学号</td><td colspan="2"></td><td>姓名</td><td></td></tr>
<tr><td colspan="2">场次</td><td></td><td>工位编号</td><td></td><td>零件编号</td><td></td><td>配分</td><td>20</td></tr>
<tr><td>序号</td><td>考核项目</td><td colspan="6">评分标准</td><td>得分</td></tr>
<tr><td rowspan="3">1</td><td rowspan="3">机械工艺过程卡(6分)</td><td colspan="5">表头信息</td><td>1</td><td></td></tr>
<tr><td colspan="5">工艺过程完整、工序划分合理</td><td>3</td><td></td></tr>
<tr><td colspan="5">工序描述正确、填写规范</td><td>2</td><td></td></tr>
<tr><td rowspan="4">2</td><td rowspan="4">数控加工工序卡(9分)</td><td colspan="5">表头信息</td><td>1</td><td></td></tr>
<tr><td colspan="5">工步过程完整、内容合理,与机械工艺过程卡匹配</td><td>4</td><td></td></tr>
<tr><td colspan="5">切削参数合理</td><td>2</td><td></td></tr>
<tr><td colspan="5">工序简图绘制正确、规范</td><td>2</td><td></td></tr>
<tr><td rowspan="4">3</td><td rowspan="4">数控加工刀具卡、量具卡(5分)</td><td colspan="5">数控加工刀具卡表头信息</td><td>1</td><td></td></tr>
<tr><td colspan="5">刀具选择合理</td><td>2</td><td></td></tr>
<tr><td colspan="5">量具卡表头信息</td><td>1</td><td></td></tr>
<tr><td colspan="5">量具选择合理</td><td>1</td><td></td></tr>
<tr><td colspan="8">合计</td><td></td></tr>
</table>

指导教师签字:

附表 6　零件尺寸评分表

项目名称					学号		姓名	
场次			工位编号		零件编号		配分	40
序号	**基本尺寸**	**类型**	**上极限偏差**	**下极限偏差**	**配分**	**自检结果**	**专检结果**	**得分**
合计								

指导教师签字：

附表7 零件质量评估汇总表

<table>
<tr><td colspan="2">项目名称</td><td colspan="2"></td><td>学号</td><td colspan="2"></td><td>操作员</td><td colspan="2"></td></tr>
<tr><td colspan="2">场次</td><td></td><td>工位编号</td><td></td><td>零件编号</td><td></td><td>检验员</td><td colspan="2"></td></tr>
<tr><td>考核项目</td><td>配分</td><td colspan="6">评分标准</td><td>质量评定</td><td>备注</td></tr>
<tr><td>职业素养</td><td>20</td><td colspan="6">详见“职业素养评分表”</td><td></td><td></td></tr>
<tr><td>工艺文件</td><td>20</td><td colspan="6">详见“工艺文件评分表”</td><td></td><td></td></tr>
<tr><td rowspan="3">程序</td><td>10</td><td colspan="6">程序格式正确,程序内容与工艺安排一致</td><td></td><td></td></tr>
<tr><td>5</td><td colspan="6">程序填写规范,注释合理</td><td></td><td></td></tr>
<tr><td>5</td><td colspan="6">程序校验正确</td><td></td><td></td></tr>
<tr><td>尺寸</td><td>40</td><td colspan="6">详见“零件尺寸评分表”</td><td></td><td></td></tr>
<tr><td>总评</td><td colspan="7"></td><td colspan="2"></td></tr>
</table>

比例缩放对于刀具半径补偿值、刀具长度补偿值及工件坐标系零点偏移值无效。

2）比例缩放中的圆弧插补。在比例缩放中进行圆弧插补，如果进行等比例缩放，则圆弧半径也相应缩放相同的比例；如果指定不同的缩放比例，则刀具不会走出相应的椭圆轨迹，仍将进行圆弧的插补，圆弧的半径根据I、J中的较大值进行缩放。

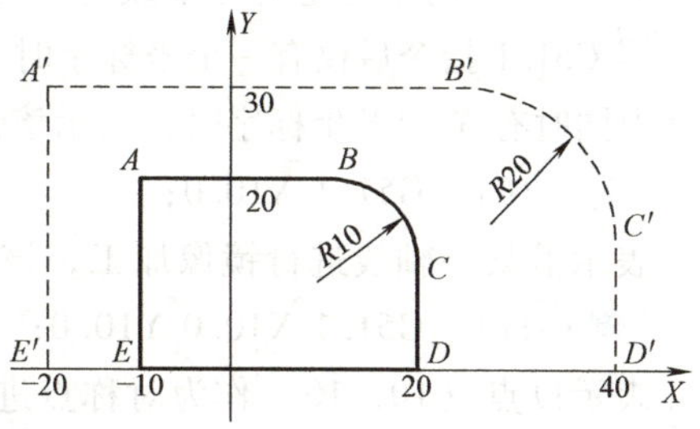

图6-19 比例缩放中的圆弧插补

如图6-19所示轮廓外形，根据下列程序进行比例缩放，圆弧插补的起点与终点坐标均以I、K值进行不等比例缩放，而半径值则以I、K中的较大值2.0进行缩放，缩放后的半径为*R*20。此时，圆弧在*B*′和*C*′点处不再相切，而是相交，因此要特别注意比例缩放中的圆弧插补。如图6-19所示轮廓的部分加工程序如下：

程　　序	注　　释
……	
G51 X0.0 Y0.0 I2.0 J1.5;	在*XY*平面内进行不等比例缩放
G41 G01 X-10.0 Y20.0 D01;	建立刀具半径左补偿并加工至*A*点，实际为*A*′点
X10.0 F100.0;	加工至*B*点，实际为*B*′点
G02 X20.0 Y10.0 R10.0;	缩放后，圆弧实际加工半径为*R*20
……	

3）比例缩放的注意事项。

① 比例缩放的简化形式。

如将比例缩放程序"G51 X_ Y_ Z_ P_;"或"G51 X_ Y_ Z_ I_ J_ K_;"简写成"G51;"，则缩放比例由机床系统参数决定，具体值请查阅机床有关参数表，而缩放中心则指刀具刀位点所处的当前位置。

② 比例缩放对固定循环中Q值与d值无效。

在比例缩放过程中，有时我们不希望进行*Z*轴方向的比例缩放，这时可修改系统参数，以禁止在*Z*轴方向上进行比例缩放。

③ 比例缩放对工件坐标系零点偏移值和刀具补偿值无效。

④ 在比例缩放状态下，不能指定返回参考点的G指令（G27~G30），也不能指定坐标系设定指令（G52~G59，G92）。若一定要指定这些G代码，应在取消缩放功能后指定。

2. 坐标镜像编程

使用坐标镜像编程指令可实现沿某一坐标轴或某一坐标点的对称加工。在一些老的数控系统中通常采用M指令来实现镜像加工，在FANUC 0i及更新版本的数控系统中则采用G51或G51.1来实现镜像编程。

（1）编程格式

1）坐标镜像编程格式一：

G17 G51.1 X_ Y_;

G50.1;

其中：

G51.1——设置镜像加工；

G50.1——取消镜像加工；

X、Y——用于指定对称轴或对称点。

当 G51.1 指令后仅有一个坐标字时，该镜像加工指令是以某一坐标轴为镜像轴。当 G51.1 指令中同时有 X 和 Y 坐标字时，表示该镜像加工指令是以某一点作为对称点进行镜像加工。

［例 6-10］ G51.1 X10.0；

表示沿某一轴线进行镜像加工，该轴线与 Y 轴平行且与 X 轴在 $X=10.0$ 处相交。

［例 6-11］ G51.1 X10.0 Y10.0；

表示以点（10，10）作为对称点进行镜像加工。

2）坐标镜像编程格式二：

G17 G51 X_ Y_ I_ J_；

G50；

其中：

G51——镜像加工生效；

G50——取消镜像加工。

使用这种格式时，指令中的 I、J 值一定有负值，如果其值为正值，则该指令变成了缩放指令，若 I、J 一正一负，则一个坐标方向镜像，另一个坐标方向缩放。另外，如果 I、J 值虽是负值但不等于-1000，则执行该指令时，既进行镜像加工，又进行缩放。

［例 6-12］ G17 G51 X10.0 Y10.0 I-1000 J-1000；

执行该指令时，程序以坐标点（10.0，10.0）进行镜像加工，不进行缩放。

［例 6-13］ G17 G5l X10.0 Y10.0 I-2000 J-1500；

执行该指令时，程序在以坐标点（10.0，10.0）进行镜像加工的同时，还要进行比例缩放，其中，X 轴方向的缩放比例为 2.0，而 Y 轴方向的缩放比例为 1.5。

（2）坐标镜像编程实例

［例 6-14］ 试用镜像加工指令编写如图 6-20 所示轨迹程序（切深 2mm）。

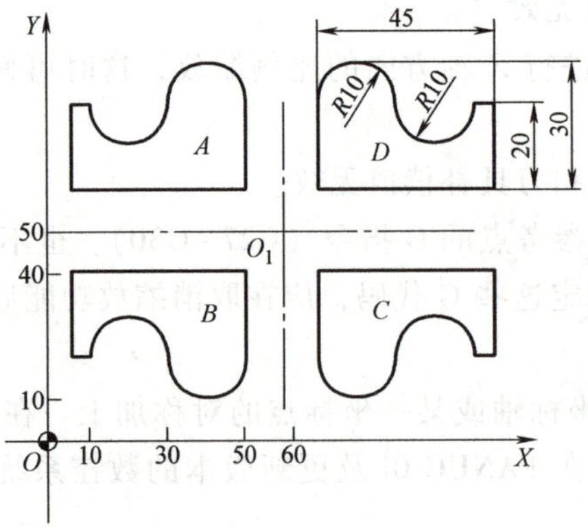

图 6-20 镜像加工编程实例

二维码 6-3 镜像编程仿真加工

程 序	注 释
O0007；	主程序
G90 G80 G40 G21 G17 G94 G50；	程序保护头
G54 G00 X60.0 Y50.0；	刀具快速定位于轮廓外侧的 O_1 点
M03 S800；	开启主轴正转，速度为 800r/min

（续）

程　序	注　释
G43 Z100.0 H01;	建立刀具长度正补偿
G00 Z10.0;	快速定位至工件表面 5mm 高处
M98 P700;	调用子程序加工轨迹 *A*
G51 X60.0 Y50.0 I1000 J-1000;	以 O_1 作为对称点镜像加工
M98 P700;	调用子程序加工轨迹 *B*
G50;	取消镜像加工
G51 X60.0 Y50.0 I-1000 J-1000;	以 O_1 作为对称点进行坐标镜像
M98 P700;	调用子程序加工轨迹 *C*
G50;	取消镜像加工
G51 X60.0 Y50.0 I-1000 J1000;	以 O_1 作为对称点进行坐标镜像
M98 P700;	调用子程序加工轨迹 *D*
G50;	取消镜像加工
G00 Z100.0;	取消长度补偿，刀具回归第二参考点
M05;	主轴停转
M30;	主程序结束

程　序	注　释
O700;	子程序
G01 Z-2.0 F100.0;	切削进给至加工深度
G41 G01 X52.0 Y60.0 D01;	建立刀具半径左补偿到达轮廓线延长线处
X5.0;	
Y80.0;	
X10.0;	
G03 X30.0 R10.0;	
G02 X50.0 R10.0;	
G01 Y58.0;	
G40 G01 X60.0 Y50.0;	取消刀具半径补偿并回到 O_1 点
G01 Z10.0 F200;	
M99;	从子程序返回

［例 6-15］　试编写如图 6-21 所示的镜像加工与缩放程序（切深 2mm），镜像加工与缩放点为（20，20），*X* 轴方向的缩放比例为 2.0，*Y* 轴方向的缩放比例为 1.5。

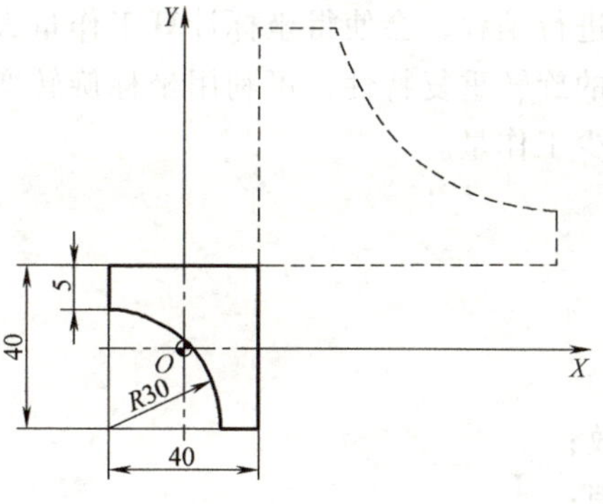

图 6-21　镜像加工与缩放编程实例

程　　序	注　　释
O0008;	程序名
……	
G54 G00 X0.0 Y0.0;	快速定位至 O 点
G51 X20.0 Y20.0 I-2000 J1500;	可编程镜像加工与缩放开始
G41 G01 X-30.0 Y20.0 F100 D01;	建立刀具半径左补偿到达轮廓线延长线处
G01 Z-2.0 F100	切削进给至下刀深度
X20.0;	
Y-20.0;	
X10.0;	
G03 X-20.0 Y10.0 R30.0;	
G01 Y20.0;	
G01 Z10.0 F200;	抬刀
G00 G40 G01 X0.0 Y0.0;	取消刀具半径补偿,并返回 O 点
G50;	取消可编程镜像加工与缩放
……	

（3）镜像加工编程的说明

1）在指定平面内执行镜像加工指令时，如果程序中有圆弧指令，则圆弧的旋转方向相反，即 G02 变成 G03，相应地，G03 变成 G02。

2）在指定平面内执行镜像加工指令时，如果程序中有刀具半径补偿指令，则刀具半径补偿的偏置方向相反，即 G41 变为 G42，G42 会变为 G41，相应地，顺铣和逆铣也会进行互换，为了保证加工效率和表面质量，一般不推荐使用镜像编程。

3）在镜像指令中，返回参考点指令 G27、G28、G29、G30 和改变坐标系指令 G54～G59、G92 不能指定。如果要指定其中的某一个，则必须在取消镜像加工指令后指定。

4）在使用镜像加工指令时，由于数控镗、铣床的 Z 轴一般安装有刀具，所以，Z 轴一般都不进行镜像加工。

6.2.3 坐标系旋转编程

对于某些围绕中心旋转得到的特殊的轮廓加工（如图 6-22 所示结构特征的零件），如果根据旋转后的实际加工轨迹进行编程，会使得坐标计算工作量大大增加，增加编程人员的人工计算时间。根据零件图形的旋转重复特性，可利用坐标旋转变换指令，通过多次调用子程序，大大简化编程过程，减少工作量。

1. 编程格式

G17 G68 X_ Y_ R_;

G69;

其中：

G68——坐标系旋转生效；

G69——坐标系旋转取消；

X、Y——用于指定坐标系旋转的中心。

R 用于指定坐标系旋转的角度。该角度一般取-360°~360°，旋转角度的零度方向为第一坐标轴的正方向，逆时针方向为角度的正方向。不足 1°的角度以小数点表示，如 10°54’用 10.9°表示。

[例 6-16]　G17 G68 X30.0 Y50.0 R45.0;

表示坐标系以坐标点（30，50）作为旋转中心，沿 *X* 轴逆时针旋转 45°。

2. 坐标系旋转编程实例

[例 6-17]　如图 6-23 所示的外形轮廓 *B*，是外形轮廓 *A* 以坐标点 *M*（-30，0）为旋转中心，沿 *X* 轴旋转 80°所得，试编写轮廓 *B* 的加工程序。

图 6-22　具有旋转特征的零件

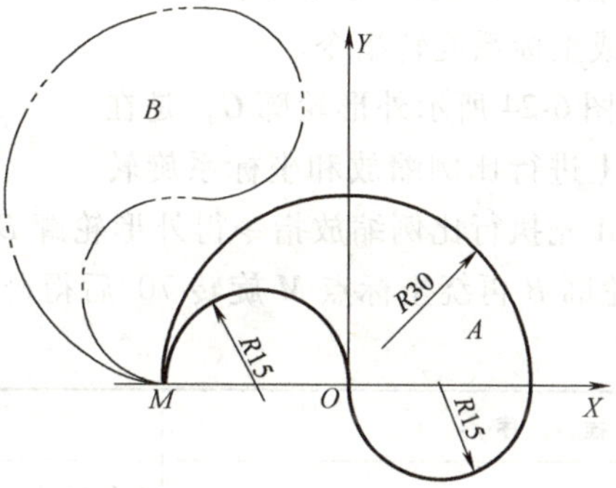

图 6-23　坐标系旋转编程实例

二维码 6-4

坐标系旋转编程仿真

程　　序	注　　释
O0009;	程序名
G90 G80 G69 G40 G21 G17 G94;	程序保护头
G54 G00 X-50.0 Y-20.0;	选择 G54 工件坐标系，刀具快速定位于 *M* 点的左下方处
M03 S600;	开启主轴正转，速度为 600r/min
G43 Z100.0 H01;	建立刀具长度正补偿
Z10.0;	快速定位至安全高度
G01 Z-2.0 F100;	切削进给至加工深度
G68 X-30.0 Y0.0 R80.0;	以点 *M* 为中心进行坐标系旋转，旋转角度为 80°
G41 G01 X-30.0 Y-10.0 D01 F100;	建立刀具半径左补偿至 *M* 点的正下方
Y0.0;	沿切线方向切入
G02 X30.0 R30.0;	顺时针铣削 *R*30 圆弧
G02 X0.0 R15.0;	顺时针铣削 *R*15 圆弧
G03 X-30.0 R15.0;	逆时针铣削 *R*15 圆弧
G01 Y-10.0;	沿切线切出
G40 G01 X-50.0 Y-20.0;	取消刀具半径补偿至 *M* 点的左下方
G69;	取消坐标系旋转
Z10.0 F200;	抬刀
M05	主轴停转
G00 G91 G28 Z0.0;	*Z* 轴快速回归第二参考点
M30;	程序结束

3. 坐标系旋转编程指令说明

1）在坐标系旋转取消指令 G69 后的第一个移动指令必须用绝对值指定。如果采用增量值指令，则不执行正确的移动。

2）CNC 数据处理的顺序是：局部坐标系→程序镜像→比例缩放→坐标系旋转→刀具半径补偿。所以在指定这些指令时，应按顺序指定；取消时，按相反顺序取消。在旋转指令或比例缩放指令中不能指定镜像指令，但在镜像指令中可以指定比例缩放指令或坐标系旋转指令。

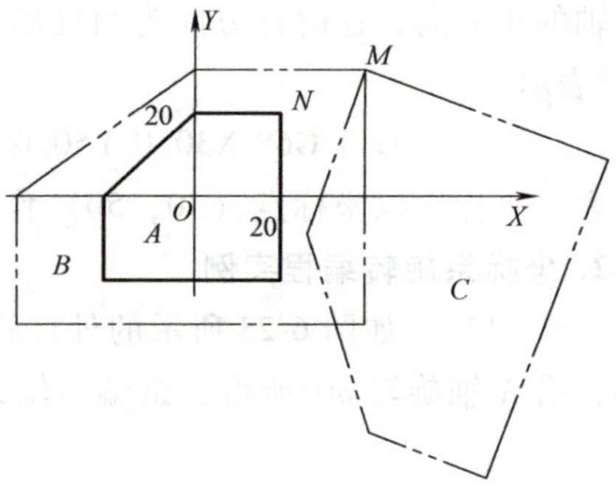

图 6-24 比例缩放与坐标旋转综合实例

［例 6-18］ 如图 6-24 所示外形轮廓 *C*，是在外形轮廓 *A* 的基础上进行比例缩放和坐标系旋转获得的。外形轮廓 *A* 先执行比例缩放指令得外形轮廓 *B*，*X* 轴方向的比例为 2.0，*Y* 轴方向的比例为 1.5。外形轮廓 *B* 再绕坐标点 *M* 旋转 70°后得外形轮廓 *C*。试编写外形轮廓 *C* 的加工程序。

程 序	注 释
O0010;	程序名
……	
G51 X0.0 Y0.0 I2.0 J1.5;	比例缩放,形成外形轮廓 B
G17 G68 X20.0 Y20.0 R70.0;	坐标系旋转,形成外形轮廓 C
G41 G01 X-20.0 Y20.0 F100 D01;	建立刀具半径左补偿
X20.0;	
Y-20.0;	
X-20.0;	
Y0.0;	
X0.0 Y20.0;	
G40 X10.0 Y30.0;	取消刀具半径补偿
G69 G50;	取消坐标系旋转,取消比例缩放
……	

3）在指定平面内执行镜像指令时，如果在镜像指令中有坐标系旋转指令，则坐标系旋转方向相反。即顺时针变成逆时针，相应地，逆时针变成顺时针。

4）如果坐标系旋转指令前有比例缩放指令，则坐标系旋转中心也被缩放，但旋转角度不被比例缩放。如上例中的实际的旋转中心 *M* 点是由缩放前的 *N* 点经比例缩放后得到。

5）在坐标系旋转指令中，返回参考点指令 G27、G28、G29、G30 和改变坐标系指令 G54~G59、G92 不能指定。如果要指定其中的某一个，则必须在取消坐标系旋转指令后指定。

任务 6.3 特征类零件加工实施

6.3.1 百分表对刀方法

当工件为圆盘类零件时，采用百分表对刀也是常采用的一种方法，实现工件坐标系设定。其操作如下：

1）百分表的安装：直径小于 40mm 的孔或外圆，可用钻夹头刀柄直接夹持百分表，如图 6-25a 所示；直径大于 40mm 的孔或外圆，可将磁力表座直接吸附在主轴上，如图 6-25b 所示。

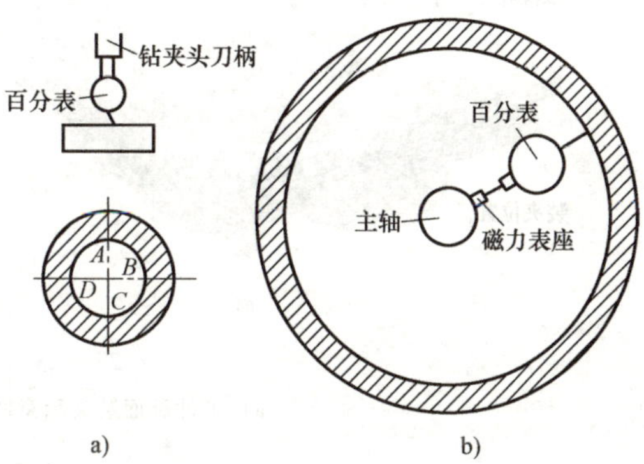

图 6-25 用百分表对刀

a）孔径较小 b）孔径较大

2）调整百分表的触头，使其与 Y 方向的两个极限点 A、C 接触，用手拨动主轴，观察 A、C 两点在表盘上的偏移量 Δ，然后在手轮方式下只调整主轴 Y 方向的位置，使其向读数偏小的一方移动 $\Delta/2$。如此反复，再进行测量调整，直到 A、C 两点在表盘上的读数相同，此时主轴所在位置为孔的轴线在 Y 方向的位置。同理可测量 X 轴方向的两个极限点 B、D，调整主轴在 X 方向的位置，用手拨动主轴使主轴旋转，百分表指针在 B、D 两点位置相同，此时主轴所在位置为孔的轴线在 X 向的位置。通过对刀操作，将操作得到的数值输入到零点偏置代码（G54）中。

3）由于百分表的量程较小，事先要进行粗找正，使轴线偏移精度在百分表的量程之内。若毛坯表面粗糙度值较大，可用铁丝代替百分表进行粗找正。

6.3.2 翻面装夹与对刀方法

1. 加工第一面

装夹毛坯两侧面如图 6-26b 所示（以毛坯底面定位），加工轮廓如 6-26a 所示，特别强调的是：基准孔一定要加工成通孔，翻面加工时对刀、编程都以它为基准。X、Y、Z 对刀方法与前面所讲的方法完全一致，这里不再赘述。

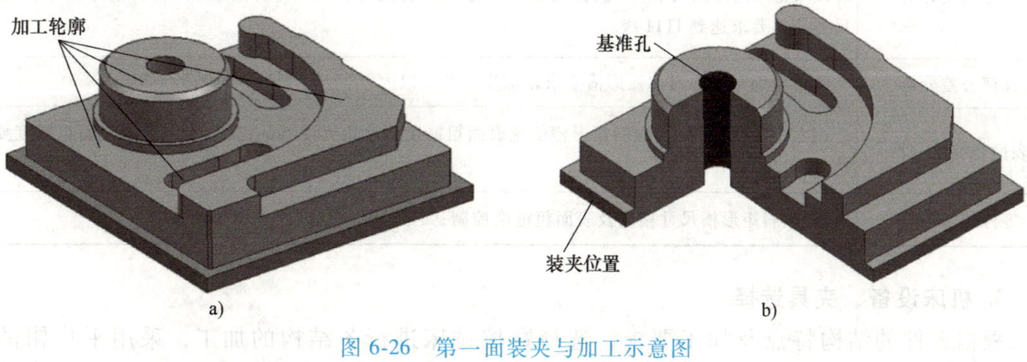

图 6-26 第一面装夹与加工示意图

a）加工示意图 b）装夹示意图

2. 翻面装夹与对刀

以第一步加工完成的上表面定位，夹持工件两侧面，以已加工孔为基准作为编程原点和对刀（见图6-27a）来进行翻面加工（见图6-27b），这样才能保证各轮廓、孔和基准孔位置度要求。如果以工件侧面对刀，由于工件侧面仍然是毛坯，对刀不精确，误差比较大，加工完后就无法保证加工的轮廓与基准孔位置度要求。

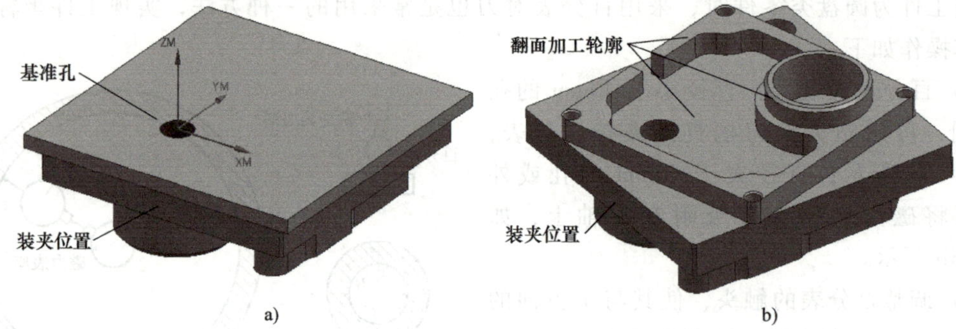

图6-27 翻面装夹与加工示意图

a）工件翻面装夹示意图 b）翻面加工轮廓示意图

项目实施（工程案例）

案例描述

如图6-2所示，要求最终完成特征零件转化图的加工。按照制订零件加工工艺、编制加工程序、完成零件的加工和质量评估的顺序进行。

制订矩形槽板零件加工工艺

1. 零件图样分析

通过零件图工艺分析，确定零件的加工内容、加工要求，初步确定各个加工结构的加工方法。分析项目及内容见表6-1。

表6-1 矩形槽板零件图样分析

项目	项目内容
加工内容及技术要求	六面；正六边形凸台；45°倾斜矩形槽；两个分别呈中心对称的20mm×10mm平键型凸台和弧形槽
尺寸精度分析	20mm×10mm平键型凸台宽度公差为0.027；弧形槽宽度公差为0.058；45°倾斜矩形槽公差为0.039；正六边形凸台和45°倾斜矩形槽深度5mm公差为0.075；零件高度22mm公差为0.13；未标注尺寸公差要求达到IT11级
几何公差分析	两个分别呈中心对称弧形槽要求轮廓度在0.1以内
表面粗糙度分析	正六边形凸台和45°倾斜矩形槽侧壁表面粗糙度要求达 *Ra*1.6um；其余加工表面表面粗糙度要求达 *Ra*3.2μm
零件加工难点	45°倾斜矩形槽尺寸精度及表面粗糙度控制；弧形槽尺寸精度及轮廓度控制

2. 机床设备、夹具选择

根据零件的结构特点及加工要求，选择数控铣床进行各结构的加工，采用平口钳的装夹，机床设备及夹具选择清单见表6-2。

表 6-2 机床设备及夹具清单

序号	类型	名称	规格及型号	数量
1	机床设备	数控铣床	KV650	1
2	夹具	平口钳		1

3. 刀具、量具的确定

因为该零件为平面类零件，适合选用平底立铣刀进行加工。在粗加工时主要考虑加工效率，因此可选用较大直径的平底立铣刀，精加工时也可选用同一把立铣刀。所以粗、精加工选择 ϕ12 立铣刀，$Z_n=3$。刀具与量具的选择分别参见表 6-3、表 6-4。

表 6-3 刀具卡

产品名称或代号		零件名称		零件图号		备注
序号	刀具号	刀具名称	刀具规格		刀具材料	
1	T01	面铣刀	ϕ80		硬质合金刀片	
2	T02	平底立铣刀	ϕ12		硬质合金	
3	T03	平底键槽铣刀	ϕ10		硬质合金	
4	T04	平底键槽铣刀	ϕ6		硬质合金	
编　制		审　核		批　准		共　页　第　页

表 6-4 量具卡

产品名称或代号		零件名称		零件图号	
序号	量具名称		量具规格	分度值	数量
1	游标卡尺		0~150mm	0.02mm	1把
2	外径千分尺		0~25mm	0.01mm	1把
3	内测千分尺		25~50mm	0.01mm	1把
4	杠杆百分表		0~0.8mm	0.01mm	1个
5	深度千分尺		0~25mm	0.01mm	1把
6	半径规		R1~R6.5mm		1套
7	粗糙度样板		组合式		1套
编　制		审核		批准	共　页　第　页

4. 编制数控加工工艺文件

根据以上分析，拟订机械工艺过程卡及数控加工工序卡，见表 6-5、表 6-6。

表 6-5 机械工艺过程卡

<table>
<tr><td rowspan="2"></td><td colspan="2" rowspan="2">（工厂）</td><td colspan="4" rowspan="2">机械工艺过程卡</td><td>产品型号</td><td></td><td>零件图号</td><td></td><td colspan="3"></td></tr>
<tr><td>产品名称</td><td></td><td>零件名称</td><td>矩形槽板</td><td colspan="2">共 1 页</td><td>第 1 页</td></tr>
<tr><td></td><td colspan="2">材料牌号</td><td>45 钢</td><td>毛坯种类</td><td>板材</td><td>毛坯外形尺寸</td><td>120mm×100mm×25mm</td><td>每毛坯可制件数</td><td>1</td><td>每台件数</td><td>1</td><td>备注</td><td></td></tr>
<tr><td rowspan="2"></td><td rowspan="2">工序号</td><td rowspan="2">工序名称</td><td colspan="5" rowspan="2">工序内容</td><td rowspan="2">车间</td><td rowspan="2">工段</td><td rowspan="2">设备</td><td rowspan="2">工艺装备</td><td colspan="2">工时/min</td></tr>
<tr><td>准终</td><td>单件</td></tr>
<tr><td></td><td>1</td><td>备料</td><td colspan="5">备 120mm×100mm×25mm 坯料</td><td></td><td></td><td>锯床</td><td></td><td></td><td></td></tr>
<tr><td></td><td>2</td><td>普铣</td><td colspan="5">铣尺寸为 118mm×98mm×22mm 的六面体外形至图样要求</td><td></td><td></td><td>普通铣床</td><td>平口钳</td><td></td><td></td></tr>
<tr><td></td><td>3</td><td>数控铣</td><td colspan="5">粗、精铣各凸台与凹槽至图样要求</td><td></td><td></td><td>数控铣床</td><td>平口钳</td><td></td><td></td></tr>
<tr><td></td><td>4</td><td>钳工</td><td colspan="5">去毛刺</td><td></td><td></td><td></td><td>锉刀</td><td></td><td></td></tr>
<tr><td></td><td>5</td><td>检验</td><td colspan="5"></td><td></td><td></td><td></td><td></td><td></td><td></td></tr>
<tr><td></td><td></td><td></td><td colspan="5"></td><td></td><td></td><td></td><td></td><td></td><td></td></tr>
<tr><td>描图</td><td></td><td></td><td colspan="5"></td><td></td><td></td><td></td><td></td><td></td><td></td></tr>
<tr><td></td><td></td><td></td><td colspan="5"></td><td></td><td></td><td></td><td></td><td></td><td></td></tr>
<tr><td>描校</td><td></td><td></td><td colspan="5"></td><td></td><td></td><td></td><td></td><td></td><td></td></tr>
<tr><td></td><td></td><td></td><td colspan="5"></td><td></td><td></td><td></td><td></td><td></td><td></td></tr>
<tr><td>底图号</td><td></td><td></td><td colspan="5"></td><td></td><td></td><td></td><td></td><td></td><td></td></tr>
<tr><td></td><td></td><td></td><td colspan="5"></td><td></td><td></td><td></td><td></td><td></td><td></td></tr>
<tr><td>装订号</td><td></td><td></td><td></td><td></td><td></td><td colspan="2"></td><td></td><td></td><td></td><td rowspan="2">设计（日期）</td><td rowspan="2">审核（日期）</td><td rowspan="2">标准化（日期）</td><td rowspan="2">会签（日期）</td></tr>
<tr><td></td><td></td><td></td><td></td><td></td><td></td><td colspan="2"></td><td></td><td></td><td></td></tr>
<tr><td></td><td>标记</td><td>处数</td><td>更改文件号</td><td>签字</td><td>日期</td><td>标记</td><td>处数</td><td>更改文件号</td><td>签字</td><td>日期</td><td></td><td></td><td></td><td></td></tr>
</table>

表 6-6　数控加工工序卡

数控加工工序卡	产品型号		零件图号			
	产品名称		零件名称		共 2 页	第 1 页

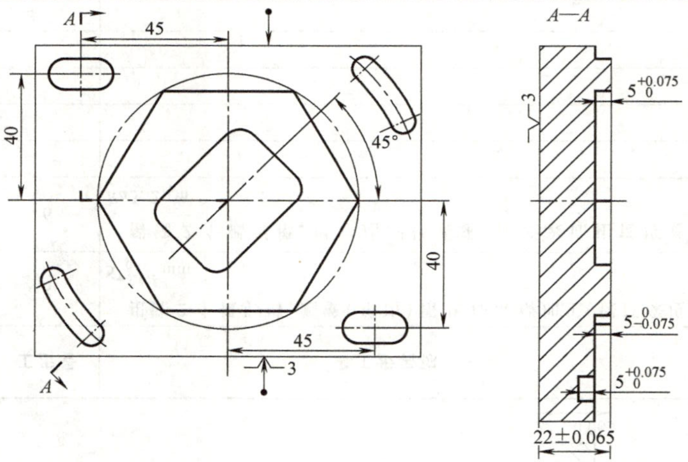

车间	工序号	工序名称	材料牌号
数控	3	数控铣	45 钢

毛坯种类	毛坯外形尺寸	每毛坯可制件数	每台件数
板材	120mm×100mm×25mm		
设备名称	设备型号	设备编号	同时加工
数控铣床	KV650		

夹具编号	夹具名称	切削液	
	平口钳		
工位器具编号	工位器具名称	工序工时	
		准终	单件

工步号	工步名称	工艺装备	主轴转速/(r/min)	切削速度/(m/min)	进给量/(mm/min)	背吃刀量/mm	进给次数	工时 机动	工时 单件
1	如工序图所示，以底面定位，夹工件两侧面，粗铣正六边形凸台及 2 个平键型凸台，侧壁（单边）留 0.1mm 精加工，保证深度 $5^{0}_{-0.075}$ mm	$\phi12$ 立铣刀	2200	80	500	5			
2	精铣正六边形凸台及 2 个平键型凸台，尺寸达图样要求，保证表面粗糙度达 $Ra1.6\mu m$	$\phi12$ 立铣刀	3900	100	400	5			
3	粗铣 45°倾斜矩形槽，侧壁（单边）留 0.1mm 精加工，保证深度 $5^{+0.075}_{0}$ mm	$\phi10$ 立铣刀	2500	80	300	5			
4	精铣 45°倾斜矩形槽侧壁，尺寸达图样要求，保证表面粗糙度达 $Ra1.6\mu m$	$\phi10$ 立铣刀	3200	100	200	5			

描图　描校　底图号　装订号

										设计（日期）	审核（日期）	标准化（日期）	会签（日期）
标记	处数	更改文件号	签字	日期	标记	处数	更改文件号	签字	日期				

（续）

数控加工工序卡	产品型号		零件图号		
	产品名称		零件名称	共 2 页	第 2 页
	车间	工序号	工序名称	材料牌号	
	数控	3	数控铣	45 钢	
	毛坯种类	毛坯外形尺寸	每毛坯可制件数	每台件数	
	板材	120mm×100mm×25mm			
	设备名称	设备型号	设备编号	同时加工	
	数控铣床	KV650			
	夹具编号		夹具名称	切削液	
			平口钳		
	工位器具编号		工位器具名称	工序工时	
				准终	单件

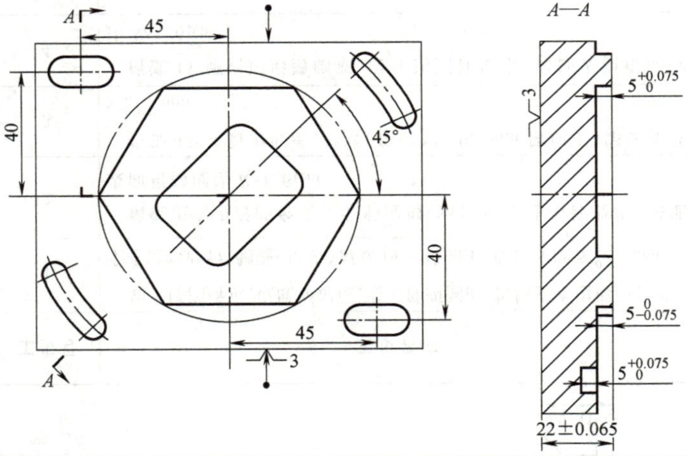

	工步号	工步名称	工艺装备	主轴转速/(r/min)	切削速度/(m/min)	进给量/(mm/min)	背吃刀量/mm	进给次数	工时 机动	工时 单件
描图	5	粗铣 2 个弧形槽，侧壁（单边）留 0.1mm 精加工，保证深度 $5^{+0.075}_{0}$ mm	ϕ6 立铣刀	4200	80	800	5			
	6	精铣 2 个弧形槽，尺寸达图样要求，保证表面粗糙度达 $Ra3.2\mu m$	ϕ6 立铣刀	5300	100	400	5			
描校										
底图号										
装订号						设计（日期）	审核（日期）	标准化（日期）	会签（日期）	

标记	处数	更改文件号	签字	日期	标记	处数	更改文件号	签字	日期

矩形槽板零件编程

1. 建立编程坐标系

以工件几何中心为 X、Y 编程原点，工件上表面为 Z 编程原点，编程坐标系设置如图 6-28 所示。

2. 确定走刀路线

1）粗铣正六边形凸台时的走刀路线如图 6-29 所示。

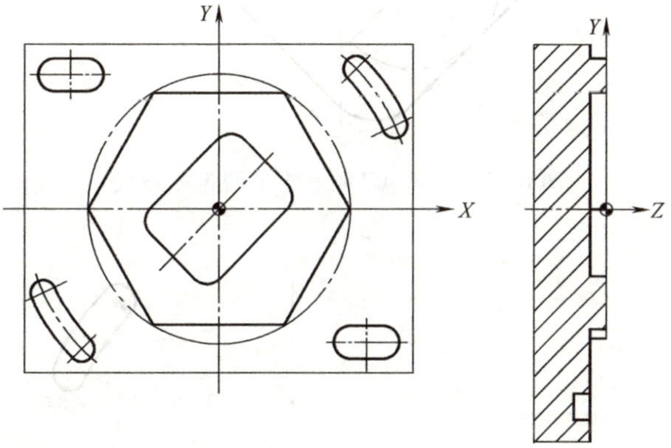

图 6-28　编程坐标系设置

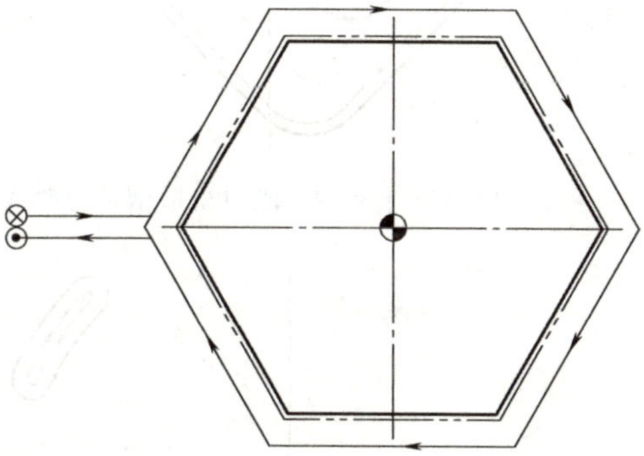

图 6-29　粗铣正六边形凸台走刀路线

2）粗铣两个呈中心对称的 20mm×10mm 平键型凸台及去除凸台周边残余量时的走刀路线如图 6-30 所示。

3）精铣正六边形凸台及 20mm×10mm 平键型凸台走刀路线如图 6-31 所示。

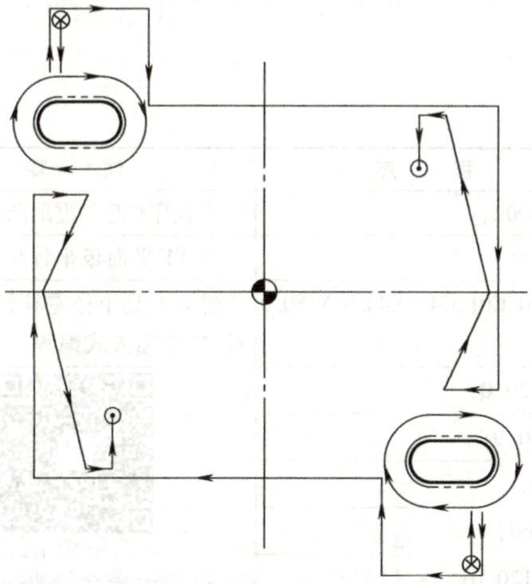

图 6-30　粗铣两个平键型凸台及周边走刀路线

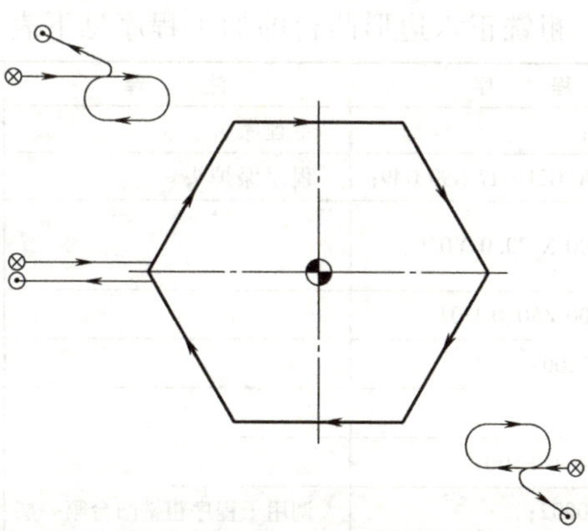

图 6-31　精铣正六边形及两个平键型凸台走刀路线

4）粗、精铣 45°倾斜矩形槽及去除矩形槽内残余量时的走刀路线分别如图 6-32、图 6-33 所示。

5）粗、精铣两个呈中心对称的弧形槽时的刀具走刀路线分别如图 6-34、图 6-35 所示。

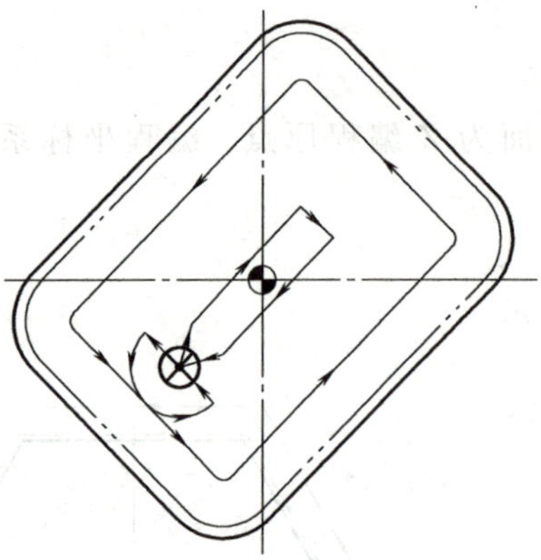

图 6-32 粗铣 45°倾斜矩形槽走刀路线

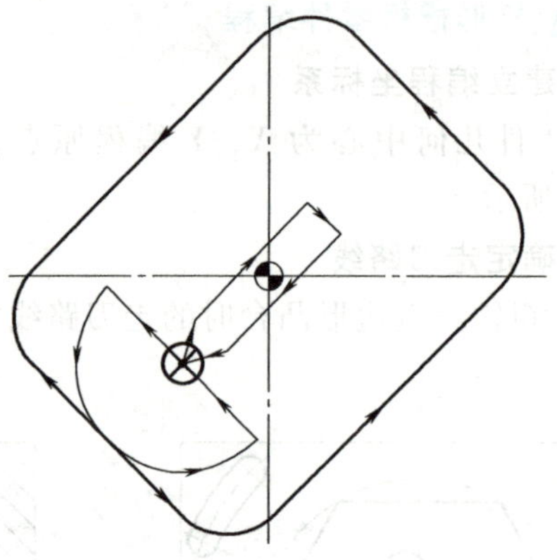

图 6-33 精铣 45°倾斜矩形槽走刀路线

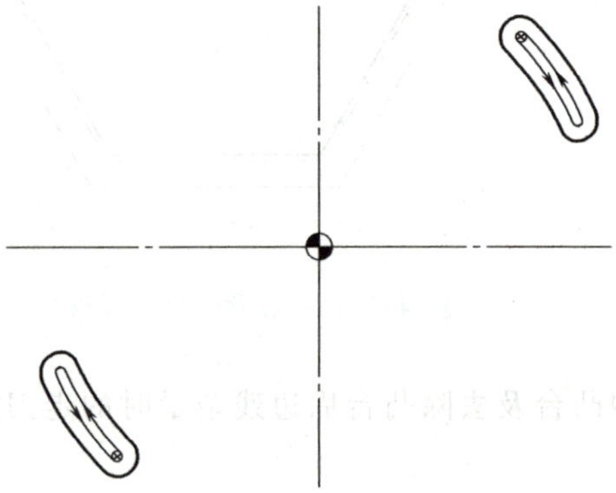

图 6-34 粗铣弧形槽走刀路线

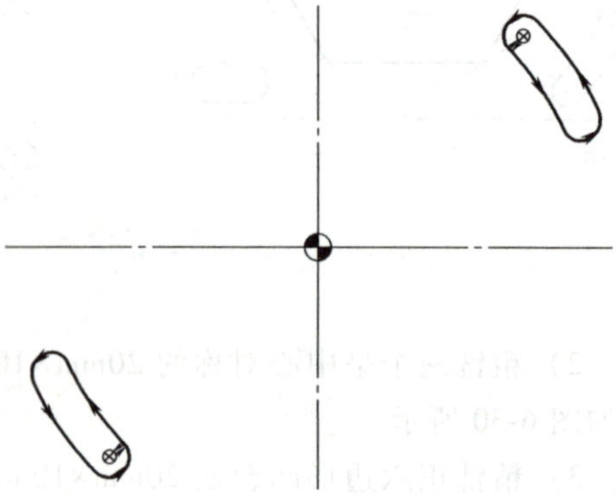

图 6-35 精铣弧形槽走刀路线

3. 编写加工程序

1）粗铣正六边形凸台的加工程序见下表。

程 序	注 释	程 序	注 释
O0001;	主程序	O0002;	子程序（正六边形凸台）
G80 G40 G21 G17 G90 G49;	程序保护头	G16;	在 *XY* 平面极坐标生效
G54 G00 X-70.0 Y0.0;		G90 G01 G41 X40.0 Y180.0 D01;	建立刀具半径左补偿，采用绝对、极坐标方式编程
G43 G00 Z50.0 H01;		Y120.0;	二维码 6-5 粗铣正六边形凸台仿真加工
M03 S2200;		Y60.0;	
Z5.0;		Y0;	
G01 Z-5.0 F500;		Y-60;	
M98 P0002;	调用子程序粗铣凸台第一层	Y-120.0;	
G01 Z-5.0;		Y-180.0;	
M98 P0002;	调用子程序粗铣凸台第二层	G15;	极坐标取消
G01 Z5.0;		G40 X-70.0 Y0.0;	取消刀具半径补偿，返回切入点
G00 Z100.0;		M99;	
G00 X0.0 Y0.0;			
G91 G28 Z0.0;			
M05;			
M30;			

2）粗铣两个呈中心对称的20mm×10mm平型键凸台及去除凸台周边残余量的加工程序见下表。

程序	注释	程序	注释
O0004;	主程序	O0005;	子程序（平键型凸台）
G90 G80 G40 G21 G17 G94;	程序保护头	G90 G01 G41 X5.0 Y-5.0 D01 F500;	建立刀具半径左补偿
G54 G00 X50.0 Y-60.0;	选择G54坐标系	X-5.0;	
G43 G00 Z50.0 H01;		G02 Y5.0 R5.0;	
M03 S2200;		G01 X5.0;	
Z5.0;		G02 Y-5.0 R5.0;	
G52 X45.0 Y-40.0;	建立局部坐标系	G01 G40 Y-20.0;	取消刀具半径补偿
G00 X5.0 Y-20.0;		G01 Z5.0;	
G01 Z-5.0 F300;		M99;	
M98 P0005;	粗铣右下角平键型凸台		
G52 X0 Y0;	取消局部坐标系		
G00 X50.0 Y-60.0;	快速定位至起刀点	O0055;	子程序（右上及左下周边余量）
G01 Z-5.0;		G01 X28.0 F500;	
M98 P0055;	粗铣左下角周边余量	Y-44.0;	
G52 X-45.0 Y40.0;	建立局部坐标系	X-56.0;	二维码6-6 粗铣平型键凸台及周边余量仿真加工
G68 X0 Y0 R180;	坐标系绕原点逆时针旋转180°	Y23.0;	
G00 X5.0 Y-20.0;		X-43.0;	
G01 Z-5.0 F400;		X-50.0 Y0.0;	
M98 P0005;	粗铣左上角平键型凸台	X-44.0 Y-41.0;	
G52 X0 Y0;	取消局部坐标系	X-38.0;	
G68 X0.0 Y0.0 R180.0;	坐标系逆时针旋转180°	Y-26.0;	
G00 X50.0 Y-60.0;	快速定位至起刀点	G01 Z5.0;	
G01 Z-5.0;		M99;	
M98 P0055;	粗铣右上角周边余量		
G00 X50.0 Y-60.0;			
G69;	取消坐标系旋转		
G00 Z100.0;			
G00 X0.0 Y0.0;			
G91 G28 Z0.0;			
M05;			
M30;			

3）精铣正六边形及平型键凸台的加工程序见下表，仿真加工视频见二维码6-7。

程　序	注　释	程　序	注　释
O20;	主程序	G01 X-40.0 F400;	精加工 20×10 凸台
G17 G21 G40 G49 G80 G90;	程序保护头	G02 X-40.0 Y35.0 R5.0;	
G54 G00 X-100.0 Y-100.0;		G01 X-50.0;	
M03 S3500;		G02 X-50.0 Y45.0 R5.0;	
G43 Z100.0 H01;		G03 X-50.0 Y57.0 R6;	
G00 Z5.0;		G40 X-100.0 Y100.0;	取消刀具半径补偿
G01 Z-5.0 F400;		G01 Z5.0;	
G41 G01 X-70.0 Y0.0 D01;	建立刀具半径左补偿	G00 X100.0 Y-100.0;	
G01 X-40.0 F400;	精加工正六边形凸台	G01 Z-5.0 F400;	
X-20.0 Y34.64;		G41 G01 X70.0 Y-45.0 D01;	建立刀具半径左补偿
X20.0;		X40.0;	精加工 20×10 凸台
X40.0 Y0.0;		G02 X40.0 Y-35.0 R5.0;	
X20.0 Y-34.64;		G01 X50.0;	
X-20.0;		G02 X50.0 Y-45.0 R5.0;	
X-40.0 Y0.0;		G03 X50.0 Y-57.0 R6.0;	
G40 G01 X-70.0 Y0.0;	取消刀具半径补偿	G40 G01 X100.0 Y-100.0;	
G00 Z5.0;		G01 Z5.0;	二维码 6-7
X-100.0 Y100.0;		G91 G28 Z0.0;	精铣正六边形及
G01 Z-5.0 F500;		M05;	平型键凸台
G41 G01 X-70.0 Y45.0 D01;	建立刀具半径左补偿	M30;	仿真加工

4）粗铣45°倾斜矩形槽的加工程序见下表。

程　序	注　释	程　序	注　释
O0007;	主程序	O0008;	子程序(倾斜矩形槽)
G90 G80 G40 G21 G17 G49;	程序保护头	G41 Y10.0 D01;	建立刀具半径左补偿
G54 G00 X0.0 Y0.0;	选择 G54 坐标系	G03 X-20.0 Y0.0 R10.0;	采用圆弧切入
G43 G00 Z50.0 H02;		G01 Y-9.0;	
M03 S2500;		G03 X-14.0 Y-15.0 R6.0;	
Z5.0;		G01 X14.0;	
G68 X0.0 Y0.0 R45.0;	坐标系旋转 45°	G03 X20.0 Y-9.0 R6.0;	
X-10.0 Y0.0;		G01 Y9.0;	
G01 Z-5.0 F300;		G03 X14.0 Y15.0 R6.0;	二维码 6-8
M98 P0008;	调用子程序粗铣倾斜槽	G01 X-14.0;	粗铣 45°倾斜矩形槽
G01 Z-5.0;		G03 X-20.0 Y9.0 R6.0;	仿真加工
M98 P0008;	调用子程序粗铣倾斜槽	G01 Y0.0;	
G69;	取消坐标系旋转	G03 X-10.0 Y-10.0 R10.0;	采用圆弧切出
G01 Z5.0;		G01 G40 Y0.0;	取消刀具半径补偿
G00 Z100.0;		Y2.0;	
G00 X0.0 Y0.0;		X10.0;	
G91 G28 Z0.0;		Y-2.0;	
M05;		X-10.0;	
M30;		Y0.0;	
		M99;	

5）精铣45°倾斜矩形槽的加工程序见下表。

程　序	注　释	程　序	注　释
O0009;	主程序	M98 P0008;	调用子程序粗铣45°倾斜矩形槽
G90 G80 G40 G21 G17 G94;	程序保护头	G69;	取消坐标系旋转
G54 G00 X0.0 Y0.0;	选择G54坐标系	G01 Z5.0;	二维码6-9 精铣45°倾斜矩形槽仿真加工
G43 G00 Z50.0 H02;		G00 Z100.0;	
M03 S3200;		G00 X0.0 Y0.0;	
Z5.0;		G91 G28 Z0.0;	
G68 X0.0 Y0.0 R45.0;	坐标系绕原点逆时针旋转45°	M05;	
X-10.0 Y0.0;		M30;	
G01 Z-5.0 F200;			

6）粗铣两个呈中心对称的弧形槽的加工程序见下表。

程　序	注　释	程　序	注　释
O0010;	主程序	G68 X0.0 Y0.0 R180.0;	坐标系绕原点逆时针旋转180°
G90 G80 G40 G21 G17 G94;	程序保护头	G00 X59.0 Y45.0;	快速定位至起刀点
G54 G00 X0.0 Y0.0;	选择G54坐标系	G01 Z-6.7 F200;	
G43 G00 Z50.0 H03;		M98 P0011;	调用子程序粗铣左下角弧形槽
M03 S4200;		G01 Z-8.4;	
Z5.0;		M98 P0011;	调用子程序粗铣左下角弧形槽
G16;	极坐标生效	G01 Z-10.0;	
G00 X59.0 Y45.0;	快速定位至起刀点	M98 P0011;	调用子程序粗铣左下角弧形槽
G01 Z-6.7 F800;		G69;	取消坐标系旋转
M98 P0011;	调用子程序粗铣右上角弧形槽	G01 Z5.0;	二维码6-10 粗铣弧形槽仿真加工
G01 Z-8.4;		G00 Z100.0;	
M98 P0011;	调用子程序粗铣右上角弧形槽	G00 X0.0 Y0.0;	
G01 Z-10.0;		G91 G28 Z0.0;	
M98 P0011;	调用子程序粗铣右上角弧形槽	M05;	
G01 Z5.0;	抬刀	M30;	

调用弧形槽子程序O011：

程　序	注　释	程　序	注　释
O0011;	子程序（弧形槽）	Y45.0 R63.0;	
G41 X55.0 D01;	建立刀具半径左补偿	X55.0 R4.0;	
G02 Y25.0 R55.0;		G01 G40 X59.0;	取消刀具半径补偿
G03 X63.0 R4.0;		M99;	

7）精铣两个呈中心对称特征的弧形槽的加工程序见下表。

程　序	注　释	程　序	注　释
O0012;	主程序	M98 P0011;	调用子程序精铣右上角弧形槽
G90 G80 G40 G21 G17 G94;	程序保护头	G01 Z5.0;	抬刀
G54 G00 X0.0 Y0.0;	选择 G54 坐标系	G68 X0.0 Y0.0 R180.0;	坐标系绕原点逆时针旋转 180°
G43 G00 Z50.0 H03;		G00 X59.0 Y45.0;	
M03 S5300;		G01 Z-10.0 F400;	
Z5.0;		M98 P0011;	调用子程序精铣左下角弧形槽
G16;	极坐标生效	G69;	取消坐标系旋转
G00 X59.0 Y45.0;		G01 Z5.0;	
G01 Z-10.0 F400;		G00 Z100.0;	
M98 P0011;	调用子程序精铣右上角弧形槽	G00 X0.0 Y0.0;	
G01 Z5.0;	抬刀	G91 G28 Z0.0;	
G68 X0.0 Y0.0 R180.0;	坐标系绕原点逆时针旋转 180°	M05;	二维码 6-11 精铣弧形槽仿真加工
G00 X59.0 Y45.0;		M30;	
G01 Z-10.0 F400;			

矩形槽板零件加工

使用数控铣床完成零件的机床加工。在零件加工过程中，养成良好的质量意识和安全意识，灵活应用零件尺寸精度控制方法保证其精度。

项目拓展

1. 企业点评

本零件属于典型的单面加工零件，重点考察如何利用坐标变换指令简化零件的程序编制过程。从零件的加工技术要求来看，各尺寸、几何公差的要求一般，无技术难点。考虑零件属于小批量生产，毛坯件的六面铣削过程可以预先在普通铣床上完成，这不仅能提高加工效率，也能降低加工成本。

2. 思想/技能进阶

大国工匠方文墨

方文墨，航空工业沈阳飞机工业（集团）有限公司标准件中心钳工、高级技师、“方文墨班”班长、航空工业首席技能专家。他先后获得盛京大工匠、辽宁大工匠和大国工匠荣誉称号，是最年轻的一位大国工匠。他在参加工作不到 10 年的时间里，自制刀、量、夹具 100 余把（件），改进各种刀、量、夹具 200 余把（件），改进工艺方法 60 余项，改进设备 2 项，研究生产窍门 24 项，经他改进的一种钛合金专用丝锥，提高工效 4 倍。特别是他设计制造的“定扭矩螺纹旋合器”可以提高生产效率 8 倍；他创造的“0.003 毫米加工公差”被称为“文墨精度”，相当于头发丝的二十五分之一，展示出大国工匠的风采。

二维码 6-12
大国工匠方文墨

方文墨的事迹告诉我们，要学习理论知识，更要身体力行，精益求精，追求卓越，在未来的工作岗位上发挥出自己最大的作用，时刻谨记自己的使命担当，让人生不仅要有长度和宽度，更要有精度和厚度。

项目 7　综合类零件加工

项目导读

项目描述

本项目为学习者提供了与综合类零件加工有关的理论知识与实践内容，并且提供了综合类零件加工的工程案例，供学习者参阅。

本项目提供的工程案例为压板零件的加工，零件图如图 7-1 所示，该零件为小批量生产，尺寸为 155mm×105mm×40mm，材料为 45 钢。

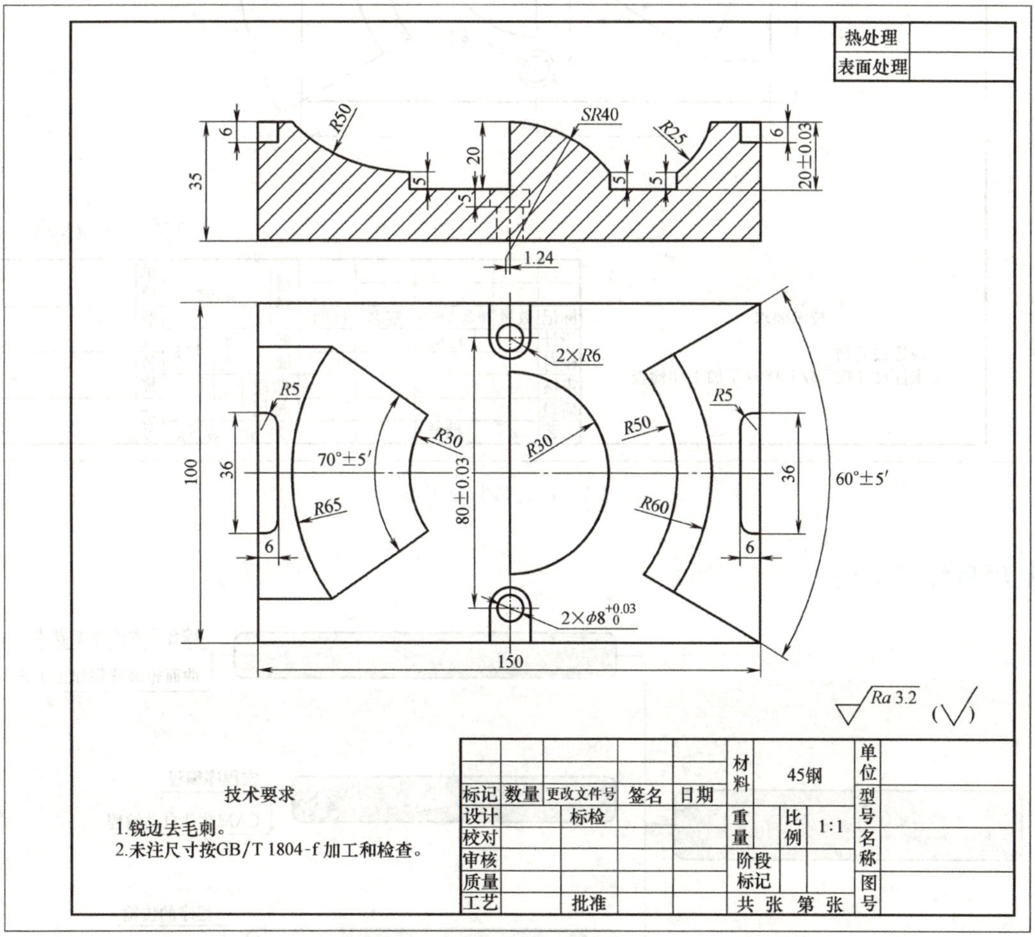

图 7-1　压板零件图

项目转化

结合教学实际，对压板零件的结构进行转化，转化后的压板如图 7-2 所示。要求制订该零件的加工工艺，编制零件加工程序，并完成零件加工和质量评估。

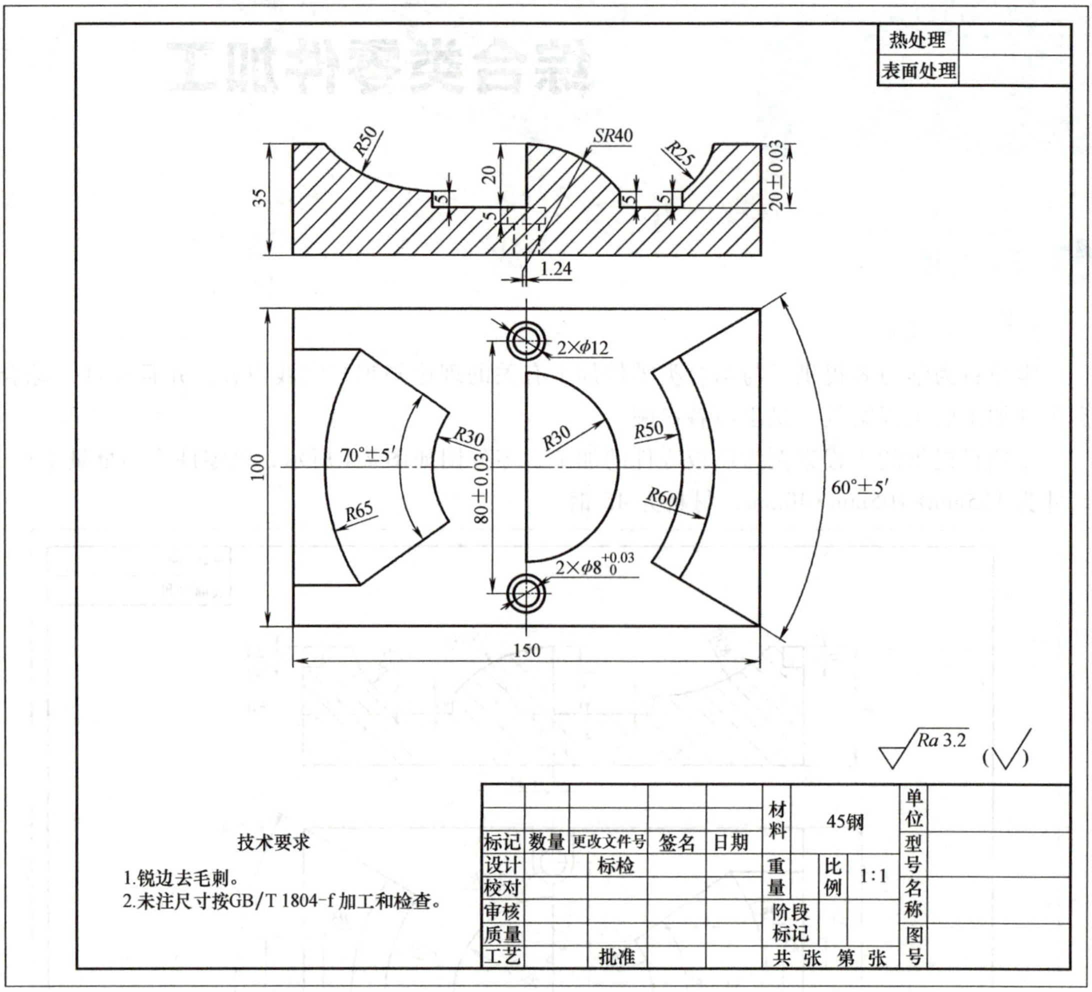

图 7-2　压板零件转化图

项目知识图谱

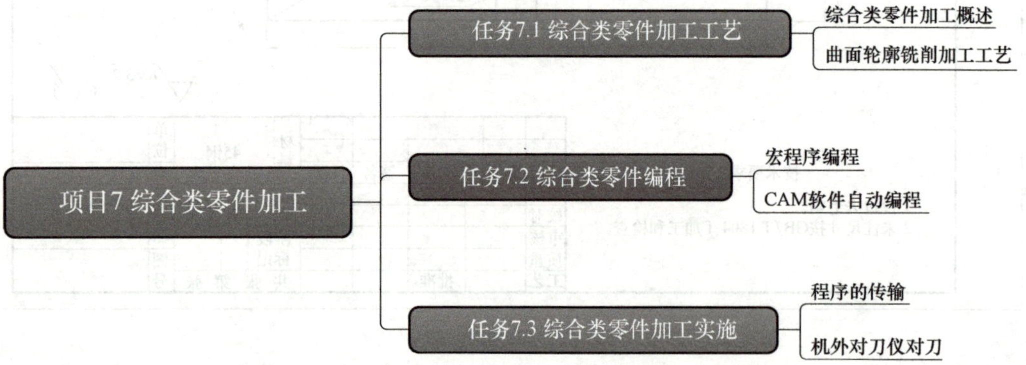

项目资讯

任务 7.1　综合类零件加工工艺

7.1.1　综合类零件加工概述

数控铣削可进行复杂外形和特征的加工，如模具、检具、胎具、薄壁复杂曲面和叶片等。在选择数控铣削加工内容时，应充分发挥数控铣床的优势和关键作用。对于加工内容很多的综合类零件，可按其结构特点将加工部分分成几个部分，如内形、外形、曲面或平面等。一般先加工平面、定位面，后加工孔；先加工简单的几何形状，再加工复杂的几何形状；先加工精度较低的部位，再加工精度要求较高的部位。编程时合理规划工序，减少空刀，均匀余量；优选简单刀路，合理设置公差，以平衡加工精度和时间；平面优选平底刀加工，以减少加工时间，铣非平面，多用球刀；用大刀开粗后，应用小刀清除余料，保证余量均匀；工件太高时，应选用不同长度的刀分层加工；外形光刀时通常先半精加工再进行精加工，工件太高时，先精加工侧面再精加工底面。

7.1.2　曲面轮廓铣削加工工艺

1. 曲面零件数控铣削走刀路线

曲面加工的走刀路线较二维轮廓加工要复杂得多，对于不同形状的零件采用不同的走刀方式对加工效率、加工质量、编程计算复杂性和零件程序长度等有着重要影响，因此，如何根据曲面形状、刀具形状以及零件加工要求，合理选择走刀路线是一个十分重要的问题。曲面铣削加工常采用 Y 方向行切、X 方向行切和环切走刀路线，如图 7-3 所示。对于直母线类表面，采用如图 7-3b 所示走刀路线显然更有利，每次沿直线走刀，刀位点计算简单，程序段少，而且可以准确保证母线的直线度。如图 7-3a 所示直刀路线优点是便于在加工后检验型面的准确度。在实际生产中最好将以上两种方案结合起来使用。如图 7-3c 所示的环切走刀路线主要应用于边界受限制的零件（如型腔类零件）的加工中，而且，在加工螺旋桨桨叶类零件时，由于工件刚度小，加工变形问题突出，因此采用从里到外的环切时，刀具切削部位的四周可受到毛坯刚性边框的支持，有利于减小工件在加工过程中的变形。

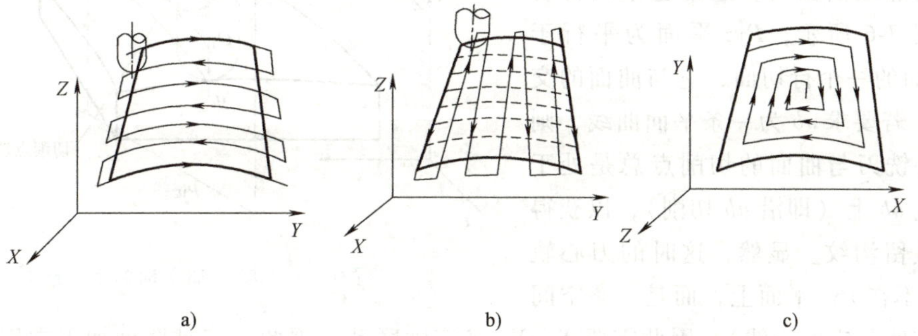

图 7-3　曲面铣削加工走刀路线

a) Y 方向行切　b) X 方向行切　c) 环切

2. 曲面零件铣削加工方法

对曲率变化不太和精度要求不高的曲面的粗加工常用两轴半的行切法加工，即 X、Y、Z 三轴中任意两轴做联动插补，第三轴做单独的周期进给，如图 7-4 所示，将 X 向分成若干段，球头铣刀沿 YZ 面所截的曲线进行铣削，每一段加工完成进给 ΔX，再加工另一相邻曲线，如此依次切削即可加工整个曲面。

在行切法加工中通常采用球头铣刀。球头铣刀的刀头半径应选得大些，有利于散热，但刀头半径不应大于曲面的最小曲率半径。当用球头铣刀加工曲面时，总是用刀心轨迹的数据进行编程。如图 7-5 所示为二轴半加工的刀心轨迹与切削点轨迹示意图。$ABCD$ 为被加工曲面，Pyz 平面为平行于 YZ 坐标面的一个行切面，其刀心轨迹 O_1O_2 为曲面 $ABCD$ 的等距面 $IJKL$ 与平面 Pyz 的交线，显然 O_1O_2 是一条平面曲线。在此情况下，曲面的曲率变化会导致球头铣刀与曲面切削点的位置改变，因此切削点的连线 ab 是一条空间曲线，从而在曲面上形成扭曲的残留沟纹。

由于二轴半坐标加工的刀心轨迹为平面曲线，故编程计算比较简单，数控逻辑装置也不复杂，常在曲率变化不大及精度要求不高的粗加工中使用。

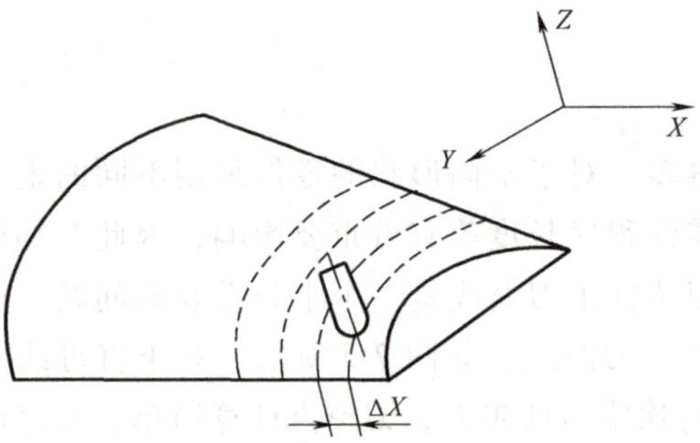

图 7-4 两轴半行切法加工曲面

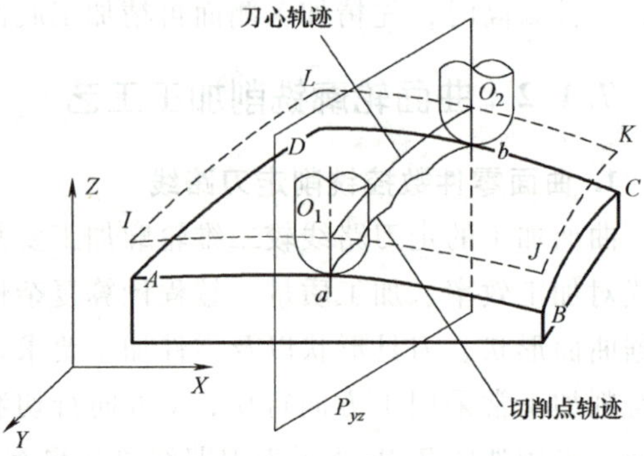

图 7-5 二轴半行切加工的刀心与切削点轨迹

对曲率变化较大和精度要求较高的曲面进行精加工，常采用三轴联动加工，即 X、Y、Z 三轴可同时插补联动。用三坐标联动加工曲面时，通常也采用行切法。如图 7-6 所示，Pyz 平面为平行于 YZ 坐标面的一个行切面，它与曲面的交线为 ab，若要求 ab 为一条平面曲线，则应使球头铣刀与曲面的切削点总是处于平面曲线 ab 上（即沿 ab 切削），以获得规则的残留沟纹。显然，这时的刀心轨迹 O_1O_2 不在 Pyz 平面上，而是一条空间曲面（实际是空间折线），因此需要 X、Y、Z 三轴联动。因此，三轴联动加工常用复杂空间曲面的精确加工，但是编程计算较为复杂，所用机床的数控装置也必须具备三轴联动加工功能。

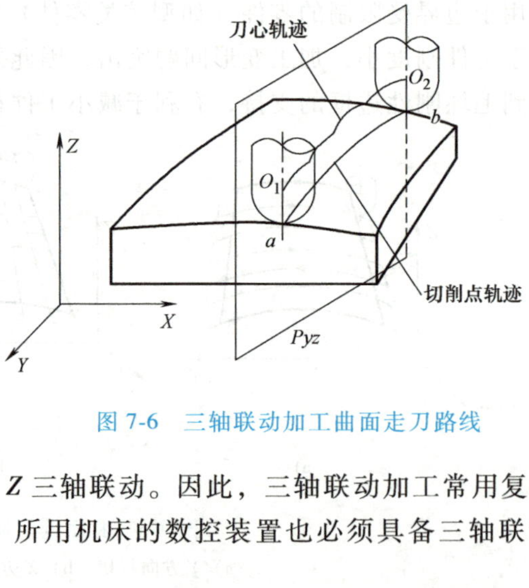

图 7-6 三轴联动加工曲面走刀路线

对叶轮、螺旋桨这样零件的空间曲面，因其曲面形状复杂，刀具容易与相邻表面干涉，常采用四轴或五轴联动加工。即除了三个直角线性轴运动外，为防止加工干涉，刀具还做沿坐标轴形成的摆角运动。

3. 曲面加工的切削行距

采用球头铣刀加工曲面时，同一刀具轨迹所在的平面称为截平面，截平面之间距离称为行距。行路间残留余量高度的最大值称为残余高度，残余高度与球头铣刀的直径、行距有关。在实际加工中，通常根据要求的残余高度值来反推计算行距值，再通过行距来控制残余高度，残余高度与行距之间的换算关系如图 7-7 所示。

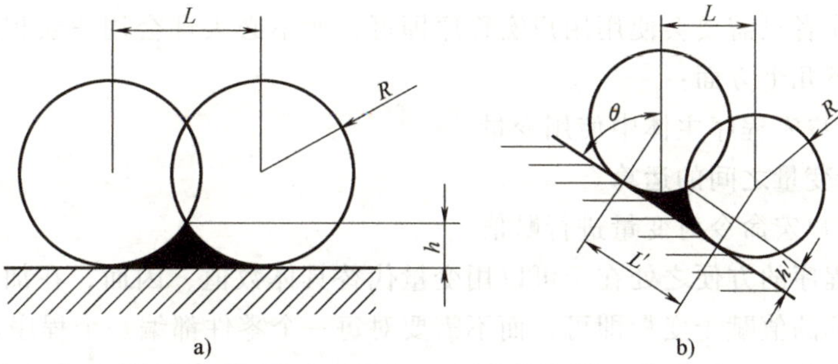

图 7-7　残余高度与行距的换算关系

a）残余高度与行距关系　b）铣削斜面时的残余高度

影响三轴加工走刀行距的因素包括：刀具形状与尺寸、零件表面几何形状与安装方位、走刀进给方向、允许的表面残余高度要求等。并对行距的影响存在以下规律：

1）用球头刀加工时，零件形状与安装方位及走刀方向的变化对走刀行距的影响较小。

2）用平底刀加工时，行距对零件形状、安装方位及走刀变化非常敏感，且进给方向角越小，则行距越大。此时可获得的最大行距值比用相同直径球头刀加工时大。

3）用环形刀加工时，其影响规律介于平底刀与球头刀之间。

4）用鼓形刀加工时，行距对零件形状、安装方位及走刀进给方向的变化也很敏感，但与平底刀和环形刀加工时的规律相反。

根据上述分析，为尽可能加大走刀行距以提高加工效率，可采取以下优化措施：

1）合理选择刀具。与球头刀相比，采用平底刀、环形刀或鼓形刀等非球面刀加工不但可改善切削条件，而且还可增大走刀行距。若选择了合适的进给方向和工件安装方位，将可获得较高的加工效率和较好的表面质量。因此，除加工凹曲面时为避免干涉而必须采用球头刀加工外，应优先考虑使用非球面刀进行加工以获得较高的加工效率和较好的表面质量。此外，还应选择较大直径的刀具加工以提高刀具刚度和增大行距。

2）合理选择工件安装方位。用平底刀或环形刀加工时，应使工件表面各处法向矢量与 Z 轴的夹角尽可能小以增大行距，因此应合理地安装工件。此外，在加工凹曲面时选择的工件安装方位应不存在刀具干涉。用鼓形刀加工时，应使工件表面各处法向矢量与 Z 轴的夹角尽可能大以增大行距。

3）合理选择进给方向。用平底刀或环形刀加工时，选择的进给方向应使进给方向角尽可能小。而用鼓形刀加工时则相反。此外，应选择曲面曲率较小的方向作为进给方向，但它对行距的影响比进给方向对行距的影响小。

任务7.2 综合类零件编程

7.2.1 宏程序编程

1. 用户宏程序

(1) 概念 将能完成某一功能的一系列指令如同子程序一样存入存储器，用一个总指令来调用它们，使用时只需要给出总指令，就能执行其功能。该总指令称为宏指令，存入存储器的一系列指令称为用户宏程序。

使用时，操作者只需要会使用用户宏程序即可，而不必去理会用户宏程序主体。用户宏程序的特征有以下几个方面：

1）可以在用户宏程序主体中使用变量。

2）可以进行变量之间的运算。

3）可以用用户宏命令对变量进行赋值。

使用用户宏程序的方便之处在于可以用变量代替具体数值，因而，在加工同一类的零件时，只需要将实际的值赋予变量即可，而不需要对每一个零件都编一个程序。

用户宏程序分为A、B两类，通常情况下，FANUC 0T系统采用A类宏程序，而FANUC 0i系统则采用B类宏程序。

(2) 变量 宏程序与普通程序相比较，普通程序的程序字为常量，一个程序只能描述一个几何形状，缺乏灵活性和适用性；而在用户宏程序的本体中，可以使用变量进行编程，还可以用宏指令对这些变量进行赋值、运算等处理。

按变量号码可将变量分为空变量、局部（local）变量、公共（common）变量和系统（system）变量。

1）空变量#0：该变量总是空的，不能赋值给该变量。

2）局部变量#1~#33：所谓局部变量，就是在用户宏程序中局部使用的变量。换句话说，在某一时刻调出的用户宏程序中所使用的局部变量#i和另一时刻调用的用户宏程序（也不论与前一个用户宏程序相同还是不同）中所使用的#i是不同的。因此，在多重调用时，当用一个用户宏程序调用另一个用户宏程序时，也不会将第一个用户宏程序中的变量破坏。

例如，用G代码（如G65）调用用户宏程序时，局部变量级会随着调用多重度的增加而增加，即存在如图7-8所示关系。

上述关系说明了以下几点：

① 主程序中具有#1~#33的局部变量（0级）。

② 用G65调用用户宏程序（第1级）时，主程序中的局部变量（0级）被保存起来。再重新为用户宏程序（第1级）准备另一套局部变量#1~#33（第1级），可以再向它赋值。

③ 当下一个用户宏程序（第2级）被调用时，其上一级的局部变量（第1级）被保存，再准备出新的局部变量#1~#33（第2级），如此类推。

④ 当用M99从各用户宏程序回到前一程序时，所保存的局部变量（第0、1、2级）以被保存的状态出现。

3）公共变量：公共变量是在主程序及调用的子程序中通用的变量，分为保持型变量#500~#999与操作型变量#100~#199两种。操作型（非保持型）变量断电后就被清零，保持

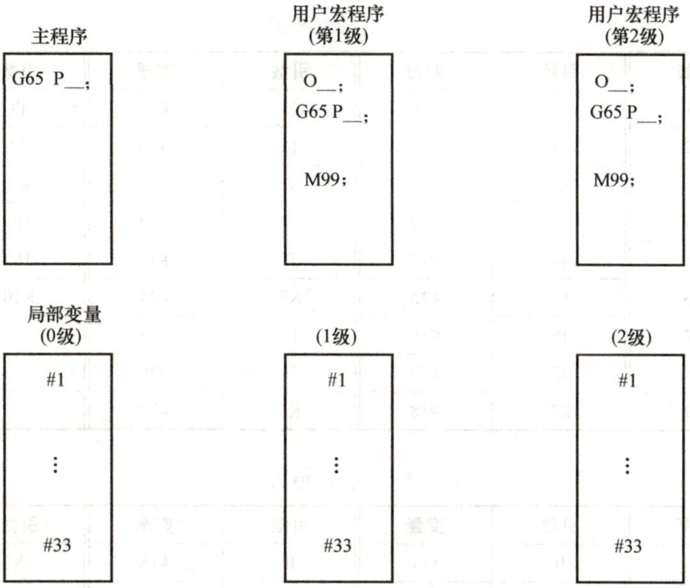

图 7-8 局部变量应用时的关系

型变量断电后仍被保存。由于它们都是公共变量，因此，在某个用户宏程序中运算得到的公共变量的结果#i，可以用到别的用户宏程序中。

4）系统变量：系统变量是根据用途而被固定的变量，主要有以下几种，见表 7-1。

表 7-1 系统变量

变量号码	用途	变量号码	用途
#1000~#1035	接口信号 D1	#3007	镜像
#1100~#1135	接口信号 D0	#4001~#4018	G 代码
#2000~#2999	刀具补偿量	#4017~#4120	D、E、F、M、S、T 等
#3000~#3006	P/S 报警,信息	#5001~#5006	各轴程序段终点位置
#3001,#3002	时钟	#5021~#5026	各轴现实位置
#3003,#3004	单步,连续控制	#5221~#5315	工件偏置量

2. B 类宏程序

（1）B 类宏程序变量的赋值

1）直接赋值：变量可以在操作面板上用“MDI”方式直接赋值，也可以在程序中以等式方式赋值，但等号左边不能用表达式。B 类宏程序的赋值为带小数点的值。在实际编程中，大多采用在程序中以等式方式赋值的方法。例如：

#100=20.0;

#100=100.0+200.0;

2）引用赋值：宏程序以子程序方式出现，所用的变量可在宏程序调用时赋值。例如：

G65 P1000 X100.0 Y30.0 Z20.0 F100.0;

该处的 X、Y、Z 不代表坐标字，F 也不代表进给量，而是对应于宏程序中的变量号，变量的具体数值由引数后的数值决定。引数宏程序中的变量对应关系有两种，见表 7-2 及表 7-3。这两种方法可以混用，其中，G、L、N、O、P 不能作为引数代替变量赋值；大部分无顺序要求，但 I、J、K 作为引数赋值时必须按字母顺序排列。

表 7-2 变量赋值方法 1

引数	变量	引数	变量	引数	变量	引数	变量
A	#1	J3	#10	I6	#19	I9	#28
B	#2	J3	#11	J6	#20	J9	#29
C	#3	K3	#12	K6	#21	K9	#30
I1	#4	I4	#13	I7	#22	I10	#31
J1	#5	J4	#14	J7	#23	J10	#32
K1	#6	K4	#15	K7	#24	K10	#33
I2	#7	I5	#16	I8	#25		
J2	#8	J5	#17	J8	#26		
K2	#9	K5	#18	K6	#27		

表 7-3 变量赋值方法 2

引数	变量	引数	变量	引数	变量	引数	变量
A	#1	H	#11	R	#18	X	#24
B	#2	I	#4	S	#19	Y	#25
C	#3	J	#5	T	#20	Z	#26
D	#7	K	#6	U	#21		
E	#8	M	#13	V	#22		
F	#9	Q	#17	W	#23		

例如：

① 变量赋值方法一：

G65 P0030 A50.0 I40.0 J100.0 K0 I20.0 J10.0 K40.0;

经赋值后#1=50.0，#4=40.0，#5=100.0，#6=0，#7=20.0，#8=10.0，#9=40.0。

② 变量赋值方法二：

G65 P0020 A50.0 X40.0 F100.0;

经赋值后#1=50.0，#24=40.0，#9=100.0。

③变量赋值方法一和二的混合使用：

G65 P0030 A50.0 D40.0 I100.0 K0 I20.0;

经赋值后，I20.0 与 D40.0 同时分配给变量#7，则后一个#7 有效，所以变量#7=20.0。

（2）B 类宏程序的运算指令　B 类宏程序的运算指令的运算相似于数学运算，仍用各种数学符号来表示，常用运算指令，见表 7-4。

表 7-4 B 类宏程序的变量运算

功能	格式	备注与示例
定义、转换	#i=#j	#100=#1,#100=30.0
加法	#i=#j+#k	#100=#1+#2
减法	#i=#j-#k	#100=100.0-#2
乘法	#i=#j * #k	#100=#1 * #2
除法	#i=#j/#k	#100=#1/30

（续）

功能	格式	备注与示例
正弦	#i=SIN[#j]	#100=SIN[#1] #100=COS[36.3+#2] #100=ATAN[#1]/[#2]
反正弦	#i=ASIN[#j]	
余弦	#i=COS[#j]	
反余弦	#i=ACOS[#j]	
正切	#i=TAN[#j]	
反正切	#i=ATAN[#j]/[#k]	
平方根	#i=SQRT[#j]	#100=SQRT[#1 * #1—100] #100=EXP[#1]
绝对值	#i=ABS[#j]	
舍入	#i=ROUND[#j]	
上取整	#i=FIX[#j]	
下取整	#i=FUP[#j]	
自然对数	#i=LN[#j]	
指数函数	#i=EXP[#j]	
或	#i=#j OR #k	逻辑运算一位一位地按二进制执行
异或	#i=#j XOR #k	
与	#i=#j AND #k	
BCD 转 BIN	#i=BIN[#j]	用于与 PMC 的信号交换
BIN 转 BCD	#i=BCD[#j]	

宏程序计算说明如下：

1）函数 SIN、COS 等的角度单位是度，分和秒要换算成带小数点的度。

如 90°30′表示为 90.5°，30°18′表示为 30.3°。

2）宏程序数学计算的顺序依次为：函数运算（SIN、COS、ATAN 等），乘、除运算（*、/、AND 等），加、减运算（+、-、OR、XOR 等）。例如：

#1=#2+#3 * SIN［#4］;

运算顺序为：函数 SIN［#4］;

乘运算#3 * SIN［#4］;

加运算#2+#3 * SIN［#4］。

3）函数中的括号“［］”用于改变运算顺序，函数中的括号允许嵌套使用，但最多只允许嵌套 5 层。例如：

#1=SIN[[[#2+#3] * 4+#5]/#6];

4）宏程序中的上、下取整运算，CNC 在处理数值运算时，若操作产生的整数大于原数时为上取整，反之则为下取整。例如：

设#1=1.2，#2=-1.2。

执行#3=FUP［#1］时，2.0 赋给#3;

执行#3=FIX［#1］时，1.0 赋给#3;

执行#3=FUP［#2］时，-2.0 赋给#3;

执行#3=FIX［#2］时，-1.0 赋给#3。

(3) B类宏程序转移指令　控制指令起到控制程序流向的作用。

1) 分支语句。

格式一：GOTO n;

例如：

GOTO 100;

该语句为无条件转移。当执行该程序段时，将无条件转移到N100程序段执行。

格式二：IF [条件表达式] GOTO n;

例如：

IF [#1 GT #100] GOTO 100;

该语句为有条件转移语句。如果条件成立，则转移到N100程序段执行；如果条件不成立，则执行下一程序段。条件表达式的种类见表7-5。

表7-5　条件表达式的种类

条件	意义	示例
#I EQ #j	等于(=)	IF [#5 EQ #6] GOTO 300;
#i NE #j	不等于(≠)	IF [#5 NE 100] GOTO 300;
#i GT #j	大于(>)	IF [#6 GT #7] GOTO 100;
#i GE #j	大于或等于(≥)	IF [#8 GE 100] GOTO 100;
#i LT #j	小于(<)	IF [#9 LT #10] GOTO 200;
#i LE #j	小于或等于(≤)	IF [#11 LE 100] GOTO 200;

2) 循环指令。

格式一：WHILE [条件表达式] DO m (m=1, 2, 3);

…

END m;

当条件满足时，就循环执行WHILE m与END m之间的程序段；当条件不满足时，就执行END m的下一个程序段。

格式二：IF [条件表达式] THEN

如果满足条件，执行预先确定的宏程序语句。

3. 用户宏程序的调用

(1) 单纯调用　通常宏主体由下列形式进行一次性调用，也称为单纯调用。格式如下：

G65 P (程序号) <引数赋值>;

其中，G65是宏调用代码；P后面的程序号为宏程序主体的程序代码；<引数赋值>是由地址符及数值构成，由它给宏主体中所使用的变量赋予实际数值。

(2) 模态调用　模态调用的形式为：

G66 (程序号码) L (循环次数) <引数赋值>;

在这一调用状态下，当程序段中有移动指令时，先执行完这一移动指令后，再调用宏，所以，又称为移动调用指令。

(3) G代码调用　调用格式：G×× (引数赋值);

为了实现这一方法，需要按下列顺序用表7-6中的参数进行设定。

1) 将所使用宏主体程序号变为O9010~O9019中的任意一个。

2）将与程序号对应的参数设置为 G 代码的数值。

3）将调用指令的形式换为 G（参数设定值）（引数赋值）。

例如，将宏主体 O9110 用 G112 调用：

① 将程序号码由 O9110 变为 O9012；

② 将与 O9012 对应的参数号码（第 7052 号）上的值设定为 112；

③ 用下述指令方式调用宏主体：

G112　I_ R_ Z_ F_；

表 7-6　宏主体号码与参数

宏主体号码	参数	宏主体号码	参数
O9010	7050	O9015	7055
O9011	7051	O9016	7056
O9012	7052	O9017	7057
O9013	7053	O9018	7058
O9014	7054	O9019	7059

4. B 类宏程序编程实例

如图 7-9 所示，试编制一个宏程序加工椭圆形零件的内腔。毛坯尺寸为 100mm×100mm×25mm，材料为 45 钢。已知椭圆的长半轴长 40mm，短半轴长 32mm，椭圆长半轴与 X 轴成 45°夹角，深度为 15mm。

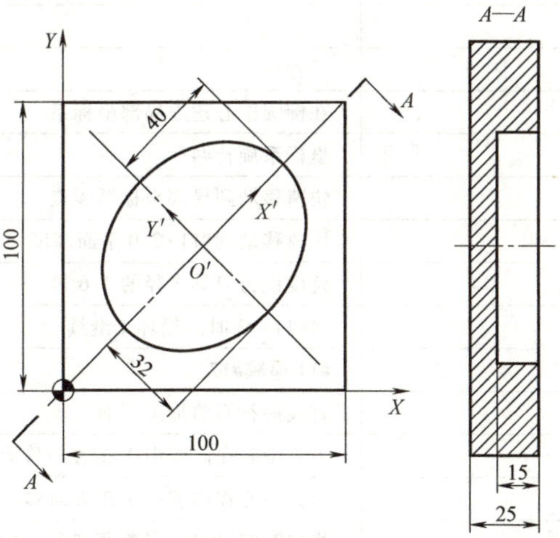

图 7-9　椭圆型腔

二维码 7-1　椭圆型腔零件仿真加工

（1）工艺分析

1）程序原点及工艺路线。编程坐标系原点设定在工件左下角，为方便编程，采用局部坐标系（G52 指令）及坐标系旋转（G68 指令）创建新的编程坐标系，如图 7-9 中 $X'O'Y'$ 所示。

加工方式：使用平底立铣刀，每次从中心进刀，向 X 正方向走一段距离，逆时针走椭圆，采用顺铣方式。为避免最后一次垂直进刀产生进刀痕，最后一刀加工时采用四分之一圆弧切入、切出的方式，切出后返回中心，进给至下一层，直至达到预定深度。

2）变量设定。根据零件特点，规划出如表7-7所示变量。

表7-7 变量设定

变量	变量含义	变量	变量含义
#1=(A)	椭圆长半轴长	#9=(F)	进给速度
#2=(B)	椭圆短半轴长	#11=(H)	Z方向自变量赋初值
#3=(C)	椭圆深腔深度	#17=(Q)	每次加工深度
#4=(I)	椭圆长半轴与X轴夹角	#24=(X)	椭圆中心X坐标值
#7=(D)	平底立铣刀半径	#25=(Y)	椭圆中心Y坐标值

3）刀具选择。根据零件形状及尺寸，选择ϕ20平底立铣刀。

（2）参考程序

O0061;	主程序
G90 G80 G40 G21 G17 G94;	程序保护头
G91 G28 Z0;	
G90 G54 X0 Y0;	
G43 G00 Z50.0 H01;	
M03 S1200;	
G65 P0062 X50.0 Y50.0 A40.0 B32.0 C15.0 I45.0 D10.0 H0 Q1.5 F200;	调用子程序O62并赋值
M05;	
M30;	
O0062;	子程序
G52 X#24 Y#25;	在椭圆中心建立局部坐标系
G68 X0 Y0 R#4;	坐标系旋转#4
G00 X0 Y0 ;	快速移动到局部坐标系零点
Z[#11+2.0] ;	快速移动到#11+2.0平面高度
#8=1.6*#7;	跨度设为刀具半径的1.6倍
WHILE[#11 GT- #3] DO1;	当#11>#3时。循环1继续
#11=#11-#17;	#11递减#17
G01 Z#11 F[0.2*#9] ;	直线插补当前加工平面
#5=#1-#7;	刀具中心在内腔中X正方向移动最大距离
#10=#2-#7;	刀具中心在内腔中Y正方向移动最大距离
#20=FIX[#10/#8] ;	将#10/#8(跨度)的数据进行上取整
#12=#20;	#20赋值给#12
WHILE[#12 GE 1.0] DO2;	当#12≥1.0时,循环2继续
#21=#5-#12*#8;	每圈需移动的椭圆的长半轴目标值
#22=#10-#12*#8;	每圈需移动的椭圆的短半轴目标值
G01 Y#22 F[0.8*#9];	直线插补到当前位置
#13=90.0;	#13赋值90.
WHILE[#13 LE 450.0] DO3;	当#13≤450°时,循环3继续
#27=#21*COS[#13];	椭圆上一点的X坐标值

（续）

#28=#22 * SIN[#13];	椭圆上一点的 *Y* 坐标值
G01 X#27 Y#28 F#9;	以 G01 逼近加工椭圆
#13=#13+0.5;	#13 递增 0.5
END3;	循环 3 结束
#12=#12-1.0;	#12 递减 1.0
END2;	循环 2 结束
G01 X0 Y0 F[3 * #9];	回局部坐标系零点
G41 X#2 D01;	加入刀具半径补偿
G03 X0 Y#2 R#2 F#9;	四分之一圆弧切入
#14=90.0;	#14 赋值 90.0
N10 #29=#1 * COS[#14];	最后一刀椭圆上一点的 *X* 坐标值
#30=#2 * SIN[#14];	最后一刀椭圆上一点的 *Y* 坐标值
G01 X#29 Y#30 F[0.8 * #9];	以 G01 逼近加工椭圆每层的最后一刀
#14=#14+0.5;	#14 递增 0.5
IF[#14 LE 450.0] GOTO10;	如果#14≤450.0,跳转至 N10
G03 X-#2 Y0 R#2 F[3 * #9];	四分之一圆弧切出
G01 G40 X0 Y0;	取消刀补
END1;	循环结束
G00 Z30.0;	快速抬刀到初始平面
G69;	取消坐标系旋转
G52 X0 Y0;	取消局部坐标系
M99;	程序结束并返回

7.2.2　CAM 软件自动编程

自动编程是利用计算机专用软件来编制数控加工程序。编程人员只需根据零件图样的要求，使用数控语言，由计算机自动地进行数值计算及后置处理，编写出零件加工程序。当前使用的自动编程方法为图形交互式编程。

使用 NX12.0 软件，根据零件加工工艺设计，编制零件粗、半精、精加工程序。

（1）编程前准备　自动编程前一般需要经过零件模型处理、加工坐标系设置、工件与毛坯设置、检查几何体创建与设置、刀具创建等过程，按表 7-8 中的步骤进行。表中的 rpm 指 r/min，mmpr 指 mm/r。

表 7-8　编程前准备

步骤和动作	解说	图例
① 启动 NX12.0		
② 模型准备	打开文件 Qumian.prt,进入“建模”环境	二维码 7-2 编程模型准备

（续）

步骤和动作	解说	图例
③ 创建检查几何体	为了使编制的零件加工程序更加合理，通过拉伸零件表面的方式为本零件创建检查几何体	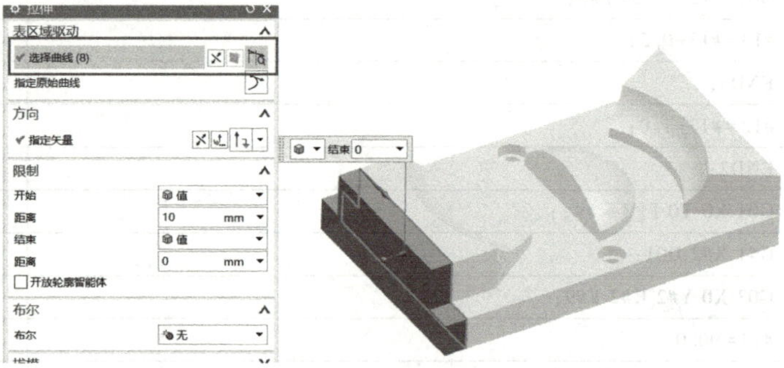
④ 进入制造模块	单击“应用模块”→“加工”，进入制造模块	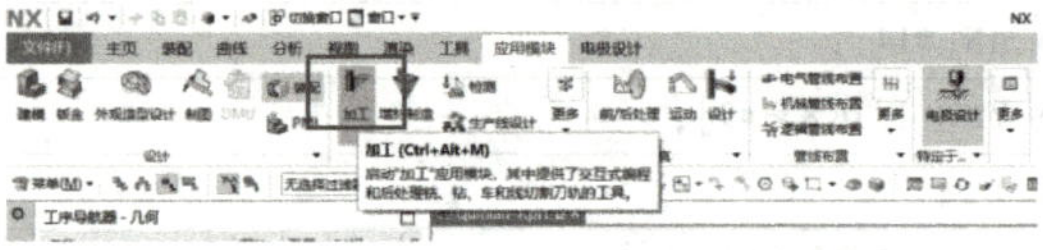
⑤ 选择几何视图	单击资源条中的“工序导航器”选项卡，打开操作导航工具。 在“工序导航器”选项卡的空白处单击鼠标右键，选择“几何视图”	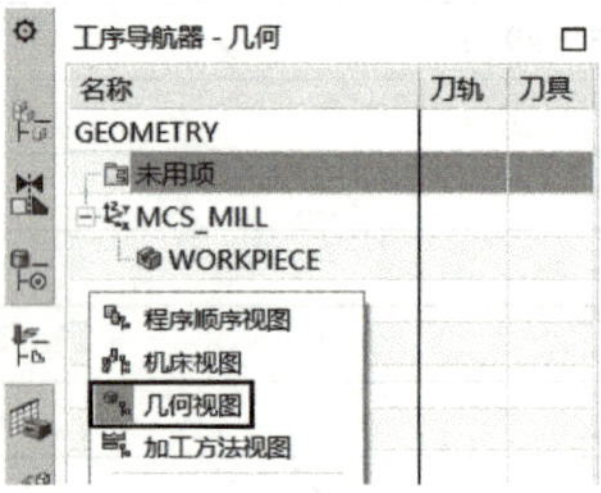
⑥ 设置 MCS、装夹偏置和安全平面	右键单击“MCS_MILL”，选择“编辑”，在弹出的“Mill_Orient”对话框中，分别设置 MCS 原点为零件最高顶面的几何中心处，*X* 轴平行于长边。设置装夹偏置为“1”，设置“安全设置选项”为“平面”，并选择零件顶面向上偏置“50”为安全平面，完成后单击“确定”按钮	
⑦ 指定部件、指定毛坯、指定检查几何体	右键单击“WORKPIECE”，选择“编辑”，在弹出的“铣削几何体”对话框中，把要加工零件选作部件；设置毛坯，指定方式为“包容块”，且“ZM+”为 1；指定③中创建的几何体为“检查几何体”。完成后单击“确定”按钮	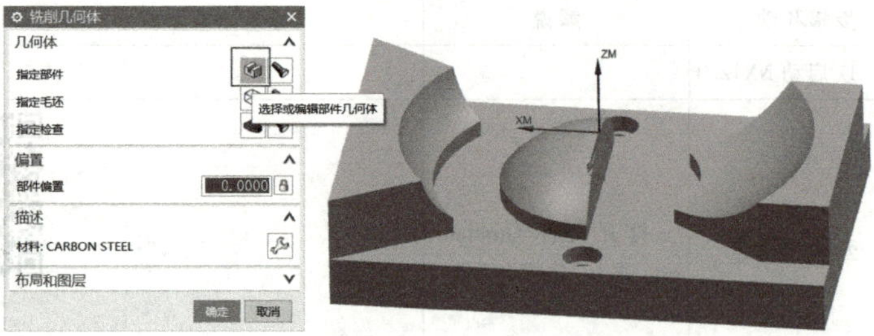

（续）

步骤和动作	解说	图例
⑦ 指定部件、指定毛坯、指定检查几何体	右键单击“WORKPIECE”，选择“编辑”，在弹出的“铣削几何体”对话框中，把要加工零件选作部件；设置毛坯，指定方式为“包容块”，且“ZM+”为 1；指定③中创建的几何体为“检查几何体”。完成后单击“确定”按钮	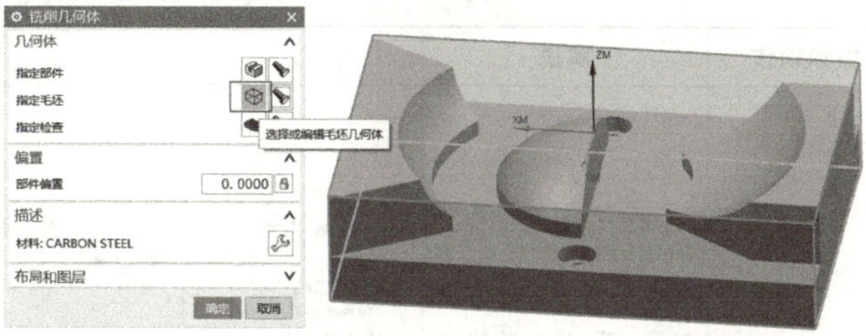 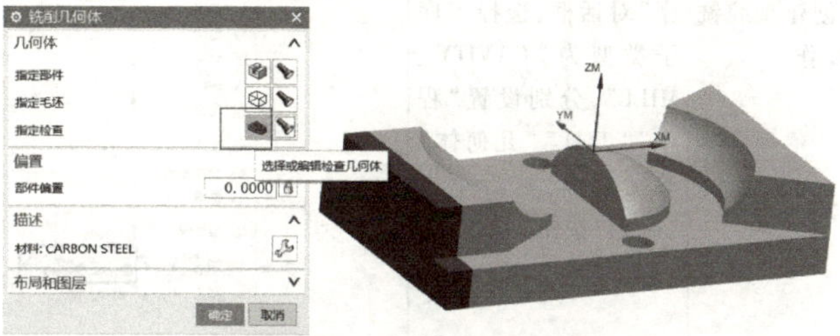
	创建刀具	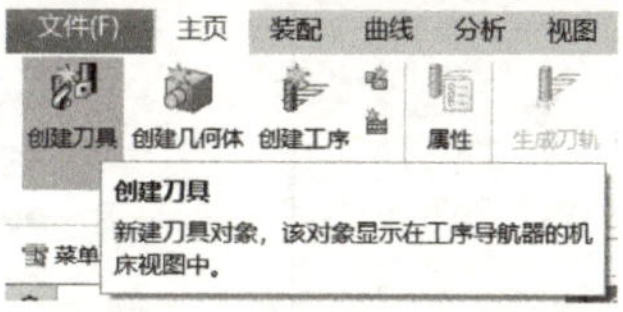
⑧ 创建刀具：ϕ16 平底立铣刀、ϕ8 平底铣刀、R4 球刀，A3 中心钻、ϕ7.8 麻花钻、ϕ8 铰刀	选择工具栏“创建刀具”命令，在弹出的“创建刀具”对话框中设置“刀具子类型”为“MILL”，名称为 D16，单击“确定”，设置直径为“16”，设置“刀具号”“补偿寄存器”和“刀具补偿器”。同理可创建其他刀具，见刀具列表	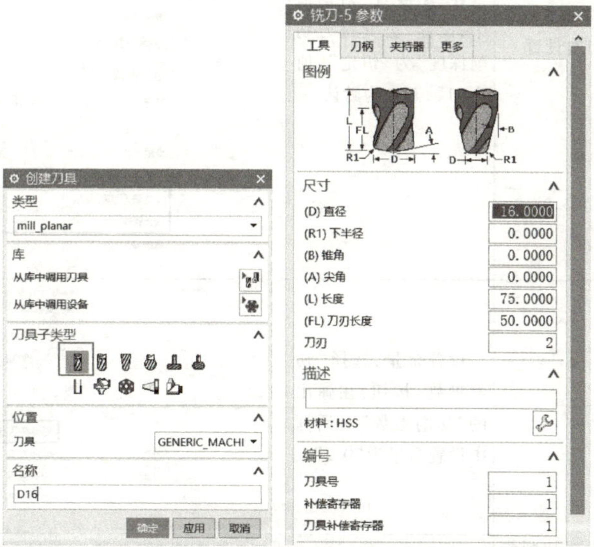
	刀具列表	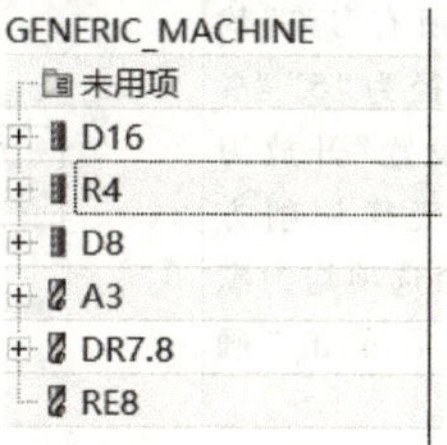

（2）零件粗加工编程（表 7-9）

表 7-9 零件粗加工编程步骤

<table>
<tr><th>步骤和动作</th><th>解说</th><th>图例</th></tr>
<tr><td>① 创建型腔铣加工操作</td><td>鼠标右键单击 WORKPIECE 节点，在快捷菜单中选择插入工序，弹出“创建工序”对话框，选择工序子类型为“CAVITY_MILL”，分别设置“程序”“刀具”“几何体”等父节点，然后单击“确定”按钮</td><td>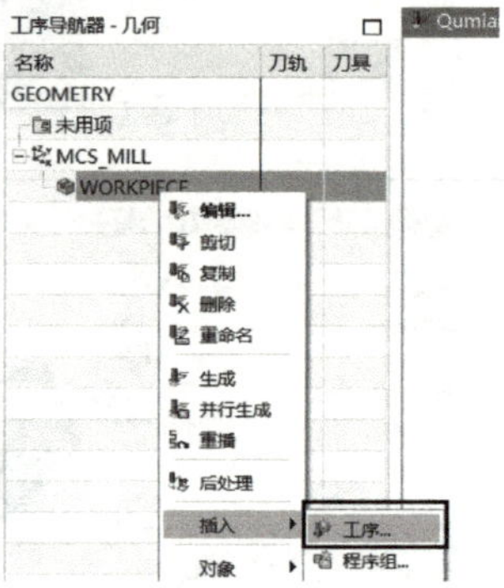

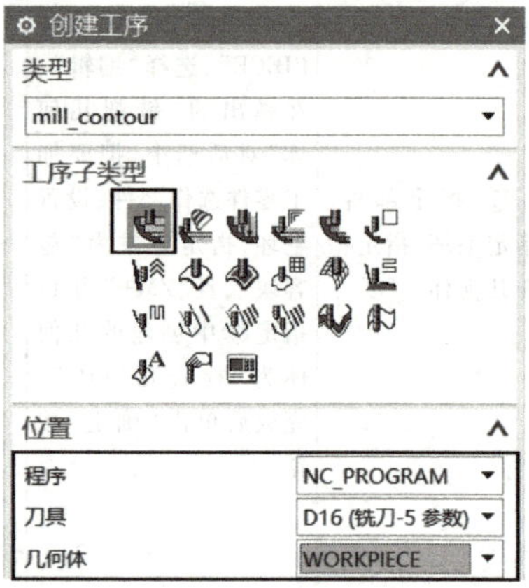
</td></tr>
<tr><td>② 刀轨设置</td><td>在“型腔铣”对话框中，设置“公共每刀切削深度”为“恒定”，值为“1”，其余为默认</td><td>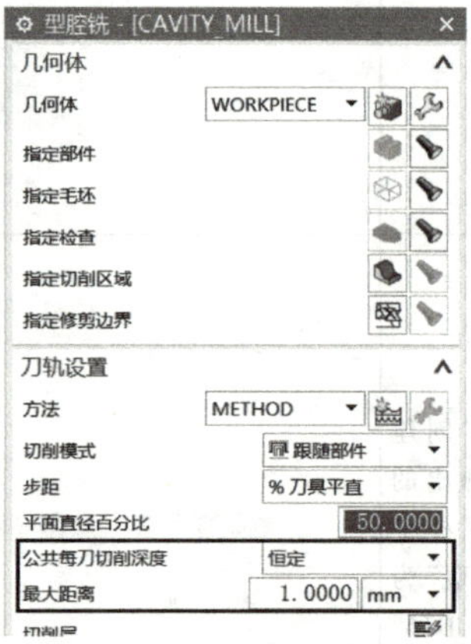

二维码 7-3
设置型腔铣粗加工刀路</td></tr>
<tr><td rowspan="2">③ 设置切削参数</td><td>设置余量，选择“切削参数”按钮，在弹出的“切削参数”对话框中设置余量为“0.2”</td><td>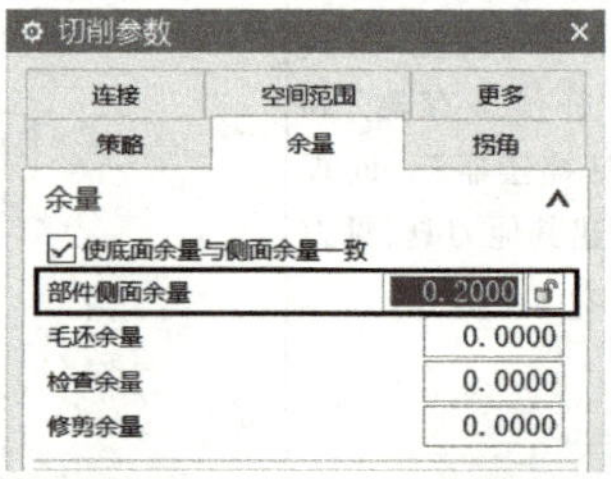
</td></tr>
<tr><td>设置“所有刀路”均光顺，半径为“5”“% 刀具”；设置“开放刀路”为“变换切削方向”；其余选项均为默认，完成后单击“确定”按钮</td><td>

</td></tr>
</table>

（续）

步骤和动作	解说	图例
④ 设置非切削参数	加工中抬刀方式选择“非切削参数”，在弹出的“非切削移动”对话框中，设置“转移/快速”中的抬刀区域间为“安全距离-切削平面”，区域内为前一平面，安全距离为“3”，其余参数均为默认，完成后单击“确定”按钮	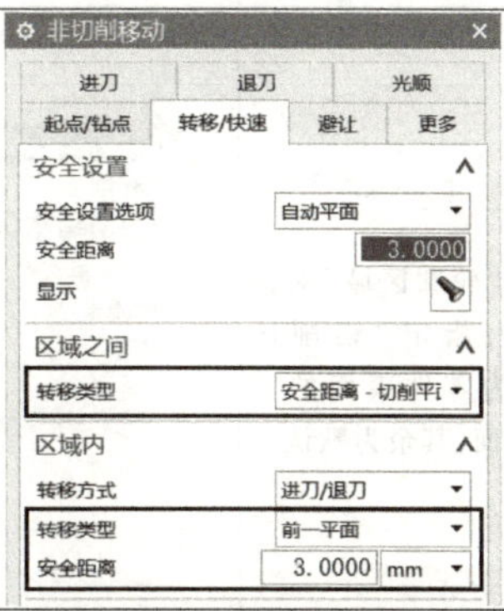
⑤ 设置主轴、进给率	设置主轴转速和进给率，选择“进给率和速度”按钮，在弹出的“进给率和速度”对话框中，设置主轴转速为“1200”，切削进给率为“1000”，其余参数均为默认，完成后单击“确定”按钮	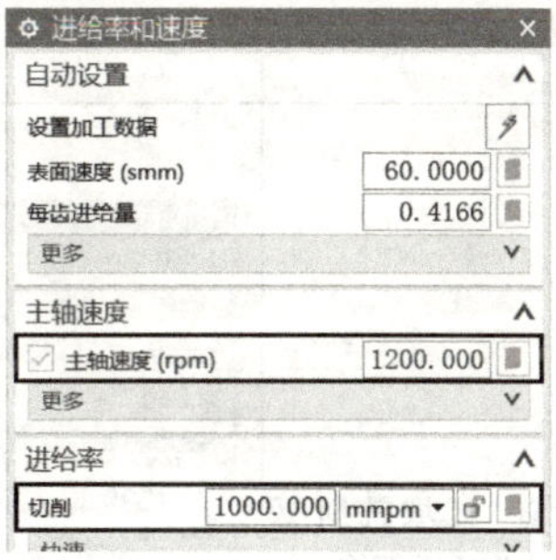
⑥ 选择生成按钮，则刀轨生成 ⑦ 选择“确认”按钮，进入 3D 动态仿真，则粗加工完成	将切削参数设置好后，“机床控制”“程序”“选项”等都可以按默认参数，不进行设置。然后进入仿真加工	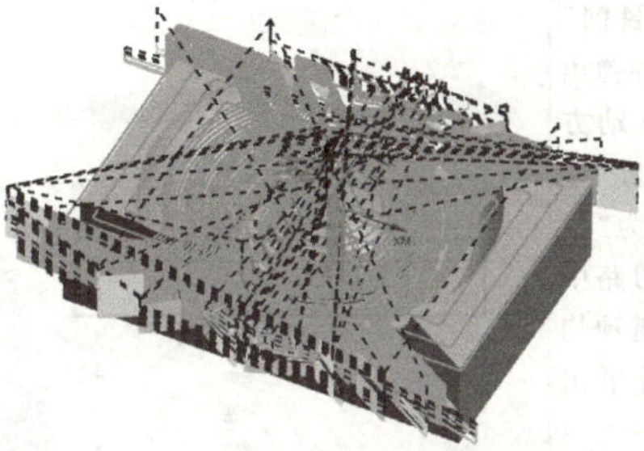 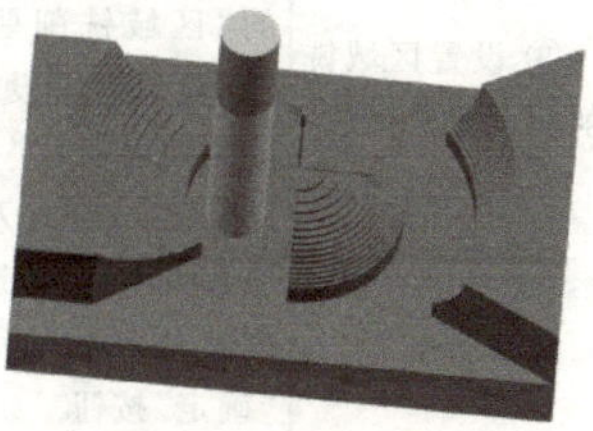

（3）曲面半精加工编程（表 7-10）

表 7-10　零件曲面半精加工编程步骤

步骤和动作	解说	图例
① 创建区域铣削加工操作	鼠标右键单击 WORKPIECE 节点，在快捷菜单中选择插入工序，弹出“创建工序”对话框，选择工序子类型为“CONTOUR_AREA”，分别设置“程序”“刀具”“几何体”等父节点，然后单击“确定”按钮	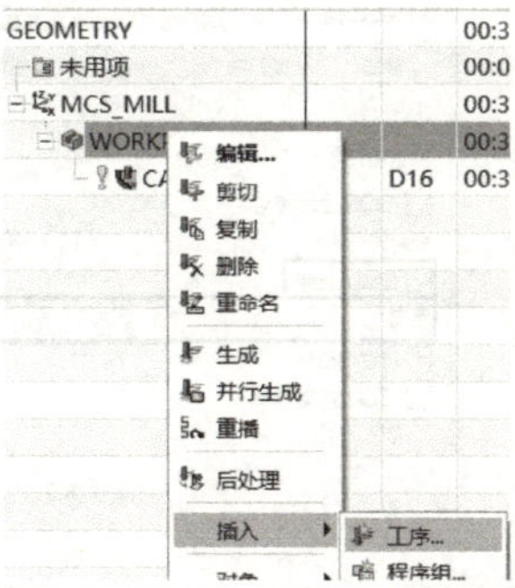 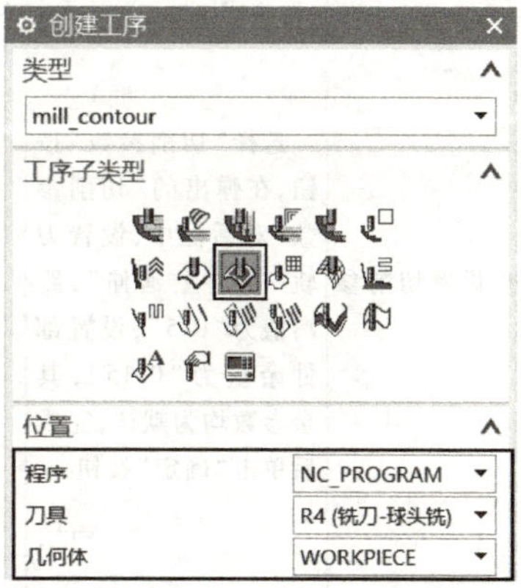

（续）

步骤和动作	解说	图例
② 设置切削区域	在“轮廓区域”对话框中，指定“切削区域”为零件表面的三个曲面，其余为默认	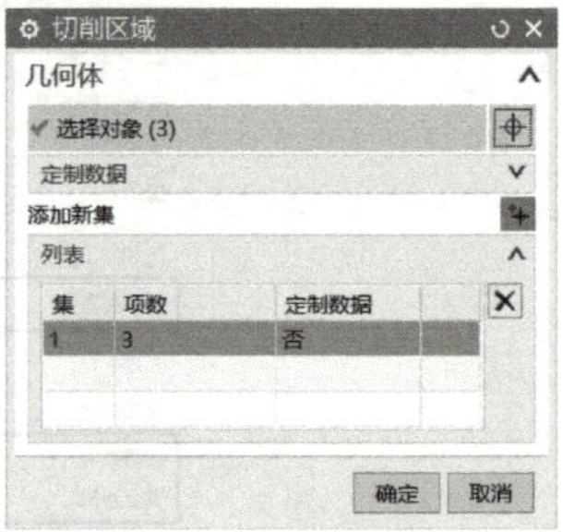 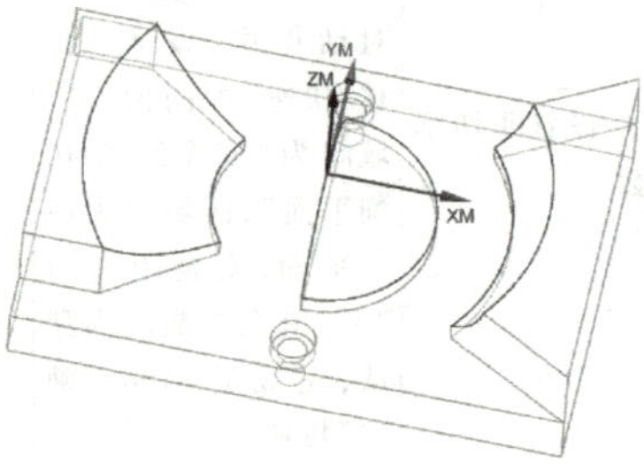
③ 设置区域铣削驱动方法参数	设置“区域铣削驱动方法”对话框参数：选择编辑“区域铣削”驱动方法参数，在弹出的“区域铣削驱动方法”对话框中设置“非陡峭切削模式”为“径向往复”，指定刀路中心和步距；其余选项均为默认，完成后单击“确定”按钮	 二维码 7-4 设置区域铣削刀路 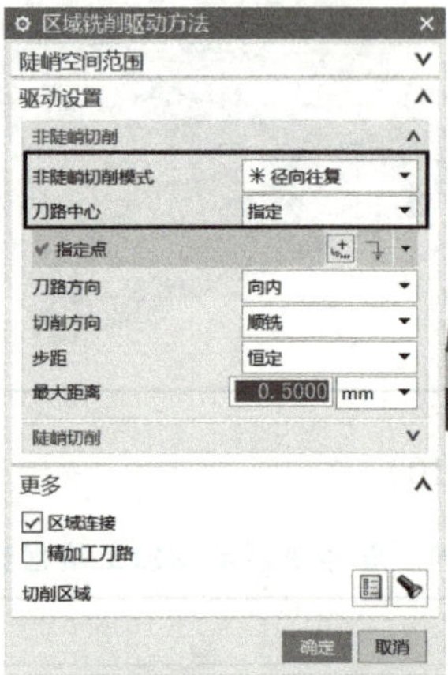 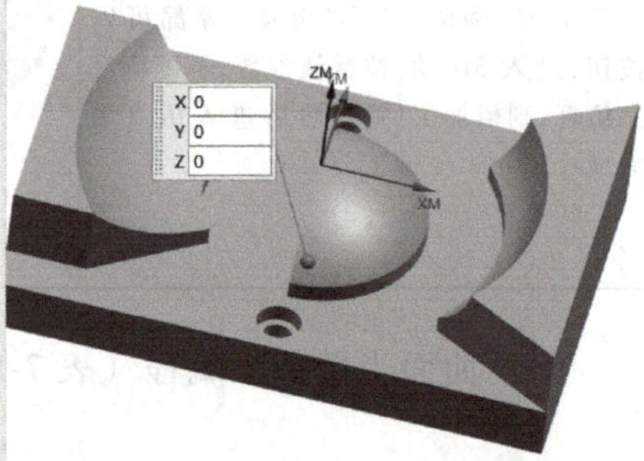
④ 设置切削参数	选择“切削参数”按钮，在弹出的“切削参数”对话框中，设置刀轨“在边上延伸”，距离值为“0.5”，设置部件余量为“0.15”，其余参数均为默认，完成后单击“确定”按钮	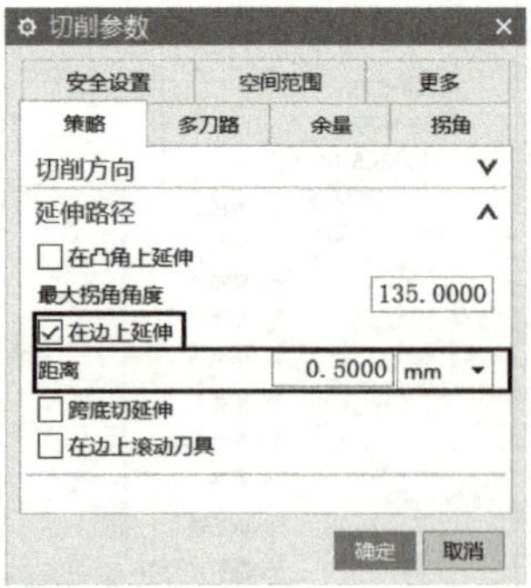 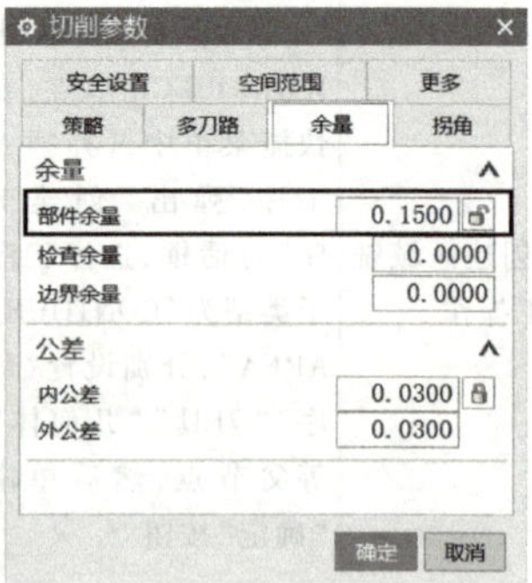

（续）

步骤和动作	解说	图例
⑤ 设置主轴、进给率	设置主轴转速和进给率，选择“进给率和速度”按钮，在弹出的“进给率和速度”对话框中，设置主轴转速为“3000”，切削进给率为“800”，其余参数均为默认，完成后单击“确定”按钮	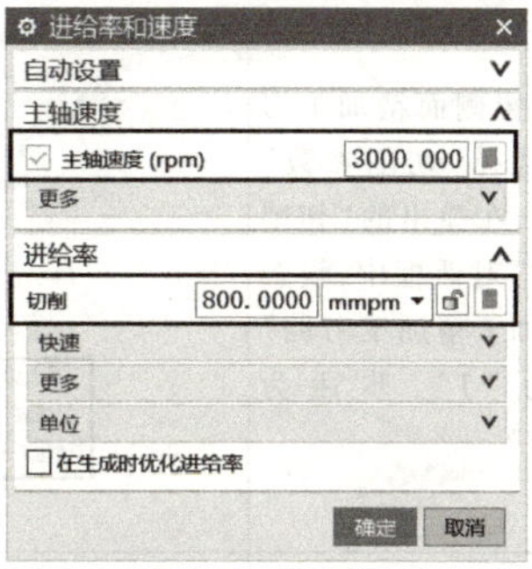
⑥ 选择生成按钮，则刀轨生成。⑦ 选择确认按钮，进入 3D 动态仿真，则曲面半精加工完成	将切削参数设置好后，“机床控制”“程序”“选项”等都可以按默认参数，不进行设置。然后进入仿真加工	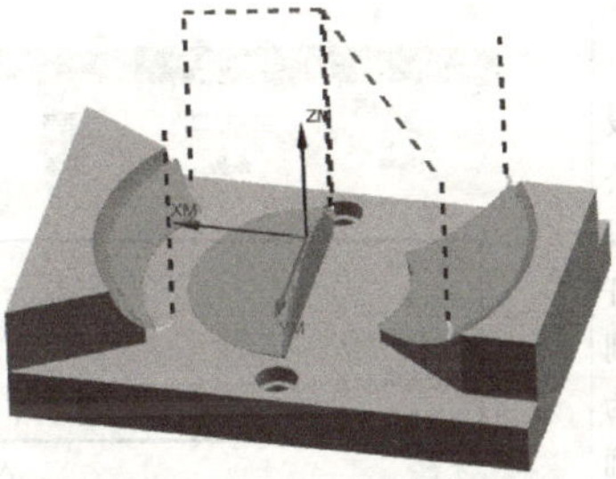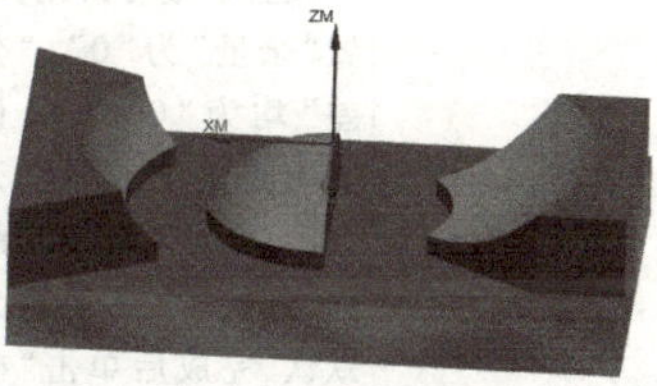

（4）底面及侧面精加工编程（表 7-11）

表 7-11　零件底面及侧面精加工编程步骤

步骤和动作	解说	图例
① 创建面铣加工操作	鼠标右键单击 WORKPIECE 节点，在快捷菜单中选择插入工序，弹出“创建工序”对话框，选择工序类型为“mill_planar”，选择工序子类型为“FLOOR_WALL”，分别设置“程序”“刀具”“几何体”等父节点，然后单击“确定”按钮	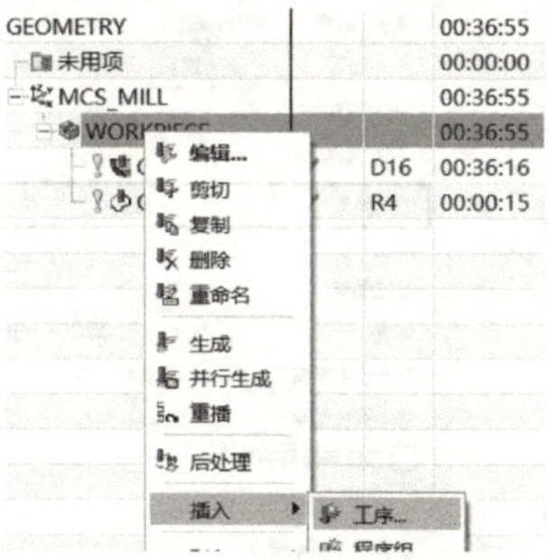
② 刀轨设置	指定切削区域及步距，在“底壁铣”对话框中，指定“切削区域”为零件表面上的平面（勾选“自动壁”选项），设置步距为“刀具平直百分比”，值为“60”，其余为默认	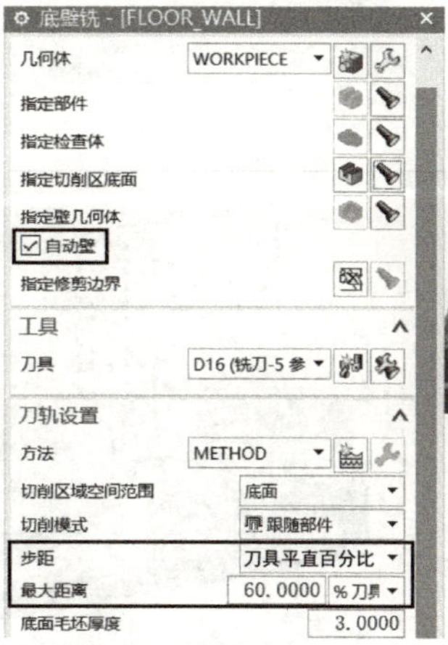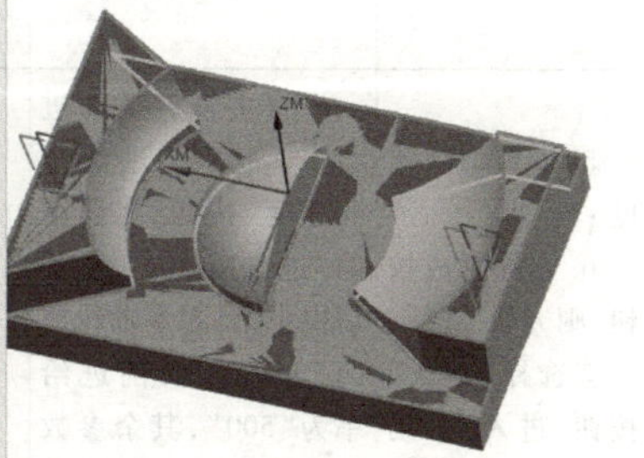

（续）

<table>
<tr><th>步骤和动作</th><th>解说</th><th>图例</th></tr>
<tr><td rowspan="2">③ 设置切削参数</td><td>设置侧面精加工刀路，选择“切削参数”按钮，在弹出的“切削参数”对话框中，设置“添加工精加工刀路”数为“1”，步距为“0.5”</td><td>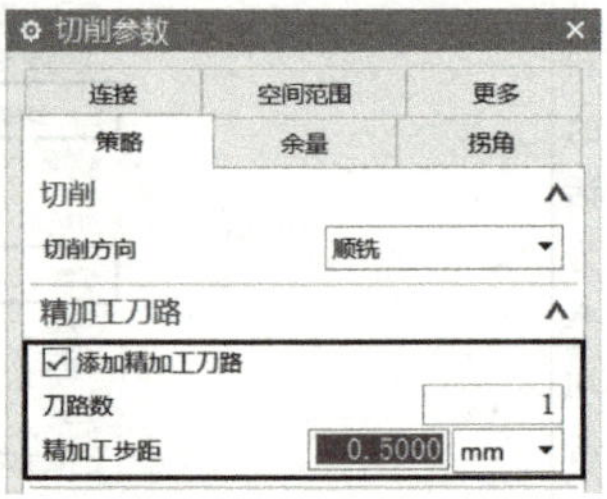

二维码 7-5
设置侧面精加工刀路</td></tr>
<tr><td>设置余量与公差，设置“余量”为“0”，“公差”均为“0.005”；设置刀路连接，设置“开放刀路”为“变换切削方向”；其余参数均为默认，完成后单击“确定”按钮</td><td>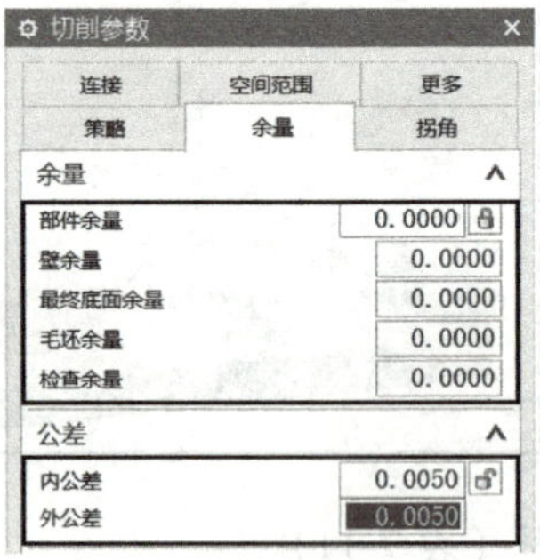

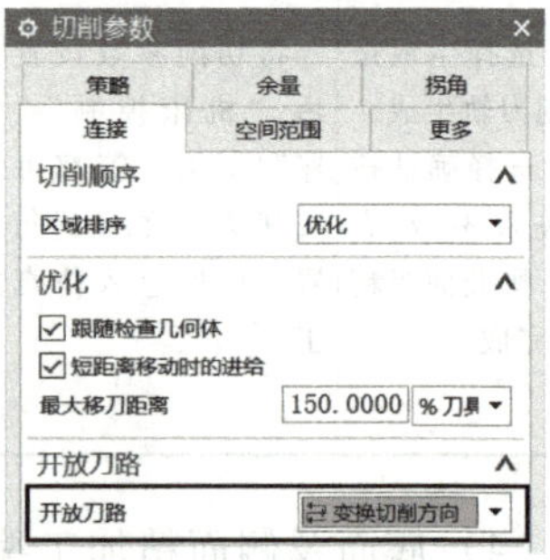
</td></tr>
<tr><td>④ 设置非切削移动参数和主轴、进给率</td><td>选择“非切削参数”按钮，在弹出的“非切削移动”对话框中，设置开放区域“进刀类型”为“圆弧”；在加工侧面时添加刀具半径补偿，设置“刀具补偿位置”为“所有精加工刀路”。其余参数均为默认，完成后单击“确定”按钮</td><td>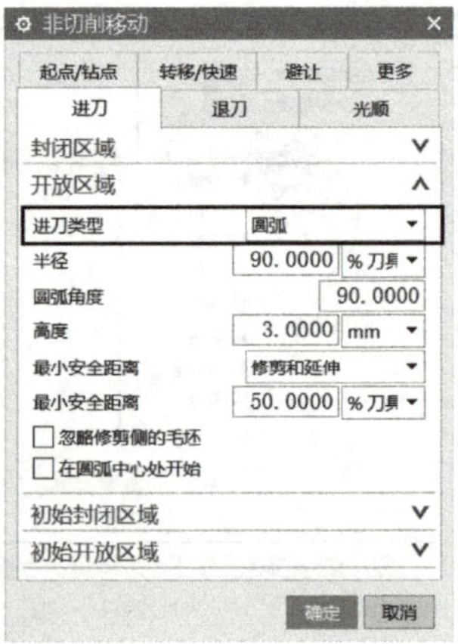

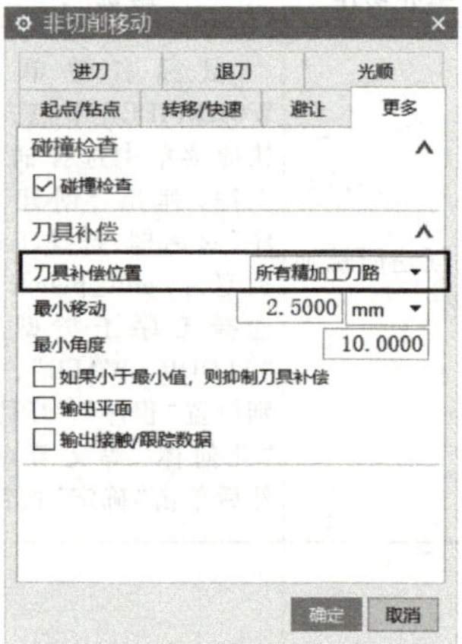
</td></tr>
<tr><td>⑤ 设置切削速度
⑥ 选择生成按钮，则刀轨生成。
⑦选择“确认”按钮，进入 3D 动态仿真，则平面与侧面精加工完成</td><td>设置主轴转速和进给率。选择“进给率和速度”按钮，在弹出的“进给率和速度”对话框中，设置主轴转速为“1500”，切削进给率为“500”，其余参数均为默认，完成后单击“确定”按钮。然后进入仿真加工</td><td>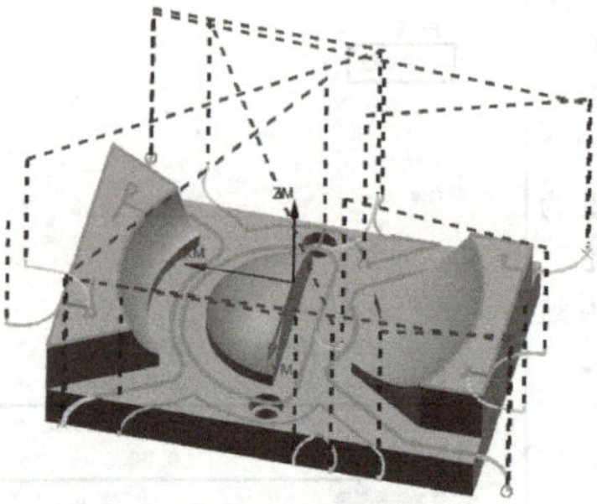
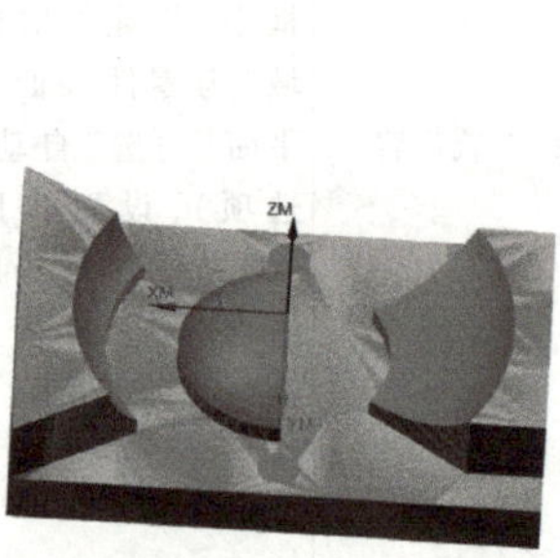</td></tr>
</table>

（5）定心孔加工（表 7-12）

表 7-12 零件定心孔加工编程步骤

步骤和动作	解说	图例
① 创建定心孔加工	鼠标右键单击 WORKPIECE 节点，在快捷菜单中选择插入工序，弹出“创建工序”对话框，选择工序子类型为“hole-making”，选择定心钻，分别设置“程序”“刀具”“几何体”等父节点，然后单击“确定”按钮	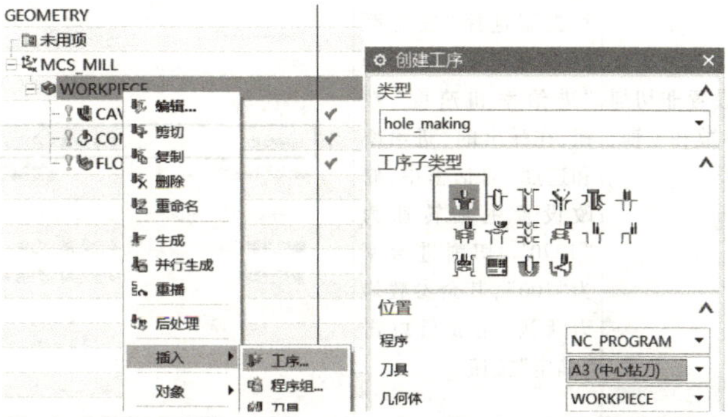
② 指定特征几何体	指定特征几何体，选择加工区域，使用预定义深度 2mm，完成后单击“确定”按钮	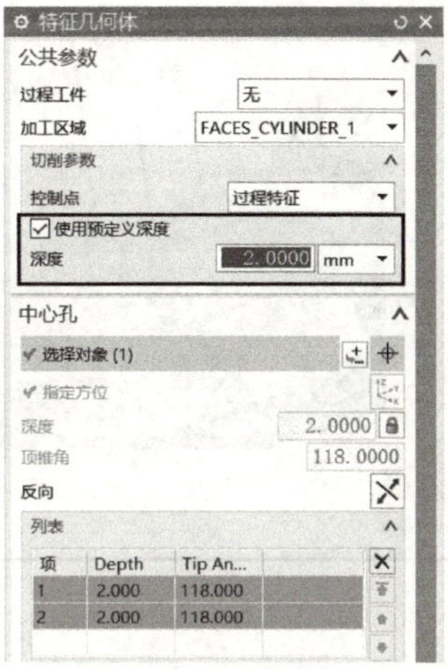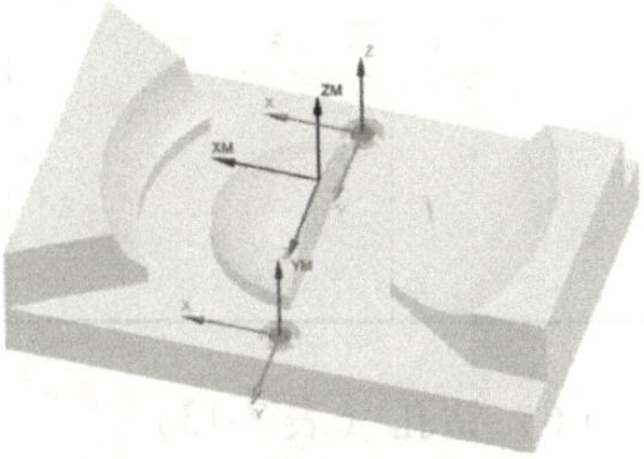 二维码 7-6 设置定心孔加工刀路
③ 设置切削参数	运动输出选择机床加工周期，编辑切削参数：选择“切削参数”按钮，在弹出的“切削参数”对话框中，设置策略顶偏置距离“3”，其余参数均为默认，完成后单击“确定”按钮	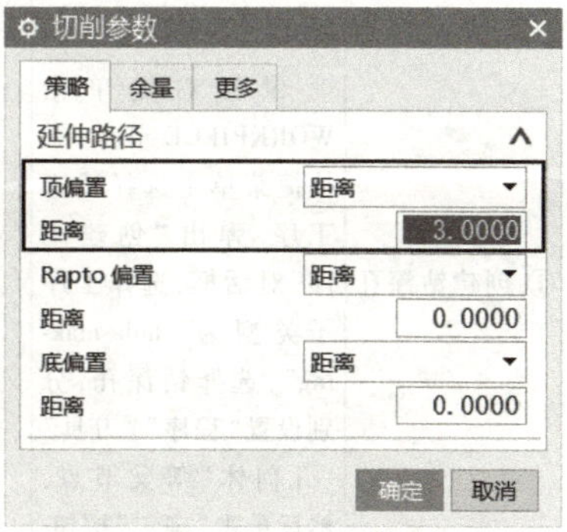

（续）

步骤和动作	解说	图例
④ 设置非切削移动参数和主轴、进给率	选择“非切削参数”按钮，在弹出的“非切削移动”对话框中，转移类型选择“安全距离-最短距离”。选择“进给率和速度”按钮，在弹出的“进给率和速度”对话框中，修改设置主轴转速为“1270”，切削进给率为“100”，其余参数均为默认，完成后单击“确定”按钮	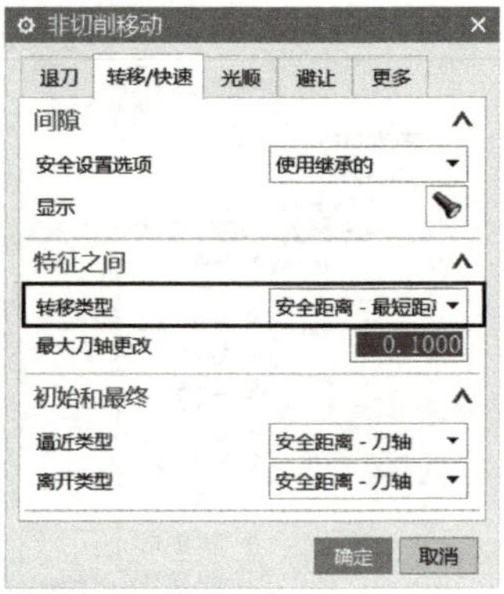 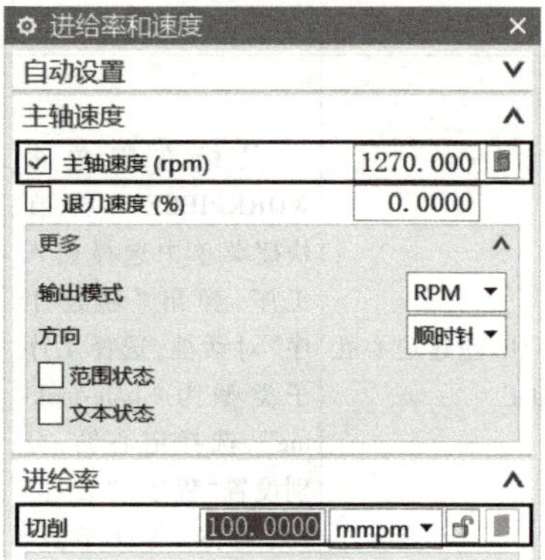
⑤ 选择生成按钮，则刀轨生成。 ⑥ 选择确认按钮，进入3D动态仿真，中心孔加工完成	将切削参数设置好后，“机床控制”“程序”“选项”等都可以按默认参数，不进行设置。然后进入仿真加工	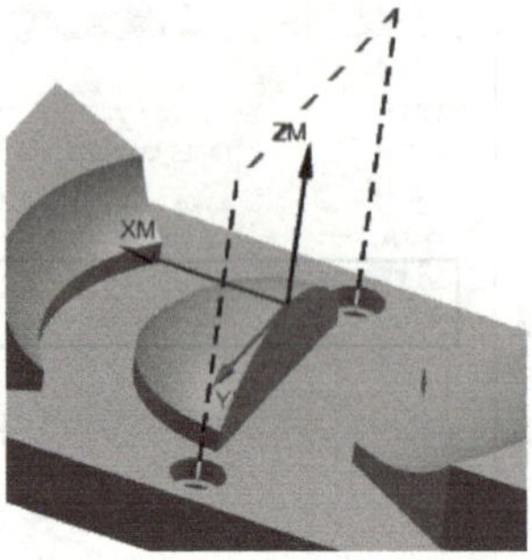 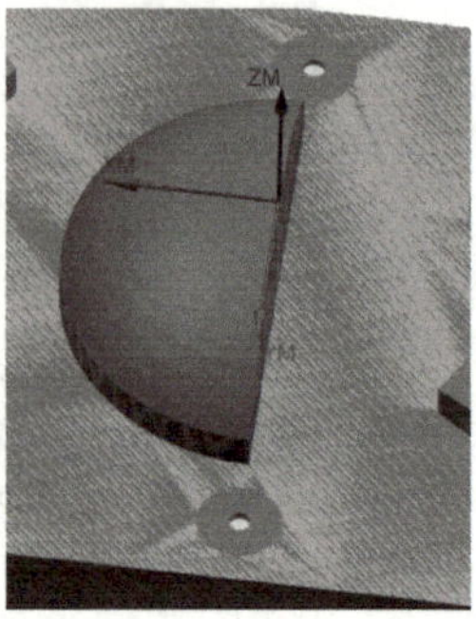

（6）钻孔（表7-13）

表7-13 零件钻孔加工编程步骤

步骤和动作	解说	图例
① 创建钻深孔加工	鼠标右键单击WORKPIECE节点，在快捷菜单中选择插入工序，弹出“创建工序”对话框，选择工序子类型为“hole-making”，选择钻深孔，分别设置“程序”“刀具”“几何体”等父节点，然后单击“确定”按钮	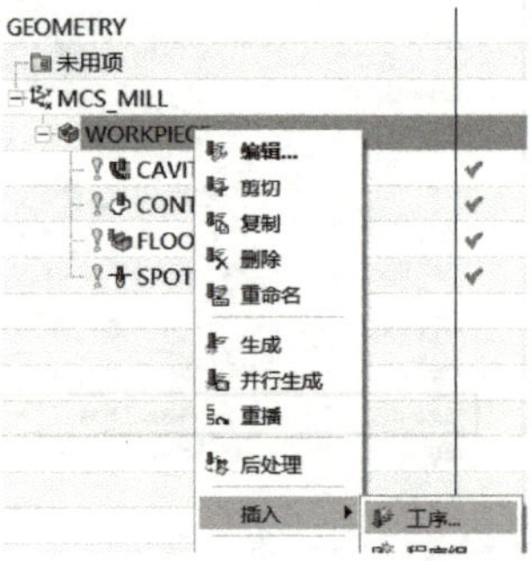 

（续）

步骤和动作	解说	图例
② 指定特征几何体	指定特征几何体，选择加工区域，过程工件选择“使用 3D”，加工区域选择“MODEL_DEPTH”，其他选项如图所示，完成后单击“确定”按钮	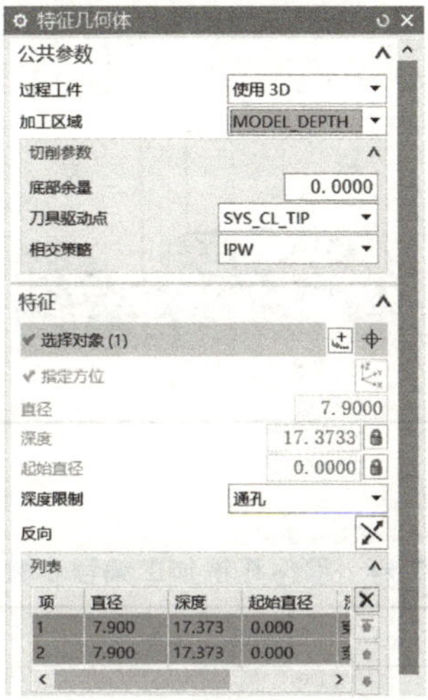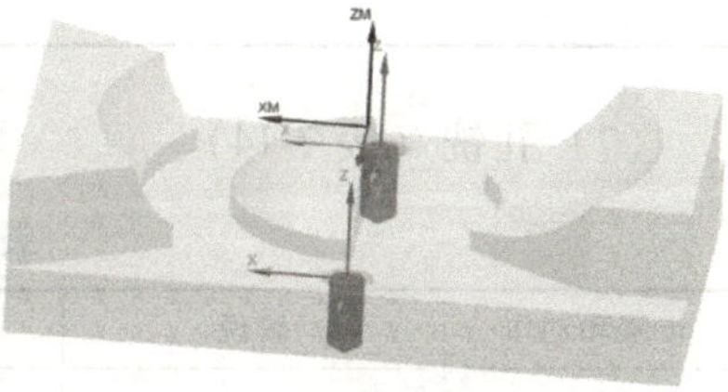 二维码 7-7 设置孔加工刀路
③ 设置切削参数	运动输出选择“机床加工周期”，循环选择“钻，深孔”，循环参数深度增量“精确”，距离“4mm”，编辑切削参数：选择“切削参数”按钮，在弹出的“切削参数”对话框中，设置策略顶偏置距离“3”，Rapto 偏置选择“自动”，底偏置距离“1”，其余参数均为默认，完成后单击“确定”按钮	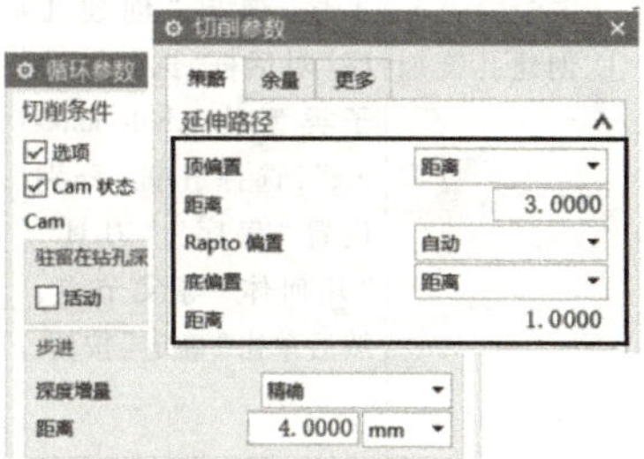
④ 设置非切削移动参数和主轴、进给率	选择“非切削移动”按钮，在弹出的“非切削移动”对话框中，转移类型选择“安全距离-最短距离”。选择“进给率和速度”按钮，在弹出的“进给率和速度”对话框中，修改设置主轴转速为“800”，切削进给率为“80”，其余参数均为默认，完成后单击“确定”按钮	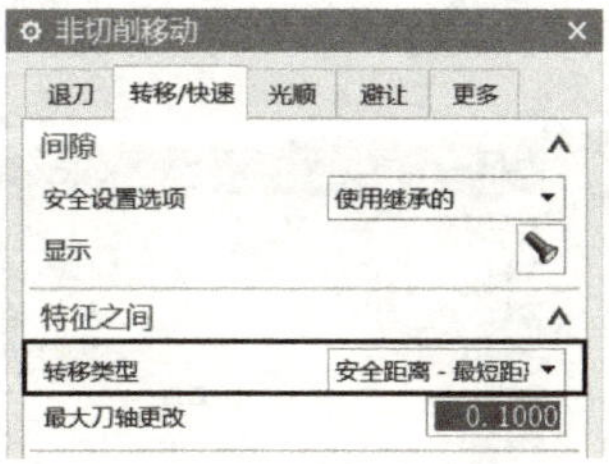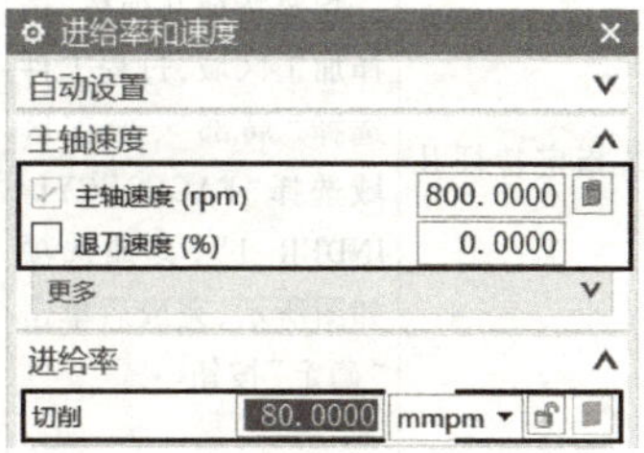

（续）

步骤和动作	解说	图例
⑤ 选择生成按钮，则刀轨生成。 ⑥ 选择“确认”按钮，进入 3D 动态仿真，钻深孔加工完成	将切削参数设置好后，“机床控制”“程序”“选项”等都可以按默认参数，不进行设置。然后进入仿真加工	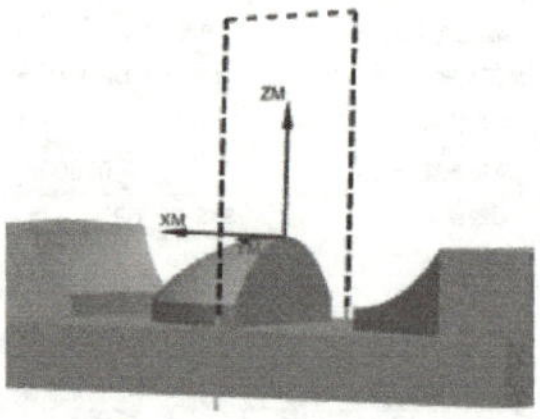 

（7）孔铣（表 7-14）

表 7-14　零件孔铣加工编程步骤

步骤和动作	解说	图例
① 创建孔铣加工	鼠标右键单击 WORKPIECE 节点，在快捷菜单中选择插入工序，弹出“创建工序”对话框，选择工序子类型为“hole-making”，选择孔铣，分别设置“程序”“刀具”“几何体”等父节点，然后单击“确定”按钮	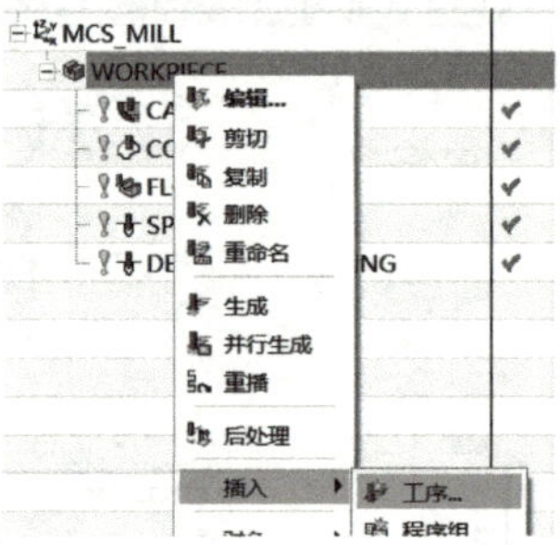 
② 指定特征几何体	指定特征几何体，选择加工区域，过程工件选择“局部”，加工区域选择“FACES_CYLINDER_1”，其他选项如图所示，完成后单击“确定”按钮	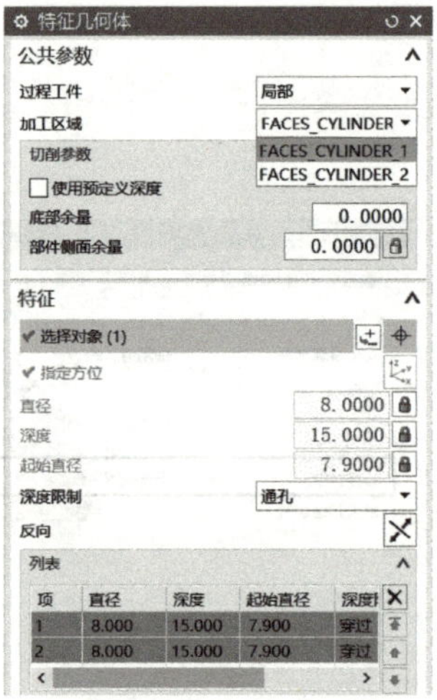 二维码 7-8 设置孔铣刀路 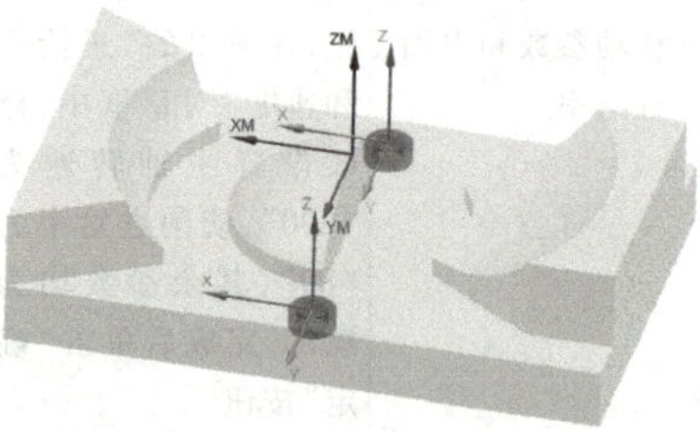

（续）

<table>
<tr><th>步骤和动作</th><th>解说</th><th>图例</th></tr>
<tr><td>③ 刀轨设置</td><td>切削模式选择“螺旋”，轴向每转深度选择“距离”，螺距“1mm”，轴向步距选择“恒定”，最大距离“50% 刀具”，径向步距选择“恒定”，最大距离“50% 刀具”。选择“切削参数”按钮，切削方向选择“顺铣”，添加清理刀路，延伸路径顶偏置“距离 3”，其余参数均为默认，完成后单击“确定”按钮</td><td>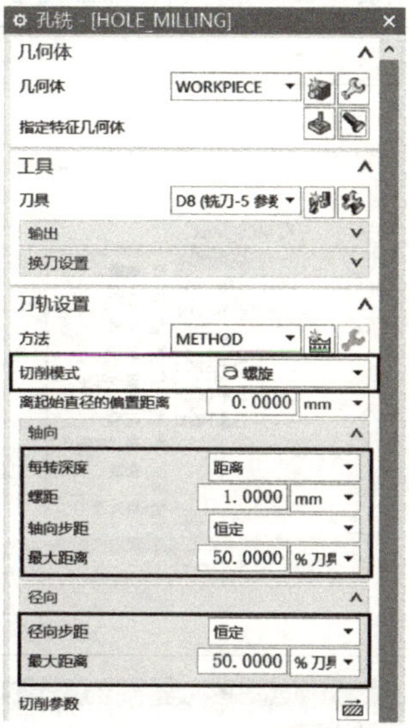

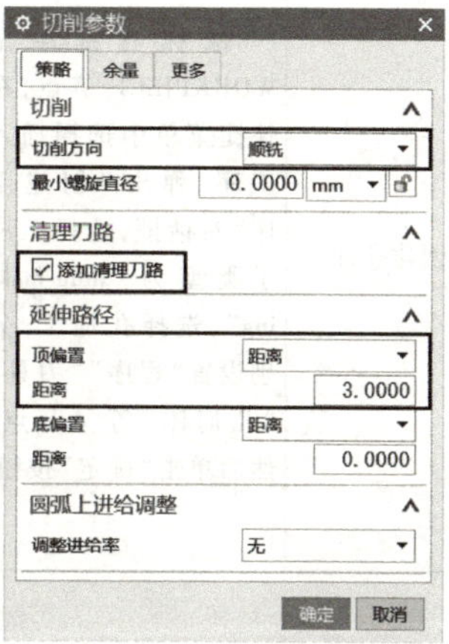
</td></tr>
<tr><td>④ 设置非切削移动参数和主轴、进给率</td><td>选择“非切削移动”按钮，在弹出的“非切削移动”对话框中，进刀类型“圆形”，最小安全距离“3mm”。选择“进给率和速度”按钮，在弹出的“进给率和速度”对话框中，修改设置主轴转速为“2400”，切削进给率为“1000”，其余参数均为默认，完成后单击“确定”按钮</td><td>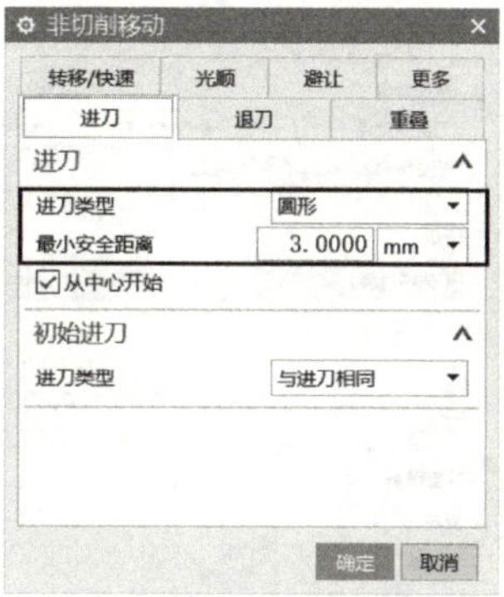

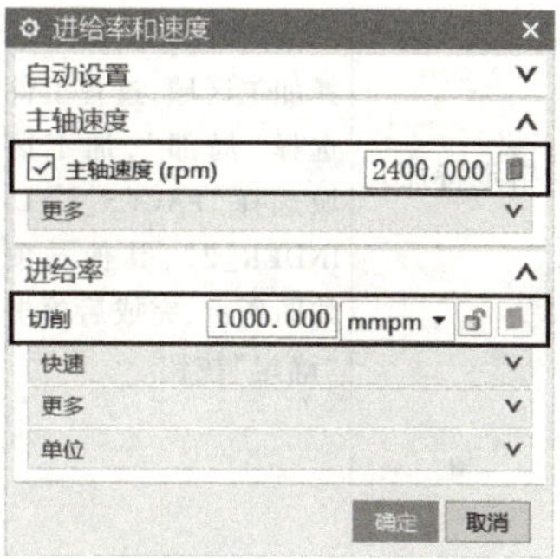
</td></tr>
<tr><td>⑤ 选择“生成”按钮，则刀轨生成。
⑥ 选择“确认”按钮，进入 3D 动态仿真，钻深孔加工完成</td><td>将切削参数设置好后，“机床控制”“程序”“选项”等都可以按默认参数，不进行设置。然后进入仿真加工</td><td>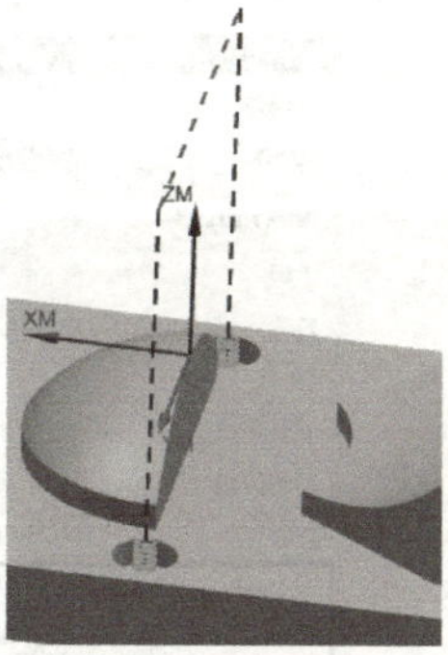

</td></tr>
</table>

(8) 铰孔(表 7-15)

表 7-15 零件铰孔加工编程步骤

步骤和动作	解说	图例
① 创建孔加工	鼠标右键单击 WORKPIECE 节点,在快捷菜单中选择插入工序,弹出“创建工序”对话框,选择工序子类型为“hole-making”,选择孔加工,分别设置“程序”“刀具”“几何体”等父节点,然后单击“确定”按钮	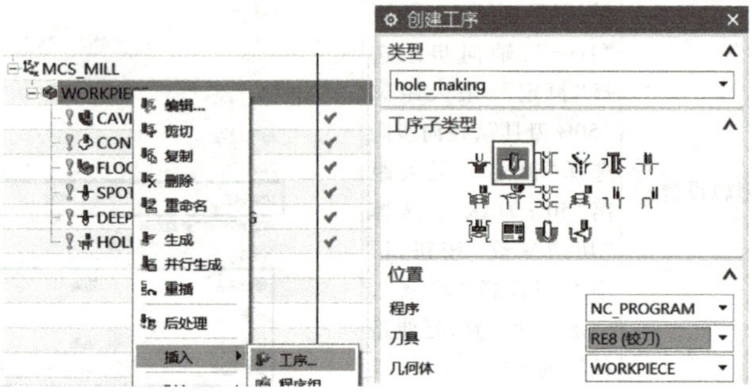
② 指定特征几何体	指定特征几何体,选择加工区域,过程工件选择“局部”,加工区域选择“FACES_CYLINDER_2”,其他选项如图所示,完成后单击“确定”按钮	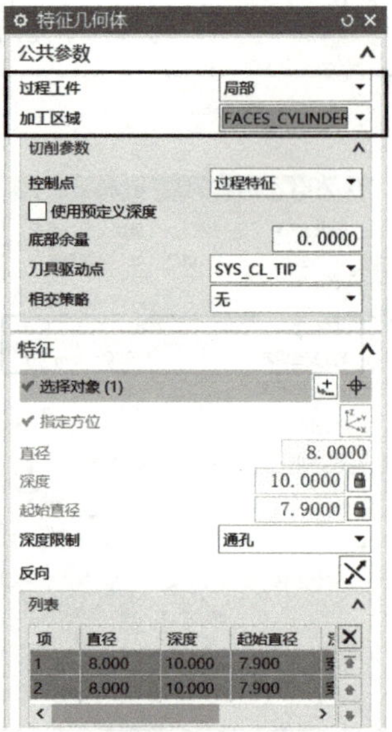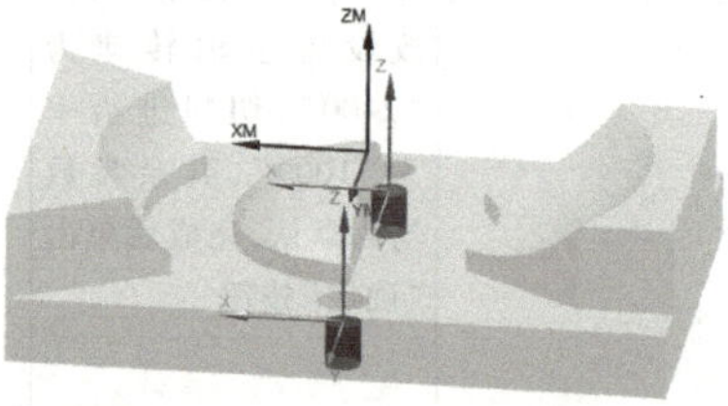二维码 7-9 设置铰孔刀路
③ 刀轨设置	运动输出选择“机床加工周期”,循环选择“钻,镗”,循环参数驻留模式“秒”,驻留“1”。选择“切削参数”按钮,在弹出的“切削参数”对话框中,设置策略延伸路径顶偏置距离“3”,Rapto 偏置选择“自动”,底偏置距离“1”,其余参数均为默认,完成后单击“确定”按钮	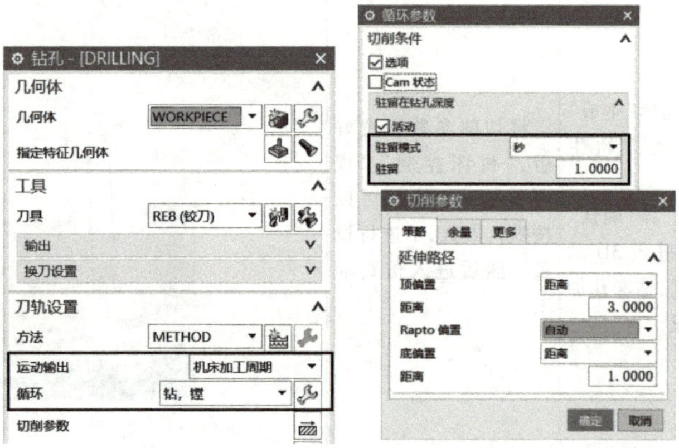

（续）

步骤和动作	解说	图例
④ 设置非切削移动参数和主轴、进给率	选择"非切削移动"按钮，在弹出"非切削移动"对话框中，特征之间转移类型"安全距离-最短距离"。选择"进给率和速度"按钮，在弹出的"进给率和速度"对话框中，修改设置主轴转速为"300"，切削进给率为"30"，其余参数均为默认，完成后单击"确定"按钮	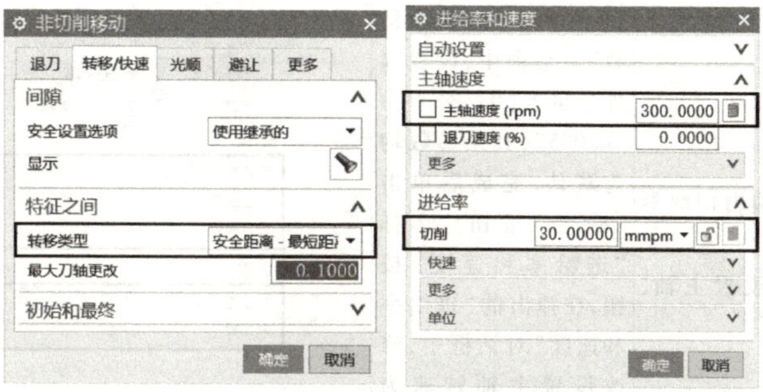
⑤ 选择生成按钮，则刀轨生成。⑥ 选择确认按钮，进入 3D 动态仿真，钻深孔加工完成	将切削参数设置好后，"机床控制""程序""选项"等都可以按默认参数，不进行设置。然后进入仿真加工	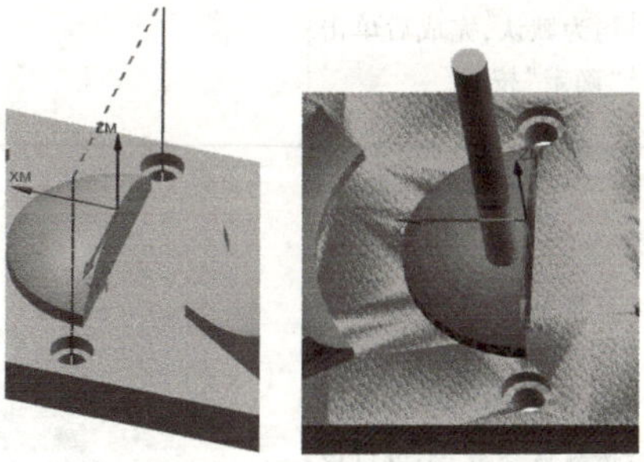

(9) 曲面精加工编程（表 7-16）

表 7-16　零件曲面精加工编程步骤

步骤和动作	解说	图例
① 创建的曲面精加工	复制曲面半精加工操作，鼠标右键单击步骤③中操作，并粘贴	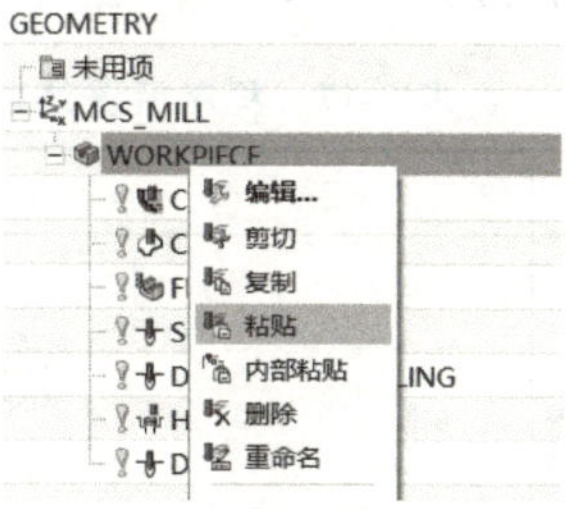 二维码 7-10 设置曲面精加工刀路
② 设置曲面精加工"区域铣削驱动方法"参数	编辑"区域铣削驱动方法"参数，设置"非陡峭切削模式"为"同心往复"，步距的"最大距离"为"0.25"，其余选项均为默认，完成后单击"确定"按钮	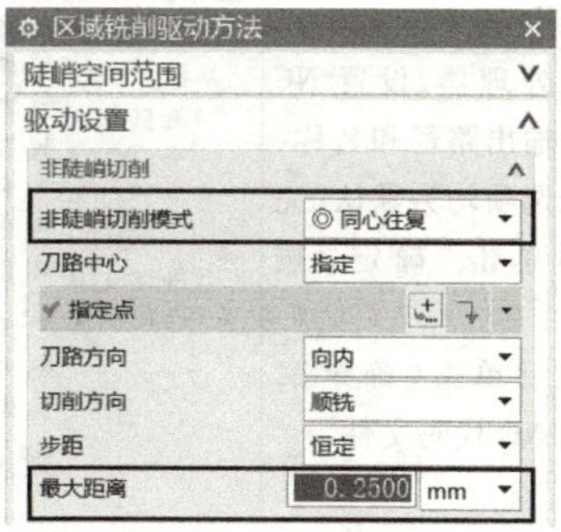

（续）

步骤和动作	解说	图例
③ 编辑切削参数 ④ 设置主轴、进给率	选择“切削参数”按钮，在弹出的“切削参数”对话框中，设置部件余量为“0”，公差为“0.005”，其余参数均为默认，完成后单击“确定”按钮。选择“进给率和速度”按钮，在弹出的“进给率和速度”对话框中，修改设置主轴转速为“3500”，切削进给率为“1500”，其余参数均为默认，完成后单击“确定”按钮	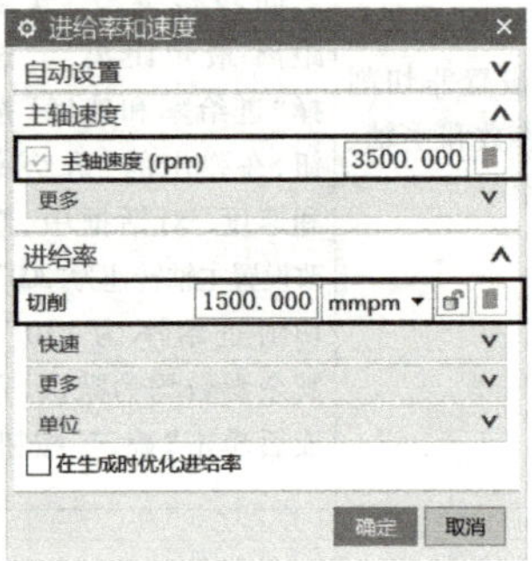
⑤ 选择“生成”按钮，则刀轨生成。 ⑥ 选择“确认”按钮，进入3D动态仿真，则曲面精加工完成	将切削参数设置好后，“机床控制”“程序”“选项”等都可以按默认参数，不进行设置。然后进入仿真加工	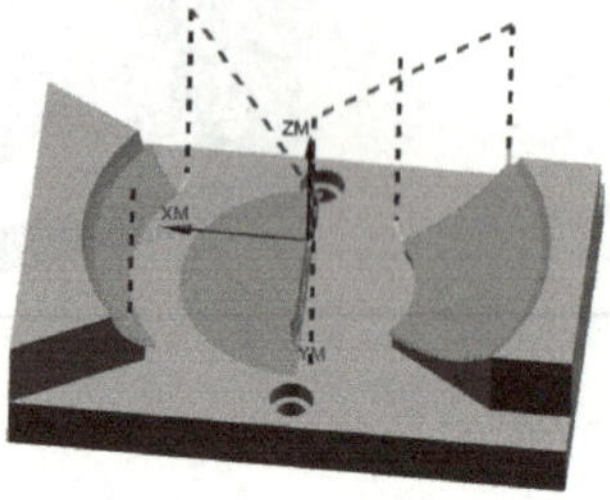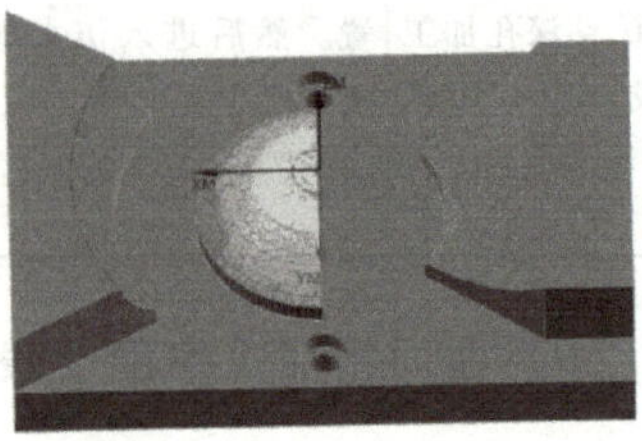

(10) 程序后置处理（表7-17）

表7-17 程序后置处理步骤

步骤和动作	解说	图例
后处理对话框设置	鼠标右键单击要生成NC代码的加工操作，选择后处理命令。在弹出的“后处理”对话框中，选择对应机床的后处理器，设置NC代码输出路径和名称，其余选项均为默认，完成后单击“确定”按钮。 完成后单击“确定”，生成NC代码文件	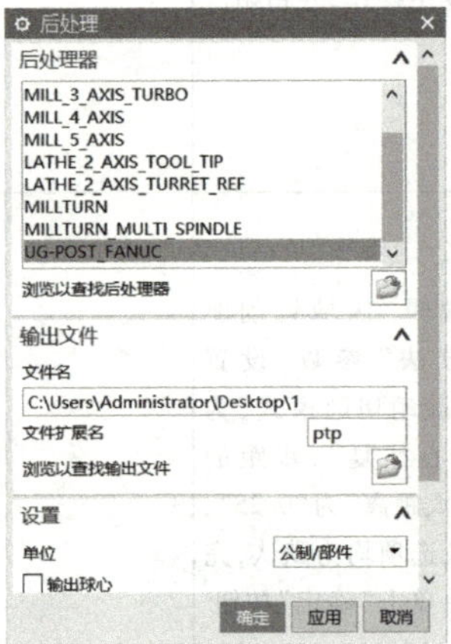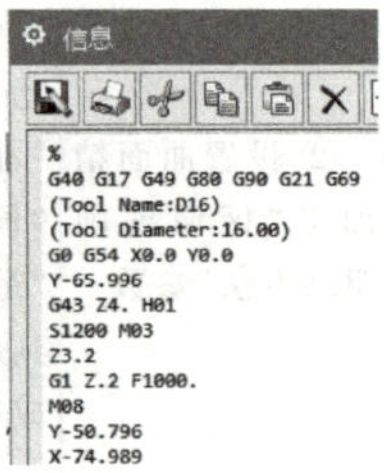

任务 7.3　综合类零件加工实施

7.3.1　程序的传输

1. 数据线传输程序

数据传输线是数控机床与计算机之间的通信线，其连接方式有两种，即 9 针与 9 针相连和 9 针与 25 针相连。其连接方式如图 7-10 所示。

通过数据线传输程序需要完成以下内容：

（1）机床参数设置

① 选择“MDI”方式。

② 选择[OFS/SET]功能键进入补偿设置界面。

③ 选择菜单软键［设定］，进入参数设置界面。

④ 如图 7-11 所示，将参数写入改为“1”，再将 I/O 通道改为“0”，最后将参数写入重新改为“0”。

⑤ 按下[RESET]复位键，消除报警，完成参数设置。

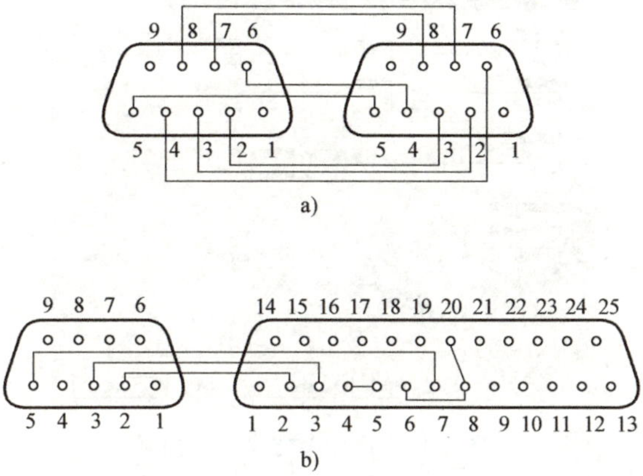

图 7-10　数据传输线的连接

a）9 针串口的焊接关系　b）25 针串口的焊接关系

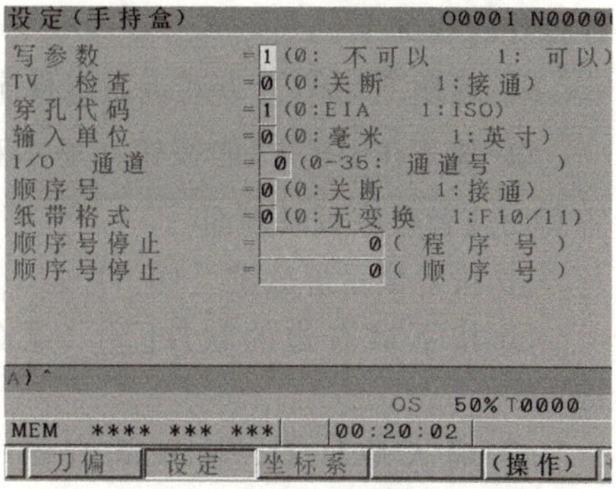

图 7-11　I/O 通道设置

（2）软件参数设置

虽然用于数控传输的软件较多，但其传输方法却大同小异。现以应用比较多的“CIMCOEdit5”软件为例来说明传输软件参数的设定及传输的方法。

① 在计算机上打开传输软件“CIMCOEdit5”，出现如图 7-12 所示操作主界面。

② 单击“机床通讯”菜单中的“DNC 设置”，进入如图 7-13 所示传输参数设置界面。

③ 根据机床中所设置的参数，在程序中设置以下传输参数值并保存：

传输端口（Comm Port）：根据计算机的接线口选择 COM1 或 COM2；

波特率（Baudrate）：9600 或 4800；

数据位（Data bits）：7；

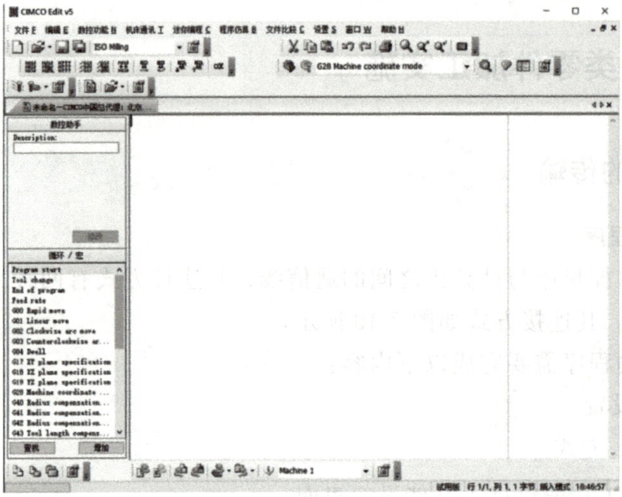

图 7-12 传输软件“CIMCOEdit5”操作主界面

停止位（Stop bits）：2；

奇偶校验（Parity）：偶；

代码类别：ISO。

（3）程序的输入 在程序传输的过程中，一般是哪一侧要输入则哪一侧先操作，故在程序的输入时，要先将机床设置好，具体操作过程如下：

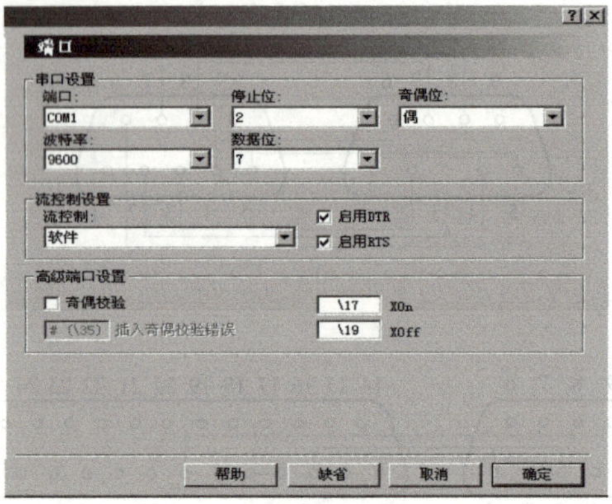

图 7-13 传输参数设置界面

① 选择“EDIT”方式，显示程序目录。

② 按下PROG功能按钮，显示程序内容画面或者程序目录画面。

③ 按下显示屏软键［OPRT］。

④ 按下最右边的软件[>]（菜单扩展键）。

⑤ 输入地址 O，输入赋值程序的程序号。

⑥ 按下屏幕软键<READ>和<EXEC>，程序正在等待被输入，在屏幕上显示“LSK”。

⑦ 打开计算机端要输入的程序，在传输软件主界面上的“机床通讯”菜单中，选择“发送 S”按钮，找到要传输的程序并打开，如图 7-14 所示，即开始传输程序。

二维码 7-11
程序传输

⑧ 传输完成后，注意比较一下计算机和机床两端的数据，如果数据大小一致则表明传输成功。

（4）程序的输出 输出程序时，应先将软件设置好。如图 7-15 所示，打开计算机端软件，在传输软件主界面上的“机床通讯”菜单中，选择“接收 R”按钮，则软件处于接收程序状态，等待机床将程序输出。

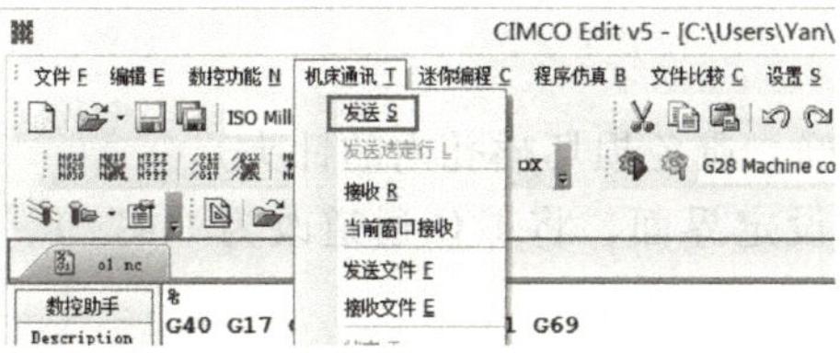

图 7-14　程序输入软件设置

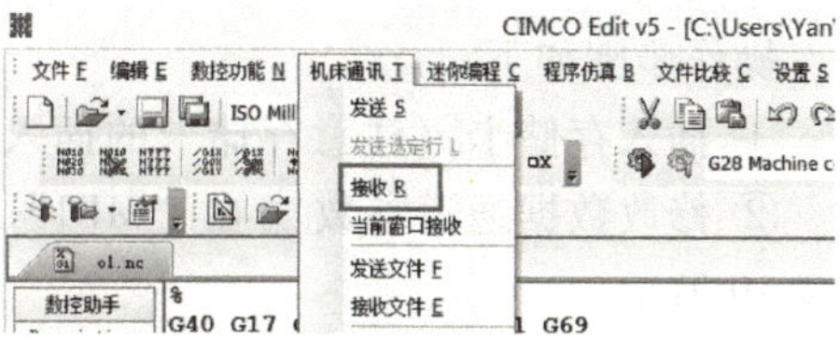

图 7-15　程序输出软件设置

软件设置好后，然后再进行机床端的设置，设置如下：

① 确认输出设备已经准备好。

② 选择“EDIT”方式，显示程序目录。

③ 按下 PROG 功能按钮，显示程序内容画面或者程序目录画面。

④ 按下显示屏软键<OPRT>。

⑤ 按下最右边的软件 ▷（菜单扩展键）。

⑥ 输入地址 O，输入要输出的程序号（如果输入-9999，则所有存储在内的程序都将被输出。要想一次输出多个程序，可按下面操作，指定程序号范围，如“O△△△△，O□□□□”程序 No. △△△△到 No. □□□□都将被输出）。

⑦ 按下屏幕软键<READ>和<EXEC>，指定的一个或多个程序就被输出。

2. U 盘传输程序

调用 U 盘中的程序通常是将其复制到系统存储器中，操作步骤如下：

① 插入 U 盘。

② 修改数据通道参数（在“MDI”状态下进入设定界面，将 I/O 通道改为“17”），如图 7-16 所示。

③ 在“EDIT”状态下，选择 MDI 键盘上的 PROG 键将显示调节为程序目录界面。

④ 依次选择软功能键<操作>→右扩展键<+>→<设备>→<USB MEM>，打开 U 盘目录界面，如图 7-17 所示。

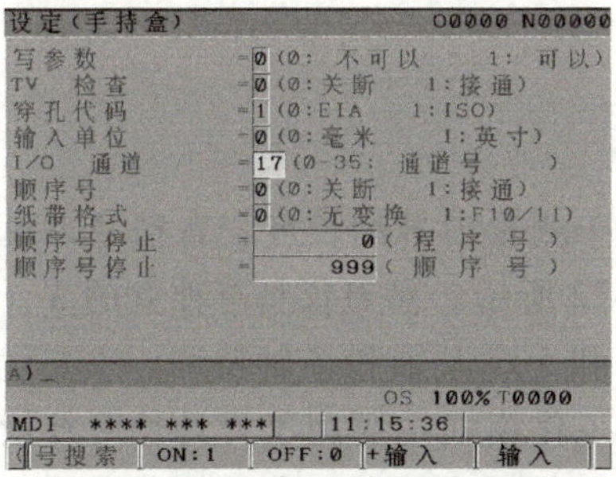

图 7-16　修改 I/O 通道

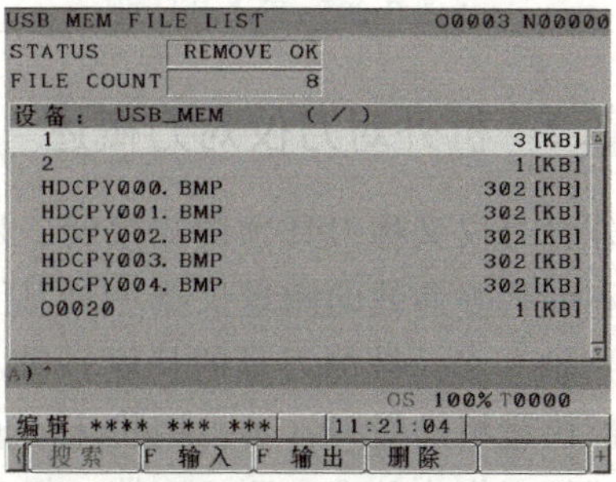

图 7-17　U 盘目录

⑤ 选择软功能键<F 输入>，输入要复制的文件名（如：1）并选择<F 名称>，再设置复制到系统存储器后的程序名（如设置为 1）并选择<O 设定>，最后选择<执行>完成程序的复制，如图 7-18 所示。

⑥ 依次选择软功能键<<>→<操作>→<+>→<设备>→<CNC MEM>返回系统存储器，在程序界面查看和调出此程序。

3. 存储卡（CF卡）传输程序

操作步骤如下：

① 插入存储卡（注意存储卡的插入方向是否正确，避免损坏插孔内的针头）。

② 修改数据通道参数（在“MDI”状态下进入设定界面，将I/O通道改为“4”），如图7-19所示。

③ 在“EDIT”状态下选择软功能键进入存储卡目录界面，如图7-20所示，输入要读入的文件名序号，选择<F名称>；再输入读入后的程序名（程序号），选择<O设定>（如图7-21所示）。

④ 选择<执行>读入程序，在程序界面调出所需程序。

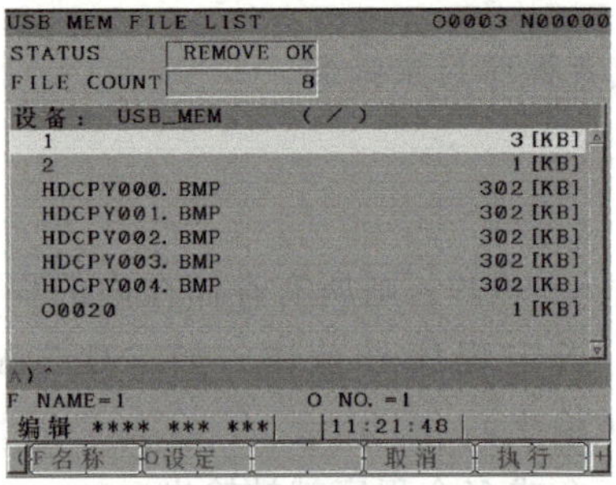

图7-18 读入程序

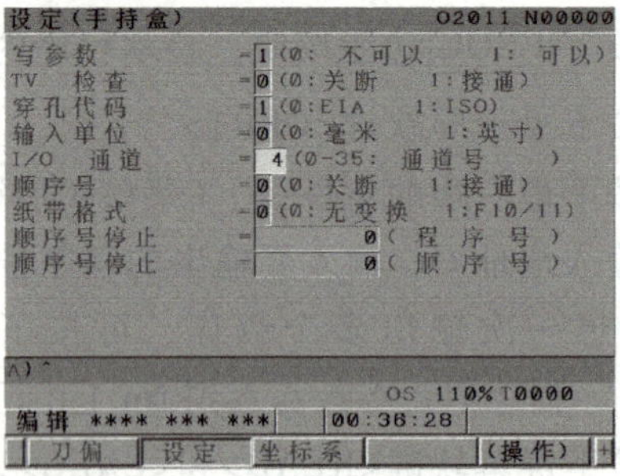

图7-19 修改I/O通道

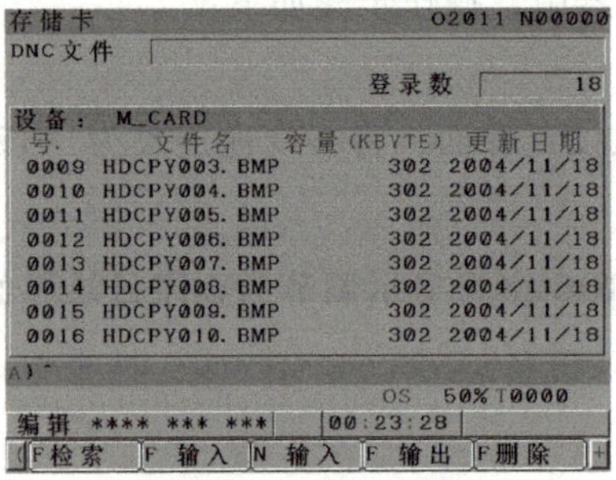

图7-20 存储卡目录

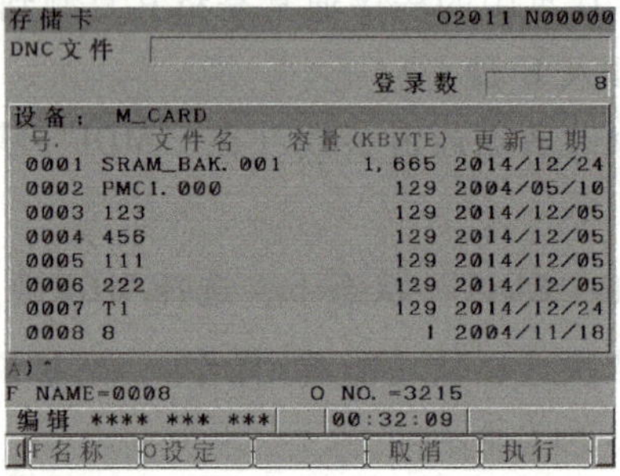

图7-21 读入程序

7.3.2 机外对刀仪对刀概述

机外对刀仪又称刀具预调测量仪，是生产车间用于测量刀具的长度、直径及刀具切削刃的角度和形状等参数的测量仪器。对刀仪结构如图7-22所示。对刀仪具有独立的 X（被测刀具半径）轴和 Z（被测刀具的长度）轴。通过手轮4和5对 X 轴和 Z 轴精调。主要优点是可以在外部快速精准对刀，不占用机床的使用时间，其工作模式主要用于刀具长度补偿，是以基准刀的长度作为基准，测量出第二把刀、第三把刀等相对于基准刀在长度方向的差值，然后进行刀具长度补偿。缩短刀具对刀时间，降低因人工误对刀所产生的不良品率，提高生产效率。机外对刀仪操作方法如下：

1）测量准备。确保选用适合被测刀具的刀柄并为控制单元选用正确的内插套，将刀具插入到刀柄内。插入过程中确保无金属屑或其他脏污落入调整设备中。

2）测量实施。打开电源开关，旋转刀具到测量位置。将切削刃旋转至聚焦区域内（朝向 X），移动测量滑架直到切削刃出现在显示器内，确定好坐标位置后读出显示屏上 X 和 Z

值，如图 7-23 所示。完成测量后将测量滑架移出工作区域，取出刀具并关闭总开关。

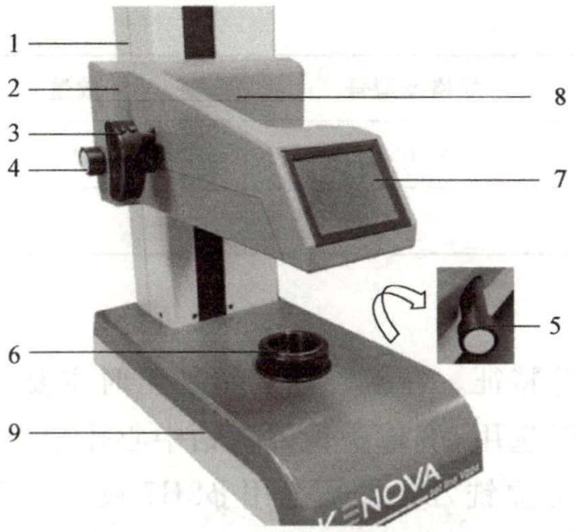

图 7-22　对刀仪结构图

1—Z 轴　2—X 轴　3—Z、X 轴快速调节手柄　4—X 轴精调手轮　5—Z 轴精调手轮　6—刀柄插座（内插套过渡套）　7—触屏显示器　8—摄像头保持架　9—主体

图 7-23　测量半径和长度

二维码 7-12 对刀仪操作

项目实施（工程案例）

案例描述

如图 7-2 所示，要求最终完成压板转化图的加工。按照制订零件加工工艺、编制加工程序、完成零件的加工和质量评估的顺序进行。

制订压板零件加工工艺

1. 零件图样分析

通过零件图工艺分析，确定零件的加工内容和加工要求，初步确定各个加工结构的加工方法。分析项目及内容见表 7-18。

表 7-18　压板零件图样分析

项目	项目内容
加工内容分析	本次要加工的零件属于综合类零件，主要由外轮廓及曲面轮廓、孔组成，所有表面都需要加工。材料 45 钢，切削加工性能较好，无热处理要求
尺寸精度分析	ϕ8 孔的尺寸公差上极限偏差为 0.03，深度 20 精度为±0.03，孔位尺寸精度为±0.03，角度精度为±5′
几何公差分析	零件无几何公差要求
表面粗糙度分析	零件上表面与内轮廓表面粗糙度要求为 Ra3.2μm，外轮廓表面粗糙度为 Ra6.3μm
零件加工难点	注意综合类零件工艺的规划，精度的控制，曲面和孔加工方法的选择，外形轮廓可在数控铣床上采用粗铣→精铣的加工方法，曲面采用粗铣→半精铣→精铣的加工方法。孔加工采用中心孔→钻孔→铰孔的方法，在加工过程中要注意切削用量的合理选择

2. 机床设备、夹具选择

根据零件的结构特点及加工要求，选择在数控铣床上进行各结构的加工，采用平口钳装

夹，机床设备及夹具选择清单见表7-19。

表7-19 机床设备及夹具清单

序号	类型	名称	规格及型号	数量
1	机床设备	数控铣床	KV650	1
2	夹具	平口钳		

3. 刀具、量具的确定

因为该零件为综合类零件，有轮廓、曲面、孔等特征。在轮廓粗、精加工时主要考虑加工效率，可选用 $\phi16$ 平底立铣刀。曲面粗、精加工时选用 $\phi8$ 球头铣刀，钻中心孔选用A3中心钻，钻孔采用 $\phi7.8$ 麻花钻，铣沉头孔选用 $\phi8$ 平底立铣刀，铰孔选用 $\phi8H7$ 铰刀，刀具与量具的选择分别参见表7-20、表7-21。

表7-20 刀具卡

产品名称或代号		零件名称		零件图号		备 注
序号	刀具号	刀具名称	刀具规格		刀具材料	
1	T01	平底立铣刀	$\phi16$		硬质合金	
2	T02	球头铣刀	$\phi8$		硬质合金	
3	T03	平底立铣刀	$\phi8$		硬质合金	
4	T04	中心钻	A3		高速工具钢	
5	T05	麻花钻	$\phi7.8$		高速工具钢	
6	T06	铰刀	$\phi8H7$		高速工具钢	
编 制		审 核		批 准		共 页 第 页

表7-21 量具卡

产品名称或代号		零件名称		零件图号	
序号	量具名称	量具规格	分度值	数量	
1	游标卡尺	0~150mm	0.01mm	1把	
2	万能角度尺	360°	0.01mm	1把	
3	内测千分尺	5~30mm	0.01mm	1把	
4	游标深度卡尺	0~100mm	0.01mm	1把	
5	粗糙度样板	组合式		1套	
编 制	审核		批准		共 页 第 页

4. 编制数控加工工艺文件

根据以上分析，拟订机械工艺过程卡及数控加工工序卡，见表7-22、表7-23。

表 7-22 机械工艺过程卡

（工厂）	机械工艺过程卡	产品型号		零件图号			
		产品名称		零件名称		共 1 页	第 1 页

材料牌号	45 钢	毛坯种类	板料	毛坯外形尺寸	155mm×105mm×40mm	每毛坯可制件数	1	每台件数		备注	

	工序号	工序名称	工序内容	车间	工段	设备	工艺装备	工时/min	
								准终	单件
	1	备料	备尺寸为 155mm×105mm×40mm 的板料			锯床			
	2	普铣	铣尺寸为 150mm×100mm×36mm 的六面体外形尺寸至图样要求			普通铣床	平口钳		
	3	数控铣	（1）粗、精铣上表面各轮廓及曲面轮廓到图样要求，其中 $R65$、$R25$ 和 $SR40$ 曲面轮廓留 0.1mm 余量			数控铣床	平口钳		
			（2）铣孔、铰孔到图样要求						
描图			（3）精铣 $R65$、$R25$ 和 $SR40$ 曲面至图样要求						
	4	钳工	去毛刺						
描校	5	检验							
底图号									

装订号										设计（日期）	审核（日期）	标准化（日期）	会签（日期）
	标记	处数	更改文件号	签字	日期	标记	处数	更改文件号	签字	日期			

表 7-23 数控加工工序卡

（工厂）	数控加工工序卡	产品型号		零件图号		
		产品名称		零件名称	共 2 页	第 1 页
		车间	工序号	工序名称	材料牌号	
			3	数控铣	45 钢	

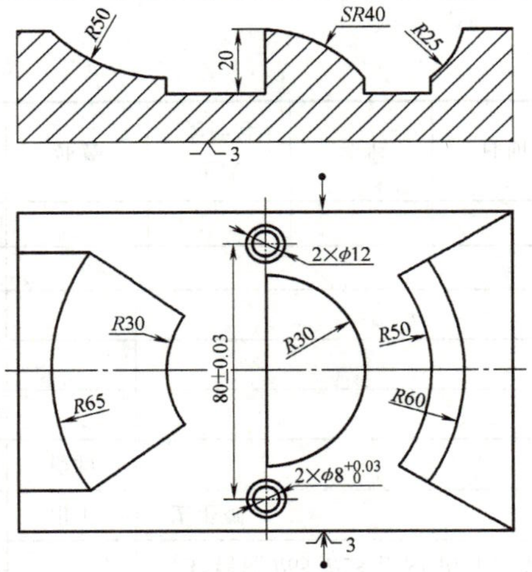

毛坯种类	毛坯外形尺寸	每毛坯可制件数	每台件数
方料	155mm×105mm×40mm	1	
设备名称	设备型号	设备编号	同时加工件数
数控铣床	KV650		
夹具编号		夹具名称	切削液
		平口钳	水溶性切削液
工位器具编号		工位器具名称	工序工时
			准终 / 单件

工步号	工步名称	工艺装备	主轴转速/(r/min)	切削速度/(m/min)	进给量/(mm/min)	背吃刀量/mm	进给次数	工时 机动	工时 单件
1	粗铣零件各待加工表面，留余量 0.2mm	φ16 立铣刀	1200	60	1000	0.8			
2	半精铣 *R*65、*R*25 和 *SR*40 曲面，留余量 0.1mm	φ8 球刀	3000	75	800				
3	精铣零件底面及侧面轮廓至图样要求	φ16 立铣刀	1500	75	500				
4	在 2×φ8mm 处打 A3 中心孔	A3 中心钻	1270	12	100				
5	在 2×φ8mm 处钻 φ7.9 通孔	φ7.8 麻花钻	800	20	80				

（左侧栏：描图、描校、底图号、装订号）

									设计（日期）	审核（日期）	标准化（日期）	会签（日期）
标记	处数	更改文件号	签字	日期	标记	处数	更改文件号	签字	日期			

（续）

（工厂）	数控加工工序卡	产品型号		零件图号			
		产品名称		零件名称		共 2 页	第 1 页
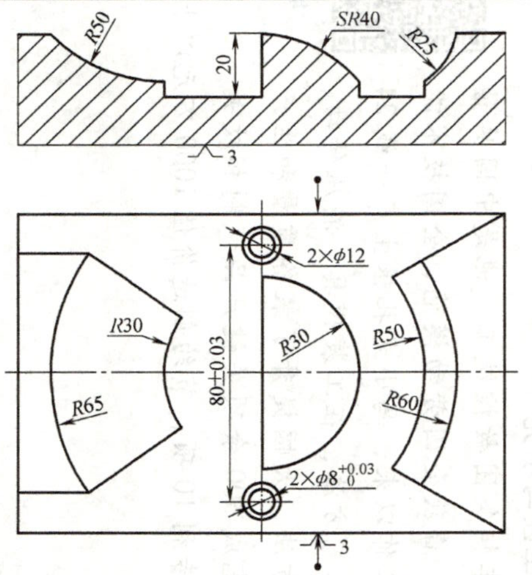		车间	工序号	工序名称	材料牌号		
			3	数控铣	45 钢		
		毛坯种类	毛坯外形尺寸	每毛坯可制件数	每台件数		
		方料	155mm×105mm×40mm	1			
		设备名称	设备型号	设备编号	同时加工件数		
		数控铣床	KV650				
		夹具编号		夹具名称	切削液		
				平口钳	水溶性切削液		
		工位器具编号		工位器具名称	工序工时		
					准终	单件	

	工步号	工步名称	工艺装备	主轴转速/（r/min）	切削速度/（m/min）	进给量/（mm/min）	背吃刀量/mm	进给次数	工时 机动	工时 单件
	6	铣 2×ϕ12mm 的台阶孔至图样要求	ϕ8 立铣刀	2400	60	800	1			
	7	铰 2×ϕ8mm 通孔至图样要求	ϕ8H7 铰刀	300	7.5	30				
描图	8	精铣 *R*65、*R*25 和 *SR*40 曲面至图样要求	ϕ8 球刀	3500	88	1500				
描校										
底图号										
装订号						设计（日期）	审核（日期）	标准化（日期）	会签（日期）	

	标记	处数	更改文件号	签字	日期	标记	处数	更改文件号	签字	日期

压板零件编程

压板零件 NX12.0 自动编程见本项目 7.2.2 相关内容。

压板零件加工

1. 压板零件仿真加工

根据编制的压板零件加工工艺和加工程序，进行程序校验，并完成零件仿真加工。

2. 压板零件机床加工与质量评估

操作数控铣床，完成压板零件的加工。在零件的实际加工过程中，养成良好的质量意识和安全意识，灵活应用零件尺寸精度控制方法保证工件尺寸精度。

项目拓展

二维码 7-13 压板的粗加工

二维码 7-14 压板的精加工

1. 企业点评

包含平面、曲面、孔等多种结构的综合类零件加工是数控加工中不可避免遇到的情况，特别是模具、汽车等行业零件加工中尤为多见，由于综合类零件的复杂性，在实际生产中，均采用自动编程软件来实施编程。这类零件的曲面结构在加工时，为了保证曲面余量的均匀性，粗加工一般采取“低切深，快走刀”方式；根据曲面加工要求，一般曲面半精加工设置刀轨行距为 0.5~1mm，精加工设置刀轨行距为 0.2~0.5mm。刀具一般根据材料硬度选择平底立铣刀或圆鼻刀，精加工曲面在满足条件要求时尽可能选择大直径球头铣刀。

在 NX12.0 软件中，对于曲面结构精加工提供了丰富的编程解决方案，通常情况下，对于陡峭面选择“深度加工”进行编程，即等深度降层沿轮廓走刀加工方式，对于平坦形曲面多采用“区域铣削”进行编程，再结合曲面特征，选择合适的刀路布置方式，即切削模式，对于有明显特征特性的曲面还可采用“曲面”“流线”“边界”等曲面加工走刀方式进行加工。

2. 思想/技能进阶

大国工匠马小光

二维码 7-15 大国工匠马小光

马小光是中国兵器工业集团所属北方车辆集团数控铣工。他是中国兵器首席技师、国家级技能大师工作室带头人，曾获全国劳动模范、全国技术能手、全国五一劳动奖章等多项荣誉。参加工作以来，马小光扎根生产一线 24 年，他潜心学习先进加工技术、积极创新工艺方法，在工装模具、液压传动、行走系统多个生产环节首创大量先进加工方法，大幅提升了装备质量和生产效率，攻克了多个核心零部件加工难点，完成 300 余项关键产品试制和攻关任务，完成工艺创新成果 20 项，获得国家专利 10 项，节约创造价值 1000 万元以上。

附　录

附录 A　数控车铣加工职业技能等级标准（二维码附 1-1）

附录 B　铣工国家职业技能标准（二维码附 1-2）

二维码附 1-1
数控车铣加工职业技能等级标准

二维码附 1-2
铣工国家职业技能标准

附录 C　数控加工仿真软件的使用

数控加工仿真软件可以实现对数控机床加工全过程的仿真，其中包括毛坯定义与夹具，刀具定义与选用，零件基准测量和设置，数控程序输入、编辑和调试，加工仿真以及对各种错误的检测功能。

本内容以宇龙仿真软件为对象，介绍 FANUC 0i 标准数控铣床仿真系统操作。操作流程一般按附表 1-1 所示内容进行。

附表 1-1　仿真操作流程

操作流程	操作流程
(1)打开数控加工仿真软件,选择机床	(6)对刀及参数设置
(2)定义与安装毛坯	(7)自动加工
(3)选择与安装刀具	(8)工件检测
(4)系统上电与回零	(9)保存仿真文件
(5)编写程序与校验程序	

附表 1-2 中给出了仿真软件操作的视频，请扫码进行对应内容的学习。

附表 1-2 仿真操作视频

二维码附 1-3 仿真软件的 基本操作	二维码附 1-4 仿真系统中的 面板操作	二维码附 1-5 仿真系统中的 程序编辑与校验	二维码附 1-6 仿真系统中的 对刀及参数设置	二维码附 1-7 仿真系统中的 自动加工与工件检测

参考文献

[1] 李华志．数控加工工艺与装备［M］．北京：清华大学出版社，2005.
[2] 陈兴云，姜庆华．数控机床编程与加工［M］．北京：机械工业出版社，2009.
[3] 韩鸿鸾．数控编程［M］．北京：中国劳动社会保障出版社，2004.
[4] 陈宏钧．实用机械加工工艺手册［M］．北京：机械工业出版社，2005.
[5] 赵正文．数控铣床/加工中心加工工艺与编程［M］．北京：中国劳动社会保障出版社，2006.
[6] 孙连栋．加工中心（数控铣工）实训［M］．北京：高等教育出版社，2011.
[7] 韦富基，李振尤．数控车床编程与操作［M］．北京：电子工业出版社，2008.
[8] 王爱玲．数控机床加工工艺［M］．2版．北京：机械工业出版社，2013.
[9] 宗晓．数控机床编程及实例［M］．北京：北京大学出版社，2006.
[10] 王维．数控加工工艺及编程［M］．北京：机械工业出版社，2010.
[11] 卢万强，饶小创．数控加工工艺与编程［M］．北京：机械工业出版社，2020.
[12] 李华．机械制造技术［M］．4版．北京：高等教育出版社，2015.
[13] 嵇宁．数控加工编程与操作［M］．北京：高等教育出版社，2008.
[14] 钟如全，王小虎．零件数控铣削加工［M］．北京：国防工业出版社，2013.
[15] 程鸿思，赵军华．普通铣削加工操作实训［M］．北京：机械工业出版社，2008.
[16] 顾京．数控机床加工程序编制［M］．5版．北京：机械工业出版社，2017.
[17] 郑堤．数控机床与编制［M］．3版．北京：机械工业出版社，2019.
[18] 张丽华，马立克．数控编程与加工技术［M］．2版．大连：大连理工大学出版社，2006.
[19] 人力资源和社会保障部教材办公室．数控加工工艺学［M］．3版．北京：中国劳动社会保障出版社，2011.
[20] 王亮．数控铣削编程与加工［M］．北京：机械工业出版社，2022.
[21] 宋凤敏，时培刚，宋祥玲．数控铣床编程与操作［M］．2版．北京：清华大学出版社，2017.
[22] 许孔联，赵建林，刘怀兰．数控车铣加工实操教程［M］．北京：机械工业出版社，2022.
[23] 朱明松．数控铣床编程与操作项目教程［M］．3版．北京：机械工业出版社，2021.
[24] 陈华，林若森．数控铣床编程与操作项目教程［M］．3版．北京：北京理工大学出版社，2019.
[25] 易良培，易荷涵．UG NX 12.0数控编程与加工案例教程［M］．北京：机械工业出版社，2020.